C++树莓派机器人开发实战指南

Practical Robotics in C++

Build and Program Real Autonomous Robots Using Raspberry Pi

（美）劳埃德·布朗巴赫（Lloyd Brombach） 著

马培立
朱贵杰 译
陈绍平

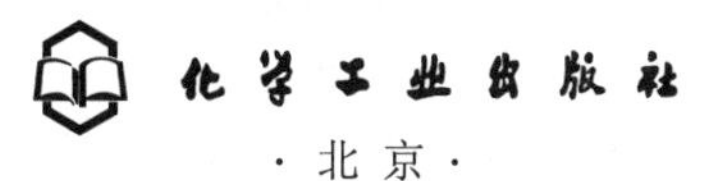
化学工业出版社
·北京·

内容简介

本书深入浅出地介绍了构建移动机器人平台所需的综合知识，涵盖了硬件和软件诸多方面。本书以清晰的学习路径和全面的底层逻辑为基石，帮助读者轻松地构建和编程机器人，避免了深入每个科目复杂部分的困难。书中聚焦于树莓派与硬件交互的编程，全面覆盖了从选用机器人控制器的微计算机（即树莓派）到为车轮驱动电机供电等系统性知识。读者可了解并掌握如何利用传感器检测障碍物、训练机器人建立地图并规划避障路径，以及实现代码的模块化和与其他机器人项目进行代码互换。此外，本书还详细阐述了如何运用树莓派的GPIO硬件接口端子和现有库，把树莓派转变成一个经济实用且性能卓越的机器人。

本书适合从事自动化、智能机器人、智能硬件、IOT领域的工程师以及树莓派爱好者阅读参考，无论是零基础的初学者，还是具备计算机科学、电气工程或机械工程背景的工程师或者高校师生，都能从本书中获益。你不仅能学习到驱动电机控制器的编程，还能了解从激光雷达数据构建地图、编写和实施自主路径规划算法、独立编写代码向电机驱动控制器发送路径点，以及更深入地学习机器人建图和导航的相关知识。

Practical Robotics in C++ by Lloyd Brombach
ISBN 978-93-89423-46-4

北京市版权局著作权合同登记号：01-2024-0755

图书在版编目（CIP）数据

C++树莓派机器人开发实战指南/（美）劳埃德·布朗巴赫（Lloyd Brombach）著；马培立，朱贵杰，陈绍平译.—北京：化学工业出版社，2024.4

书名原文：Practical Robotics in C++: Build and Program Real Autonomous Robots Using Raspberry Pi

ISBN 978-7-122-44613-8

Ⅰ.①C… Ⅱ.①劳…②马…③朱…④陈… Ⅲ.①C++语言-程序设计-指南②机器人-程序设计-指南 Ⅳ.①TP312.8-62②TP242-62

中国国家版本馆CIP数据核字（2023）第254246号

责任编辑：陈　喆　　　　文字编辑：蔡晓雅
责任校对：宋　玮　　　　装帧设计：王晓宇

出版发行：化学工业出版社
（北京市东城区青年湖南街13号　邮政编码100011）
印　　装：高教社（天津）印务有限公司
787mm×1092mm　1/16　印张22　字数537千字
2024年4月北京第1版第1次印刷

购书咨询：010-64518888　　　　售后服务：010-64518899
网　　址：http://www.cip.com.cn
凡购买本书，如有缺损质量问题，本社销售中心负责调换。

定　　价：198.00元　

关于作者

作者Lloyd Brombach居住在美国密歇根州罗切斯特山。他是Wayne Robotics Club比赛团队的共同负责人。他从NASA 2007年（自主）月球碎屑开采挑战赛开始，多次参加了机器人挑战赛，并在2019年智能地面车辆挑战赛中，带领团队完成了路径规划和避障软件模块的开发。

他是一位有十五年经验的控制工程师，他将两年的电子学、控制理论、传感器和微控制器学习教育经验以及四年的工程师实践经验结合起来，为他的公司设计并实施指定的机电解决方案。除此之外，他还对机器人俱乐部的新成员进行指导。他坚信维护技能多元化和保持技能的先进性是很重要的，因此他再次回到大学课堂，完成了相关学习，并取得了计算机科学学位。

致谢

在写这本书的过程中，我（作者）得到了很多的支持、理解和鼓励，以至于不知道从何说起。

我非常感谢在写这本书的过程中，给予我支持、理解和鼓励的所有人。首先，我要特别感谢我妈妈，她在我还是个孩子的时候就告诉我，我可以做自己喜欢的任何事情；其次是我的父亲，他告诉我如何入手，并教会了我很多入门的知识；此外还有我的同事们，当我因为这本书而分心的时候，他们接替了我的部分工作，尤其是Mo。在此，我非常感谢我的朋友和家人，因为过去的一年中，我虽然不能参加大多数聚会，但是他们仍然理解并陪伴着我。Dr. Pandya，他作为我的导师，给我提供了很多专业的知识；Wayne State University Robotics Club和Intelligent Ground Vehicle竞赛团队的成员，他们给我提供了在团队中学习和教学的机会；BPB Publications团队，他们说服我接受这个项目并与我一起走到最后，正是有了他们的陪伴，我才能将这本书写下来。

此外，我还要专门提一下我的妻子Jen，她非常爱我，并拥有令人难以置信的耐心、理解和支持。从忍受我在Wayne Robotics团队中工作到深夜，但依旧为我们提供食物，到容忍我的出差以及每天14个小时的会议，甚至只是在办公室或地下室工作，而不去陪伴她。当我带机器人去露营时，她也从未抱怨，甚至在家里被机器人绊倒时，她也很少抱怨——她是这本书和我生活中真正的MVP。

最后致我的读者们，感谢你们接纳了机器人这个令人兴奋且复杂的世界，感谢你们的热情和理解。因为无论作者如何努力，每一本书都可能会有不足，所以我感激来自你们的原谅、纠正和反馈，这可以让未来的读者，以及Practical Robotics在线社区尽量地遇到更少的问题。

在此，我对所有在我工作生涯和写书过程中支持和影响我的人，表示感谢。

序

机器人、微处理器、计算机和先进自主算法结合的领域正在兴起，使人们兴奋不已。本书推出时正处于一个以技术和机器人为中心的转折点。就目前来说，机器人已经在移动、制造业、农业、医疗保健和供应链管理领域占据着主导地位。据权威人士估计，工业机器人市场在未来十年将以接近12%的年度增长率扩大到330亿美元以上。与此同时，医疗机器人市场预计将在2024年达到1000亿美元。我预测一场机器人革命即将到来，机器人革命将帮助我们解决现在和未来面临的许多关键问题。

与机器人相关的技术将会持续地与我们的经济和日常生活相结合，并进一步影响到我们生活的方方面面。比如说我们需要在亚马逊上订购东西，那Kiva机器人将会在货架上找到你订购的物品，并将其带到包装区。如果需要清理你的房子，扫地机器人的吸尘器就可以完美地解决该问题。随着世界人口的增长，人类将面临巨大的挑战。可以预见的是，机器人将被越来越多地用在我们的生活中，比如说帮助我们提高农耕的效率，从陆地和空中完成火灾的自动化扑灭，甚至在足球训练中起到教练的作用，来帮助运动员完成科学的训练。

随着机器人行业的快速发展，市场对具有丰富技术经验的工程师和研究人员的需求也越来越大，这些人才需要掌握机器人的硬件、智能算法、软件设计和传感器的知识，以及它们是怎么样结合起来解决机器人相关的困难和关键问题的。本书的出版就是在这个关键时刻，书中使用的C++作为机器人技术中最常用的编程语言，能够有效地保证机器人运算的实时性。通过从机器人整体出发，这本书有助于激发学生的兴趣并帮助他们更好地理解机器人的基础知识。本书涵盖了机器人领域中最主要的部分，包括机器人操作系统（ROS）、微控制器集成（如树莓派）、关键传感器（如LIDAR、GPS、编码器、惯性测量单元等）和软件设计。

相较于其他书籍，本书最大的优势就是，它向你展示了如何将现有的不同技术整合起来，并依此来制作一个功能完备的机器人。同时，本书也详细地解释了关键算法(如路径规划、自动导航等)，使读者可以将他所学到的内容应用于任何机器人项目。本书以这样的写作方式使读者在阅读完后，能够打下机器人领域的坚实基础。更重要的是，它将激发读者继续研究并探索更智能的机器人算法。

我在底特律韦恩州立大学(Wayne State University)创办机器人俱乐部时认识了劳埃德·布朗巴赫(Lloyd Brombach)；我是这所学校的老师，而劳埃德是计算机科学专业的学生，也是该俱乐部的联合队长。我们参加了智能地面车辆比赛，Lloyd领导团队负责了基于机器人操作系统（ROS）的路径规划和避障软件。我注意到他是一个非常执着而有耐心的人，他有敏锐的智力和极端的韧劲。我们交谈时，我发现他在2012年完成了140.6英里的铁人三项比赛——这项运动项目不仅需要惊人的身体耐力，还需要巨大的毅力。他把同样不屈不挠的决心带到了这本书中，在我看来，他不仅是一个铁人，也是一个硅谷科技人。

可以说他真的找到了自己的风格。

Abhilash Pandya博士

前言

对于初学者来说，找到一本能够明确指导自己搭建自主定位与导航的机器人的书籍是一项挑战，有一部分原因是涉及的学科太多，另一部分原因是现有资源更倾向于专业性。比如说电子学的书籍不谈论建图或路径规划的相关知识；机器人算法的相关书籍则是不包含驱动电机和反馈传感器如何通过软件接口链接所必需的控制理论。目前市面上的书籍对于新手来说确实不太友好，相关的书籍和课程需要你拥有对应专业的学位，或者懂得一些高等数学，才能够去比较好地理解。

你做好学习本书的准备了吗？这本书将为你学习这部分学科节省4年乃至更多的时间，因为这部分学科里面的一些内容对于我们搭建并完成一个自主机器人的编程来说并不是必需的。这本书会给你一个清晰的学习路线图，并提供完整的机器人相关知识，以让你更好地学习。除此以外，在学习这些的基础上，我还会指明每门学科的重点以及所需要进一步学习的内容，这样你在学习完本书后就可以专注于探索自己最感兴趣的部分了。

本书的相关代码都已经在书里面显示并且在Github开源，相关的代码可以在github.com/lbrombach上下载。这本书的目的不是让你精确地按照我们的步骤一步步搭建并且对示例机器人进行演示编程，相反的是我们更鼓励你以自己的方式设计并给自己的机器人编程，只是以本书的例子作为参考。这本书会给你一个坚实的开始，而能走多远，取决于你的想像力和决心。

我写这本书是在和大学生合作时得到的灵感，这些学生有着各种不同的经验和能力。但我发现，无论是没有任何经验的大一新生，还是拥有计算机、电气和机械工程学位的研究生，他们都对机器人的制造和编程了解较少。最好的程序员也很有可能不知道电机或者传感器是如何工作的，而对应的是，电气工程师则不知道如何将传感器的数据信号转化为有效的编程代码。每一个学期，我们发现自己仍然在不断地反复教着各种科目的基础知识，为此，我们希望能有一本手册可以为我们的团队成员提供全面的基础知识讲解。特别是，我们需要一些对于新生来说足够简单，但对于研究生来说足够深入的课程。这就是本书写作的目的，因为对于本书来说，你只需要基本的C++知识和对机器人学习的兴趣就可以从浅到深地理解相关的知识。

这本书既适合初学者，也适合比较有经验的程序员。本书中编写的代码对于一个没有经验的程序员来说也是很容易理解的，因为我知道更有经验的程序员在编程方面应该没有问题。对于初学程序者来说，本书非常友好，首先本书使用C++语法来向你展示机器人算法的工作原理，但不要把它当作是一本"编程书"。随着编码能力的提高，你也会看到我们越来越多地避免使用初学者可能还不理解的C++高级用法，而是采用一些像全局变量这样易于理解的方式，这也使得示例更容易理解。其次，本书中所有程序都是可用的，虽然可能不是最佳代码示例。这是因为我们非常想避免整本书的代码难以读懂。当然本书中肯定会出现一些C++的高级用法，如果在书中不可避免地使用高级用法，我们会向你给出一定的提示。

送货机器人、仓库机器人、家用机器人、自制机器人、农场机器人——每一个机器人都有其独特的用途和操作环境，但不用担心，它们都是建立在本书学习的基础之上的。所以我建议你不要急于进入教程；相反，你应该先适应一下，阅读完整本书，然后回来进行实践体验。我希望你可以抱着兴奋的状态进入本书，因为是时候开始了。

我们为本书制定了五个部分，你可以在其中找到以下主题内容：

第一部分：机器人计算机介绍。该部分分为两个章节，第一章重点介绍笔记本电脑和树莓派计算机的选择和配置；第二章深入了解树莓派通用输入/输出（GPIO）硬件接口引脚，其中包括一些基本电子器件的信息和如何使用代码来与硬件完成交互。

第二部分：作为本书的第二部分，我们将这部分称为"机器人项目入门"。在本部分中，我们会重点介绍搭建机器人平台所需的知识，以便在后面的章节中对机器人进行自主行为编程。其中有五个章节讨论了可用的机器人平台类型，主要包括：获取或搭建一种电机并构建电机的控制算法、在机器人上完成不同设备间的通信、各种有用的硬件，以及计算机和机器人其他部分的布线。

第三部分：本节分六章向你介绍机器人的逻辑问题。其中一章会侧重于单个过程的控制器（如单个电机），以及设计一个复杂系统的控制器；另一章则关注如何协调数十个过程并处理大量的数据流量，这是我们构建自主建图导航机器人所必需的。剩余四章则是涵盖了自主机器人的主要问题，包括使机器人自行移动，为导航绘制地图，机器人如何自我跟踪，以及自主寻找避开障碍物的路径。

第四部分：我们将这一节称为"理解传感器数据的意义"，为此我们深入探究了上述章节中常用的传感器。这部分总共分为七章，其中五章涵盖了用于机器人跟踪（测距）的传感器，包括超声波传感器、激光测距传感器（LIDAR）、GPS和其他基于信标的定位系统。此外，还有一章专门讨论如何融合多个传感器的数据，以获得更可靠的系统，另一章则专门介绍另一大模块，即如何使用相机来完成计算机视觉相关的处理。

第五部分：最后一个部分是一个独立的章节，这一章主要是指导读者通过前面所学的内容来构建并完成一个自主机器人的编程。

目录

绪论

如何建造一个能自主定位并导航的机器人是一个挑战，有一部分原因是制作这样一个机器人涉及的科目太多，需要你掌握很多的专业知识，另一部分原因是现有的教育倾向于给学生们介绍特定的专业知识，这就导致相关专业的书籍内容较为单一。比如说电子学的书籍不谈论建图或路径规划的相关知识；机器人算法的相关书籍则不包含驱动电机和反馈传感器如何通过软件接口连接所必需的控制理论。目前市面上的书籍对于新手来说确实不太友好，相关的书籍和课程需要你拥有对应的专业知识，或者懂得一些高等数学才能够较好地理解。

本书的目的是让你能够对机器人的相关技术有充足的了解，并且可以自行设计并建造机器人，这里我列举了自身的一些经历：

- 读了两年的电子及自动化技术课程；
- 两年的计算机科学、编程和数学课程；
- 学习机器人软件和算法一年；
- 有多年工业和商业设备的自动化控制设计以及维修经验；
- 目前正在制造和破解电子和机电设备；
- 出版了数十本图书以及在线课程；
- 参与了数十个独立或者合作的机器人项目，其中包括2007年NASA的（自主）月球风化层挖掘挑战赛和2019年智能地面车辆挑战赛。

第 1 章 选择并构建一个机器人计算机

在本章中，我们将介绍以下内容：

- 什么是树莓派
- 树莓派型号的概念和应用以及为什么不是所有型号都能适合我们的需求
- 操作系统的选择
- 操作系统的安装和设置
- 编程环境（IDE）的安装和设置

1.1 什么是树莓派?

树莓派（Raspberry Pi）是一种小型的单板计算机（简称“*SBC*”）。其形式与普通的家用台式电脑有很多不同，普通家用台式电脑的主板可能配有一些插槽或连接器，用于连接处理器、内存条、视频处理器等其他组件，这种主板，我们可以根据需求随意更换和定制这些组件。而SBC在制造时，这些组件都是永久地固定在一块主板上的，不能随意更换。如果不更换整个主板，就不能更换或升级它们。还有一点不同的就是SBC没有硬盘，也不通过硬盘来运行操作系统，该操作系统是通过微型 SD 卡运行的。就目前来说，如今有几种SBC可供选择，但树莓派因其非常低廉的价格和庞大的社区支持，受到大多数社区的支持和欢迎。如果你在使用树莓派时遇到问题，可以到社交媒体群组或官方树莓派基金会用户论坛上寻求帮助，有成千上万的树莓派爱好者会细心为你解答。

尽管树莓派计算机的尺寸非常小（其中最大的一种也只有大约一副扑克牌的大小），但它们仍然是一种完整的计算机，可以运行一个完整的操作系统（通常是 Linux），并能够完成很多普通台式电脑可以完成的事情。例如浏览网页、播放视频、连接打印机或相机、发送电子邮件等，还可以执行一些桌面电脑需要添加额外硬件才能完成的任务，例如直接读取按钮、传感器或直接发送信号给电机控制器等，这些都要归功于通用的输入/输出（GPIO）接口，在第2章“GPIO硬件接口引脚的概述及使用”中，我们对GPIO硬件接口的概述和使用有详细介绍。此外，由于拥有GPIO引脚，并且尺寸小，同时也拥有一些简单的组件等特征，树莓派常常被误认为是像Arduino（Arduino 是一种微控制器，具有高度可编程性和灵活的I/O接口，可用于控制各种电子设备，如灯、电动机、传感器和显示器等）一样的微控制器，然而事实上，它们属于两个完全不同的类别。

1.1.1 树莓派和微控制器有什么区别呢？

树莓派和微控制器最大的区别就是，树莓派可以直接编写、编译和执行程序，而微控制器则需要在计算机上编写好程序并编译，然后再下载到微控制器上。在这个过程中至少需要一根USB电缆连接，有时甚至需要整个编程电路。只要完成了程序设置，该程序就是微控制器所能执行的唯一任务（因其内存数量受到限制），并一直重复整个过程。而树莓派则可以同时运行多个程序，其中一个甚至可以是用于微控制器编程的软件。通常情况下，由于除了最简单的机器人外，其他机器人基本上都需要同时运行多个程序，这些都是基本的需求，所以我们通常把Arduinos和其他微控制器从适合我们目的的机器人控制器列表中排除掉。可以这么说，当前情况下，树莓派是机器人控制器合适的选择。

1.1.2 树莓派是机器人控制器的唯一选择吗？

其实，并不完全是。虽然树莓派是一个很不错的选择，但我们在本书中编写的大多数有关机器人的代码在任何其他计算机上都是要能正常工作的，同时这些移植不需要对代码做任何修改。不过也有例外的情况，如任何与GPIO有关的东西，在其他计算机上，我们必须使用外部硬件来协助完成它们的工作，而这就需要不同的代码。为一个相对简单的机器人项目而专门配备一台普通的笔记本电脑和额外的硬件，成本和空间消耗将会上升，这样往往是不划算的，但有时值得取舍。如后续章节所述，计算机视觉技术需要非常强大的计算能力，如果计算机配有一个图形处理单元（GPU），可以将计算速度提升很多。这些专门的处理器设计用于一次处理大块图像数据，使它们比常规CPU快数倍。Nvidia是世界上最著名的GPU制造商之一，其在2019年推出了一款名为Jetson Nano的低成本、高性能的单板计算机，价格为100美元。Jetson Nano中配备了一个合法的128核GPU和与树莓派兼容的40针GPIO头，它注定会成为机器人领域中一个非常常见的控制器，尽管Jetson的社区支持网络尚未像树莓派一样庞大。虽然Jetson的社区正在快速地壮大，但是树莓派有更低的价格，以及让更多人可以学习使用的巨大社区支持网络，所以我们仍将“理想的机器人学习计算机”的称号授予树莓派。这就是为什么我们选择使用树莓派作为控制器进行示例项目的原因。难道树莓派不是为学校准备的吗?

1.1.3 难道树莓派只是为学校、爱好者和玩具而设计的吗？

我们的确可以在各种类型的玩具和业余爱好者手中找到树莓派，但这恰恰只是说明树莓派价格实惠、功能强大，可体现其性价比很高。树莓派在大学里面非常受欢迎，因为它可以用很少的钱完成很多教学任务。我最近参加了一次国际机器人峰会，让我感到十分惊讶的是，使用树莓派作为主控制器来部署他们的自主机器人产品的商业机器人公司的数量非常之多。图1.1就是一个运用实例。

Magni和其他基于树莓派的商用机器人一样，可以执行安保巡逻、仓库工作、办公室或行李运送等任务，还可以作为酒水服务员等。在我看来，你会发现树莓派机器人远远比玩具更有能力、更有趣，我们强烈推荐你从使用它开始你的机器人学习之旅。

图1.1 Ubiquity Robotics的Magni是由树莓派驱动的商用机器人之一

来源：Ubiquity Robotics

1.2 树莓派型号的概念和应用以及为什么不是所有型号都能适合我们的需求

1.2.1 为什么树莓派型号不能适合我们所有的目的？

请看图1.2中的比较表格。这些是目前市场上最受欢迎和最容易获取的树莓派型号。我省

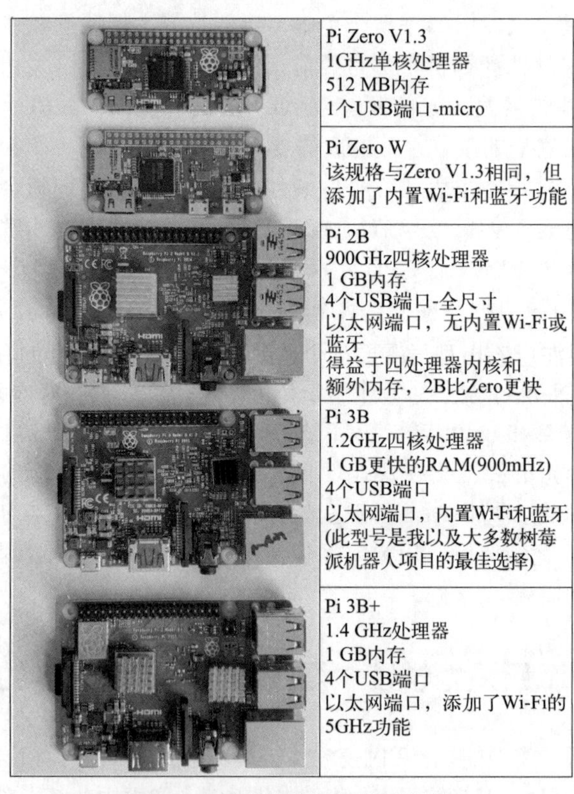

Pi Zero V1.3
1GHz单核处理器
512 MB内存
1个USB端口-micro

Pi Zero W
该规格与Zero V1.3相同，但添加了内置Wi-Fi和蓝牙功能

Pi 2B
900GHz四核处理器
1 GB内存
4个USB端口-全尺寸
以太网端口，无内置Wi-Fi或蓝牙
得益于四处理器内核和额外内存，2B比Zero更快

Pi 3B
1.2GHz四核处理器
1 GB更快的RAM(900mHz)
4个USB端口
以太网端口，内置Wi-Fi和蓝牙
(此型号是我以及大多数树莓派机器人项目的最佳选择)

Pi 3B+
1.4 GHz处理器
1 GB内存
4个USB端口
以太网端口，添加了Wi-Fi的5GHz功能

图1.2 最流行的树莓派型号的比较

略了一些不常见的和较旧的A和B型号（早期树莓派单板计算机的型号），并将它们归类在了不适合我们目的的类别中。这是因为诸如速度慢、内存不足，以及许多我们需要使用的软件包可能无法在其上运行等因素。当然它们也是可以被使用的，但即使在可能使用到它们的情况下，我通常会选择使用Zero 或 Zero W 型号（Zero和Zero W是树莓派基于ARM架构的微型计算机的型号，它们是最小、最便宜的树莓派型号之一），这是性价比更高的选择。

在你选择购买图1.2中最强大的树莓派单板计算机（还有最新的树莓派4未在图片中显示）之前，请阅读本章剩余的内容，根据具体的使用需求选择更适合的型号，因为有可能树莓派3B+或4并非是你的最佳选择。

1.2.2　树莓派Zero型和树莓派Zero W型

树莓派Zero和Zero W型号是价格相对较低廉的小型机器，我认为它们并不具备成为真正机器人控制器所需的必要条件，除了最基本的避障机器人。相比于Zero型来说，Zero W型是一款带有内置Wi-Fi和蓝牙适配器的常规机型。根据个人喜好，我们更倾向于在需要使用微控制器的情况下使用它们。尽管我们还是需要通过远程重新编程来执行某些操作，但它仍然比其他微控制器更容易实现像显示或Web访问这类更复杂的功能。还有，当我需要电池的长时间续航时，Zero型号在低功耗方面是与其他树莓派型号相比没有任何竞争对手的，续航能力很强。

它并不能成为真正的机器人控制器，这一问题源自自身内存不足和单核处理器的配置，简而言之就是性能不够用。如果你是一个老练的Linux（Linux，全称GNU/Linux，是一种免费使用和自由传播的类UNIX操作系统）专业人员，并且可以接受没有GUI（图形用户界面，graphical user interface，简称GUI，又称图形用户接口，是指采用图形方式显示的计算机操作用户界面）的开发环境，那么这对你来说不是什么问题，但是如果你喜欢使用集成开发环境(IDE)，那么Zero可能就会比较麻烦一些。虽然你可以尝试在虚拟网络控制台(VNC)上运行你的IDE以进行远程访问，但这种操作比较烦琐，会导致你常常忘记它。因此，出于这些原因，我倾向于将Zero限制在具有较小程序的东西上，因为这样可以从纯文本编辑器中进行编辑，并使用命令行进行编译。

另外，我们还需要注意Zero型号需要一个适配器才能输出到标准的HDMI显示器，另外还需要一个适配器才能插入标准的USB设备，比如键盘等。在价格较低廉的Zero 1.3中，我们还需要一个单独的Wi-Fi适配器，这意味着我们需要一个USB集线器才可以同时拥有Wi-Fi和键盘，此外还必须购买并焊接上GPIO的排针。当我们将这些所有的外设都装好后，它相较于刚开始的价格而言就变得不那么实惠了。

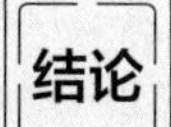

不适用于完全自主的机器人。

我们喜欢树莓派 Zero 型产品，并为我们的项目购买一台。这样可以大大节约成本，是一个非常明智的选择。然而，许多人在刚接触树莓派时，发现使用它们必须购买额外的适配器并在使用图形用户环境时非常缓慢，都对此感到失望，并放弃了这么好用的机器人控制器。

1.2.3 树莓派2B型

树莓派2B型是我们发现的第一个真正适用于自主机器人项目的型号。1GB内存和四核处理器让它开始像一台真正的电脑，而不是像我在1995年尝试用拨号连接上网一样缓慢。但是它需要配有Wi-Fi USB适配器，如果你没有Wi-Fi USB适配器，就必须买一个，但也仅此而已。与Zero型不同的是，它的引脚是已经焊接好了的，所以你在使用时可以直接插入相关设备。

相比于Zero型来说，树莓派2B型渐渐开始像一台真正的计算机一样，网络连接速度提高了很多，但是树莓派2B型执行一些比如网页浏览或通过VNC远程执行操作时仍然很慢。

VNC：虚拟网络控制台，全称为Virtual Network Console，缩写为VNC。这是一种通过一台计算机远程控制另一台计算机的方法，除此之外也还有其他方法可以实现对计算机的远程控制，但VNC允许共享图形操作环境。因此你可以在远程计算机上做任何事情，就像直接使用计算机一样没什么区别，这在开发机器人时非常有用。

树莓派2B型相对来说是适用范围更广泛的一种，当然这是基于我们已经拥有一个Wi-Fi USB适配器的情况。否则我们可以用相同的价格购买到速度更快的3B型号。即便你的机器人不要求有更快的响应速度，但你还是会倾向于响应速度更快的机器，无论你是在开发测试代码，还是在运行已经完成的项目，当点击鼠标后不得不等待很长时间时，我们会变得不耐烦，然后注意力就涣散了。

1.2.4 树莓派3B型——最好的选择

根据我的使用体验来说，我认为树莓派3B型是最好的选择，因为它在功耗、速度和内置功能之间达到了最佳平衡，都有很好的表现。这代机型有个很大的提升，就是它是首款内置Wi-Fi和蓝牙的机型，这样就意味着我们不必要再另外购买Wi-Fi USB适配器了。与树莓派2B型相比，新的树莓派3B型具有更快的CPU，使用起来非常流畅。树莓派2B型通常仅需一个散热器就能够满足它的散热需求，而3B型在拥有一个散热器的基础上，最好再加上一个用于冷却的小风扇来散热，特别是将树莓派3B装在一个封闭的空间内时，树莓派3B通常会发热比较严重。如果芯片的温度过高，树莓派3B会自动降低运算的速度。虽然从整体的层面上来讲，树莓派3B已经不用再加装其他外部配置了，但是为了效率起见，加装散热片和小风扇仅需几美元而已，这绝对是值得的。

我们在树莓派家族中有了一个赢家！在所有的树莓派型号中，我会选择这个用于我的所有移动机器人项目。

1.2.5 树莓派3B+型

尽管树莓派3B+型拥有更快的处理速度，但我认为它并不是机器人控制器的最佳选择，尤其是对于移动型机器人而言。根据很多关于这部机型的非官方测试报告，它的速度提高得不多，大约只快了10% ～ 15%，但代价是耗电量增加了50%。对于依赖电池供电的移动机器人来说，耗电量是一个至关重要的因素，虽然没有精确测量电池的消耗时间，但是这个差异是显而易见的。此外，更高的功率输出也意味着需要更强的散热措施。但3B+型增加了第二个Wi-Fi频段，这对于某些应用场景可能有益，但并非必需的。

综上所述，我们后续章节想要做的一切都可以在 3B+ 和 3B 这两个型号（或者 2B 型）上正常运行，所以选择权在你的手中。我们会选择把 3B+ 型号放在桌子上，让它可以一直连接到墙上的电源插座，并选择使用普通的 3B 型号的树莓派来控制我的机器人。

1.2.6 树莓派4代

我开始写这本书后不久，树莓派基金会发布了全新的4B型号。它配有一个更快的处理器，并且拥有最高4GB的内存选项，以及其他重要的硬件也有很大的变化。这确实使得机器变得更快了，同时这也意味着需要对软件包进行重大的更新，以使它们兼容。到目前为止（2020年2月—大约7个月后），操作系统和其他软件开发人员仍在努力制作与我们在机器人技术使用中兼容的软件包和操作系统。虽然它可以正常工作，但不要指望使用简单的一键安装的方法就可以配置好树莓派4，即使是一个简单的机器人，我也不得不安装和编译很多标准软件包。

即使软件赶上了硬件，使用方式也变得像树莓派3B一样简单，我也没有看到额外的功耗带来很多好处，但是据说，与树莓派3B相比(甚至与3B+相比)，它们之间还是有着很大的区别，新一代机型也带来了很多好处。

虽然树莓派4B的潜力巨大，但对于我们这些更关注项目本身而不愿意花时间安装软件的人来说，它目前还不够成熟。我真诚地建议那些对Linux不太了解的人暂时不要选择树莓派4B。但如果你需要一台性能更强的机器，我推荐你考虑一下Nvidia Jetson Nano，因为它的性能更强，而且价格也不算很高。此外，我觉得我唯一想在机器人上使用树莓派4B的理由是，它可以提高计算机视觉和机器人学习的速度，而Jetson Nano正是专为这些任务而设计的。

1.3 操作系统的选择

其实和其他普通电脑一样，树莓派也有许多种操作系统可供选择，你可以选择几种操作系统来为你的树莓派工作。但很抱歉的是，Windows不是其中之一，而且我们也不希望有这么多负担拖慢了这部小机器。目前有一个Android版本正在尝试着部署在树莓派上，但我了解到这个

Android系统目前还有很多漏洞，很容易崩溃。所以我们接下来只会谈几个稳定的Linux版本。

1.3.1 Raspbian

如果你有使用树莓派的经验，那么你肯定很熟悉它的官方操作系统——Raspbian。它是目前最流行的树莓派操作系统，拥有最广泛的社区支持。在我看来，学习树莓派Raspbian是一个很好的起点，它可以用于熟悉Linux和树莓派在许多项目中的应用。我建议你可以花一些时间通过一些你感兴趣的小项目教程来熟悉Raspbian、Linux以及树莓派本身。然而，在这本书中我并不建议将其作为机器人的操作系统，下文中有详细介绍，原因显而易见。

> Raspbian 其实只是树莓派基金会用来称呼其自定义 Linux 发行版（通常简称为 distro）的名称。到目前为止，已经发布了很多个版本，因此在向互联网寻求故障排除帮助时，你需要具体指定哪个版本，才能成功得到明确的帮助回复。而这些版本的名字不好区分，如 Jessie，还有最近（截至 2020 年 2 月）的 Buster 等等，这样就导致你在指定版本时会比较容易出错。Raspbian 是在 Debian 版本的 Linux 基础上发行的。

虽然从它的性能上来讲，Raspbian绝对可以用于像我们即将进行的大型机器人项目，但它将需要编写更多的代码，而且还需要一定的软件安装和调试的能力。而我只是想让我的机器人开始运作就行了，不需要其他的功能。所以为了便利起见，我不会选择它作为机器人的操作系统。但是话说回来，如果你喜欢使用这个系统，那也还是可以选择的。

对于极简主义者来说，也可以选择不同Raspbian的lite版本。这是一个基本的操作系统，所有的软件包都没有自动安装，甚至没有图形界面，一切操作都是从终端窗口完成的。

> 树莓派从 micro-SD 卡运行有个好处就是，它们很容易更换。我经常出去学习交流都会带着树莓派，通过快速更换 SD 卡，就好像拥有了另一台完全不同的机器，可用于不同的目的。

1.3.2 Ubuntu

如果是刚接触Linux的人，对Linux不太了解，可能常常会感叹它有那么多版本。Debian、Ubuntu、Mint、Red Hat、Fedora和CentOS都只是冰山一角。同样地，你也会发现每一个版本中又有很多不同的版本。Ubuntu也是其中之一，它的版本也有很多，但是这里我们只谈谈其中两种：一种是Ubuntu的完整桌面版本，还有一种是精简的版本叫Lubuntu。

Ubuntu的完整版对于低调的树莓派来说太重了，我们从许多不同的方面对此做了一些实验，发现一个叫Lubuntu的版本，在该版本上获取或运行我们所要的一切都是非常流畅的，并且使用体验非常好。同时它也提供了图形环境，但省略了许多额外的组件。虽然有一些附加组件确实很好，但我们并不会使用到它们。

如果你打算使用台式电脑或笔记本电脑对机器人进行操作，我建议安装完整的桌面版本。其实，这也是我日常操作的系统，我用它来打字聊天。此外，还有一种方式可以让你在不放弃Windows操作系统的情况下，仍然可以使用Ubuntu系统，那就是将电脑安装为双重启动方式。这样的话，你可以在每次启动时选择运行Ubuntu系统还是运行Windows系统。我强烈地推荐这个做法，尽管现在我发现自己很少使用Windows系统了。对于我来说，Ubuntu几乎可以满足我的一切需求，但是偶尔我可能也会需要运行一个在Windows上编写的程序。刚好，确实有一个名为 Wine 的 Windows 模拟器可以帮助你在Linux发行版（如Ubuntu）上运行Windows程序。这样的模拟器通常都会存在一些漏洞，当出现漏洞时，我觉得没有必要花时间去调试一个有问题的软件，因为固态硬盘的存在，我可以在几秒内重新启动。

如果你已经在主计算机上安装了Ubuntu，并在树莓派上安装了 Lubuntu，那么你就可以轻松地使用SSH远程控制一台机器，我认为这是一个非常有用的功能。虽然也可以使用 Windows 系统的机器实现远程控制，但相较于Windows系统中通过在CMD安装对应的软件来完成SSH远程控制，Ubuntu可以在键盘上按下“Ctrl+Alt+T”打开终端窗口，然后在命令提示符下输入“ssh-X lloyd@lloyds_raspi.local.”就可以实现远程控制，可以说Ubuntu的方法更加简单。稍后我们会详细介绍 SSH，现在，你只需要知道这个功能非常有用。因为这样你就不必跟着你的机器人移动，你可以在一个舒适的地方远程控制你的机器人。

在机器人项目中，使用Ubuntu系统不仅仅可以通过远程控制从一台机器控制另一台机器，另一个好处就是可以让系统内的所有机器人完成机器人进程上的协作。我稍后会向你介绍一种非常强大且免费的软件，它赋予机器人相互协作的能力，除此之外也还有其他功能（这个我们稍后会详细说明）。这个软件在Ubuntu和 Lubuntu上运行的效率极高，但在其他发行版上运行的效率可能就没有这么高了。

1.4　操作系统的安装和设置

接下来，我们将介绍树莓派操作系统的安装和设置。首先，应该准备一台运行合适Linux版本的电脑，如果你不想在你常用的电脑上安装 Linux，则可以通过装有Linux的USB闪存盘来启动它，并可以直接从闪存盘中运行该系统。

如果直接从闪存盘中运行会有个缺点，它的响应会比较慢一些，但Ubuntu也支持这种运行方式。如果你准备配置一个树莓派2B、3B或者3B+的操作系统，我建议你跳过接下来的内容，直接去阅读第9章“协调各个部件”，在这一部分中有介绍到一个比较快捷的方法，即通过烧录一个已经设置好的树莓派操作系统镜像到你需要设置的新机器中去，其中包括了一些以后我们可能会用到的软件的设置。这种快捷的方法是由一家私人的公司维护的，为了防止他们因为某些原因而撤销这种快捷方法，后面章节我们也还介绍了通过自己动手设置的具体细节。除非你想通过自己去完成设置，否则请按照第9章“协调各个部件”中的具体指示进行操作，然后再回来查看代码块的设置说明。

> 在谈到计算机操作系统时，镜像其实就是一种文件的存储方式，它可以把一个已经设置好的软件或系统中的所有内容打包成一个单独的文件，是一个文件，而不是一个安装包。通过镜像，你可以不需要一一按照安装提示来设置你的系统，可以直接下载一个镜像并直接开始运行。相同地，你也可以根据自己的需求制作一个镜像来备份你的操作系统，这样有一个好处就是，你可以根据自己的具体使用情况把它设置成你喜欢的模式，在使用时就比较方便，还有就算你对它进行了修改或者在运行时出现了错误，都可以很容易地恢复到最开始设置的样子，这样就可以减少很多麻烦。

1.4.1 在笔记本电脑或台式电脑上安装完整的Ubuntu桌面操作系统

在这一小节中，我不打算用太多的笔墨去讲述如何在笔记本电脑或台式电脑上安装Ubuntu操作系统的完整版本，因为这根本就不是我们想要的树莓派版本。当然，如果你真的想要在笔记本电脑或台式电脑上安装完整的Ubuntu操作系统，你也是可以选择安装这个版本的。还有一点就是，你既可以选择将Ubuntu安装为唯一的操作系统，也可以选择与Windows两个系统一起安装，做成双系统启动，这一切都取决于你自己。在机器人上可以支持双启动，只不过启动时间会延长几秒，这是由于在启动时你需要选择想要启动的操作系统，这里会有一个等待计时，如果计时结束还未选择，它将自动启动到默认的系统。

无论你决定使用哪种方式，首先，你要备份你的硬盘驱动器，即使你拥有一台全新的机器，而上面没有你需要的东西。这些东西安装起来比较容易，但是在烦琐的安装过程中难免还是会出错的，有时甚至会导致机器无法操作甚至无法恢复，以至你不能继续后面的操作步骤，那这就很糟糕了。

当你开始安装Ubuntu时，你可以前往“https://ubuntu.com/download/desktop”网页，在那里有如何在其他Linux发行版、Windows甚至macOS系统的机器上安装Ubuntu的说明。根据上面的说明，Ubuntu的安装会变得很简单，你只需要下载相对应的镜像，并将其复制到你的USB闪存盘驱动器中，然后再重新引导该USB闪存盘驱动器，并按照屏幕上的指示来进行操作即可完成安装。我们的建议是安装最新的且带有长期支持（LTS）标记的版本。即使有更新的版本可用，也不能保证它们会保持不变，而其他软件的开发人员往往会根据LTS版本来进行开发。

1.4.2 在树莓派上安装Lubuntu系统

在树莓派上安装Lubuntu系统，这个过程需要从另一台机器上开始。但是，如果你的树莓派上已经运行Raspbian操作系统或其他操作系统，并且还有另一张可用于树莓派的微型SD卡，那么你也可以从树莓派上完成此过程。关于存储卡，你可以选择使用8GB的存储卡，但这样存储空间可能会比较紧张甚至会不够用，我建议是至少使用16GB或32GB的存储卡。但是，大于32GB的存储空间可能会剩余很多，并且由于格式差异，会有一些额外的步骤，因此我们在本书中不会使用大于32GB的存储卡。我们在上文中也提到有一个捷径可以完成这些内容，我们将在第9章“协调各个部件”中向你展示具体操作步骤。但是也有一点小小的不足，因为这种快捷的方法是由一家私人的公司维护的并保持他们的网站和操作系统镜像的更新，所以我们也还会向你展示如何自己完成所有操作的具体方法。当然这会让你在系统安装时就遇到挑战，因为当你在使用的过程中遇到奇怪的问题时，就不得不对该故障进行排除。当然如果系统是你自己独立安装的，那也是非常好的，因为这更有利于你了解树莓派上正遇到的问题，进而更有利于你完成故障排除。相比于上述两种安装途径，我们不得不承认使用快捷方法进行设置是非常简单且不费时间的，但是由我们自己完成系统的安装将有助于我们更好地理解树莓派。

在新电脑上安装Ubuntu，你可以按照上文进行设置，请按以下步骤安装Lubuntu到你的micro-SD上：

1. 在网络浏览器中，在“https://ubuntu-pi-flavour-maker.org/download”网页上选择Lubuntu版本；
2. 加入你的下载文件夹；

3. 右键点击以“lubuntu”开头、以“.img.xz.torrent”结尾的文件；

4. 选择用“Transmission”打开；

5. 在Transmission中选中该文件，并设置目标位置（可以与下载的文件夹相同），然后按下绿色播放按钮开始下载，详情见图1.3；

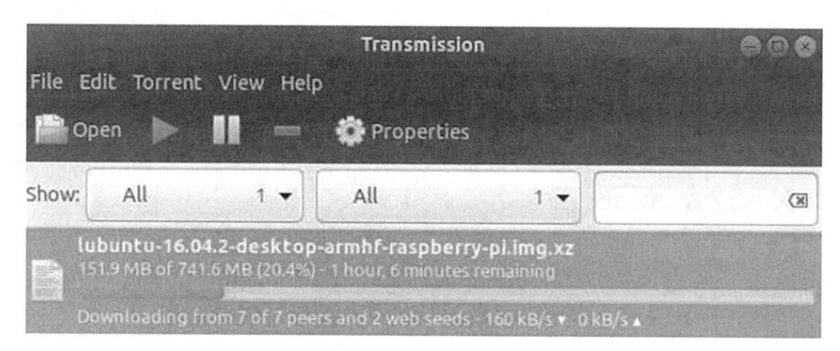

图1.3　Transmission的控制屏幕

6. 当它已经完成信号发送后，你可以关闭Torrent和Transmission；

7. 使用文件浏览器进入下载文件夹；

8. 右键单击以“lubuntu”开头并以“.img.xz”结尾的文件；

9. 选择用磁盘镜像写入器（图1.4）打开，然后会弹出还原磁盘镜像窗口；

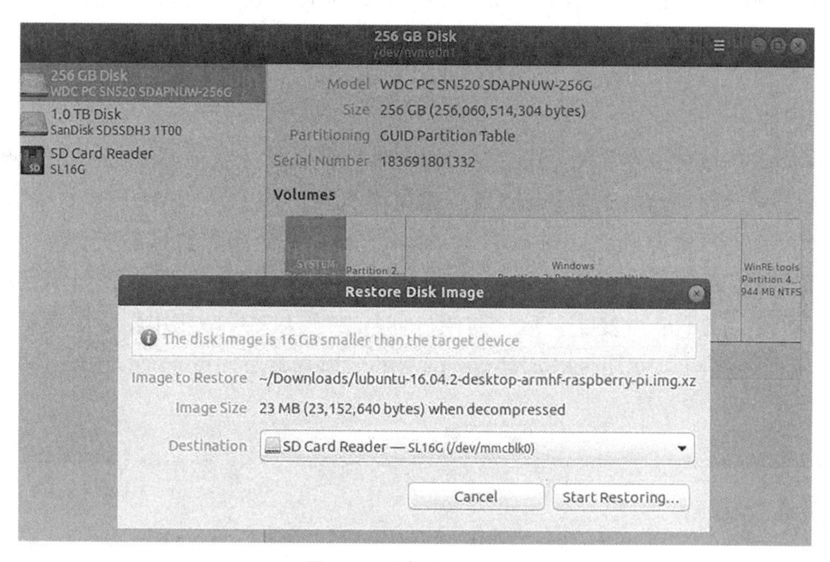

图1.4　磁盘镜像写入器

10. 把你的micro-SD卡插入一个适配器，然后再插入你的电脑，并选择它；

11. 仔细检查一下，要确保选择的一定是你的SD卡，而不是你电脑的硬盘；

12. 点击“Start Restoring”并等待一段时间；

13. 等它完成后，弹出SD卡，并将其插入树莓派上的插槽，使用功率为2.4A的电源和电缆给树莓派供电。

以上就是使用Linux系统的计算机完成树莓派烧录的方法。如果你运行的是Windows 或macOS，过程也是非常相似的。但你可能需要谷歌搜索详细的步骤，但最终，你所做的事情都

是相同的:

1. 下载用于树莓派的Lubuntu镜像;
2. 将镜像加到一个micro-SD卡上;
3. 将micro-SD卡插入树莓派中并开机。

> 我们不能贪图便宜去购买劣质的 micro-SD 卡，毕竟它除了价格便宜点，没有别的优点了。除了存储大小经常比广告宣传的要小之外，读 / 写速度也经常要慢得多。由于整个操作系统都是从 micro-SD 卡上运行的，如果使用劣质的 micro-SD 卡，会对我们造成巨大的影响，可能会导致一个性能好的、运行很快的树莓派运行得像一个很便宜的型号一样慢。我建议从一个信誉度良好的商家，购买一个质量好的 16GB 或 32GB 的 micro-SD 卡。

在给树莓派接通电源之前，你要确保已经将其插入了HDMI显示器，否则它可能会自动关闭HDMI输出。这时你可能会感到奇怪，想知道它为什么不能工作。还有，如果它在一开始时就出现彩屏的现象，首先你要检查一下是不是新的电源和电线的问题，它们适用于你的手机并不意味着它们可以适用于树莓派，因为有可能不能为树莓派提供足够的电流。这些产品的功耗比较大，尤其是3B和3B+。但是也不能用你的电脑的USB端口给它们供电，否则有可能损坏它。读者可以买一个2.4A或更大电流输出的电源，这里我们的建议是买一个3.0A的。

第一次启动将与其他新计算机的启动非常相似，你可以按照屏幕上的具体提示设置语言、时区等内容，并确保你的电脑启动时可以第一时间连接Wi-Fi，这可以为你节省一些额外的更新时间。当然，也可以用以太网，但你的机器人移动就会被限制，而Wi-Fi不会限制，所以Wi-Fi是最佳选择。

在Linux操作系统中，你需要做的第一件事情就是熟悉“Ctrl+Alt+Tab”的正确用法，这个操作会打开一个带有命令行的终端窗口。如果你遇到一些无法解决的问题，或者一切都卡住不动了，在你拔下插头之前，可以尝试调用一个终端窗口并尝试着关闭或者重新启动。因为，如果强制切断电源，此时micro-SD卡正在写入，那SD卡可能会损坏。如果micro-SD被损坏，基本上就不能恢复了。这个时候，你就必须从头开始使用新镜像重新烧录卡。一旦有了终端窗口，你可以使用 sudo reboot 或 sudo shutdown now 安全地执行任何你想做的操作。

> 如果 SD 卡在写入过程中被切断电源，SD 卡就会受到损坏，所以我们要尽量避免在没有正确关机的情况下切断电源。

接下来，你应该做的第二件事是熟悉使用“sudo raspi-config”启动一个独特的树莓派配置工具，这个操作可以帮助你更改默认的用户名和密码。然后在“interfacing options(接口选项)”窗口中，你可以启用camera、SSH、I2C和Serial等选项，因为这些高级的设备在我们的项目中基本上都需要使用。此外，你还应该进入高级选项，并选择“Expand Filesystem（扩展文件系统）”，这样你可以扩展SD卡上的可用空间，因为“Imagewriter（镜像写入工具）”占用了SD卡的大部分空间。

最后，你还需要更新存储库和软件包。如果你还不知道这是什么意思，不用担心，用Ctrl+Alt+T打开终端，然后运行:

```
sudo apt update
sudo apt upgrade
```

接下来，弹出一个请求，你只需键入“Y”就行了，这个过程会需要较长的时间。

1.5　编程环境（IDE）的安装和设置

使用还是不使用IDE，当然取决于你自己。但是在我看来，我喜欢使用IDE来编写除了最小程序以外的所有程序，因为它可以帮助我组织包含文件和自动完成等功能。为了帮助那些喜欢IDE但是对Linux或树莓派不熟悉的人，我将用足够的篇幅来介绍启动和运行IDE。

1.5.1　在笔记本电脑或台式电脑上安装VS Code

根据以往的使用经验，我比较喜欢使用VS Code［全称Visual Studio Code（视觉工作室代码），是一款由微软开发且跨平台的免费源代码编辑器］。虽然从技术上来讲，它只是一个文本编辑器，而不是一个IDE，但是它有很多的插件和功能，以至于在使用的时候会忽略这两者之间的界限。我最开始使用的是VS Code，而没有选择普通的Visual Studio，其原因是在与他人进行合作时，VS Code的项目兼容性要优于Visual Studio。像Visual Studio这样的真正的IDE，会在你的项目包中添加许多额外的小文件和文件夹，以致在与使用不同IDE甚至同一个IDE的不同版本的人合作时，也会带来很多麻烦，从而降低工作效率。仅仅因为这个原因，就足以让VS Code作为我的笔记本电脑和台式电脑上的编程环境，但不幸的是，它还不能在树莓派上运行。

要在Ubuntu计算机上安装它，需要用Ctrl+Alt+T打开终端窗口并运行以下命令：

```
sudo apt install snapd
snap remove vscode
snap install code --classic
```

第一个命令是用于安装Snap（通过Snap可以安装众多的软件包。需要注意的是，Snap是一种全新的软件包管理方式，它类似一个容器，拥有一个应用程序所有的文件和库，各个应用程序之间完全独立），开发人员可以在这里轻松地安装其中的软件。你可以将其与你手机上的App Store进行类比。

第二个命令是确保我们不会因为安装VS Code而出现其他任何问题。

第三个命令是使用一个Snap来安装为Linux准备的VS Code。如果提示输入sudo或管理密码以获得权限，只需在前面加上sudo并输入密码即可。要在Ubuntu中运行VS Code，只需要点击左下角图标，然后在搜索框中输入VS或Code，就可以找到它，再右键单击，选择运行或选择添加到收藏夹。收藏到文件夹后，你就可以直接在屏幕一侧的收藏夹栏中找到它。请参见图1.5。

我很遗憾地说，我还没有找到在树莓派上运行VS Code的方法。我尝试了一些在网上找到的方法，但没有一个可行的。这就让我们考虑一个适用于笔记本电脑或树莓派的选项：Code Blocks。我在笔记本电脑上使用VS Code，在树莓派上使用Code Blocks。

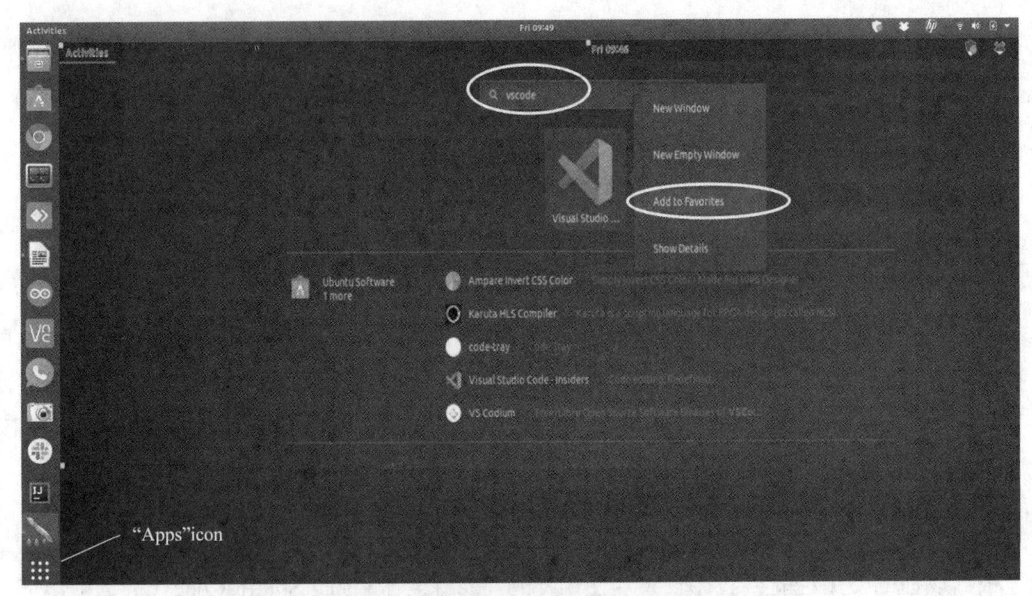

图1.5　在收藏夹栏中添加VS Code

1.5.2　在树莓派上安装Code::Blocks

如果你还没有自己喜欢的IDE，可以尝试一下Code Blocks。虽然有更轻量级的IDE，但我发现其他一些IDE的设置，相比于它的价值，麻烦要多得多。Code Blocks非常简单，所以我选择使用它。要安装Code Blocks，请在终端中输入以下命令：

```
sudo apt install codeblocks
```

要想启动项目，只需在终端命令框处输入“code blocks”即可，接着单击“Start Project→Console Application→C++”，再输入你的项目名称和想要安装的位置，然后单击“Next”。

此时，默认编译器应该已经显示在屏幕上了。一般情况下，你应该是已经安装了GNU GCC编译器的，Code Blocks应该会自动检测到它。如果Code Blocks还提示“请将其设置为默认编译器”，那你可以将其设置为默认编译器，除非你有其他的个人偏好，那就可以不用。如果你已经有了足够的使用经验，不需要我的帮助，也可以安装和设置它，然后下一步请确保“create release”和“create debug”都被选中，然后单击“Finish”。在左边，你就会看到自己的项目，并在它的下方有一个名为“Sources”的文件夹。你可以双击“Sources”文件夹，就可以看到项目中的所有文件。然后再双击“main.cpp”，你将会看到一个“Hello World!”输出，这说明程序已经编写完成。最后点击“Build→Build and run”，界面上就会弹出一个小的终端窗口并显示你的问候“Hello World!”语句。这样，你就已经准备好了所有的编译环境。

> 最后值得一提的是，如果Code Blocks不稳定，随时可能崩溃，你可以通过禁用符号浏览器来解决这个问题。具体操作如下，单击“Settings”选项卡中的编辑器选项，然后在左侧窗口中，选择“Code Completion”，当代码完成的窗口打开时，单击符号浏览器选项卡并选中“disable symbols browser”复选框。到目前为止，这个解决方法可以适用于我所有型号的树莓派。

1.6 总结

在第1章中，我们已经迈出了很大一步，选择了一个将用来控制第一个机器人的计算机，并在上面安装了一些Linux版本的操作系统。如果我们是Linux新手，我们已经在上文中讲述了使用Linux命令来进行一些基础的设置，并安装了一个编程环境，在本书的其余部分中，将讲述我们应该如何使用它进行软件开发。

由于树莓派非常受欢迎，价格合适，并且特别适合机器人计算机的选择，我们将在第2章"GPIO硬件接口引脚的概述及使用"中，讲述如何使用将它与之前的大多数小型计算机区别开来的主要功能——GPIO引脚。我们将在机器人技术中广泛使用这一功能，以弥补软件和机器人生活的物理世界之间的差距，所以接下来让我们花一些时间来学习和了解它们。

1.7 问题

1. 最低可用的树莓派型号是什么？
2. 机器人选择的操作系统是什么？
3. 在Linux中如何使用命令提示符打开终端？

第2章 GPIO硬件接口引脚的概述及使用

2.1 简介

GPIO引脚是让树莓派电脑大受欢迎的原因之一。本章是一个速成课程，涵盖了一些基础的电子知识，让你可以在任何类似的计算机或微控制器上使用类似的输入/输出引脚。还会谈及如何在程序中使用树莓派的GPIO引脚来控制设备以及如何从传感器、开关等器件中读取信息。如果你不是树莓派GPIO或基础电子学方面的老手，那请好好学习这一章的内容，因为在你的机器人生涯中，将会经常用到这些知识。

在本章中，我们将主要介绍以下内容：

- 什么是GPIO引脚
- 程序员的电子学101手册
- 输出数据的类型
- 输入数据的类型
- 将GPIO用作输出，并解释相关的电子基础知识
- 将GPIO用作输入，并解释相关的电子基础知识
- 如何使用C++程序访问树莓派的GPIO
- 第一个Hello_blink数字输出程序
- 用数字输入控制数字输出
- 回调函数：用数字输入调用函数

2.2 什么是GPIO引脚

作为计算机程序员，我们可以编写软件，用数字、图像和数据做一些很酷的事情。然而，当涉及在物理世界中实现某些事情时，我们需要一种方法来将程序中的二进制代码与硬件设备

如开关和电机等硬件连接起来。这就是GPIO引脚的作用，可作为连接软件和硬件的桥梁。在电机和开关学会读取显示器的数据并遵循我们的意愿之前，作为机器人开发人员，无论是在微控制器还是像树莓派这样的单板计算机（SBC）上进行开发，我们拥有的最强大也最有效的工具就是控制器上的GPIO引脚。

直到最近，我们不得不在计算机上编写程序，然后使用一些额外的硬件来对微控制器进行编程，接着使用它的GPIO引脚来处理硬件方面的问题。或者，我们可以将另一个接口设备连接到串行或USB端口，该设备将根据计算机上的程序来处理硬件。这些仍然是常见且有效的工具，但随之也带来了额外的麻烦和费用，所以这并不总是可取的。然而值得庆幸的是，Raspberry Pi基金会于2012年推出了一个小型单板计算机，这个小型计算机将CPU和内存集成在同一块小型板上，并在开发板上配有26个GPIO引脚。这就是Raspberry Pi 1B型号的树莓派机器，备受教育和业余爱好者的喜爱。图2.1显示了最初的26针GPIO接头以及较新的40针GPIO接头的布局。

3.3v	5v
GPIO2	5v
GPIO3	ground
GPIO4	GPIO14
ground	GPIO15
GPIO17	GPIO18
GPIO21	ground
GPIO22	GPIO23
3.3v	GPIO24
GPIO10	ground
GPIO9	GPIO25
GPIO11	GPIO8
ground	GPIO7

(a) 26针GPIO接头

3.3v	5v
GPIO2	5v
GPIO3	ground
GPIO4	GPIO14
ground	GPIO15
GPIO17	GPIO18
GPIO21	ground
GPIO22	GPIO23
3.3v	GPIO24
GPIO10	ground
GPIO9	GPIO25
GPIO11	GPIO8
ground	GPIO7
XXXXX	XXXXX
GPIO5	ground
GPIO6	GPIO12
GPIO13	ground
GPIO19	GPIO16
GPIO26	GPIO20
ground	GPIO21

(b) 40针GPIO接头

图2.1 最初的26个引脚和现在的40个引脚的树莓派GPIO接头

图2.1中（a）图为26针树莓派GPIO接头的引脚布局，（b）图为40针树莓派GPIO接头的引脚布局。虽然树莓派的GPIO接头由26针发展到了40针，但保持了相同的布局，因此与早期型号（最初的树莓派）匹配的设备仍然可以在较新的树莓派上使用。如今，40针的树莓派GPIO接头已经成为标准，许多SBC制造商竞品都复制了这种布局，并且100%兼容任何为树莓派制造的电路。如果他们希望参与竞争，这也是有道理的，因为现在有很多配件设备是由第三方为树莓派制造的。

> 在使用树莓派一段时间后，你会遇到称为帽子的东西。帽子只是用来安装在GPIO引脚顶部的附属硬件设备。它们可以节省时间，但我从来不喜欢它们，因为它们需要特定的GPIO引脚，而这些引脚可能已经被占用了，并且往往会阻止对一堆引脚的访问，尽管它们自己只需要几个引脚。所以我更喜欢通过导线将树莓派对应的pin口连接到一个独立的设备上，以节省引脚并且可以减少很多麻烦。

2.3 GPIO到底是做什么的呢？

对这个问题的简单的回答是，它们要么输出一些电压来打开或关闭某些东西，要么读取输入电压。为了更好地理解这一点，让我们来复习一些电子学基础知识。

2.4 程序员的电子学

我不打算给你们介绍一大堆的技术细节，但是电都是关于电子和电子移动的。如果一个位置的电子比相邻位置的多，并且用导体将两者连接起来，电子就会试图从多的地方移动到少的地方，这样就可以做功了。这就是电池的工作原理，即有一个含有大量电子的负极和一个相对缺乏电子的正极。如果你用一根导线把两极连接起来，多余的电子就会从负极涌向正极，产生热量和电磁场。

在此，我相信你已经听说过伏特、安培、功率，也许还有欧姆这些术语。这些都是用来描述电学中某些内容的术语，我们需要对每一个术语都有基本的了解，以便能够设计电路或安全地修改示例电路以满足我们的特定要求。常用术语的简短定义如下：

- 伏特：电力压力或强度的测量单位；
- 安培：电流（流量）的计量单位；
- 欧姆：电阻的单位；
- 瓦特：功率单位，伏特 × 安培 = 瓦特；
- 串联：端到端排列的电气元件，每个元件只有一根导线连接到共同点上；
- 并联：并排排列的电气元件，两端的导线有一个共同的连接点。

我认为首先要理解基本的电，最简单的方法之一就是把它想像成一种流体，就像水一样（水系统和电力系统的计算方法非常相似）。我们的导体(电线)将像管道一样，而其他的将在下面介绍，请继续往下读。

注意

在直流（DC）电路中，例如电池供电的电路，电子总是朝着相同的方向流动。拥有计算机这类控制器的电子项目在很大程度上都会选择这一种电路。在交流(AC)电路中，电子流的方向每秒都改变很多次。这对于改变电压和长距离传输功率很方便，但对我们机器人中的大多数部件来说是很不好的，如果你在没有经过适当培训的情况下就去操作伴随着高电压的AC电路，对你来说也是不好的。因此，让我们坚持使用电池和直流电源作为输入吧。

伏特是用来测量电压的单位，它可以被认为是电强度或压力。当管道中有水压时，这便是等待机会来做功的势能。电压也是如此，它只是一堆电子被激发来做功的。就像打开你花园里加压水管上的阀门，为水的喷洒打开了一条路一样，一旦有一条路从电势大的地方(电压)通向电势小的地方，电子就会开始流动。我们称这种流动为电流。图2.2展示了我们如何在称为原理图的接线图中表示电流的不完整路径（断开）和完整路径（闭合）。

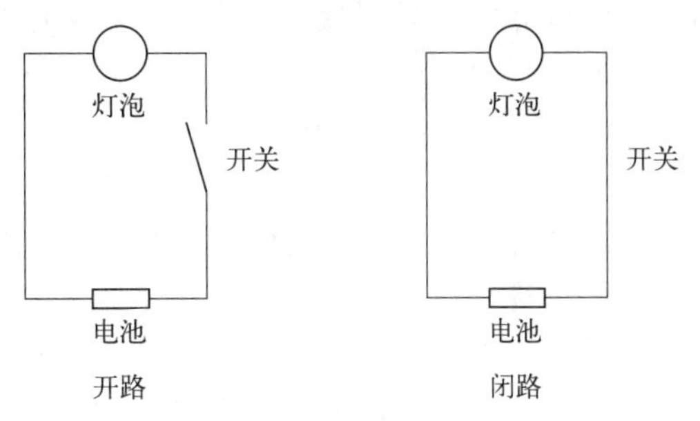

图2.2　不完整(左)和完整(右)的电流通路示意图

> 我们把完成电流的路径称为“闭合电路”或“完成电路”。当你用开关打开灯时，就已经关闭了电路。在那之前，电是无法到达灯泡的。

安培(Amps)是用来测量电流的单位，它是对每秒有多少电子流动的计数。回到我们用水来做类比，如果在软管中有更大的压力，每分钟内将有更多的水流动。因此，如果我们在闭合电路时有更大的电压，我们就会有更大的电流。如果你想减少水流，则可以采取一些措施来抑制水流，比如关闭一些阀门。如果需要改变流过导线或设备的安培数，你也可以增加或减少电阻。

欧姆是我们用来测量电阻的单位。如果没有电阻，电子的流动可以接近无穷大(它的温度会变得高到足以熔化电线或烧毁设备)。我们永远不想直接从GPIO引脚为设备提供电源，为此我们需要添加一些电阻。由于现代化、廉价的组件制造技术，目前许多设备都具有内置电阻器。

伏特、安培和欧姆之间有一个非常严格的关系，我们可以用一个非常简单的数学公式来理解：V=I×R。V代表电压，单位是伏特（V），R代表电阻，单位是欧姆（Ω），I代表电流，单位是安培（A）。和任何数学表达式一样，如果我们已知任何两个值，那么可以通过移动来解出第三个值。例如，如果知道一个电源有5V电压，我们将万用表设置为欧姆挡来测量一个设备，它的读数为10Ω，5V除以10Ω就是0.5A，也就是500mA。这种关系称为欧姆定律，我强烈建议你花点时间去研究它，那将会远远超过在本书中你所能学到的。我在图2.3中提供了一个非常基础的图表。读者需要对这些公式非常熟悉。

伏特 = 安培×欧姆	瓦特 = 安培×伏特	
$V = I \times R$	$P = I \times V$	P的单位是瓦特(W)
$I = V/R$	$I = P/V$	V的单位是伏特(V)
$R = V/I$	$V = P/I$	I的单位是欧姆(Ω)
		E有时候使用伏特(V)为单位

图2.3　欧姆定律和瓦特定律

瓦特是功率的单位，根据瓦特定律，它是伏特和安培的乘积。这一点很重要，因为许多设备的额定功率是以瓦特为单位的。例如，电机的额定功率为瓦特或马力(1马力 = 74W)。如果你有一台12V、120W的电机，你可以用瓦特数除以电压来计算安培数。120W/12V=10A。现在你知道电机控制器能处理至少10A，当然，最好能处理更大电流。有时，瓦特等级更像是一种警告。例如，这个电阻器只能消耗1W。这意味着用1W除以你的电压，就可以确定你允许多少安培电流流过电阻。用安培除以1000就可以换算成毫安。如果你对一个1W的设备施加5V电压，它必须处理多少毫安电流？

（提示：1W/5V=________A，和________A×1000=mA）

串联和并联描述了元件的排列方式。串联电路是这样排列的：一个元件的末端与另一个元件的开头相连接，该元件的末端连接到下一个元件，以此类推。而并联电路则是另一种排列方式：即将每个元件的开始部分连接在一起，而每个元件的末端也连接在一起。在实际的电子学中，我们经常把串联和并联电路结合起来使用，即把两个或多个并联电路串联起来或几个串联电路并联起来。我们称它们为串并联电路，如图2.4所示展示了一个串联电路和一个并联电路。

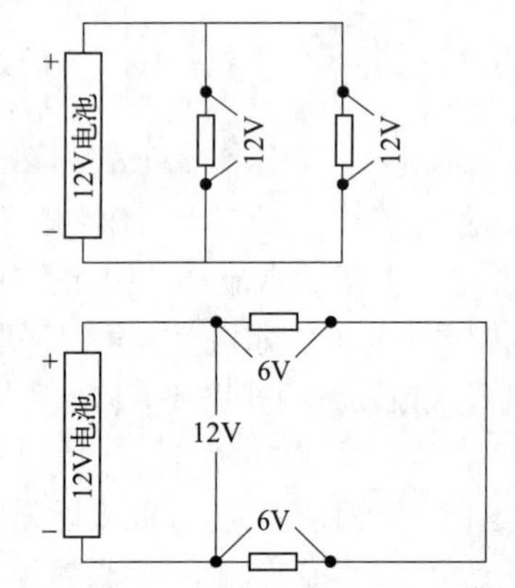

电阻按并联方式排列，并联的元件拥有相同的电压，在这个例子中，每个电阻两端电压为12V。

电路中的电阻器按照串联的方式排列，总电源电压会分配给电阻器。当(且仅当)它们都有相同的电阻时，它们将分别有相同的电压。如果它们含有不同的电阻值，那你进行计算才能知道它们的电压。因此，你需要好好研究并联和串联电路，以便更好地掌握它们。

图2.4　一个并联电路（上）和一个串联电路（下）

用于直接测量电压、电阻和电流的万用表是一种廉价但必不可少的工具，你需要熟悉如何使用它。每个万用表都不同，因此你需要阅读使用手册，以确保处于正确的模式和测量范围。在选择万用表时，注意检查它在电流模式下可以测量多少安培。一些体积较小、价格较低的万用表可以随身携带，但它们只能处理几百毫安。但如果你只打算买一个，那我们建议你购买一个可以处理10～20A电流的万用表。

如果要测量电压，那可以将测试引线与你想要测量的电路部分并联起来。比如你要测量GPIO引脚，那么你要将一根导线放在接地引脚上，另一根非常小心地放在你要检查的引脚上。在测量时，同时接触两个或多个引脚的可能性很高，因此不建议直接在引脚处测量。相反，可以在引脚上放一根跳线，在跳线的另一端进行测量，如图2.5，展示了两种测量方法。

注意

当两个元件在设计之初未考虑到的地方连接时(比如说你用万用表的测试引线在GPIO引脚上缠绕了)，被称为短路。这通常会产生不良的后果，如果两个点之间的电位足够大，就会产生过多的电流，导致某些元件被烧焦。当用测试引线探测时，如果一个GPIO引脚意外地短接到地引脚，那么可能会产生烟雾，导致很多东西受损。

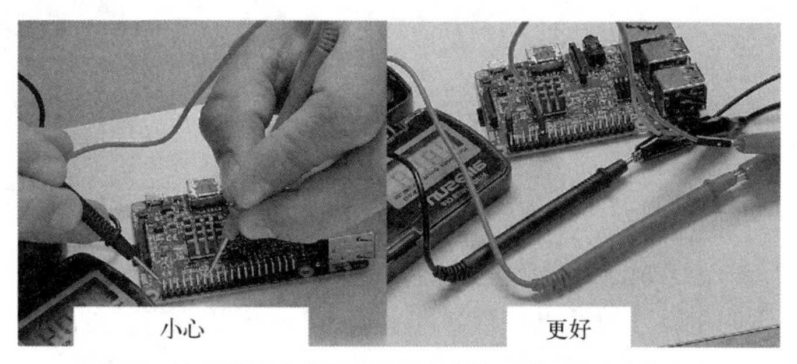

图2.5　在拥挤的集线器上测量电压的风险和更安全的方法

为了测量通过电路的直流电流，我们将电表与电路串联起来。用于读取电流的万用表的电阻几乎为零，将其与电路并联会造成直接短路，会损坏或者至少会烧断很多廉价的万用表的熔丝。图2.6展示了测量LED两端的电压和测量流过LED的电流。

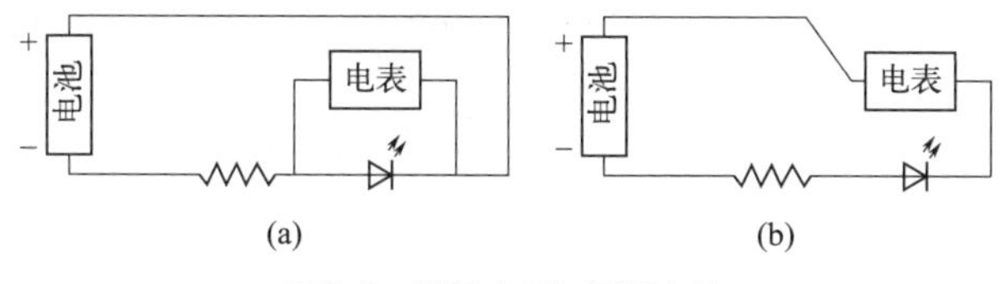

图2.6　测量电压与测量电流

图2.6（a）为测量到达LED的电压。在串联电路中，电压会因元件不同而不同，所以一定要在正确的位置进行测量。（b）图为测量流经LED的电流。其中有一个有趣的事：在像图（b）这样的串联电路中，无论你在哪里测量，电流都是相同的。

如果要测量欧姆，那可以将引线与你想要测量的电路部分并联。在电路中测量电阻可能是非常有用的，但你必须记住，读数可能会受到你不容易看到的并联路径的影响。

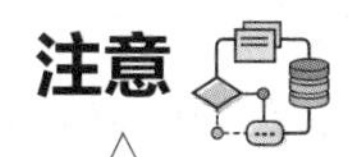

你的皮肤和身体可以导电，当然也含有一定的电阻。如果你想知道为什么你的电阻读数不准确或不稳定，那你需要看自己是否已经成为电路的一部分了。为了纠正这种情况，请确保你没有碰到万用表的两端。带鳄鱼夹的小跳线是很好的连接方式，同时可以避免你成为电路的一部分。

现在你已经了解了电压是什么，在了解GPIO引脚如何操作或测量电压以执行它们的任务之前，让我们先看看它们向外输出信号或信息的不同方式。

2.5　输出数据的类型

GPIO引脚在技术上只能满足两种情况：零电压或满电压。开或关，或者说真或假，GPIO就只有这种两种情况。然而，人类已经设计了许多创造性的方法来操纵这两个状态，以表示许多不同类型的输出数据。在你的机器人生涯中，你几乎肯定会使用以下几种类型：

· 数字输出；
· 模拟输出；
· 异步串行；
· 同步串行。

数字输出数据意味着GPIO引脚被驱动为一个0或1的逻辑值，也被称为二进制值或布尔值。数字输出模式下的引脚变为低电平，则表示假（false）。这通常意味着电压读数为0V。数字输出引脚被驱动为高电平时，表示真（true）。电压读数将是读者用的开发板上使用的高电平。树莓派的数字输出值则是3.3V。这种电压或缺乏电压旨在由另一个设备读取，而不是执行任何实际工作。High/Low（高/低）、1/0、True/False（真/假）、ON/OFF（开/关）都是描述数字输出值的方式。

模拟输出数据更类似于浮点值，因为我们可以表示介于0和高电压之间的几乎任何值，而不是简单的开或关。我们称它为模拟值有点具有误导性，因为GPIO引脚除了逻辑高和低之外并不能真正输出任何其他的电压。为了在这两者之间伪造一个模拟值，该引脚在每秒内被接通和断开很多次，从而给我们一个可以平滑到其平均值的脉动电压，这就是所谓的脉冲宽度调制(PWM)。我们将在第4章"机器人电机类型和电机控制"中学到更多关于PWM的知识并实现PWM。

GPIO引脚的其他输出类型都是两者之一的某些实现，并且通常是与其他设备进行通信的某种形式。串行通信就是一个典型的例子，在串行通信中，我们每次发送一个字节的数据。我们将在第5章"与传感器和其他设备通信"中学习更多关于通信的知识。

异步串行通信是指发送端快速改变导线上的电压级别（由低到高），并以接收机能够解码的模式返回。你可以把它想像成机器的莫尔斯电码。通常，它是通过一对电线完成的，因此每台机器都可以同时发出并接收到其他机器传递的信息。现代的CPU速度和软件允许我们用大多数GPIO引脚来模拟硬件UART，但树莓派上有两个特定的引脚用于异步串行通信（TX用于发射，RX用于接收）。异步串行通信功能非常强大，但很容易陷入双方都在等待数据的情况中。我更喜欢使用它来与传感器进行单向通信，当电源接通时，传感器就开始传输数据。

I2C是另一种具有特殊引脚的通信协议。和上述的异步串行方法这样的串行协议类似，但是你不能将多个设备连接到同一个引脚或导线上，因为它们会受到1和0的相互干扰。在I2C中，每个设备都有一个地址，并且只有在被寻址时才会做出响应。单个I2C总线上最多可以有127个设备，而这条总线只占用你的两个GPIO通信引脚以及电源引脚和接地引脚。这对于添加和更改传感器来说是非常方便的，你不需要对整个机器人重新布线。从技术上讲，I2C是I^2C（I的平方C），通常会被读成I2C。

2.6 输入数据的类型

就像我们有各种类型的输出数据从计算机发送信号或信息一样，我们也有各种方法从其他设备将信号或信息读入计算机。一般来说，我们有：

· 数字输入；

- 模拟输入；
- 异步串行；
- 同步串行。

数字输入听起来很熟悉，因为它只是在读取另一个设备的数字输出。什么意思呢？假设你将树莓派的一个引脚设置为输入，并与一个在相同电压下工作的微控制器的输出引脚相连接。微控制器负责电线上的电压，如果它将其设置为0，树莓派将读取这个电压，并向调用它的软件返回一个0或false的布尔值。如果微控制器将其引脚设置为高电平，树莓派将解析它，并返回一个1或true的布尔值。除了微控制器，你可读取任何可以驱动数字输入引脚高低电平的设备。轮式编码器(我们稍后会用到)、运动探测器和光传感器都是通过设置数字引脚的高低电平来工作的设备。你在树莓派或微控制器上运行的程序可以使用输入引脚来读取这个信号，然后根据需要采取进一步的操作。

模拟输入是指当我们需要测量超出二进制开/关值的情况时，它可以测量引脚上的电压。模拟输入可用于监测电池的充电水平或读取一个具有模拟输出的传感器。那些不直接提供数字数据流的传感器通常会将电压变化作为其输出信号。但是需要注意的是，模拟输入不能超过GPIO引脚的额定电压值，因此我们通常会添加一些硬件，例如用一对电阻组成分压器，以将其降低到安全范围。

还要注意的是，树莓派根本没有任何直接读取模拟值的能力，因此我们需要用额外的硬件，即模数转换器(ADC)进行转换。

串行和I2C输入是两种特殊情况，因为它们是双向通信方法的一部分。我们将在第5章“与传感器和其他设备通信”中讨论这些问题。

注意

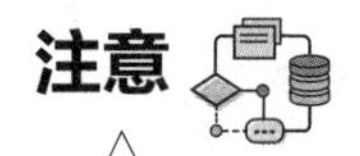

当测量电压时，我们实际上是在比较电压。万用表记录的是两个测试导线之间的电压差。通过把一根导线放在地上，另一根导线放在一个5V的引脚上，万用表显示的是5V - 0V=5V的电压。如果我们把负极(黑色)引线放在3.3V引脚上，正极(红色)引线放在同一个5V的引脚上，万用表将显示1.7V（5V - 3.3V = 1.7V）。通常在电子学中，我们会参考一些与地面相比的电压，但请注意，如果参考的探头不在地面上，可能会得到不同的读数。

注意

因为不同的电路板和微控制器使用不同的输入和输出电压，所以应尽可能选择在相同电压下工作或准备添加额外的硬件来匹配电压，这一点是非常重要的。将5V设备的引脚连接到树莓派GPIO引脚会损坏树莓派。电平移位器和分压器就是两种匹配电压的方法。

2.7 一些常见的电子硬件

在下一节开始连接电线和设备之前，我想介绍一些电子硬件方面的基础知识，这将使你更容易理解。当然，如果你经常接触电子产品，可以直接跳过接下来的一两页，只需要了解树莓派接头上各个引脚有什么用处就可以了。

2.7.1 面包板

不要从字面意思去理解，面包板并不是用来切面包的。这些是小的塑料板，上面有一堆小孔，每一行的孔都是内部连接的。这使得你可以放置一些元件和电线来构建完整的测试电路，而不必花时间去拧端子或焊接可能需要更换的连接。它们有很多不同的尺寸，图2.7是一种常见的面包板。

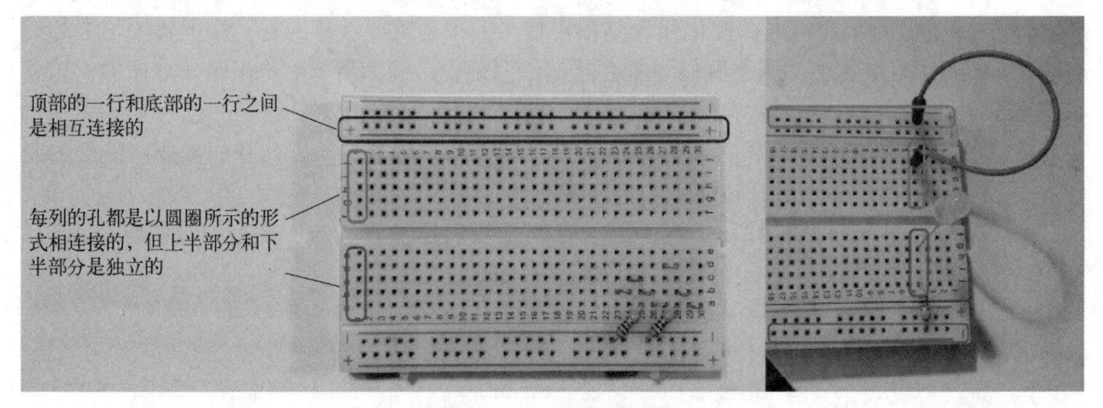

图2.7 一个常见的面包板

分线板是机器人项目中的另一个重要配件。这里有许多类型的分线板，其目的是使其他配件连接到GPIO引脚更容易。它们通常有螺旋端子和一点空间来添加元件，以及与它们所连接的GPIO引脚相对应的标签。这有助于减少在计算一长排未标记的引脚数目时犯错误。相信我，对于除了最小的项目之外的所有项目，如果没有分线板，而直接将元件连接到GPIO引脚上，可能会很混乱。拥有如图2.8所示的一块或多块分线板是非常值得的。

一些分线板，如图2.8左上角的两块，是直接插入GPIO接头上的。右边图片中的两个都是用40针带状电缆连接到树莓派上的。如果你只打算买一块，那我推荐那种插入面包板并通过带状电缆将它们连接到GPIO接头的类型，如图2.8中下面那块。这对于学习使用和测试GPIO电路来说是非常方便的。

开关是用于打开和关闭电路的设备，与你想要控制的设备串联。当你把开关打开时，它的作用就像你把两根电线连在一起，完成了一条电流流动的路径一样。事实上，有时我不会花心思去为一些小的测试电路布线，而是简单地插入一根跳线来关闭电路，然后拔掉跳线来打开电路。如果你也使用这种方法，那一定要小心，不要让悬空的电线造成短路，否则“噗”的一声就会烧坏电路器件。比较安全的做法是立即将其插入面包板的未使用部分，或者更好的做法是使用一个开关。

你可以得到各种各样的开关，如图2.9所示，有拨动开关、按钮开关、杠杆开关、浮动开

图2.8　各种各样的分线板，可以更容易地将许多元件连接到你的GPIO接头上

关，这些开关非常非常多。在这些开关中，有些在你启动它们的时候是开启状态，而有一些是瞬时开关，在你松开它们的时候就关闭了。瞬时开关(和下面的继电器)具有常开或常闭触点。常开是人们往往会自动想到的那种开关，因为按下按钮就会关闭电路。常闭表示电路已经完成，按下按钮就能打开电路。

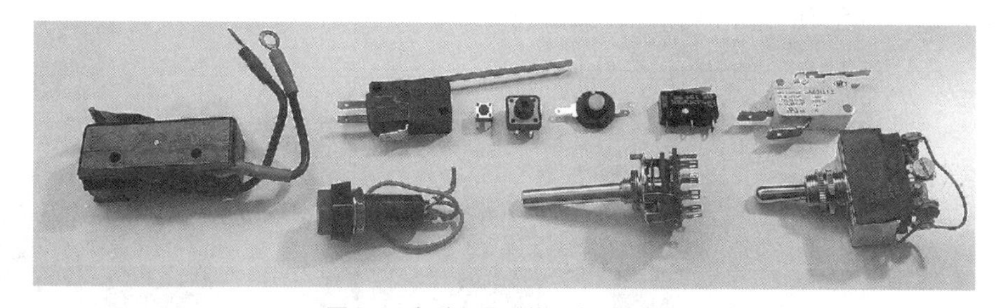

图2.9　各种不同形状和大小的开关

继电器是一种特殊的开关，因为它是使用电信号而不是手动激活的。这也是我们特别感兴趣的一点，虽然我们的GPIO引脚还不足以为任何东西供电，但我们能够利用程序控制它们的开启和闭合。我们接下来将着重介绍电气机械式继电器。

继电器有两个基本部分：一个开关和一个电磁铁。你可能还记得在小学时制作电磁铁的方法是将小铜丝绕成线圈并使电流通过它。我们通常简称电磁铁为线圈。每个线圈都有自己的一对连接电缆。开关对应一对电缆，线圈也对应一对电缆，但它们之间没有连通。图2.10展示了一个继电器的工作原理，以及它与普通开关的比较。

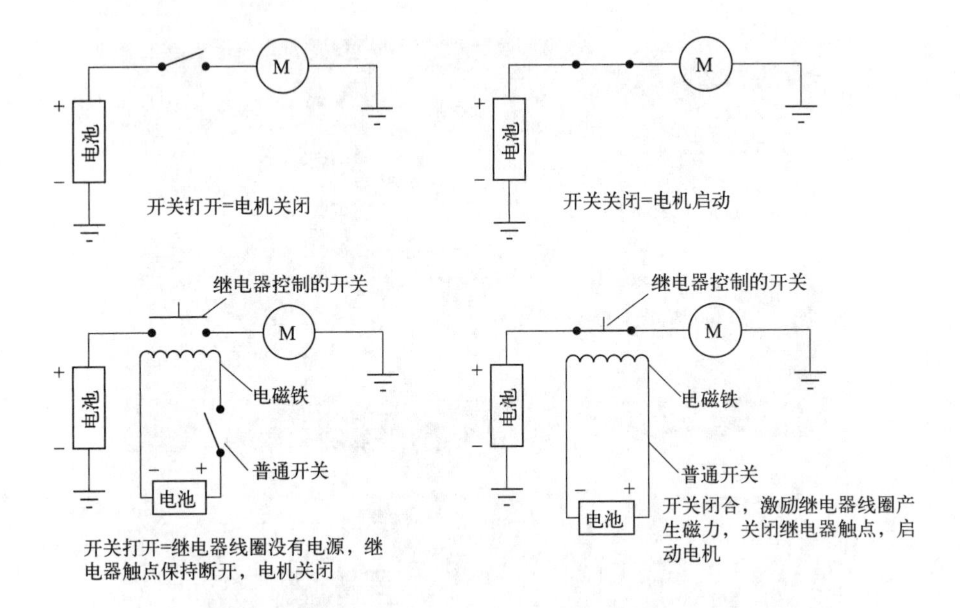

图2.10　继电器与普通开关

注意

继电器有两个独立的电路，并且它们之间没有电气连接。有时你会将两个电路连接到同一电源，但通常我们需要使用来自树莓派或微控制器的3.3V信号来启动需要 24V或更多伏的大型电机。此外，还需注意，直接从GPIO引脚为继电器线圈供电会消耗太大的电流。我们将在第4章“机器人电机类型和电机控制”中学习如何安全地执行此操作。图2.11展示了各种各样的继电器。

图2.11　各种各样的继电器

与开关一样，继电器也有各种不同的形状和尺寸。它们带有常闭和常开接点(通常都在同一个继电器上)。你可以找到线圈所需电压仅为几伏或需要几百伏的继电器。比如说图2.11右边的大继电器有一个可见的电磁铁线圈，可用于打开和关闭整个房子的空调。而板上带有额外元件的继电器称为继电器模块，这种继电器是我最喜欢的类型，因为GPIO引脚和继电器之间所需的额外电路是内置的，我可以简单地将跳线直接接到继电器模块的引脚上。

2.7.2 作为输出的GPIO引脚

现在你已经了解了一些电子学方面的基础知识，接下来我们可以讨论如何将GPIO引脚连接为数字输出。我们使用的是树莓派，这意味着我们设置为数字输出的引脚将始终是0V或3.3V。如果你能点亮微小的LED灯，那么你也可以打开10kW电机。而这一切都从树莓派输出3.3V电压开始，其余的工作就由硬件来完成吧。

在此，还有两点重要的警告：

1. 树莓派的GPIO引脚只能提供16mA的3.3V电压。这个电流是非常非常小的，但这也足以点亮一个LED，可是如果没有一个晶体管放大电路，那就无法激活继电器。

2. LED本身几乎没有电阻，所以我们必须添加自己的电阻来限制电流，避免损坏GPIO引脚。2.2kΩ的电阻对于典型的、小型LED来说就可以满足要求了。

注意 

> 不要尝试通过GPIO引脚为设备供电。试图运行最小的风扇或电机也会立即烧坏引脚，甚至整个树莓派。即使是给继电器供电也需要有像晶体管那样的放大电路。

将你的GPIO接线为输出是很简单的，只要确保其他设备可以处理你的GPIO的电压，并在电路的某个地方添加一个电阻来限制电流。在图2.12的LED电路中，无论电阻器放在LED前还是后都无所谓，只要它是串联的。并且线路上存在一个电阻，其阻值能够将电流维持在安全范围内。这意味着如果你的GPIO引脚可以处理16mA，而你的LED额定电流只有10mA，你应该使用欧姆定律来计算所需值，以使电流低于10mA。在实践中，不得不承认，我经常用一个从原理上来看电阻值过大的电阻，因为点亮LED或被另一个设备的GPIO引脚读取这类操作通常只需要非常小的电流。如果可能的话，我会始终尽量减小电流，然后再根据需要减小电阻值。图2.12显示了如何在LED电路中加入一个限流电阻。

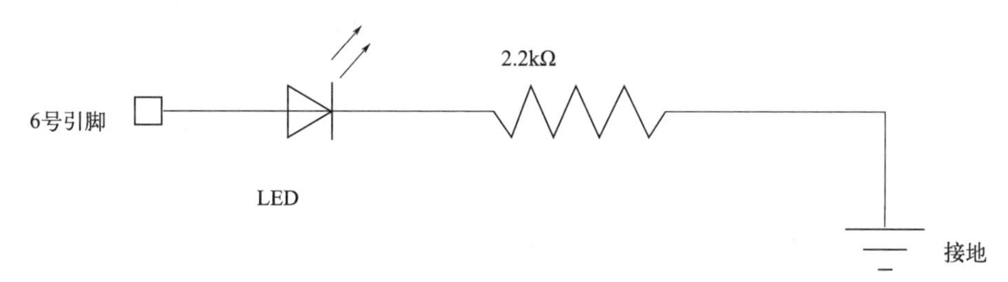

图2.12 使用一个与LED串联的电阻来限制通过GPIO引脚的电流

上面的例子中假设你使用的是树莓派，而且第6号引脚是可用的。如果LED灯是反向的，就不能工作了，所以测试时，要把线插入面包板上的3.3V，而不是插入6号引脚。如果LED不亮的话，就把它反过来连接。

注意

对于相同的40针的GPIO引脚，树莓派有两种不同的编号系统——物理引脚编号和GPIO(也称为Broadcom)编号。在本书的其余部分，我们将使用GPIO编号。请注意不要混淆了这两种方式，以免意外地烧毁你的树莓派。

2.7.3 两种引脚编号系统

树莓派的40个引脚有两种不同的编号系统，因为将Broadcom微处理器的引脚与物理引脚编号匹配是不现实的。对于刚接触树莓派的新手来说，这是一个令人困惑的事情，但掌握它并不需要很长时间。第一种数字系统是物理数字系统。找到物理引脚就像从头部左下角开始水平计数一样容易。寻找GPIO引脚的号码则需要一个如图2.13所示的图表。我在我工作台上放了一张打印的图表，并找到了一个名为RPiREF的Android应用程序，所以我的手机上也总是有一张这样的图表。

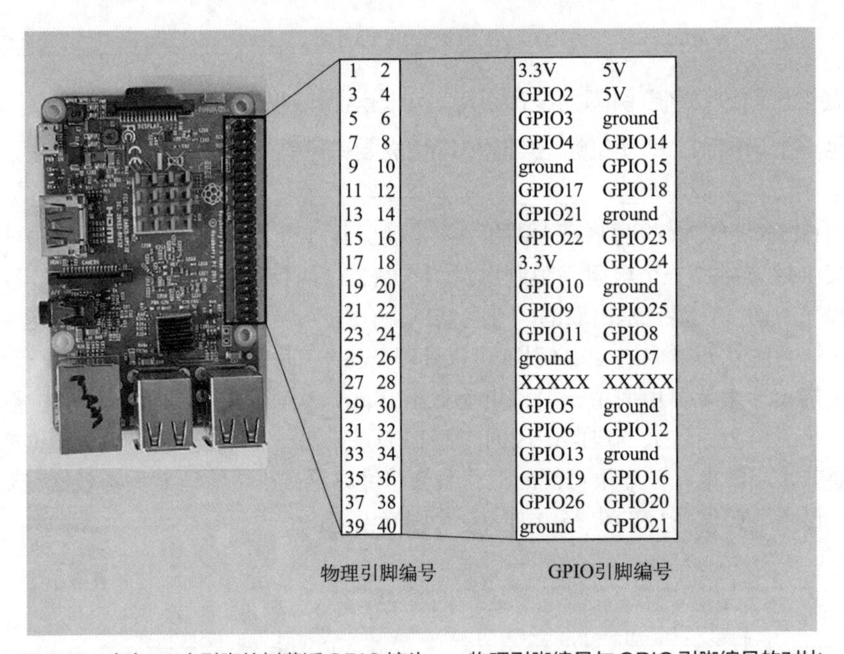

图2.13 含有40个引脚的树莓派GPIO接头——物理引脚编号与GPIO引脚编号的对比

在本书的其余部分中，我们将使用GPIO或Broadcom编号，因此我们使用的引脚6与物理引脚6不同。这就是PIGPIO和其他库引用引脚的方式，也是大多数分线板的标记方式。

2.7.4 作为输入的GPIO引脚

使用GPIO引脚作为输入比使用它们作为输出稍微复杂一些，因为当我们正在读取的设备没有主动输出信号时，我们必须做一些事情来保持引脚上的电压稳定。这通常被称为上拉或下拉。

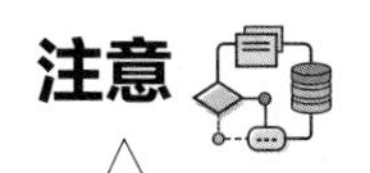

注意

绝对不要让数字输入引脚处于浮动状态。浮动是指引脚既没有被拉到很高，也没有被拉得很低或被某些设备保持在某一模拟水平。如果我们忽略电路中的上拉电阻，只要开关打开，输入引脚就会浮动。浮动引脚之于硬件就像未初始化的变量之于软件，都是不可预知，且应该避免的。

要使用树莓派的一个引脚作为数字输入来读取开关，请将某个引脚设置为输入，并通过10～30kΩ的电阻将其直接连接到3.3V的电压。这被称为“上拉”，以避免引脚出现浮动。然后你会使用另一根电线从同一引脚去接到0V(也称为地)，但需要通过一个开关。当开关打开时，该引脚会读出高电平，但如果你关闭开关，地线会克服微弱的上拉，该引脚将会读出低电平。参见图2.14。

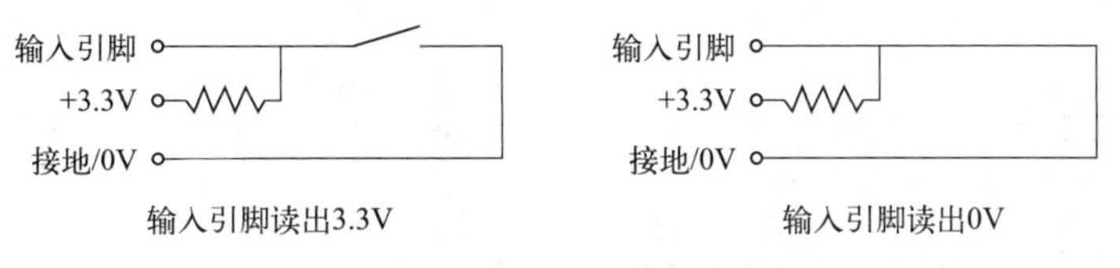

图2.14　用数字输入读取开关位置

将图2.14中的电路连接到你的树莓派，以便我们稍后来使用它。如果你想让你的代码和我保持一样，那请使用第27号引脚作为输入引脚。如果你没有开关可以使用，可以简单地断开连接到地面的电线，来模拟一个打开的开关。但请注意，不要让松动的电线接触任何东西。

从另一个GPIO引脚(也许你有两个树莓派同时工作)，或从其他任何输出正确电压数字值的数字设备读取信号时，这两者的步骤几乎是一样的。其中一个引脚被设置为输出，而另一个则被设置为输入。我们知道每个引脚都需要一个合适的限流电阻，但好消息是两个引脚可以共用一个电阻。详情请参见图2.15。

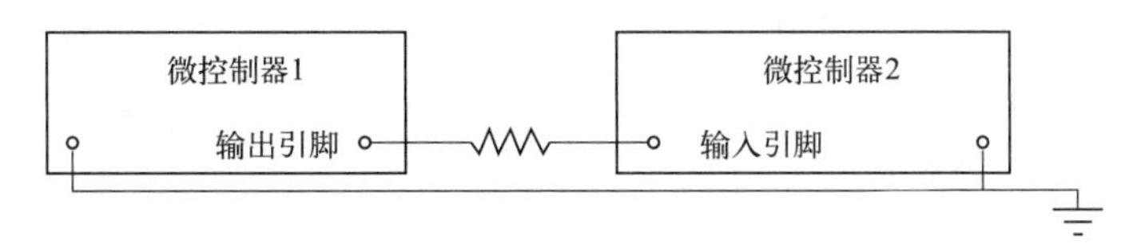

图2.15　用另一个设备上的GPIO输入来读取一个设备的GPIO输出

与读取开关可能使输入引脚浮动不同，当用GPIO引脚读取GPIO引脚时，输出引脚应该总是由控制它的程序驱动，并将输出引脚置为高电平或低电平。这就意味着我们不一定需要一个上拉/下拉电阻来防止浮动的输入。

> 两个设备必须共用一根地线，才能使电信号从一个设备传输到另一个设备。

回顾一下，树莓派没有任何方法在没有额外硬件的情况下读取模拟信号。但我们将要使用的大多数设备都将通过串行或I2C与树莓派通信，这里保持悬念，我们将在第5章“与传感器和其他设备通信”中讨论传感器时告诉读者是如何做到这一点的。

注意

如果你能熟练使用电烙铁，你可以把电阻直接焊到LED引线上（如图2.16所示），以避免电路板杂乱。图中的两个LED电路，其中黄色（上面的）的LED电路需要更多的空间和时间来设置。

图2.16 LED灯及其连线

2.8 使用C ++程序访问树莓派的GPIO

这一小节，我们将在同一台微型计算机上控制GPIO引脚。我们可以编写程序，并将其安装在一个小型电池供电的机器人上，这就是我们如此喜欢树莓派的原因。使用其他计算机，我们会碰到额外的麻烦，比如说需要为额外的硬件铺设电缆，需要更多的电源和空间等。而使用树莓派，连接计算机中的软件和现实世界就将简化为四个非常简单容易的步骤：

1. 安装一个GPIO软件库；
2. 设置IDE以链接到PIGPIO；
3. 在程序中包含正确的头文件；
4. 调用库函数。

2.8.1 安装PIGPIO

在几个可以用C++代码管理GPIO引脚控制的软件库中，PIGPIO是我最喜欢的软件库。因为PIGPIO不仅仅可以处理引脚的打开和关闭，或读取引脚的后端数据，它还有一些出色的实用程序函数，可以处理几种通信协议的细节、带有回调函数的引脚监视、创建PWM波等。它在http://abyz.me.uk/rpi/pigpio/中有详细的文档，开发人员在raspberrypi.org论坛上非常活跃，并提供了很好的支持。我必须感谢开发人员Joan，感谢他提供了如此优秀的开源库。

2.8.2 安装和设置PIGPIO库

这是我们开始做机器人项目之前的最后一步。你也许可以跳过这个安装过程(但如果有什么问题的话，请再回过来看看，有可能你的发行版采用的是较旧版本)，因为一些为树莓派设计的Linux发行版已经安装了PIGPIO。除此之外，我已经重复测试了PIGPIO网站上的操作步骤，并将其安装到树莓派上，但如果你有任何问题，请查看abyz.me.uk/rpi/pigpio/download.html来获取最新的说明。

1. 停止已经运行的任何PIGPIO服务；
2. 下载最新版本；
3. 解压下载的版本；
4. 将目录更改为新创建的pigpio文件夹；
5. 运行make；
6. 运行make install。

你将从命令行执行上述步骤，因此打开一个终端并使用以下命令来执行(其中以 ‘#’ 开头的代码行是注释行，你不需要输入它们)。

```
#step 1
sudo killall pigpiod
#step 2
wget https://github.com/joan2937/pigpio/archive/v74.zip
#step 3
unzip v74.zip
#step 4
cd pigpio-74
#step 5
make
#step 6
sudo make install
```

是否安装好了呢？如果你想确定是否安装好了，可以在我上面链接的PIGPIO下载页面上找到一些测试程序来测试。当你觉得可以了，我们需要确保Code::Blocks在编译时知道如何找到正确的库。

2.8.3 确保Code::Blocks可以链接到PIGPIO

现在通过单击Start（开始）菜单来启动Code::Blocks，然后在Programming（编程）中寻找到它。启动后，打开我们在第1章“选择并构建一个机器人计算机”中创建的hello_world程序，然后单击顶部菜单栏中的Settings（设置）并选择Compiler（编译器）。这将打开Global compiler settings（全局编译器设置）窗口。

一旦打开，单击显示Linker（链接器）的选项卡，然后点击Link libraries（链接库）字段下的Add（添加）按钮。单击这三个点，浏览并导航到文件libpigpiod_if2.so的安装位置。通常情况下，它会在/usr/lib目录下。在图2.17中，我们已经把关键的东西圈出来了。

单击libpigpiod_if2.so文件名，然后点击OK将其添加到链接库中。然后单击右边的Other linker options（其他链接器选项）栏，输入-pthread和-lrt来添加相应的链接，然后点击底部的

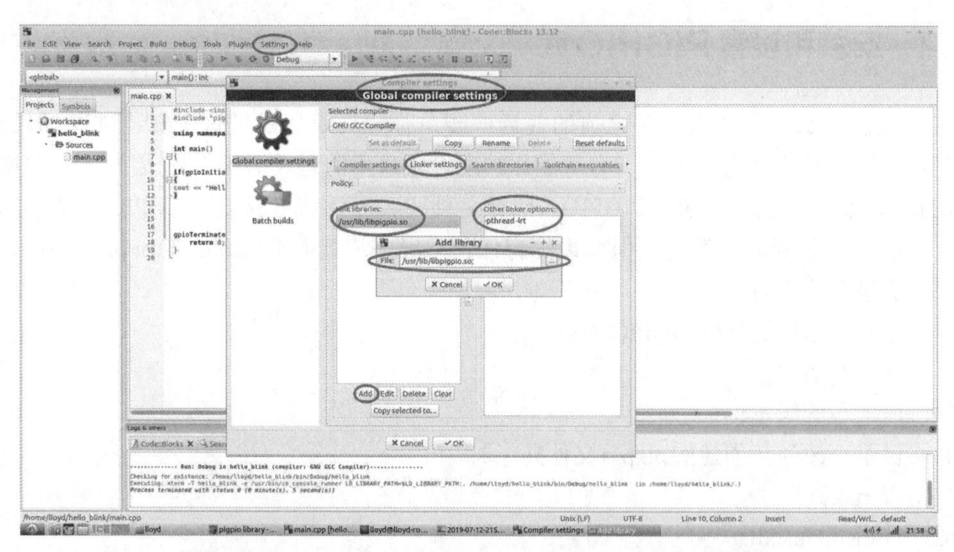

图2.17　在Code Blocks中添加PIGPIO库和必要的链接器选项

OK完成配置保存。这样我们就可以开始做一些真正的项目了！

2.8.4　运行PIGPIO程序

这里我们将使用PIGPIOD（PIGPIO守护进程）方法，其中我们始终保持PIGPIO守护进程（后台进程）在运行，并与GPIO引脚进行交互。任何我们启动的程序都将使用这个守护进程作为一种向引脚发送消息的通道。要启动这个守护进程，我们只需打开一个终端并从命令行中启动它。现在开机时基本上会自动执行此操作。

```
sudo pigpiod
```

独立运行PIGPIO程序比通过守护进程运行稍微容易一些，但如果你想运行第二个GPIO程序，则它必须通过第一个程序（使用它作为守护进程）运行。由于使用守护进程和独立运行使用不同的函数调用，因此我们将完全跳过独立方法，以节省你学习两种不同函数集和编写相同程序不同版本的时间。正如你将看到的，我们的机器人运行许多单独的小程序而不是一个大程序。

2.9　我们的第一个GPIO项目——hello_blink

hello_blink将是我们的第一个项目。在这个项目中，我们将会使用一个引脚和一个LED(和电阻)。你可以将GPIO引脚直接用跳线连接到面包板上，但在这里我们将会使用图2.16中展示的分线板。按照图2.12中所示设置引脚6为输出，并连接LED。

> 大多数不是5V、3.3V或GND的引脚都可以用于GPIO，但是这选择肯定取决于你自己，并有其他目的保留特定的引脚。例如，我喜欢保存GPIO引脚2、3、4、14和15，因为如果我使用它们作为GPIO，它们就不能用于串行和I2C通信。此外，你可以在raspberrypi.org网站上了解更多信息。

现在，让我们开始编码吧！我将代码分解成一个个小块，但如果有什么不明白的地方，或者你只是想看整个程序，它们都可以从https://github.com/lbrombach上查看或下载。我为本书中的代码建立了几个资源库，你可以在practical_chapters中找到本章的代码。如果你不熟悉git或GitHub，可以从终端克隆（复制）仓库。创建一个你想要复制仓库内容的目录，更改到该目录，然后使用git克隆。例如：

```
mkdir ~/practical
cd ~/practical
git clone https://github.com/lbrombach/practical_chapters.git
```

下面回到代码编写，在树莓派上打开Code::Blocks或你选择的编辑器。然后创建一个名为hello_blink的新C++控制台应用程序。为了成功编译和执行PIGPIOD程序，必须执行以下操作（假设PIGPIO守护进程已经在运行）：

1. 包括头文件pigpiod_if2.h。
2. 为引脚号指定别名(可选)。
3. 与守护进程握手并获得句柄。
4. 设置引脚模式和所需的初始状态。
5. 在继续下一步之前确认握手是否正常(可选的，但需要谨慎选择)。
6. 执行正常的程序功能。
7. 从守护进程断开连接。

步骤1和步骤2，是在全局空间中进行处理，正如你所期望的那样：

```
//step 1
#include <pigpiod_if2.h>
#include <iostream>
//step 2
const int LED = 6;
using namespace std;
```

这里没什么特别的。接下来，我编写了一个名为PigpioSetup()的函数。main()调用它来处理步骤3和4。

```
int PigpioSetup()
{
//step 3
char *addrStr = NULL;
char *portStr = NULL;
//handshake with daemon and get pi handle
int pi = pigpio_start(addrStr, portStr);
//step 4 - set the pin mode and initialize to low
set_mode(pi, LED, PI_OUTPUT);
gpio_write(pi, LED, 0);
return pi;
}
```

pigpio_start()返回一个整数句柄，该句柄将用于在守护进程每次进行函数调用时识别这个程序。这就是为什么你在后面的setmode()和write()函数调用中看到pi是第一个参数。接下来，我们将编写main()函数，该函数调用PigpioSetup()并处理5～7步骤。

```
int main()
{
//initialize pipiod interface (starts step 3)
int pi = PigpioSetup();
// step 5 - check that handshake went ok
if(pi>=0)
{
cout<<"daemon interface started ok at "<<pi<<endl;
}
else
{
cout<<"Failed to connect to PIGPIO Daemon
- Try running sudo pigpiod and try again."<<endl;
return -1;
}
///step 6 - normal program run and function calls
//set pin 6 high to turn Led on
gpio_write(pi, LED, 1);
//sleep for 3.2 seconds
time_sleep(3.2);
//turn led off
gpio_write(pi, LED, 0);
//step 7 - disconnect from pigpio daemon
pigpio_stop(pi);
return 0;
}
```

在Code::Blocks块中，读者可以用F9键完成编译和运行。你可能会碰到一个Unable to initialize GPIO（无法初始化GPIO）的错误。如果是这样，你可以通过在终端命令提示符处键入sudo codeblocks来保存你的工作并以sudo权限重新启动Code::Blocks。请注意，在使用sudo权限运行Code::Blocks时，你所创建的任何新项目或文件在没有sudo权限的情况下都将无法编辑。你可能更喜欢从命令行运行你的程序，因为除非你在创建新项目时更改了输出目录，否则你会在...hello_blink/bin/Debug路径中找到可执行文件。你可以导航到该文件夹并使用sudo ./hello_blink运行，或者使用绝对路径从任何地方运行它。在任何情况下，请准备好输入你的管理员密码。对我来说，如果我输入sudo /home/lloyd/ CPP/ hello_blink/bin/Debug/hello_blink，它就会运行。如果一切都按照计划进行，我们的LED应该会亮3.2s，然后关闭。现在让我们在上一个项目的基础上进行扩展，读取一个GPIO输入引脚——当按钮按下时闪烁我们的LED。

2.10 控制数字输出的数字输入——hello_button

控制一个GPIO引脚作为输出是一个好的开始，但我们也需要能够将一个GPIO引脚作为输入来读取。在第二个程序hello_button中，我们将把这两者连接在一起，这样LED就会响应连接到GPIO输入引脚的按钮(或其他开关)而亮起来。从hello_blink开始电路，然后将一些类型的开关连接到引脚27作为输入，如图2.14所示。

要编写hello_button，先在Code::Blocks中启动一个名为hello_button的新项目(控制台应用程序)，然后执行以下操作：

1. 将所有hello_blink代码复制到这个项目中。

2. 将27号引脚别名为BUTTON。

3. 设置27号引脚的模式。

4. 在main()中，添加一个while(1)循环，循环内部有一个if(condition)块。

5. 将使LED闪烁的代码放在if()语句中。

步骤1和2：将hello_blink代码复制到新程序中，并添加27号引脚的别名，因此需要在全局空间中有两个const（常量）声明。

```
const int LED = 6;
const int BUTTON = 27;
```

步骤3：然后，在PigpioSetup()函数中，将27号引脚的模式设置为输入。

```
set_mode(pi, LED, PI_OUTPUT);
gpio_write(pi, LED, 0);
//set pin 27 mode as input
set_mode(pi, BUTTON, PI_INPUT);
```

步骤4和5：将闪烁LED的代码放入检查27号引脚的状态(电平)的if语句中，我们称之为BUTTON。如果满足条件，闪烁代码将运行。否则，while()循环将一直继续下去，来检查27号引脚的状态。

```
while(1)
{
if(gpio_read(pi, BUTTON) == false)
{
//set pin 6 high to turn Led on
gpio_write(pi, LED, 1);
//sleep for 1.5 seconds
time_sleep(1.5);
//turn led off
gpio_write(pi, LED, 0);
}
}
```

检查引脚的函数是gpio_read()。你可能注意到，我编写了一个条件语句：如果button == false则执行。

false表示该引脚处的逻辑电平为低。我这样写是因为图2.14中的图显示了引脚被电阻“拉高”，关闭开关后，引脚的逻辑电平则被拉低。使用此设置而不是在引脚处于低电平时将开关驱动为高电平，这种操作是非常常见的。但两种方式都可以工作，所以我鼓励你花一点时间来尝试一下这两种方法。

注意

我使用if(gpio_read(pi，BUTTON)== false)这种方式编写了长语句，但与其他逻辑条件一样，通常可以看到!NOT运算符用于代替写出==false。这一点比较微妙，所以在阅读代码时要睁大眼睛，甚至在阅读本书后面的内容时也一样。这看起来就像：if (!gpio_read(pi, BUTTON))。

编译并使用F9(或从命令行)来运行hello_button，并确保在if()条件捕获开关关闭之前，LED应该处于OFF状态。然后LED应该根据你在time_sleep()函数调用中设置的时间长亮。while(1)循环是无限的，因此程序将永远不会结束，直到你使用Ctrl + C。

2.11 GPIO事件的回调函数

你可能从其他编码经验中熟悉了基于事件的回调函数，这些函数不会像普通函数一样在代码中调用，而是在某些事件发生时自动调用，例如单击鼠标或按下Esc键。对我们来说，PIGPIO为我们提供了一种简单的方法来设置回调函数，这些函数在GPIO引脚改变状态时被调用。这种方法是非常有用的，因为这可以指定从低到高（RISING_EDGE）、从高到低(FALLING_EDGE)或任意(EITHER_EDGE)这三种条件来完成回调触发。

我对代码进行了一些整合，以使程序更易于阅读，但在设置PIGPIO和引脚方面，代码仍然遵循了hello_blink和hello_button的模板。hello_callback持续60s，每当它检测到引脚27从低电平变为高电平（你按下按钮）时，它就会增加计数器并显示运行总数。如果你习惯于通过命令行编译，则可以在Code::Blocks中启动另一个新的控制台应用程序，或在任何编辑器中选择一个空的cpp文件。代码必须包含以下内容:

1. 包括头文件pigpiod_if2.h。
2. 为27号引脚指定别名(可选的)。
3. 定义回调函数。
4. 与守护进程握手并获得句柄。
5. 设置引脚模式。
6. 在继续下一步之前确认握手是否正常(可选的，但需要谨慎选择)。
7. 初始化一个回调。
8. 执行正常的程序功能。
9. 取消回调。
10. 断开守护进程。

步骤1和步骤2与之前的一样:

```
#include <iostream>
#include <pigpiod_if2.h>
using namespace std;
const int BUTTON = 27;
```

步骤3：定义回调函数。回调函数必须定义为void类型。你可以为其命名，但必须具有正确的编号和类型参数。这只是增加变量i，并在每次调用时将其值打印到屏幕上。

```
void button_event(int pi, unsigned int gpio, unsigned int edge,
unsigned int foo)
{
static int i = 0;
cout<<"Button pressed. Press count = "<<i++<<endl;
}
```

步骤4～6就像到目前为止的其他hello_programs一样，只是我将它们包含在main()中，以保持简短。

```
int main()
{
char *addrStr = NULL;
char *portStr = NULL;
int pi = pigpio_start(addrStr, portStr);
if(pi>=0)
{
cout<<"daemon interface started ok at "<<pi<<endl;
}
else
{
cout<<"Failed to connect to PIGPIO Daemon - Try running sudo
pigpiod and try again."<<endl;
return -1;
}
//set pin 27 mode as input
set_mode(pi, BUTTON, PI_INPUT);
//steps 7, 8, 9, and 10 here
return 0;
}
```

步骤7则是新的步骤：初始化回调。

```
int callbackID=callback(pi, BUTTON, RISING_EDGE, button_event);
```

调用pigpio函数callback()会返回一个int ID；你需要用同样的方法来保存我们在变量pi中保存的句柄。这样你就可以在使用完它之后将它与守护进程断开连接。我将其保存在callbackID中。回调的参数是pi句柄，引脚编号，RISING_EDGE、FALLING_EDGE或EITHER EDGE以及回调函数的名称。

步骤8～10显示在下面。在第8步中，我只是睡眠60s，但你可以做任何事情。

```
//step 8 - let the program run for 60 seconds
time_sleep(60);
cout<<"60 seconds has elapsed. Program ending."<<endl;
//step 9 - cancel the callback and end the pigpio daemon
interface
callback_cancel(callbackID);
//step 10 - close connection with PIGPIO daemon
pigpio_stop(pi);
```

如果程序关闭而不通知守护进程，取消回调则是必要的，这可以防止它成为守护进程中的僵尸进程。

现在你可以编译并运行程序了。你可能会注意到，每次按下关闭开关时，计数器会增加很多次。当然，你的代码没有问题。只是开关触点不会像你想像的那样干净利落地合上，而是弹开并在反复闭合后才稳定下来。你在看灯光的时候永远不会注意到这点，但我们的处理器速度非常快，它们会捕捉到触点的变化并计算出许多事件而不是一个事件。这称为开关抖动，我将在第5章“与传感器和其他设备通信”中介绍去抖动。

2.12 结论

太棒了，我们在很短的时间内已经涵盖了很多内容。我们涵盖了必要的电子基础知识，并设计和制作了简单的电路。我们还了解到了如何将传感器和电机与计算机连接起来，并学习了如何使用PIGPIO库读取和写入GPIO引脚的值，以便在计算机程序和物理世界中的设备之间架起桥梁。

就像所有新事物一样，你将掌握各种微妙差别和技巧，并巧妙地实现一些教科书中没有详细说明的电路。如果你还有疑问，请不要担心；在整个学习过程中，我们将绘制更多的图表并编写更多的代码。你也可以随时回来查阅本章内容。至此，我们也只是触及了PIGPIO很小的一部分，你可以在abyz.me.uk/rpi/pigpio/pdif2.html上查看其他可用的PIGPIO函数调用。

在掌握了上述内容后，也是时候寻找比在面包板上点亮LED灯更令人兴奋的东西了。在本书的第3章“机器人平台”中，我们希望使机器的底座和机身足够智能，以便为后面制作能自行导航并完成任务的机器人打下坚实的基础。下面我们将讨论设计方面应该考虑的东西，比如在哪里购买，如何构建机械结构，以及哪些东西可以被重新利用并作为机器人的底座，我们可以在此基础上继续学习、实验并进一步发展机器人技术。

第3章 机器人平台

3.1 简介

机器人平台是一种功能简单的基础设备，当你在该平台上融入我们将在本书中学习到的传感器和编程方面的知识后，它将完全成为一个机器人。这一章将介绍如何根据机器人需要实现的任务来选择合适的机器人平台类型。无论你是考虑自己设计和建造，或是在图纸或工具包的指导下建造机器人平台，还是购买已经搭建好的机器人平台，乃至将已有的设备通过黑客的技术手段破解为机器人，这些都算是一种机器人平台的制作方法。我们将探讨每种情况的优缺点，并提供一些需要考虑的问题。

在本章中，我们将主要讨论移动机器人平台，但即使我们搭建本章所提及的简单的移动机器人平台，这当中也必须考虑许多因素。因此，我们非常建议你花一点时间来阅读本章，以帮助你做出一个明智的决策，从而可以让你在搭建第一个自主机器人时省下大量的时间和金钱。

在本章中，我们将涉及以下内容：

- 机器人的尺寸和运行环境
- 差速驱动与阿克曼（Ackerman）转向的对比
- 现有的机器人平台
- 从头开始搭建一台机器人
- 将扫地机器人或遥控汽车作为机器人平台

3.2 目标

通过本章的学习，你可以对不同的机器人平台有一个较为全面的了解，并在搭建机器人时做出合理且满意的决策。

3.3 考虑机器人的尺寸大小和运行环境

据我所知，制造一个大且功能强大的机器人是非常有趣的。但是，在你想搭建一个能够遛狗或是能够在农场里搬运几捆干草的大型机器人之前，我建议你从搭建一个尺寸较小的机器人开始，这样，反而可以让你更快地实现搭建一个大型机器人的目标。

多年以前，我深刻地认识到，搭建一个大型机器人不仅要花更多的时间和金钱，而且也没有小型机器人那么方便。大型机器人缺乏便利性，这种不便会导致我们失去很多学习机会，因为天气可能会下雨，或者你没有时间尝试一个快速的想法，因为你必须把机器人拖到户外。但如果是一个较小的机器人，你便可以把它带在身边，或者至少你可以把它放在你的工作室里，在你工作午餐时间，甚至是在你去到海滨度假胜地的时候都可以进行实验。此外，我非常不愿意把一个性能不稳定的机器人放在车库里，因为它不可避免地会发生故障，从而造成损坏，如图3.1所示。

图3.1 大型机器人通常不太适于初学阶段进行学习

因此，搭建机器人的经验法则是什么呢？即永远不要把机器人搭建得比它必须执行的任务要求还要大。比如图3.1左边的大机器人在小商店里几乎无法转弯，而右边的小机器人则可以轻松地在桌椅之间穿行。尽管大机器人可以通过门，但它也只能勉强通过，且它在传感器和控制程序方面所要求达到的精度也难以实现。如果需要搭建一个大型机器人来处理某些任务或适应某些地形，设计师需要考虑机器人和它需要适应的狭小空间的宽度，并允许机器人在通过狭小空间时有额外的空间容错，这样可以节省大量的编程和调试时间。比如在设计时，可以通过把底座做得更小，或者把轮子安装在机器人身体下面或更靠近机器人身体的地方来实现。

如果这是你的第一个机器人，我建议你以学习为主要任务。在搭建一个小一些的机器人上保持些耐心会使你学习得更快，以便掌握更多机器人方面的技能。以后你搭建大型机器人时，只需要在几天或几周内就能使机器人运行起来，而不是数年的时间。因为在搭建大型机器人时，所有的技能和大部分的软件是完全可以用上的。故此，搭建哪种类型（小尺寸或大尺寸）的机器人还是需要你认真考虑的，但我仍然建议在搭建机器人时尽量保持结构的紧凑，因为需要预留一点额外的操作空间，这样就可以在机器人上使用一些不那么精确的传感器，而且代码也更加简单。此外，机器人的形状也会影响其灵活性。

你知道为什么许多扫地机器人的形状是圆形吗？这是因为方形的机器人更容易被卡在墙边或角落里，但圆形的机器人不会被卡在角落。然而这并不是一个无法解决的问题，但通过硬件设计来解决这个问题要比通过软件来解决这个问题快几周或几个月，而且如果通过软件来实现的话，其调试过程往往十分困难。因此，许多扫地机器人都是圆形的，如图 3.2 所示。

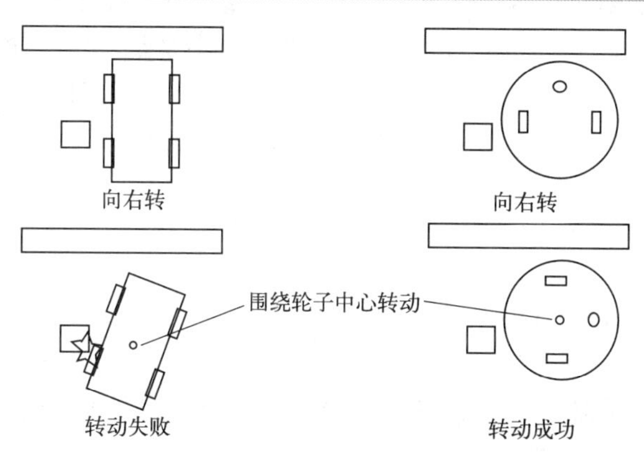

图3.2 圆形机器人相对于矩形机器人在灵活性方面的优势

图 3.2 中左边两个子图表示让方形机器人向右转，但由于机器人左侧有障碍物而并没有成功向右转；而右侧两个子图则表示让圆形机器人向右转，它是没有问题的，即成功右转。注意到两种机器人在转弯的时候都是围绕轮子中心进行转动的。

小型机器人会更加灵活，但仍然需要有足够的离地间隙和适当的车轮直径来适应相应的地形。这可能会限制你所搭建的机器人的大小。如果要搭建一个用于室外操作的机器人，你要考虑它是否需要在草地或人行道上操作。

因为车轮打滑对机器人的导航和对软件工程师进行电机控制来说，是一个相当恼人的问题，而且机器人在草地上运行时可能容易打滑，尤其是在潮湿的情况下。图3.1中的大机器人是为适应草地地形而设计的，它的全地形车轮胎比起小的或光滑的车轮来说，就不太可能发生打滑，从而产生错误的速度和里程计数据。但如果机器人的底盘或车轴卡在石头或树枝上，那是十分糟糕的。因此，大一些的有花纹的轮胎更适合非人行道地形，而在人行道上运行的机器人可以使用小的滑板车轮，尽管我不建议这样做。

室内机器人可以使用更小、更光滑的轮子，但仍要考虑它是否需要通过地毯。综上所述，在室外操作的草地机器人需要有更大的轮子，而在室内运行且需要通过地毯的机器人也需要更大且具有纹理的车轮。但是即使是专为地毯设计的扫地机器人，一旦你在机器人上增加几磅重的额外硬件，机器人也会打滑并卡住。

3.4 差速驱动与阿克曼（Ackerman）转向的对比

差速驱动是通过使机器两侧的轮子（或履带）以不同的速度旋转来转向的。阿克曼（Ackerman）转向的形式则是像汽车一样，通过转动前轮来使车辆转向。下面，让我们来具体讲讲两者的区别。

3.4.1 差速驱动

为了更好地理解差速驱动，你可以想像一下坦克或推土机是如何转向的。如果左侧的轮子或履带设置为全速，右侧设置为半速，机器将会以弧形向右移动。如果我们完全将右侧的轮子或履带刹住，机器就会以更小的弧线移动。最后，我们甚至可以反转一侧并使机器在原地旋转。

这是一种最为简单的转向方法，可以在狭小的空间内进行最精确的控制。我们建议对低速机器人使用此方法，并且在学习机器人技术时可以尽可能地使用这种方法。但要注意的是，对于具有四个或更多轮子的大型机器人，因为机器人在旋转时轮子会向侧面滑动，这可能会对草地造成损害。所以很多时候我们会选择使用两个驱动轮和一个或两个可以自由旋转的轮子（如图3.1中左边的机器人）来最大限度地减少或消除这种影响。

3.4.2 阿克曼（Ackerman）转向

阿克曼转向是移动机器人转向方式中一种常见的方法，但我不建议在搭建第一个机器人时使用这种方法。

我们将阿克曼转向定义为将前轮一起转动以使车辆沿弧线转向的方法，尽管实际上它比这更复杂。我不建议使用阿克曼转向的原因很简单，它在路径规划方面增加了很多复杂性，特别是在狭小的地方或者当机器人被卡住时。我们可以想像一下，当机器人发现自己在一条狭窄通道的尽头走到了死胡同，它只需要使用差速驱动系统，在原地旋转便可以退回来。但对于同样大小的阿克曼车辆，遇到上述情况就需要一个多步操作才能解决，即先向前行驶，然后转动轮胎并倒车，然后再次转动车轮，再向前行驶，这可能会持续很长时间或根本不可能解决。

不仅如此，机器人还必须针对当前遇到的问题来分析各种转向算法，并最终选出能够解决问题的转向方法。对于初学者来说，机器人技术本来就是一门较难的学科，因此刚开始也不需要大量额外的决策和几何数学方面的知识，而只有在机器人需要进行高速转向时，额外的决策和几何数学方面的知识才能体现作用，否则是没有什么实际的用处的。

3.5 现成的机器人平台

如果现成的机器人平台能满足你的任务要求以及预算，那么它们就能极大地节省时间。有些平台只是一个裸车架，仅仅是由四个轮子和两个电动机连接在一个基座上组成的，就像一个没有遥控装置的遥控车。我们将在后面关于遥控车的部分来讨论如何使用它们。而在这一部分，我们想讨论的是已经安装好的并可以直接使用的现成平台。它们的尺寸大小不等，可以从一个装麦片的碗大小到四轮驱动全地形车大小，有的甚至更大。

3.5.1 大型的预搭建机器人

在你的任务要求和预算允许的情况下，可以找到更大、更强（而且通常适合于户外活动）的现成机器人（见图3.3）。这些机器人通常是以商业应用为目的而搭建的，但它们仍然是非常棒的可用于学习的机器，在使用时，你可以直接运行一些预安装的软件程序。左图是Ubiquity

Robotics公司的Magni机器人，它已经安装有一个树莓派，并具备了远程监控和跟随模式等多项能力。右图是Waypoint Robotics公司的Vector™机器人，其最大载重能力高达272kg（约600磅），在一次派对上，我发现这款机器人充当了鸡尾酒服务员。

图3.3 Ubiquity Robotics公司的Magni机器人（左图）和Waypoint Robotics公司的Vector™机器人（右图）

而对于大型的预搭建机器人，我们不得不提及Clearpath Robotics公司，该公司不仅拥有一系列技术非常成熟的陆地和海洋自主机器人平台（请参见图3.4），而且还拥有出色的教程页面和开源仿真软件包。你甚至不需要拥有他们的Jackal和Husky机器人，就可以掌握这些机器人的操作方法。详细的内容，请见http://www.clearpathrobotics.com。

图3.4 Clearpath机器人公司的两款地面自主机器人Jackal（左图）和Husky（右图）

图片均来源于Clearpath机器人公司

3.5.2 小型的预搭建机器人

小型机器人的优点在于其控制方式与大型机器人是相同的。除了调整一些参数值以适应不同的电机和操纵特性外，其余几乎可以使用与大型机器人相同的控制器和软件程序。当然，对于大型机器人来说，增设一些工作范围更远的传感器和一些额外的安全功能是非常有必要的。

对于较小的机器人平台来说，“TurtleBot”几乎成为了商业化可用机器人学习平台的代名词。早期的模型是基于一种流行的扫地机器人的尺寸设计的，这比现在可以找到的第3版机器人（TurtleBot3）要更大，随着TurtleBot的迭代，目前TurtleBot3在大小和功能层面都已经基本完善。TurtleBot3是模块化和可定制的，但需要从移动基座、树莓派、激光雷达，以及需要使用到的软件开始进行逐一定制。你也可以添加一些其他的东西，如摄像头，甚至是操作手臂等。此外，尽管这种机器人的基础版本小到可以放在桌子上使用，但它也非常适用于机器人爱好者学习自主轮式车辆的编程，目前也有很多开源教程和机器人社区支持。在即用型机器人中，TurtleBot平台可能是性价比最高的一种，有很多不同尺寸、不同配置，当然还有不同价格的机器人型号可供选择。可以在网上的机器人专卖店中找到这类机器人。在此，我们分享几家可以提供完整机器人、套件、机器人零件和传感器的网上商店，它们分别是：www.pololu.com、www.robotshop.com、www.robotis.us。我们可以找到一些小型机器人，它们甚至可以直接放在人的手掌上，图3.5示出的位于密歇根州底特律市的韦恩州立大学的计算机辅助机器人增强系统（CARES）实验室开发的几个小型机器人就是这类机器人。

图3.5　韦恩州立大学工程学院的CARES实验室开发的几个手掌大小的现成机器人

预搭建机器人的优点：

- 具有最快的入门方式；
- 可靠性强（设计已经经过测试和验证）；
- 可获得支持。

预搭建机器人的缺点：

- 价格昂贵；
- 可定制性差。

3.6　自制机器人的技巧

完全自己动手制作机器人是一件非常令人兴奋的事情，而且可以实现最大程度的定制。但要注意的是，它所花费的时间可能比你预期的要长得多，因为你需要对每个小细节负责，而且有很多的细节，比如为每一个螺钉钻孔；铺设每一条电线，并找到固定每一条线的方法；让电机和车轴完全对齐等。这些细节都会增加你的自制时间。当然，我们并不是要阻止你去尝试，但希望你在做出决定（自己动手制作机器人）之前能了解到这些情况。如果在你了解到这些情况后，仍然想去挑战一下，然后自己动手制作机器人，并能坚持下去，最终你也将拥有一些成就感。

> 可以确定的是，这本书将介绍一个用最少的工具、费用和经验来自制机器人的项目，以便有尽可能多的人参与进来。

由于存在很多可能的变化因素，我们除了将在第21章“构建并完成一个自主的机器人的编程”中展示搭建的项目外，无法给出很多具体的指导，但这里有一些需要记住的通用技巧。

3.6.1 搭建材料

铝是一种较轻而相对坚硬的材料，如果你有一些合适的工具并拥有较好的耐心，则可以选择铝搭建出比较牢固的机器人框架（比用钢搭建框架速度要快）。如果你有能力和独特的焊接机将它们焊接在一起，那就更好了，否则就得像我们一样通过钻孔将各种零件固定在一起。在这过程中，我们还需要小心那些小铝屑，且要注意彻底清理掉，否则可能会造成电子电路短路。

钢比铝要坚固得多（会影响我们稍后将讨论的某些传感器），但可以用普通的焊接机进行焊接。用钢的话，在切割和钻孔方面会很困难，因此与用铝材相比，将要花费大量的时间。另外，钢和铝在切割或钻孔时都会留下锋利的边缘，因此必须额外小心，以避免振动穿过绝缘层并短路导线。

对于较小的机器人来说，塑料是一种不错的材料，但如果你拥有一台3D打印机，我认为它对于制作各种夹具、铰链和支架是非常有用的。我见过一些完全由3D打印的极小（但仍然很优雅）的机器人，但到目前为止，这些机器人都太小，还无法携带我们需要的传感器和计算机。

木材作为机器人的建造材料是一种我过去可能会嗤之以鼻的选择，但现在我已经开始接受它了，因为它易于加工和可以在搭建机器人时快速组装。胶合板可以为安装部件提供一个平滑的基础，而且由于螺钉很容易安装，重新布局或替换组件直到组件有一个合适的位置是很容易的。硬木可以作为较佳的机器人框架构件，尽管这种类型的框架不如铝制框架那样有比较好的抗气候性。

3.6.2 电池

你需要一个能够处理深循环的电池（即放电深度高于50%的电池）。我非常喜欢用于中小型机器人（其尺寸可能达到扫地机器人的大小）的电动工具用电池，以及用于大型机器人的电动踏板车上的那种密封铅酸电池。一般不要使用普通的汽车电池，因为它们在工作时会产生大电流的短脉冲，如果我们用机器人的运行方式来使用它们，这种电池将会很快受到损坏。而一次性电池根本不实用，而且购买一次性电池的费用很快就会超过购买充电电池的花费。

对于电池的电压，我们热衷于找一些适用于机器人上最高电压设备（通常是主电机）的电压，然后使用DC-DC转换器来降低电压，以提供我们需要的其他大小的电压，例如5V的电压可以为机器人上的树莓派提供电力。

3.6.3 传动系统

传动系统由电机、车轮和连接它们的所有组件组成。因为电机转速太快，而本身又缺乏扭矩，所以通常来说，会用齿轮箱来连接它们，有时，为了进一步减速或只是为了便于安装，也会选择使用链条或皮带来完成传动。如果你的机器人足够小，那传动系统基本就是一个预装了齿轮箱的车轮和电机模块。如果不是这样的话，你将必须安装电机，以及为车轮、链轮和张紧器的轴承安装独立的轴。

从零开始搭建机器人的优点：

- 最具可定制性；
- 可能更便宜；

· 最大的成就感；
· 获得最多的学习机会。

从零开始搭建机器人的缺点：

· 非常耗费时间；
· 没有制造商的支持；
· 由于需要进行修改而最终可能会浪费材料（增加成本）。

> 搭建大的机器人意味着需要大的电机，而大型电机消耗的电流大小可能会让你感到非常惊讶。图3.6中的这个4m x 4m的AutoNav机器人在建造和操作上都非常有趣，但该团队在一次测试中，了解到当急停按钮冒烟时，千万不要低估了大型而强壮的电机所消耗的电流大小。对此，所有的线路都必须通过一个200A的继电器重新布线。

图3.6　韦恩州立大学机器人俱乐部参加2019年智能地面车辆挑战赛的作品——Joy

3.6.4　机器人零件来源

我们可以从亚马逊和eBay搜索到很多的机器人零件，但由于搜索结果的数量太大，如果不知道它的确切名称，就很难准确找到你需要的东西。另一方面，有时你可以找到一些你不知道的，但有助于项目的东西。其他的面向机器人和电子产品的在线零售商可能就没有那么多的选择了，但通常在它们的网页上会有分类设置，以便于客户浏览。这里我们提供一些适合买机器人零件的网上零售商，主要有：

· banebots.com（主要是传动部件）；
· robotmarketplace.com（主要是传动部件，以及一些电子产品）；
· digikey.com（电子产品）；
· mouser.com（电子产品）；
· pololu.com（该网站有不同的零件，这里还有带有教程和示例代码的传感器）；
· adafruit.com（针对业余爱好者的一些电子产品，并提供教程）；
· robotshop.com（含有不同的零件）。

目前来说，在当地购买机器人组件已经不像以前那么容易了。据我所知，在美国，唯一一个有很好的DIY元器件的地方是Microcenter，如果你有幸生活在附近的话，可以购买到一些你想要的东西。他们除了出售能组装成一个完整的计算机的组件外，还出售树莓派、微控制器，以及相当不错的电子零件和一些（小型）电机。这里也有一些小型机器人套件。恰好，我就住在这附近，从而可以在下班回家的路上停下来，买下很多我以前在Radio Shack（曾经是美国信誉最佳的电子产品专业零售商）破产前可以买到的东西。

3.7　改装扫地机器人或遥控车

改装扫地机器人或遥控车可能是我最喜欢的用来搭建室内机器人的方式，其中的原因有很多：

- 它比现成的平台更便宜，尤其是如果你可以找到一个二手的或者修理一个损坏了的扫地机器人或遥控车。
- 一些组件如预先安装好的电机和电机控制器都已经有了，你就不用自己再搭建传动系统了。
- 已经含有一些预装传感器！如车轮跌落传感器、悬崖检测器、信标传感器、车轮编码器等，这些组件都不用再安装和接线了。
- 有些机器人还带有充电基座，如果你希望让你的机器人长时间无人看管的话，拥有充电基座是非常有必要的。一个带有充电基座的机器人平台将会为你在搭建机器人时节省大量的时间。
- 与现成的平台相比，你会学到更多关于组件如何协同工作的知识，尽管这些组件可能是预装的，但它们可以为你避开从零开始搭建机器人的大量烦琐工作。

在这里，我们将扫地机器人分为两类：

- 带接口的扫地机器人；
- 无接口的扫地机器人。

3.7.1　带有接口的扫地机器人

第一类机器人是带有某种连接器和软件接口的机器人。这类机器人可能会是那些电子技能有限的人的最佳选择，因为它们对接线的要求很低，有时只需要一根USB线就可以了。

Neato Botvac系列的机器人（如图3.7所示）就是这种类型的最佳候选者。与这些机器人的接口连接就像接一根USB线和运行一个像Screen这样的终端软件一样安全。它的板载激光雷达（激光测距装置）可以制作非常精确的地图，以进行自主导航。除了简单的连接测试外，我

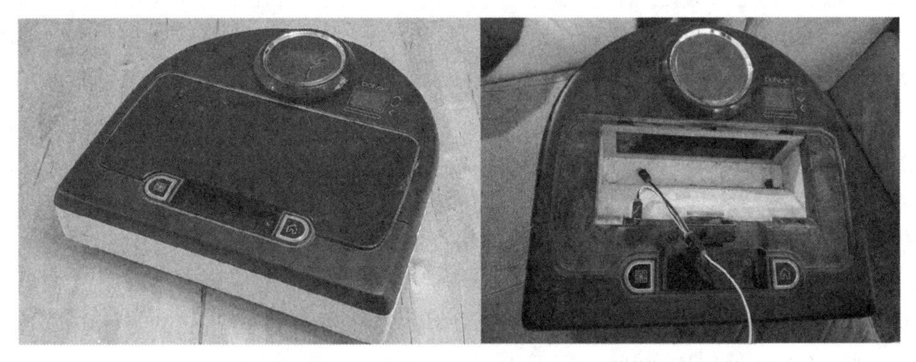

图3.7　带有激光雷达和简单接口的Neato Botvac机器人平台

个人还没有对Neato Botvac做太多的改进。这主要是因为我的妻子还没有原谅我为了给辅助电池腾出位置而把上一个吸尘机器人的零件取出来。你可以在网上找到与Neato机器人相连的方法，一旦连接，只需键入帮助（help）即可获得可用的命令列表。

另一种受欢迎的扫地机器人，就是iRobot公司的Roomba机器人，它也有易于交互且记录良好的接口。iRobot公司提供了一份非常实用的文件[称为开放接口规范（OI）]，其中有详细的规范说明，用于读取传感器数据和编写程序。他们在激光雷达方面有些不足，但通过开放的接口、额外的传感器、导航信标和dock接口弥补了这些不足，通过dock接口能够简单地发送指令，机器人将寻找dock并自行处理dock信息。而我自己在eBay上找了一个便宜的Neato Botvac激光雷达，并将其安装在Roomba上（如图3.8所示）。

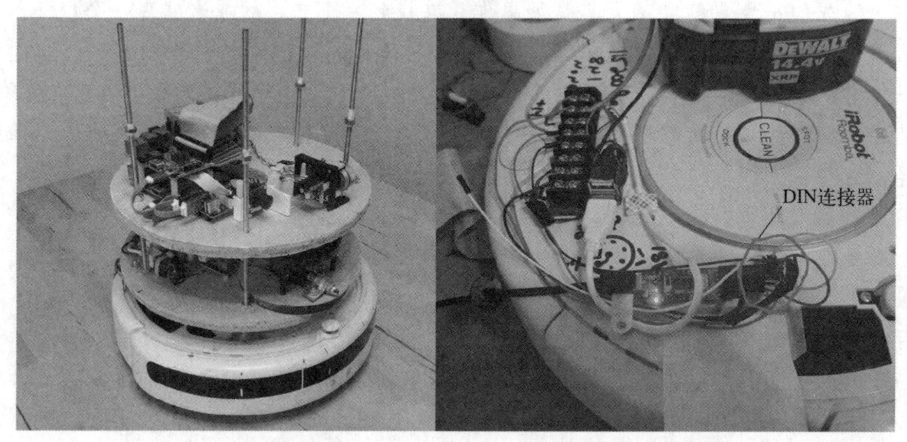

图3.8　一个iRobot Roomba机器人变成了Frankenbot，这让我妻子很失望。它的连接方式要比仅仅插入USB线更为复杂些（在图中DIN连接器的位置用红色的圆圈圈出来了）

3.7.2　与Roomba机器人对接

我们可以首选Roomba的500、600、700和800系列机型。更早的型号（400及更早版本）要么具有不同的接口，要么根本没有接口，而且似乎最新的900系列也不支持此功能。

> 如果以下关于串行通信的内容对你来说很陌生，我们将在本书的其他章节中花更多时间来学习串行和其他的不同通信方式。

连接到你的Roomba的开放接口只是一个标准的串行连接，波特率为115200，8N1格式，即速率为115200波特，8数据位，无奇偶校验，1个停止位，无流控制。不过，如果有必要的话，也可以根据OI规格表中的说明进行更改。你会发现在机器人顶部的盖子下面有一个7脚的迷你DIN连接器。在与Roomba机器人进行连接时，其他人都会告诉你需要订购正确的DIN连接器，但我会告诉你，将常规的面包板电线对应插入单独的孔就可以很好地进行实验了。

通信可以通过树莓派GPIO的引脚14和15上的串行UART进行，但是Roomba UART的电压是5V，而树莓派的引脚是3.3V（这可以从上一章我们谈到的电压匹配的问题得知）。由于从一个UART到另一个UART需要电压转换电路，因此需要用一个叫作FTDI的USB设备。图3.9显示了如何将FTDI连接到Roomba的接口上。

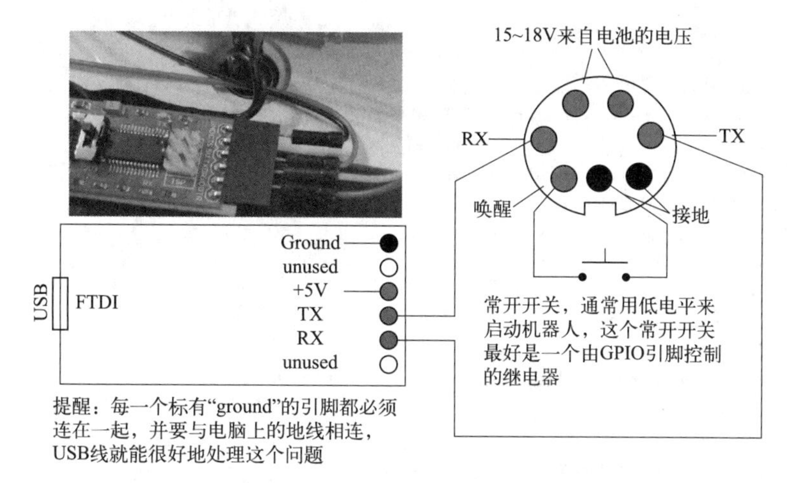

图3.9 通过一个FTDI连接到Roomba的DIN接口

（从图中可以看到，一个设备的TX引脚与另一个设备的RX引脚相连，反之亦然）

以下是通过USB端口与Roomba通信的基本步骤:

- 根据图3.9所示，给FTDI连线和唤醒启动按钮；
- 插入FTDI并打开树莓派的电源；
- 初始化PIGPIO；
- 打开一个串行端口；
- 手动关闭开关，或通过树莓派控制的继电器关闭50 ~ 150ms，如果成功与Roomba连接，Roomba将会以蜂鸣声给予响应；
- 发送指令128，以启动开放接口，使机器人处于被动模式，在被动模式下，机器人将不会移动；
- 然后发送指令131来启动安全模式，当机器人接收到指令，那么机器人就可以移动了；
- 命令离开（执行一些移动或操作指令），请求数据包或发送电机命令，甚至是预编程序的命令，如清洁或停靠；
- 发送指令133使Roomba进入睡眠状态；
- 关闭串行端口；
- 终止GPIO库。

iRobot 在过去的几年中发布了多个版本的开放接口，早期版本在命令和功能上有一些差异。如果某些功能不工作，请仔细检查你正在阅读的接口规范文档是否与你的型号匹配。以下是一个可以帮助你开始的示例程序。

下面的hello_roomba.cpp文件是一个简单的程序，其中包含一些使用PIGPIO库与Roomba进行通信的示例函数。请注意，你需要研究PIGPIO文档和Roomba OI文档，这样才能更容易地理解它们是如何一起工作的。你可以在http://abyz.me.uk/rpi/pigpio/pdif2.html上找到PIGPIO文档。

对于Roomba OI文档，你需要在谷歌上搜索roomba oi，然后找到适用于你的型号的文档。

```
//hello_roomba.cpp
#include "pigpiod_if2.h"
using namespace std;
```

```
int pi = -1;
int serHandle = -1;
//used to make sure roomba awake and listening
void wake(){
int R1 = 23; //This is assuming the wake relay is on pin 23
set_mode(pi, R1, PI_OUTPUT);
gpio_write(pi, R1, 0); //pulse wake relay
time_sleep(.1);
gpio_write(pi, R1, 1);
serial_write_byte(pi,serHandle,128); //send start command
time_sleep(.15);
serial_write_byte(pi,serHandle,131); //set to safe mode
time_sleep(.15);
}
//drive in reverse at 80mm/sec
void rev()
{
char driveString[] = {137, 255, 136, 0, 0};
serial_write(pi, serHandle, driveString, 5);
}
//drive forward at 120mm/sec
void fwd()
{
char driveString[] = {137, 0, 120, 127, 255};
serial_write(pi, serHandle, driveString, 5);
}
//stops wheel motors
void stop()
{
char driveString[] = {137, 0, 0, 0, 0};
serial_write(pi, serHandle, driveString, 5);
}
//puts Roomba to sleep and frees program resources
void shutdown()
{
serial_write_byte(pi,serHandle,133);
time_sleep(.1);
serial_close(pi, serHandle);
pigpio_stop(pi);
}
//main() wakes Roomba, drives it forward for 5 seconds. Pauses
//for one second, reverses for 5 seconds, the shuts everything
//down
int main()
{
char *addrStr = NULL;
char *portStr = NULL;
//handshake with daemon and get pi handle
pi = pigpio_start(addrStr, portStr);
//open serial port
serHandle = serial_open(pi, "/dev/ttyUSB0",115200,0);
wake();
fwd();
time_sleep(5);
```

```
stop();
time_sleep(1);
rev();
time_sleep(5);
stop();
shutdown();
}
```

3.7.3 唤醒你的Roomba机器人

在你尝试使用 Roomba 的接口进行实验的过程中，必然会出现Roomba 卡住的情况。这很可能是因为你将其设置为期望接收一定数量的数据，但在未达到预期数量时，它将会一直等待下去。此时，你可以取出电池重新启动，但我们也可以用一个小程序来实现重启，该程序可以向Roomba 发送大量的睡眠（sleep）命令，这就满足了Roomba期望收到的数据量，并使它进入睡眠模式，因此当你试图通过脉冲唤醒引脚低电平来重新初始化时，你就可以通过听声音来确认是否已经重新初始化。需要说明的是，我不知道具体的原因是什么，但有时我也不得不多次运行force_sleep程序来解决上述问题。以下是发送 100 次 sleep 命令的程序 roomba_sleep.cpp。

```
//roomba_sleep.cpp
#include "pigpiod_if2.h"
using namespace std;
//puts Roomba to sleep
{
int pi = -1;
int serHandle = -1;
char *addrStr = NULL;
char *portStr = NULL;
//handshake with daemon and get pi handle
pi = pigpio_start(addrStr, portStr);
//open serial port
//serHandle = serial_open(pi, "/dev/ttyUSB0",115200,0);
serHandle = serial_open(pi, "/dev/ttyAMA0",115200,0);
for(int i = 0; i < 100; i++)
{
serial_write_byte(pi, serHandle, 133);
time_sleep(.01);
}
time_sleep(.1);
serial_close(pi, serHandle);
pigpio_stop(pi);
}
```

3.7.4 不带接口的扫地机器人

第二类扫地机器人是那些没有易于可利用的接口的机器人。不管如何，在网上查看一下是否有人为你所拥有的特定型号的扫地机器人发布了接口说明，这种做法总是值得的，可以节省大量的时间。

不过，我们通常希望你可以自己连接电机和传感器，并编写所有的程序代码，而不是使用原始控制器。这样的机器人仍然会为你节省大量的工作，基于学习的目的来说，它也是一个极好的平台，如图3.10所示。

图3.10 早期的Roomba机器人[如Roomba 400（左图）或未知的扫地机器人底盘（右图），它们不具有相同的软件接口，但仍然为我们节省了大量的硬件安装工作]

> 如果你对电子技术很熟练，那么有时你可以在现有的控制板上找到电机控制器，并直接使用它而不用自己重新安装。在通常情况下，电路板太杂乱或占用的空间太大，你这样做就不值得了。但如果你真的想去找到它，它的特点可能会对你有所帮助，即它可能是由 4 个晶体管安装在一起所组成的 H 桥形的器件。

3.7.5 改装遥控车和卡车

改装遥控车具有和改装吸尘器同样的一些优势，然而缺少传感器。但它们都很便宜，而且有很多不同的形状和尺寸，因此你可以找到一辆适合室内和室外使用的车。关于将遥控车转换为机器人的一些想法:

- 它们配备为电子设备提供电源的电池组，但不要用它来为你的树莓派进行供电。你可以添加一个专用的电源，比如一个足以给笔记本电脑充电的充电宝。
- 大多数遥控车都有阿克曼转向系统，但对我们而言，还是倾向于使用差速驱动。如果可能的话，请优先选择坦克或推土机模型的平台。

如图3.11所示，探路者（Pathfinder）是俄亥俄大学的自动驾驶工程师（OU-PAVE）团队参加2019年智能地面车辆挑战赛的一项特别有趣的作品，深受人们喜爱，但它最初是一个婴儿乘坐玩具车。

OU-PAVE团队在探路者上做了非常出色的工作。他们不仅完善了其自主跟随路径和避免障碍物的能力，而且Pathfinder被用作一个平台来开发和测试导航和控制算法，并且这些算法随后被加载到一辆全尺寸的汽车（起亚Soul EV）上。

探路者作为一个开发案例，很好地证明了一个用于学习和开发的小型、低廉且更方便的机器人是可以完全转移到任何尺寸的机器人上的，并最终可以节省你的时间。OU-PAVE团队只用了几个小时进行测试和调试，就能让软件在起亚Soul上运行。你可以在OU-PAVE团队的Facebook网页上看到一些关于探路者（Pathfinder）的精彩视频，其网址是facebook.com/PAVEOhioU。

图3.11 由俄亥俄大学的自动驾驶工程师（OU-PAVE）团队开发的探路者

（图片来源：俄亥俄大学Russ工程与技术学院）

改装吸尘器和遥控车的优点：

· 可以大大节省时间；

· 有时存在一些内置传感器；

· 比起购买一个功能完整的机器人平台，你能学到更多东西；

· 让人感到非常有乐趣；

· 可以非常便宜。

改装吸尘器和遥控车的缺点：

· 可以定制的空间有限；

· 如果现有的传动系统没有配备编码器，那么要将其添加到现有的传动系统中，可能是一个挑战；

· 当你的配偶或孩子发现你把他们的吸尘器或玩具拆开时，他们会不高兴。

3.8 总结

在本章中，我们讨论了如何选择机器人平台，也了解了各种类型的平台的优缺点，以及选择一个适合其用途的机器人的重要性。我们讨论了购买、建造和黑客入侵机器人方面的问题，甚至学会了如何与控制Roomba扫地机器人的计算机对话，并向其发送驱动指令。所有这些都是帮助你做出最佳选择的必需考虑因素，因为你将花费大量时间学习如何把这个平台变成一个自主机器人。

在我们深入研究自主行为和机器人编程之前，我们还有一些基础知识需要掌握。而作为机器人专家，我们要做的最基本的事情之一就是编写软件来控制电机，从而驱动移动机器人运动或仅仅只是驱动机器人上的某个部分或某种工具。这就是为什么第4章“机器人电机类型和电机控制”显得如此重要的原因，通过第4章我们也将了解到不同类型的电机以及如何控制它们。

3.9 问题

1. 大型机器人有哪些缺点？
2. 与差速驱动相比，阿克曼转向有哪些挑战？
3. 为什么不建议使用汽车电池为机器人供电？

第4章 机器人电机类型和电机控制

4.1 简介

电机是每个机器人的核心部分。无论它们是用来旋转车轮或螺旋桨、执行腿部动作，还是完成定位位置的调节甚至是用于驱动传感器。作为机器人专家，我们的大部分时间都花在了直接控制或弄清楚下一步该如何使用电机上。本章将主要介绍一些不同类型的常用电机以及学习如何控制它们。

在这一章中，我们将学习电机工作的基本原理、不同类型的电机，以及我们需要控制的一些软硬件。即使是最复杂的机器人项目，我们也要把正确的信号传递到正确类型的电机上，因此，牢牢掌握电机控制方面的知识对机器人制作的成功至关重要。本章的代码可在https://github.com/lbrombach/practical_chapters找到。

在本章中，我们将主要介绍以下内容：

- 电机类型
- 电机控制——速度和方向
- 晶体管和电机控制器的介绍
- 脉冲宽度调制（PWM）
- 用树莓派生成一个脉冲宽度调制信号
- 用树莓派控制电机（教程）

4.2 目标

通过本章的学习使你深入了解电机的类型及其用途。编写一个简单的电机控制程序，并用它来控制一个电机。

4.3 电机的类型

电机是将电能以旋转轴的形式转化为机械能的装置。这根轴可以直接或间接地（通过齿轮、链轮或滑轮）连接到螺旋桨、车轮或机器人手臂的关节上，以产生我们需要完成某些任务的运动。而我们最明显的需求是通过转动车轮来移动我们的机器人，这也是我们要特别关注的用处。

所有的电机都是利用磁场来工作的，这些磁场可以用来排斥或吸引其他磁场。你可能还记得在科学课上的内容，即磁铁有流经南北两极的磁场。这些磁场是有方向性的（也被称为极化），磁铁会根据它们彼此相对的方向来相互吸引或排斥（两个北极或两个南极将相互排斥，而一个北极和一个南极将相互吸引）。永磁铁必须在物理层面上完成翻转才能扭转其磁场，而电磁铁的磁场可以通过改变流经它的电流的方向来扭转。请参见图4.1。

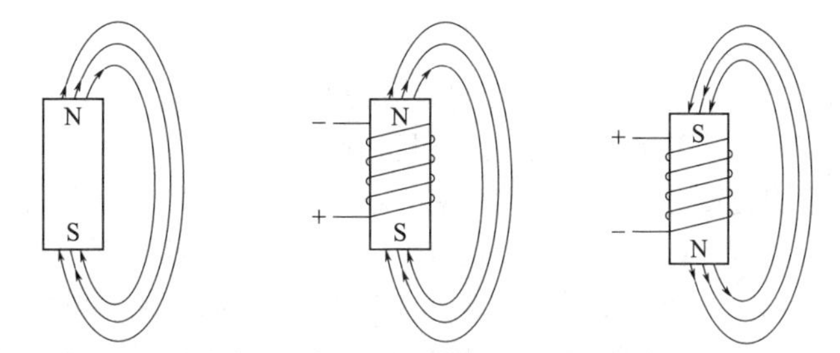

图4.1　永磁铁与电磁铁的磁场极性

我们并不打算对电机理论进行深入的研究，但有一点很重要，即电机需要有一个固定部分和一个旋转部分，且每个部分都有自己的磁体排布，利用磁体之间相互推拉来完成转子的转动。所以我们必须在转子转到特定旋转部位后逆转特定磁铁的极性，以使电机保持旋转而不是锁定的静止状态。从原理上我们有很多不同的方法可以实现这一点，这也就是为什么会有不同类型的电机的原因。

4.3.1 交流（AC）电机与直流（DC）电机

当你在寻找电机时，第一个重要的决定是选择使用交流电机还是直流电机。也许你已经拥有一些来自电动工具或洗衣机等电器的电机，现在你想知道是否可以将它们用于你的机器人。在决定我们希望在机器人中使用哪种电机之前，让我们先了解交流电机和直流电机的几个关键特征。

直流电机	交流电机
直接由电池供电	额外的电子设备可以由电池供电，而不是与主电源相连
更低、更安全的工作电压	更高、更危险的工作电压
速度控制简单	速度控制复杂

毫无疑问，选择使用直流电机是在寻找电机时的第一个重要决定。因为直流电机使用起来非常简单，只需要给它们提供一个安全的电压即可。而交流电机需要频繁地将危险的高电压的

极性逆转，这需要的电子技术已经超出了本书的范围。

对于移动机器人而言，与直流电机相比，交流电机的用处非常有限，除非涉及人类运输的自动驾驶领域。因此，对于大多数机器人项目而言，直流电机是更为实用和经济的选择。当然，如果你是埃隆·马斯克这样的电动汽车巨头，那么情况可能会有所不同。需要强调的是，在本书的其余部分，每当提到电机时，都指的是直流电机。因此，在进行电机选择和使用时，要明确区分直流电机和交流电机，并选择适合你项目的电机。

4.3.2 有刷直流电机

直到最近，你可能会发现在任何由电池供电的装置中，有刷型（也被称为有刷）直流电机仍然是最常见的电机类型。但是现在，无刷直流电机也越来越普遍了。有刷直流电机可以在百货商店的各种玩具、电动工具、车窗电机等中找到。当然，还有很多，我们不可能列举所有可以找到它们的地方。

它们之所以得名（有刷电机），是因为它们使用导电刷在一个叫作换向器的东西上滑动，并通过换向器来完成电磁铁磁极的切换。这就是它们不断地对电机本体内安装的永久磁铁进行推拉的方式。由于它们旋转速度快，因此几乎总需要齿轮箱才能发挥其效用。

你可以通过电池供电装置的输出来确定电机是否为有刷电机，因为有刷电机通常只有两个接线口连接供电。当然，你也不要被通向电机的额外电线所误导。如图4.2所示，从扫地机器人中回收的车轮模块中似乎有两根以上的电线，但仔细检查你会发现有几根电线通向传感器，只有两根电线通向电机本身（从图中圈出的地方可见）。

图4.2 从扫地机器人中回收的无刷直流电机，它仍然附着在机器人的变速箱和车轮上

有刷电机是最便宜的电机，它非常可靠且容易控制，你只需要改变电压就可以让它们加速或减速。对我来说，这些优点已经弥补了它们比无刷电机噪声大的缺点。我强烈建议初学电子技术的人使用这种类型的电机作为机器人的驱动电机。

4.3.3 伺服电机

你可能听说过伺服器这个词，通常伺服器也被称为伺服电机。伺服电机实际上是某种电机、齿轮箱和电子模块的组合，它可以对输出轴进行相当精确的定位。伺服器有不同的尺寸和电压，产品分类也从业余级别到工业级别，但我只会讨论图4.3中所示的业余级伺服电机。

图4.3　一个普通的业余级伺服电机（左图）和一个普通的步进电机（右图）

你很可能遇到并使用的伺服电机中内置了一个有刷直流电机，但我们不是通过改变电压来直接控制它们，而是提供一个恒定的电压（通常是5～12V直流电）和一个特殊的控制信号，让板载电子设备完成剩下的电机控制工作。我们发送的控制信号通常是一个脉冲宽度调制（PWM）信号，我们将在本章后面进行讲解，但它也可能通过我们将在第5章“与传感器和其他设备通信”中学到的通信协议发送。

在大多数情况下，伺服电机的目的是旋转有限范围（不到一整圈，也许多达270°）并保持一定的位置，但它们已经被破解以允许连续旋转。这是一种非常受欢迎的黑客行为，以至于一些制造商开始以这种方式来销售它们，甚至开始销售小车轮，这些小车轮可以直接安装在你通常要连接杠杆臂的地方。它们可以用来驱动最小的机器人，但我通常认为伺服电机是用于定位的装置。

4.3.4　步进电机

步进电机（如图4.3中的右图）是另一种用于定位的直流电机，它通常具有很高的精度。与使用换向器控制单一电磁线圈（也称为绕组）极性反转的刷式电机不同，步进电机通常具有两个或多个直流线圈，但每次仅有一个被激活，并以一定的时序正向或反向通电。控制哪个线圈何时通电是通过电机外的电子元件完成的。图4.4说明了通过给不同极性线圈供电来驱动步进电机内的永久磁铁的推拉过程。

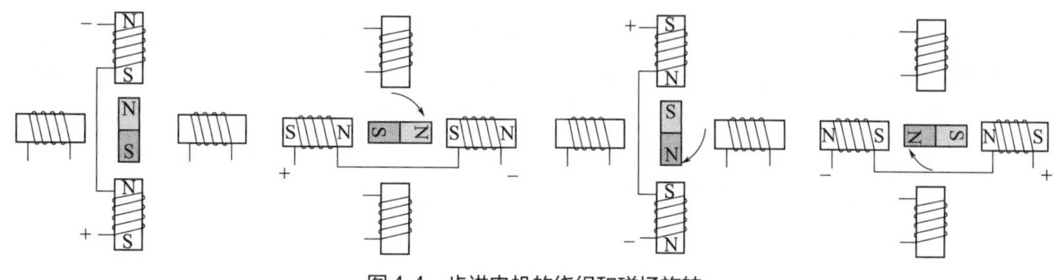

图4.4　步进电机的绕组和磁场旋转

当控制器切换哪个线圈通电，并且轴转动以与磁场对齐时，这种状态会被称为已步进。通过改变通过各种线圈的电压和电流的方向，步进控制器可以使轴以全步、半步甚至更小分数的步长移动。你可以通过计算指令的步数和方向来跟踪位置。

与其他电机相比，步进电机的特殊之处在于它可以控制轴移动的准确位置和速度，这对需要高精度的定位操作非常重要。通常，步进电机不用于机器人的主要驱动力，而是用于机器人臂和夹具等的定位操作。要确定一个电机是否为步进电机，只需检查连接到电机本身的导线数量即可，通常步进电机会有四根导线。

4.3.5 无刷直流电机（又称为BLDC）

无刷直流电机（BLDC）与有刷直流电机属于同一类别，因为与伺服电机和步进电机不同，所以它们是我认为适合用于机器人驱动电机的类型。然而，无刷直流电机与步进电机相似，因此我认为先学习步进电机课程可以帮助你了解无刷直流电机。

无刷直流电机和步进电机都使用多个电磁线圈和外部控制器。但无刷直流电机通常具有更多的线圈，同时加入了用于检测轴位置的传感器，以及一个更复杂的控制器。该控制器需要利用这些位置传感器来决定下一步应该激活哪个线圈。这种控制器称为电子调速器，可以比步进电机实现更高的速度。

无刷直流电机反应非常敏捷，且具有不错的动力，并且由于没有刷子刮擦，所以比有刷电机要安静得多。它们在无人机、平衡车以及越来越多的电动自行车上得到广泛应用。

4.4 晶体管和电机驱动器的介绍

尽管伺服电机已经内置了驱动器，且我们只需向它发送正确的信号，但我们通常要为每一种类型的电机配置一个驱动器。所有的电机驱动器都是为了将GPIO输出的小信号放大到足以驱动电机内部电磁铁的信号。对于无刷直流电机的电子速度控制器，它们也必须具有一些智能控制。在我们深入学习之前，让我们先理解基础知识。

4.4.1 最基本的控制：开/关

开/关控制通常不能为自主机器人驱动轮提供足够的控制，但是对于需要连续旋转或在两端之间移动而不需要控制精度的设备来说，这种控制可能是完美的。例如，上升仪器的线性执行器可能只需要开启即可，当它触碰到末端的开关后则会自动完成关闭。

我们在第2章“GPIO硬件接口引脚的概述及使用”中看到了如何将简单的开关和继电器关联的布线方式，请见图2.10。我们可以使用GPIO引脚，而不是使用第二块电池和一个手动开关来驱动我们的继电器线圈。但请不要忘了，你不能直接用GPIO引脚驱动继电器线圈，而是需要一个接口（我们很快就会提到）来驱动。具体内容请见图4.5。

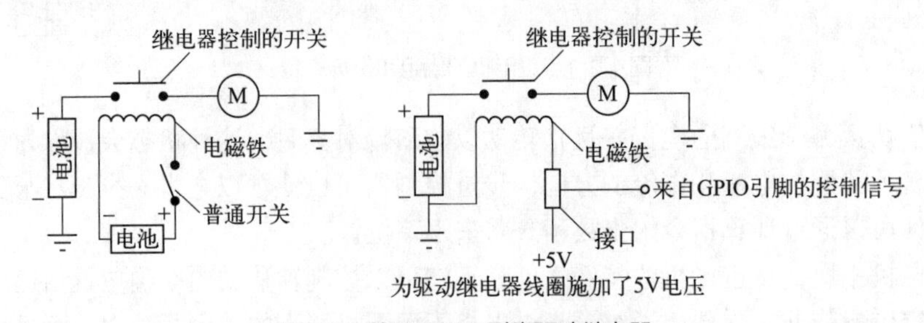

图4.5 使用GPIO引脚驱动继电器

在图4.5中，左侧子图表示用外部的电池和一个手动开关来驱动继电器；右侧子图则是采用接口方式与GPIO引脚来驱动继电器，并为驱动继电器线圈施加了5V的电压。

上面的描述仅涵盖了有刷直流电机的关闭和开启控制。如果我们想反转有刷直流电机的方向，则必须反转通向它的电压的极性。一般来说，我们可以用一个双刀双掷的开关来实现这一点。这些开关可以是手动开关，也可以是电磁继电器，因此可以用两个继电器和两个GPIO引脚来完成电机的全部开/关和方向控制，如图4.6所示。

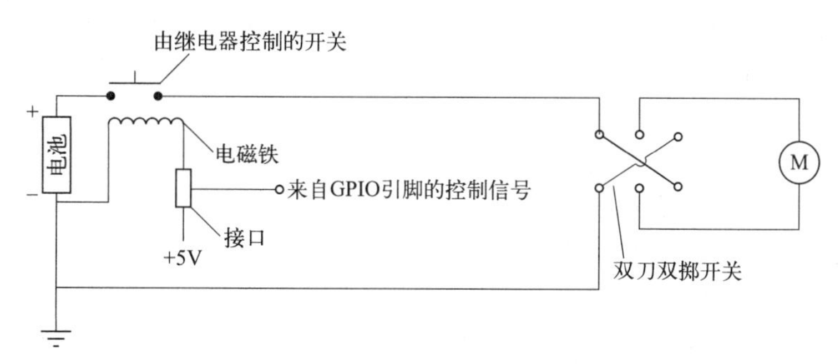

图4.6　用双刀双掷开关或继电器来扭转电压极性，使电机反转

双刀双掷（DPDT）开关就像两个单刀双掷开关同时打开闭合一样。如果你想通过类似的方法来反转进入电机的电压，那么这种开关非常方便。其中每个中心引脚连接到电机的引脚，要么与电机的左引脚连接，要么与电机的右引脚连接，这就使上半部和下半部能够实现同时开关，但彼此之间不连接。

早些时候，我们讨论了如何通过改变电压来控制有刷电机的速度。虽然你可以把12V的电池换成6V的电池，从而将电机速度降低一半，但这显然对我们的自动驾驶汽车来说是不行的。幸运的是，我们可以通过软件和一些电子器件来控制电机的电压，而无须每次改变速度时手动重新布线。通过改变电压，我们可以精确地调节电机的速度，以适应不同的驾驶要求和路况。使用现代化的电子控制系统，我们可以轻松地实现高效、准确且可靠的电机控制，从而为自主车辆带来更加灵活和多功能的性能。

4.4.2　晶体管

当使用开/关控制电机不够灵活时，我们可以借助晶体管实现更加精细的电机控制。本节中我们将会把我们的讨论范围限制在普遍晶体管概念：即如何放大一个小而脆弱的信号，并利用这个放大的信息驱动更大的器件。图4.7显示了几个不同的晶体管。

图4.7　晶体管（中间晶体管安装在一个散热器上）

我们之前使用继电器实现了上述这个功能，在图4.5中，我们利用一些微控制器输出5V电压，然后就可以通过继电器启动一个可能运行在300V的电机，就能够为原本需要在300V电压下才能运行的电机供电。与继电器相比，晶体管有以下几个优点：

- 能够通过改变控制信号来控制电压或电流的大小。
- 更快的开关速度。
- 没有机械部件的磨损。

机械式继电器的开关速度不够快，不能用于控制无刷直流电机的电磁转换。即使它们能够做到，也会因为快速的电磁转换而很快磨损。与继电器不同，控制信号端和电源端确实有一个电连接。

普通的晶体管通常具有三个引脚，分别称为集电极、基极和发射极，或者根据类型命名为漏极、栅极和源极。这些内容超出了本书籍涉及的范围，但是当你深入研究电子学时，这会非常有趣和有用。而对于我们来说，我们可以认为它们做着同样的事情，从现在开始，我们将只会提到漏极、源极和栅极。

源极和漏极之间有电阻，它决定了通过的电压有多大，而阻值取决于在栅极上施加的控制信号（在这种情况下是电压）有多少。请参见图4.8，在这种情况下，虽然我们此处控制的是一个电机，但我们也可以轻松地控制灯光或加热元件的电压。

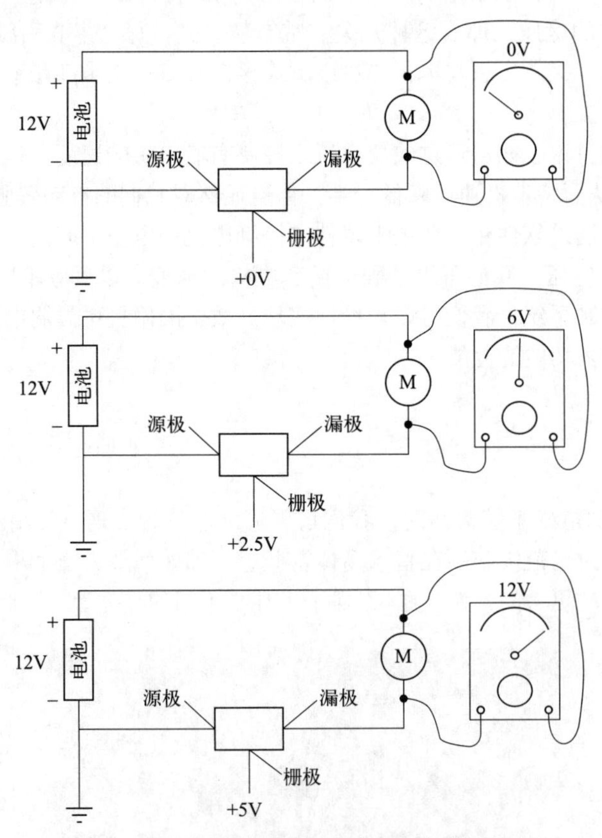

图4.8 通过改变晶体管的输入电压来控制输出电压

想像一下，图4.8中的电动机的额定电压是12V。如果不给晶体管的栅极提供任何电压，栅极将会保持关闭，电机也就不会旋转。如果这种晶体管在5V时会导通，那我们将5V的电压接到栅极，电机将以最大速度旋转，因为来自电池的12V电压将通过。因此我们可以通过向栅极提供0 ～ 5V之间的电压，从而来向电机提供0 ～ 12V的电压。

与耗电的继电器线圈不同，晶体管的栅极通常可以直接由GPIO引脚驱动，只需使用电阻器限制电流即可。事实上，我们可以在图4.8中的电路中放一个继电器线圈，而不是一个电机（尽管我现在已经懒得自己搭建电路来驱动继电器线圈了，这就要归功于我们将在第6章“其他有用的硬件”中谈到的廉价的预组装的继电器模块）。

> 这种使用晶体管来驱动晶体管的情况并不罕见。在 3.3V 或 5V 的情况下完全打开的晶体管被称为逻辑电平晶体管，通常不具备自身所需的最终输出容量的能力。

很酷，对吧？但你可能会问：如果一个GPIO引脚只能是开或关，那么我们如何改变晶体管栅极的电压呢？下面请允许我向你介绍一位新朋友：PWM（脉冲宽度调制）。

4.5 脉冲宽度调制（PWM）

PWM是一种应用非常普遍的调节技术，它通过将GPIO引脚的正常开/关信号进行快速切换，使其更加多功能。虽然我们仍然只是将GPIO输出打开或关闭，但我们可以快速地切换电平以传递更多信息。在第5章“与传感器和其他设备通信”中，我们将谈论如何使用PWM来进行数字和文本信息的复杂通信。但现在，让我们看看两种常见的利用快速切换的方式控制电机：

1. 创建一个具有数字输出的模拟电压；
2. 提供一个包括预期输出信息的控制信号。

从技术上说，这两者都可以是控制信号，但在第一种情况下，它也可能是一个直接的硬件驱动程序。请保持住耐心，我们将会在本章的其余部分解释清楚这个问题。一般来说，我们会将上面的第一种称为模拟电压，第二种称为控制信号。让我们来具体看看这两种类型的PWM。

4.5.1 用PWM来创造模拟电压

第一种PWM的使用方法是：我们将直接控制电压输出到晶体管栅极。你可以输出任何值的平均电压，只要保证这个范围是在0V到GPIO引脚的正常高电平范围之内的，这个电压值和GPIO引脚的正常高电平的比值大致与变化占空比相同。占空比就是描述引脚处于开启状态的时间百分比的。图4.9显示了两个PWM输出信号的图表。

图4.9中上面的PWM信号与引脚常开状态的效果相同。在图4.9下面的PWM信号中，输出只有一半的时间处于通电状态，因此平均电压是引脚高电平的一半。从图中你可以看出这些信号的周期为100ms（这是个相当长的周期，但我们将这时间放长以便你理解）。

> 由 PWM 产生的模拟信号非常不稳定，在某些应用中可能需要进行平滑处理才能获得良好的结果。对于我们来说这是不需要的，但如果你认为需要，则可以研究一下低通滤波器以获得更多的信息。

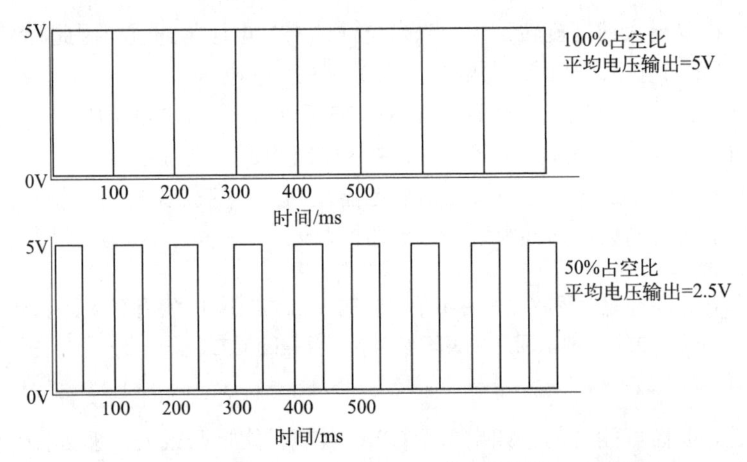

图4.9 占空比为100%(上图)和50%(下图)时的PWM信号

我们的软件通常不用百分比来表示。相反，它把一个恒定的时间段（通常可以由程序员设定）分成若干片段。PIGPIO和其他流行的微控制器库默认将周期分成255个片段，因此设置255的占空比表示每个周期的255个片段中有255个处于开启状态。这与简单地将引脚设为高电平相同。如果要输出引脚正常高电压的50%，我们只需要将占空比设置为127（255×50%=127.5）。

虽然我们仍然无法提供大量电流，但我们可以将这种模拟电压馈送到晶体管的输入端（栅极）。使用PIGPIOD库可以很轻松地在树莓派 GPIO引脚上产生PWM信号。如果你想要在树莓派的任何输出引脚上输出一个PWM信号，都可以使用set_PWM_dutycycle()函数来指定输出引脚以及占空比，具体代码如下所示：

```
//start a PWM signal on pin 26 on this Rpi,
//with a duty cycle of 50% would be:
set_PWM_dutycycle(1, 26, 127);
```

关于完整的功能定义，以及PIGPIOD库中的其他PWM功能，请访问PIGPIO页面http://abyz.me.uk/rpi/pigpio/pdif2.html。

4.5.2 PWM作为控制信号

PWM的第二个用途是与其他设备通信，通常用于控制伺服电机的期望位置。它的生成方式与上述相同，也是由脉冲生成的。但我们并不是试图通过脉冲来实现平均电压，而是真正关注每个脉冲的宽度。实际上，当我们在创建一个模拟电压时，通常会像上面那样使用占空比来评判。而当硬件需要一个PWM控制信号时，指定的是每个脉冲的宽度（有时为频率）。

为了制定这种类型的标准信号，通常我们规定PWM波周期应该为20ms，而开启状态的脉冲的长度为0.5 ～ 2.5ms。伺服电机将解释此脉冲以知道被命令保持的位置，其中1.5ms是中心。根据1.5ms是中心位置，0.5ms意味着伺服电机会完全逆时针旋转，2.5ms意味着伺服电机会完全顺时针旋转。

我们可以通过设置周期并进行一些快速的数学运算来产生此信号，从而得出符合我们需求的占空比。但是PIGPIOD库通过一个专门的伺服函数，使这个操作变得更加容易。下面的示例代码显示了如何输出PWM控制信号。

```
// generates a pwm signal with a period of 20 milliseconds
// and a pulse width of 2 milliseconds on pin 26
set_servo_pulsewidth(pi, 26, 2000);
```

set_servo_pulsewidth需要三个参数:

1. 我们在与PIGPIO Daemon握手时得到的树莓派句柄（一种标识符）;
2. GPIO的引脚编号;
3. 所需的脉冲宽度（单位为μs）。

4.6 电机驱动器和电机控制器

我们在本章中所学到的原理是比较全面的，其中包括了电机驱动器和电机控制器控制原理的核心，它们提供了更多的功能，这比我们向你展示的简单电机驱动电路的功能多得多。它们通过把多个电路组合在一起实现了额外的功能，以支持多种速度、双向，以及多个电机。它们还可以拥有自己的微控制器来运行软件算法，通过这样的方式可以允许不同的通信方式，从而在不给主要计算机（或程序员）产生负担的情况下更好地控制细节。

注意 

尽管电机驱动器和电机控制器在技术上是不同的，但你可能会在某些时候听到电机驱动器和电机控制器这两个名词被交替使用。你可能觉得它们之间的界限比较模糊，因为大多数作为电机控制器出售的设备实际上是一块既有电机控制器又有电机驱动器的电路板。但这都不重要，重要的是你需要了解这两个模块的功能，并且这两种功能都应该实现一下。以下，让我们来具体讨论它们。

4.6.1 电机驱动器

电机驱动器是根据电机的输入信号为电机供电的电路。图4.8中的电路是一个简单的电机驱动器，但只能控制电机向一个方向移动。对于有刷直流电机来说，最常见的电机驱动器是由4个晶体管组成的H桥电路。H桥允许你直接控制有刷电机的速度和方向，而不需要我们前面讨论过的反向继电器。

H桥电路很便宜，而且不需要任何复杂的控制，因为它所做的只是改变电压和极性。它适用于单个电机绕组（线圈），但也可以成对使用来驱动步进电机。步进电机的控制比直流电机的控制更为复杂，因为步进电机需要协调好两个绕组。

一种非常常见的电机驱动器是L298N双H桥。顾名思义，它有两个H桥，可以控制一个步进电机或两个有刷直流电机，其最大电流为2A。L298N需要一个PWM信号作为输入来控制电机速度，并将两个引脚中的一个引脚设置为低电平以设置每个H桥的方向。图4.10是一个基于L298N的普通电机驱动模块。

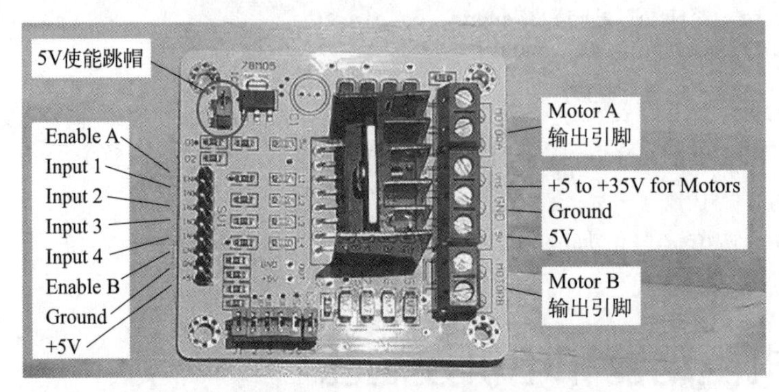

图4.10 Velleman的基于L298N的双电机驱动器

图4.10中，驱动模块的左上角布设有5V的使能跳帽，驱动模块的接口Input 1和Input2为电机A（Motor A）的输入引脚，控制电机A的转动及旋转角度，Input 3和Input 4为电机B（Motor B）的输入引脚，控制电机B的转动及旋转角度；使能引脚A（Enable A）和使能引脚B（Enable B），分别用于调节电机A和电机B的速度；左侧最下面的两个引脚分别为接地引脚（Ground，连接电源负极）和5V的供电引脚。驱动模块右侧上方为电机A的输出引脚，下方为电机B的输出引脚；中间部分从上至下分别为为电机供电的直流电源引脚，电源范围在5~35V之间，接地引脚和5V的供电引脚。

图4.10中的VMA409是Velleman公司生产的一种方便且小型的L298N双H桥驱动板，它上面有你需要与树莓派或微控制器的GPIO相连的接口，它可以驱动两个有刷直流电机或一个步进电机(L298N是中间的大器件，而其他所有器件都是模块制造商添加的)。不要被这些连接吓到了，实际上它非常容易使用。详情请看图4.11中的接线图。

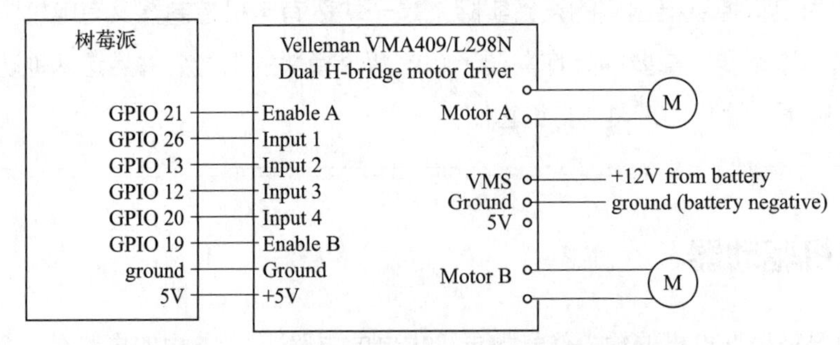

图4.11 从树莓派到L298N模块再到电机的接线图

图4.11中，左侧为树莓派，其中树莓派的GPIO引脚21和19分别与中间的L298N双H桥驱动板的使能引脚A和B相连接，GPIO引脚26、13、12和20分别与驱动板的输入引脚1~4相连接，树莓派的ground引脚与驱动板的Ground引脚连接，两者的5V引脚相互连接，驱动板的右侧MotorA和MotorB分别连接了两个电机，中间Ground引脚接地或连接电池的负极，VMS引脚连接可提供12V电压的电池。

从图4.11可知，这并不太难，对吧？在图4.10中，它看起来有很多的标签，但在图4.11中，我们可以看到它只有6个GPIO引脚、一个电源和两个电机。请把这张图片好好收藏起来，因为它与我们将要使用的代码和第21章“构建并完成一个自主的机器人的编程”中的机器人项目所用的接线图和引脚配置是一样的。

4.6.2 用L298N双H桥电机驱动器控制电机

在这一节中，我们将利用本章学到的知识编写一个简单的程序，并使用H桥电机驱动器控制一个刷型直流电机。我这里使用的是Velleman VMA409型号的电机驱动器，一对从扫地机器人中拆下来的轮子模块，以及一个来自无线电钻的蓄电池。这里的树莓派是单独供电的，并向驱动板提供5V的电压。图4.12展示了我整套的装置。

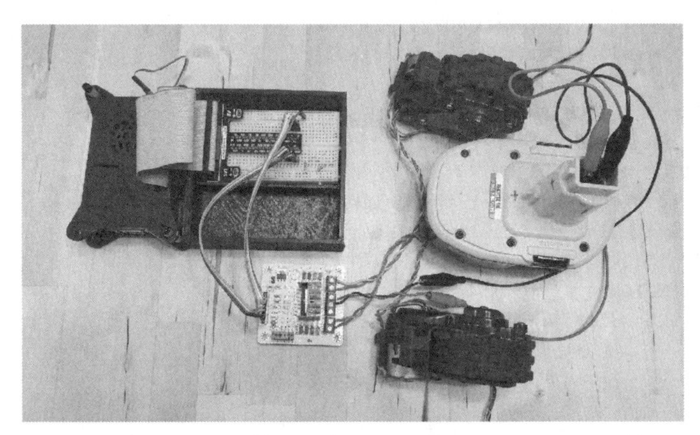

图4.12　一个基于L298N的电机驱动模块和一块树莓派板以及一对扫地机器人电机

请小心进行类似这样的临时连接，并不要让电线短路。一旦产生火花、火灾或电池爆炸那就不好玩了，这样的情况可能会对你造成伤害，所以一定要小心。在你确保安全后，再使用基于L298N的电机驱动器（如VMA409）。控制刷型直流电机的具体步骤是：

1. 移除驱动模块上的5V电源启用跳线，以避免5V电压接到树莓派的3.3V GPIO引脚上，并利用该GPIO口调节电机的速度，这很有可能会烧坏树莓派。

2. 将电机连接到输出端。请注意，这里的极性并不重要，因为你可以随时在软件中切换电源线或更改电机方向。然后需要给适合你电机的电源完成接线，此时极性在这里就很重要了，要确保地线与地相连。

3. 连接地线和5V电源线并为驱动板供电。这里你可以使用树莓派上的5V输出来为板提供电源，但需要注意的是千万不要试图用这些电源给电机供电。你可以用一个电池组为电机供电，或采用我个人最喜欢的选择——电动工具的电池，当然这个电压要适合选用的电机电压。

4. Enable A、Input 1 和 Input 2 都是为电机A准备的。使能引脚需要PWM信号来控制电机速度。驱动Input 1为低电平（或对地短接）就可以使电机朝一个方向旋转，或者驱动Input 2为低电平使电机反转。整个过程中需要保证你的PWM信号有输出。但需要注意的是，千万不要同时将两个输入引脚驱动为低电平。Enable B、Input 3和Input 4也完全一样，但这三个接口是用来控制电机B的。

完整的接线图如图4.11所示。关于步骤4，下面的代码是一个简单的示例程序（hello_motor.cpp可下载得到），它使用PIGPIO Daemon库以半速和全速运行电机A，并在前进和后退方向上各维持几秒。

```
#include <iostream>
#include <pigpiod_if2.h>
//define our GPIO pin assignments
const int PWM_A = 21;
const int MOTOR_A_FWD = 26;
const int MOTOR_A_REV = 13;
using namespace std;
//handshakes with Pigpio Daemon and sets up our pins.
int pigpio_setup()
{
char *addrStr = NULL;
char *portStr = NULL;
//handshake with pigpio daemon and get pi handle
const int pi = pigpio_start(addrStr, portStr);
//set pin modes.
set_mode(pi,PWM_A, PI_OUTPUT);
set_mode(pi,MOTOR_A_FWD, PI_OUTPUT);
set_mode(pi,MOTOR_A_REV, PI_OUTPUT);
//initializes motor off Remember that high is "off"
//and we must drive in1 or in2 low to start the motor
gpio_write(pi, MOTOR_A_FWD, 1);
gpio_write(pi, MOTOR_A_REV, 1);
//return our pi handle
return pi;
}
```

上述的第一个代码块是所有常规的设置，例如必要的include文件、常量和其他全局，还有用于设置PIGPIO Daemon接口的函数，以及我们的引脚模式和初始引脚状态。而下一个代码块则包含电机控制函数的调用。

```
int main()
{
int pi = pigpio_setup();
if(pi < 0)
{
cout<<"Failed to connect to Pigpio Daemon. Is it runn，ing?"<<endl;
return -1;
}
//when you're ready to start the motor
gpio_write(pi, MOTOR_A_FWD, 0);
// starts a PWM signal to motor A enable at half speed
set_PWM_dutycycle(pi, PWM_A, 127);
time_sleep(3); //3 second delay
//starts motor at full speed
set_PWM_dutycycle(pi, PWM_A, 255);
time_sleep(3);
//stops the motor
gpio_write(pi, MOTOR_A_FWD, 1);
time_sleep(1);
//repeats in reverse
gpio_write(pi, MOTOR_A_REV, 0);
set_PWM_dutycycle(pi, PWM_A, 127);
time_sleep(3);
```

```
set_PWM_dutycycle(pi, PWM_A, 255);
time_sleep(3);
gpio_write(pi, MOTOR_A_REV, 1);
pigpio_stop(pi);
return 0;
}
```

希望你已经逐渐习惯了PIGPIO Daemon接口库，并且可以在线查看文档来解决任何疑问，到这里我认为你已经把握得很好了。现在是停下来并进行电机控制实验的好时机了。在此，我想问：你能否将第二个电机添加到hello_motor中呢?

单独的电机驱动器是非常方便的，但有时我们不能抽出4～6个GPIO引脚来控制两个电机，或者你希望编写更少的代码。那么接下来，让我向你介绍我们的好朋友——电机控制器。

4.7　电机控制器

我们刚才写的hello_motor程序是一个简单的开环电机控制器。如果你还不知道开环是什么意思，也请不要担心，因为我们将在第8章“机器人的控制策略”中花大量时间来学习不同的控制器类型。

虽然hello_motor存在于我们的计算机上，但有些电机控制器存在于其他硬件上。它通常以模块的形式出现，该模块具有自己的微控制器和电机驱动程序，可以为我们处理许多重要的细节，例如确保机器人在走直线，或根据车轮旋转数据计算出当前位置。图4.13就显示了一个这样的电机控制模块。

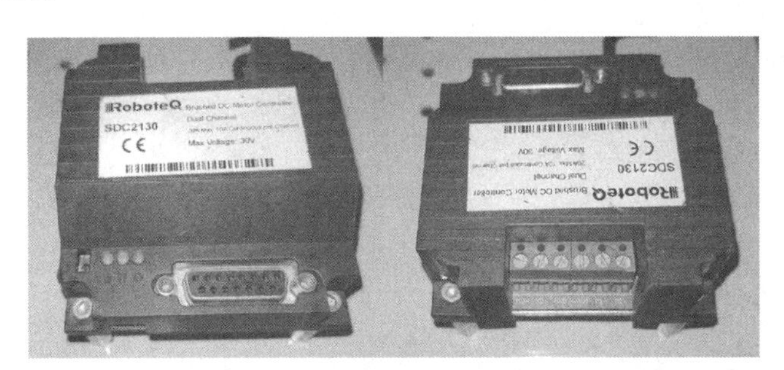

图4.13　一个完整的Roboteq电机控制模块和驱动模块（图片来源于Dan Pollock）

像图4.13中这样的电机控制模块就可以为你节省时间。正如你将发现的那样，让机器人直线行驶可能是一种挑战。但我们可以通过软件和来自传感器的反馈来解决这个问题，或者我们可以采用一个独立的控制和驱动解决方案，从而只需控制速度并忽略掉一些细节。当然，电机控制器模块的主要缺点是价格昂贵。

> 用于无刷直流电机的电机控制器是一种特殊类型的电子调速器。这些控制器接收位置传感器的输入，以便正确地序列化线圈的通电方式。

虽然对于给定类型的电机来说，输出信号的类型总是相同的，但输入信号可以是PWM、串行、I2C、USB和蓝牙等不同类型的信号。虽然我没有亲眼看到过监听各种钢琴键被按下的电机控制器，但这从原理上来讲也是可以实现的。在此，我的观点是，尽管在市面上有许多不同类型的电机控制器，但重要的是阅读文档，并确保它适用于你的项目。

4.8 结论

在本章中，我们不仅学习了不同的电机类型和它们的工作原理，还学习了如何用晶体管和继电器来控制电机的速度和方向，以及如何使用为我们处理低级别电路的模块。最后，我们将电机连接到一个通用的电机驱动模块，并使用树莓派编写了我们的第一个程序来控制电机的速度和方向。

这些基础知识对成为机器人专家至关重要，我们建议你花时间去掌握它们，这会让你在以后的工作中省去很多的麻烦。

与我们制作智能机器人的能力同样关键的是设备之间的通信能力。我们将在下一章学习如何通过一些标准协议发送和接收信息，这些协议很可能是在计算机与电机控制器、传感器以及与其他计算机之间进行通信所需的。

4.9 问题

1. 哪种类型的电机最适合用于首次构建的机器人?

a. 如何使这种电机反转?

b. 如何控制该电机的速度?

2. 一个接收PWM信号的设备通常会对PWM信号的两个特征之一做出响应。一个通常是占空比，而另一个是什么呢?

3. 最常见的电机驱动器类型是什么?

4.10 挑战

回顾一下我们在第2章“GPIO硬件接口引脚的概述和使用”中所学到的关于用GPIO引脚读取开关的内容，然后在你的树莓派上添加两个按钮（如果没有的话，你可以模拟一下），并修改hello_motor使其对按钮的按压作出响应。其中一个按钮应该使电机的PWM信号在每一次按钮按下后增加10，而另一个按钮应该使PWM信号减少10。在此，提出一个额外的挑战，即在按下按钮PWM信号值低于0时，使电机反转。

第5章

与传感器和其他设备通信

5.1 简介

机器人与遥控机器的不同之处在于，机器人能够从任意数量的传感器中积累数据，并根据这些数据做出决策。为了将这些数据从传感器传到机器人的主计算机上，我们必须使用传感器所支持的通信协议来进行通信。通常来说传感器支持的通信协议会有好几种，在本章中，我们将专门介绍常用的通信协议，而这些协议也将在机器人领域中反复使用。

本章将会着重介绍以下内容：

- 二进制（逻辑）信号
- 串行通信入门
- I2C通信入门

5.2 目标

通过本章的学习，你将掌握二进制信号、I2C和串行通信协议等方面的知识，并获得可以使用不同通信协议获取传感器数据的基本能力，以应对各种通信问题。这些技能对于设计和制造复杂的机器人来说至关重要。

5.3 二进制（逻辑）信号

二进制信号是一种逻辑电平信号，主要用于传递单个信息位。虽然本章将介绍的所有通信协议都利用了二进制信号，但本节则重点介绍最基础的类型，即整个消息只包含一个信息位。

最简单的传感器只会传递单个信息位，并像第2章“GPIO硬件接口引脚的概述及使用”中的数字输入引脚一样被读取。这些传感器可能是嵌在保险杠上的开关，这样机器人就可以根据信息位知道它什么时候撞到了什么东西；也有可能是安装在轮子上的开关，机器人可以根据信息位来判断车轮什么时候越过了楼梯的边缘；又或者是安装在杠杆上的触碰开关，机器人可以根据信息位知道执行器什么时候到达了其行程末端。这些传感器通常被称为碰撞传感器、车轮防跌落传感器和末端开关。

上述传感器可以是机械开关，就像第2章中用于输入实验的开关一样。尽管如此，它们仍然可以采用几种不同的形式，只要它们能够将GPIO输入电平跨越到其阈值电压以上。例如，你可以找到对温度有反应的开关，对磁铁有反应的磁簧开关，对光线的有无有反应的单个电阻和二极管，甚至可以找到对运动、湿度或无线电信号等有反应的完整电路模块。最后，我们也只是读取数字输入，看其数字输入的电压电平是高还是低。图5.1显示了一些开关和一个传感器模块，我们读取它们的方式与读取开关的方式是相同的。

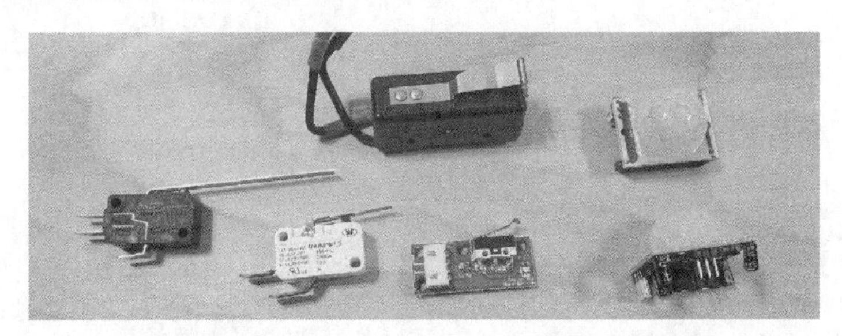

图5.1　各种各样的杠杆开关和一对无源红外运动传感器

杠杆开关有各种不同尺寸，非常适合用作碰撞传感器和末端开关。图中还向你展示了被动式红外传感器模块，它的所有电路都在板子上，可以响应检测到的运动并将引脚设置为高或低。从技术上而言，它不是一个开关，但读取信号引脚的方式与开关相同。

5.3.1　开关去抖动

这类开关对某些应用来说并不重要，但如果你需要确保每一个开关周期都被计算一次（例如你正在计算滚动菜单选项的按键次数），那么你就会需要去抖动开关，以避免每次按下按钮都会导致开关周期的多次递增。

> 要小心开关的抖动！机械开关不会整齐地关闭它们的触点，而是会振动或抖动着打开和关闭几次。这个过程非常快，以至于你可能没有注意到，认为只做了一次开灯之类的事件。但你的处理器反应非常快，以至于一个单独的开关动作可能会被识别为几个开 / 关周期。

消除抖动的最简单的方法是使用软件多次读取带有开关的GPIO引脚，并在它们之间延迟几毫秒。下面的代码即是一种实现方式。

```
bool checkPin(int pin){
int i=0;
while(1)
{
```

```
    if(gpio_read(pi, pin)==0)
    {
     i++;
    }
    else
    {
     i--;
    }
    if(i>5) return 1;
    if (i<-5) return 0;
    time_sleep(.05);
    }
   }
```

上述简单的函数实现了一种拉锯式的操作。计算读取到的每次关闭开关的次数和打开开关的次数，并在一旦达到设置的数值时，就将返回true或false。由于每个开关都不同，因此延迟时间和设置的数值可以进行调整。我尝试过很多种开关，这个方法都很有效。

5.3.2　轮式编码器

编码器是一种用于跟踪轴转动次数的设备。这些数据是通过GPIO输入引脚进行读取的，并像开关一样生成二进制信号。但我们不仅仅会检查其开关状态，还会监测引脚来计算瞬时脉冲的个数。就像上文所说的有人轻轻按下开关一样，通过计算脉冲，我们就可以确定轴旋转了多少次。使用编码器的脉冲数可以计算机器人行驶的距离和旋转的圈数，这就是所谓的车轮测距。我们将在第11章“机器人跟踪和定位”中专门讨论学习所需知识，并在第14章“里程计的轮式编码器”专门介绍了选择、布线和编写轮式编码器代码所需的所有细节，以便在第一时间获得这些数据。

5.3.3　来自模拟传感器的二进制信号

从技术上讲，将模拟传感器与特定阈值相结合，可以将其看作是数字传感器的变化形式，此时软件会将其视为一个开关。红外线发射/接收器二极管对就是其中一个例子，当物体靠近时，会反射回更多的红外线，并通过模数转换器读取更高的电压（因为黑暗物体可以吸收大部分的红外光，它被模拟为更远的距离）。

虽然从技术上讲，我们正在做的是读取一个变化的电平，但我想说的是，这种排列方式（类似红外发射器/接收器的二极管被用来测量距离）在机器人技术中最常用作不需要物理接触的开关。请参见图5.2。

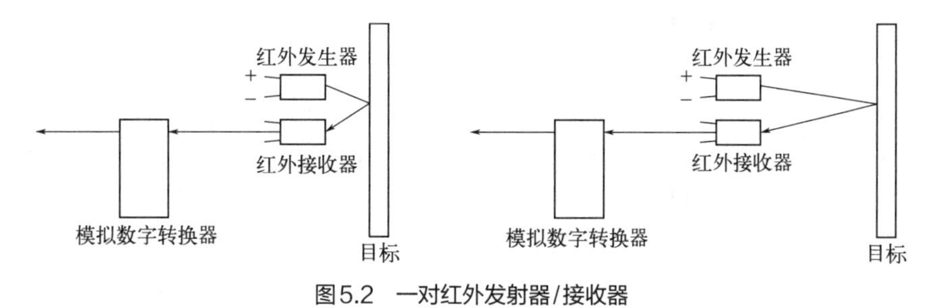

图5.2　一对红外发射器/接收器

在图5.2中，是近处的物体还是远处的物体产生的测量信号大呢？图中红外发生器发出红外光，红外光射到物体后会返回到红外接收器，信号传到模拟数字转换器后，会将模拟信号转变为数字信号再做后续处理。

图5.2中发射器是一个发射红外光的LED，其结构是非常简单的。把接收器想像成一个对光有反应的光敏电阻，而不是施加在栅极上的电压。接收器电路通过测量返回的红外光的强度，来推断出与返回反射光的物体的距离。接收电路测量的是电压，而你可以选择一个值来判断物体距离是否过远。这种方法是许多扫地机器人上悬崖传感器的工作方式。这些悬崖传感器通常由一对红外二极管组成，它们的安装位置向下并通常读取到一个非常近的距离。如果它们的读数超过1英寸（约2.54厘米）左右，软件就会将其判断为悬崖条件，从而帮助机器人避免坠落。

5.3.4 二进制通信简介

在传递单个信息位时，只需读取输入引脚的逻辑电平是高还是低即可，这个引脚并不知道或者并不关心它连接的是开关还是其他设备，只要电平在它的逻辑阈值之上或之下即可。这是一个简单而非常灵活的工具，但仅靠它本身是无法发送大量数据的。一种历经时间考验的发送大量数据的方法仍是使用二进制信号的通信方法，该方法主要是快速地串行发送相应的二进制信号，简称串行通信。

5.4 串行通信入门

许多传感器提供的数据远比我们目前通过读取简单的开/关输入获得的数据更加丰富。我们可能需要使用模数转换器（ADC）读取模拟值，或者从提供多个数据点的传感器中接收一个数组。串行通信就是一种将数据位序列化（一个接一个地发送），使我们能够从设备到设备发送无限数量的数据块的通信方式。

> 有好几种通信协议使用串行化的传输方式，但只有一种通常称为串行通信，而其他协议则有更具体的名称。这是一种早期的且仍然非常流行的方法。其主要使用一条通用异步串行总线（UART）在一条线上传输，并在另一条线上接收数据的方式。在本书中（以及几乎所有其他地方），如果我只使用“串行”这个词，则应该默认使用这种方法。对于其他不同的串行通信协议，我将使用其他的名称。

5.4.1 UART串行通信

为了传输数据，发送设备会切换到数字输出（TX）引脚并以二进制形式每次发送一个数字（每字节8位）。接收设备必须设置为监测其输入（RX）引脚并接收数字信号，然后可以根据需要对接收到的串行信号解析，并将其放入程序的变量中。当然，接收程序也必须知道期望接收的是哪种数据类型，否则它将无法正确解析。你可以在Practical Robotics的YouTube频道youtube.com/practicalrobotics上找到一些深入研究这些细节的串行通信教程。

一条标准串行线路上只能有两个设备，因为如果两个设备同时传输数据，接收设备就无法将1和0分开，结果就是接收到的数据将成为垃圾数据。标准的串行通信协议是异步的，这意味着发送器和接收器之间不共享一个时钟信号，也不通过协议协调彼此的工作（如果需要的话，可以通过程序来完成协调）。当然如果处理不当，两个设备可能会很快结束工作且陷入一种状态，即它们都在等待数据而不做其他任何事情。

两个设备必须被配置为以相同的波特率运行，并将其他一些参数设置为相同数值。波特率[也被称为每秒比特数（BPS）]是指比特流传输的速度。一些常见的波特率为9600、56000和115200。请注意，在使用过程中一定要检查设备文档，因为波特率可能低至300或高于115200，同时，数据的可靠性往往会随着波特率的增加而降低。

其他的参数有：

- 数据位的数量；
- 奇偶校验（是/否）；
- 停止位的数量。

当你阅读一个设备的串行通信部分时，通常会看到列出如下信息：9600 8N1 。这说明波特率为9600，有8个数据位，N表示无奇偶校验，有1个停止位。

在使用通用代码库时，我们不需要了解每个参数对实际数据流的影响的细节，你只需要确保两个设备上的参数都匹配即可。此外串行通信非常通用，因为它可以通过USB、蓝牙、以太网或GPIO引脚进行传输。

> 传送数据超过一个字节：
> 当串行发送数据时，无论是通过UART串行，还是通过USB、I2C等进行传输，你每次只能发送一个字节（值为0～255）。在一些示例程序（以及你的整个机器人职业生涯）中，数值往往会远远超过255。
> 那程序员该怎么做呢?
> 你可以把需要2个或更多字节的值分解成二进制形式，然后像单独的值一样将这些16个或更多位中的8个字节块发送出去，从而发送需要2个或更多字节的值。在接收端，我们将这些字节拆分回位，将其移位以对齐，然后读取最终值。不幸的是，它并不总是像把所有字节并排放置那样容易，因为有时只有其中一个字节的4个或6个比特被使用，而其余的位则完全表示其他含义。
> 虽然这个主题略微超出了我想在本书中向你介绍的范围，但是它是一种必要的技能。在此我不做深入的讨论，如果你需要深入了解如何合并字节，可以访问youtube.com/practicalrobotics以获取完整的教程。

5.4.2　设置树莓派并测试UART串行通信

第一步是进行布线。如果两个设备的UART引脚上的电压相匹配，那么连接地和两个TX/RX引脚就很简单了。你必须交叉连接，因此每个设备的TX将连接到另一个设备的RX，否则两个设备将在同一条线上发送，在同一条线上监听。

记住：一个设备必须从发射端（TX）发送数据到另一个设备的接收端（RX）。

测试设备配置的最简单方法是回环测试，你只需在同一设备的TX端和RX端之间接一个跳线。请参见图5.3中的串行布线示意图，但请注意，并不总是需要将TX/RX的两根线都连接起来。有时你只需要进行单向通信，这时候将另一条线断开即可。

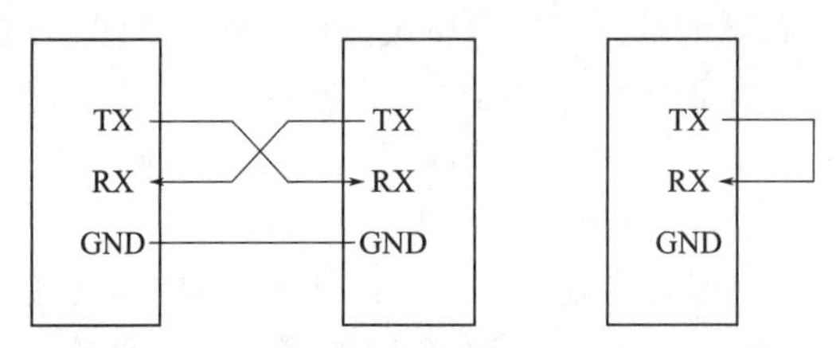

图5.3　用于串行通信以及进行回环测试的接线图

图5.3的左图为GPIO引脚与树莓派引脚14和15进行UART串行的典型串行布线方式，右图为进行回环测试的简单布线方式。

接下来，配置你的树莓派以通过GPIO引脚进行串行通信。在命令行中输入：

```
sudo raspi-config
```

首先选择“接口选项”，然后选择“串行”。其中选择“否”，表示不希望通过串行终端访问系统；选择“是”，表示希望启用串行硬件。这里我们需要选择“是”，然后保存并退出设置。现在，我们想要对树莓派进行一些独特的更改。树莓派只有一个硬件UART，而默认情况下，它被分配给蓝牙。这使得我们的GPIO UART引脚只有一个软件UART（他们称之为mini-UART）可用。但现在你也不用太担心细节，因为硬件UART更适合我们。所以我们可以把蓝牙从硬件UART上拔走，并把它分配给我们的GPIO串口。下面我们打开文本编辑器，并编辑/boot/config.txt来完成配置。

```
sudo nano /boot/config.txt
```

然后在底部，添加一行：

```
dtoverlay=pi3-disable-bt
```

你必须在文件中有enable_uart=1这一行，而不是用#号注释掉。然后用Ctrl+X退出，再用Y保存。请参考图5.4，其显示了完成的/boot/config.txt文件的示例。

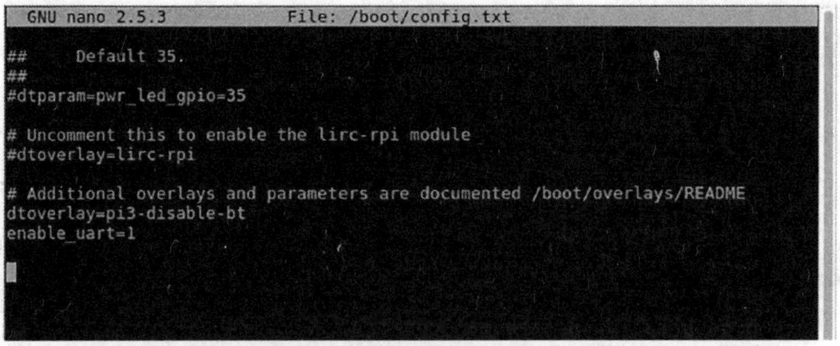

```
  GNU nano 2.5.3              File: /boot/config.txt

##     Default 35.
##
#dtparam=pwr_led_gpio=35

# Uncomment this to enable the lirc-rpi module
#dtoverlay=lirc-rpi

# Additional overlays and parameters are documented /boot/overlays/README
dtoverlay=pi3-disable-bt
enable_uart=1
```

图5.4　编辑树莓派的/boot/config.txt文件

下面的hello_serial.cpp程序是一个简单的串行测试程序，它会打开一个树莓派的串行连接，通过写入三个字节，然后读取三个字节来检查可用数据。在图5.3显示的回环配置中，TX引脚必须直接与RX引脚相连。该程序可从 https://github.com/lbrombach/practical_chapters 中下载得到。

下面是串行测试程序：hello_serial.cpp。

```
#include <iostream>
#include <pigpiod_if2.h>
using namespace std;
int main()
{
char *addrStr = NULL;
char *portStr = NULL;
int pi=pigpio_start(addrStr, portStr);
int UARTHandle = serial_open(pi, "/dev/ttyAMA0",115200,0);
cout<<"UARTHandle = " << UARTHandle<< endl;
time_sleep(.1);
cout << "Data available start: "
<< serial_data_available(pi, UARTHandle)
<< " bytes" << endl;
serial_write_byte(pi,UARTHandle,6);
serial_write_byte(pi,UARTHandle,'f');
serial_write_byte(pi,UARTHandle,'F');
time_sleep(.1);
cout << "Data available after writing: "
<< serial_data_available(pi, UARTHandle)
<< " bytes" << endl;
cout <<"Byte read = "
<< serial_read_byte(pi, UARTHandle)<< endl;
cout << "Data available after reading a byte: "
<< serial_data_available(pi, UARTHandle)
<< " bytes" << endl;
char inA = serial_read_byte(pi, UARTHandle);
cout <<"Byte read = " << inA << endl;
char inB = serial_read_byte(pi, UARTHandle);
cout <<"Byte read = " << inB<< endl;
serial_close(pi, UARTHandle);
pigpio_stop(pi);
return 0;
}
```

这段代码的主要内容是首先写入一个字节，然后读取并将其显示为整数。接下来，第二和第三个字节被写入为字符类型，但实际传输是基于这些字符的ASCII码整数。serial_read_byte函数返回的是整数，因此如果我们想让数据以字符的形式显示，我们必须将其转换回字符。在这个过程中，重要的是要知道正在接收的数据的类型，以便你可以适当地转换或解释它。如果程序执行顺利的话，程序的输出将会是图5.5所示的内容。

图5.5　测试程序hello_serial的输出

标准串行协议需要通过多个通道进行传输。目前，我们已经向你展示了从UART到UART（每个设备的TX/RX引脚）的串行通信方法。你只需更改打开的串行设备，该协议就可以在USB、蓝牙和其他设备上使用相同的代码进行传输。在下一章中，我将向你展示如何将串行UART的TX / RX连接到计算机的USB端口，并在此基础上做出一定的更改，以使用USB端口完成数据通信而不是直接通过UART。

5.4.3 修复打开串行端口时的错误

如果要在Linux中使用通信端口，那么我们需要获得所属端口的dialout的权限（主要负责对于串口的权限）。这些端口显示为/dev文件夹中的子文件夹，其中你可能最常使用的有：

- /dev/ttyAMA0；
- /dev/ttyUSB0；
- /dev/ttyACM0。

你可以使用以下命令查看整个列表：

```
ls /dev/tty*
```

请注意，最后的数字0表示的是第一个显示的设备，末尾的数字会随着下一个设备的出现而递增。如果你插入第二个USB串行设备，那它可能显示为dev/ttyUSB1。

如果你知道对应设备的端口号，则可以用以下代码对这个端口进行快速测试：

```
sudo chmod 666 /dev/portpath
#example:
sudo chmod 666 /dev/ttyAMA0
```

这应该可以解决“权限被拒绝”或“无法打开端口”的错误，但每次打开新终端时都需要执行这样的操作是很烦琐的。这里有一个长期的解决方案，就是可以使用以下命令将用户添加到dialout组中：

```
sudo usermod -a -G dialout user
```

然后注销并重新登录（或直接重启），你就应该可以正常使用了。

5.5 I2C通信入门

I2C是小型系统（例如机器人）内部设备之间最流行的通信协议之一，你会发现加速度计、指南针、GPS、继电器和电机控制器等模块都是使用I2C完成通信的。I2C不仅允许我们读取和写入设备信息，还允许我们使用相同的两个GPIO引脚与超过100个不同的设备通信。将单根4线电缆连接到多个设备的能力大大简化了添加新传感器的过程，并保持了布线的可控性。I2C仍然是一种串行通信的方法，但它不是我们上面谈到的串行通信协议。

I2C具有两个与众不同的特点，使其允许多个设备共享线路：

1. 具有单独的设备地址，允许主设备在线路上发出呼叫，所有设备都可以听到，但只有被调用的设备会响应。

2. 消息确认。与标准的串行协议不同，I2C有内置的消息确认功能，因此我们可以合理地确定I2C设备是否收到信息。

与标准的串行协议一样，我们可以使用标准的软件库来简化学习和编码所有细节的麻烦。为了使用I2C设备，我们需要对设备的寄存器进行读写，这些寄存器是存储信息的地方，其中位的状态告诉设备该做什么，或者保存我们可以从设备上读取的数据。

一般使用I2C的方法如下:

1. 打开一个I2C总线。

2. 向一个特定的寄存器写入一个值，以启用和设置设备的模式。

3. 读取保存所需数据字节的寄存器。通常我们需要读取并结合两个寄存器（一个寄存器一个字节）来获得一个值。

4. 根据程序要求，可以让设备持续流转（保持处于连续传输数据的状态）或关闭电源。

一般来说，I2C设备有3.3V和5V这两种供电选项（树莓派的逻辑电平是3.3V，而Arduino的逻辑电平是5V）。请确保你的设备与主设备的逻辑电平相匹配，否则你需要准备添加一个电平转换器（这将在第2章“其他有用的硬件”中进行讨论）。

不管你有一个还是上百个从属设备，I2C设备的连线方式都是相同的。每个设备都需要有电源供电、共同的地、SDA（数据线）和SCL（时钟信号）这四个连接线，你只需像图5.6所示的那样并联添加它们即可。

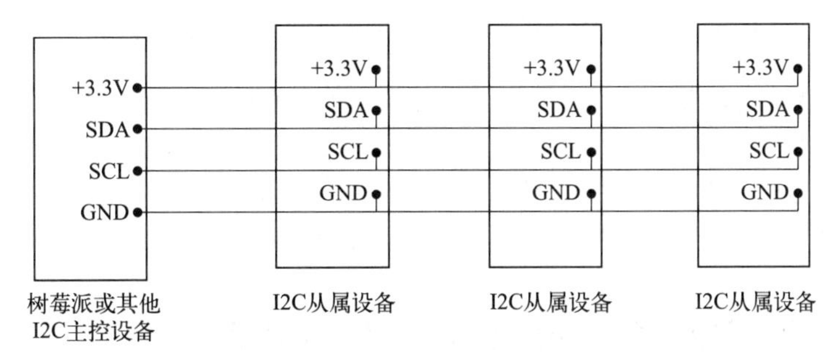

图5.6　I2C设备的并联布线

图5.6中显示了一个树莓派或其他I2C主控设备与3个I2C从属设备进行并联连接的连线方式。

5.5.1　在树莓派上设置和使用I2C设备

首先，为确保I2C被启用，在命令行中输入以下代码:

```
ls /dev/*i2c*
```

它应该会返回一个像/dev/i2c-1这样的I2C总线名称，其中1是总线编号。如果它返回的是“没有这样的文件或目录”的信息，那么请使用以下代码来运行树莓派的配置工具:

```
sudo raspi-config
```

然后选择“Interface Options ”（接口选项），再选择I2C，然后再选择Yes。因为此时我们希望启用ARM I2C接口。

现在再试一下ls /dev/*i2c*命令，以确认你已经可以使用了。一旦确认了你的总线编号（1），我们就可以使用i2c-tools来检查总线上的可用设备列表。如果它尚未与你的Linux发行版一起安装，请使用以下命令进行安装：

```
sudo apt-get install -y i2c-tools
```

一旦完成上述步骤，或者如果已经安装了i2c-tools，则可以使用i2c-detect工具检查可用的设备。请不要忘记使用标签 -y 来避免潜在的问题。

```
i2cdetect -y 1
```

上述代码将扫描1号总线，并返回一个包含已找到的设备的图表。这里可以看到我有三个可用的I2C设备。它们的地址分别是0x19、0x1e和0x6b。“0x”表示的是一种十六进制地址。如图5.7所示，是检测到的I2C设备的屏幕截图。

```
lloyd@lloyd-robotics:~$ i2cdetect -y 1
     0  1  2  3  4  5  6  7  8  9  a  b  c  d  e  f
00:          -- -- -- -- -- -- -- -- -- -- -- -- --
10: -- -- -- -- -- -- -- -- -- 19 -- -- -- -- 1e --
20: -- -- -- -- -- -- -- -- -- -- -- -- -- -- -- --
30: -- -- -- -- -- -- -- -- -- -- -- -- -- -- -- --
40: -- -- -- -- -- -- -- -- -- -- -- -- -- -- -- --
50: -- -- -- -- -- -- -- -- -- -- -- -- -- -- -- --
60: -- -- -- -- -- -- -- -- -- -- -- 6b -- -- -- --
70: -- -- -- -- -- -- -- --
lloyd@lloyd-robotics:~$
```

图5.7　i2c-detect的输出显示我的I2C总线上有三个设备地址

你的设备文档应该会告诉你默认的地址是什么。但是有的时候模块的制造商会从不同的芯片制造商那里获得芯片，这就导致最后在销售同一款设备时，可能存在多个默认地址。这是一个令人头痛的问题，但I2C检测工具可以帮助解决它，只需要把新设备接入并运行I2C检测，然后再次运行I2C检测并记下新地址，新列出的地址就是你新设备的地址。

5.5.2　示例和测试程序：hello_i2c_lsm303

由于我们不能像hello_serial那样使用回环测试来测试我们的I2C程序，因此我们下面给出了一个从地址为0x19的LSM303加速度计读取几个字节的程序。加速度计这种传感器被广泛用于跟踪机器人的位置和方向，我们将在第16章“惯性测量单元——加速度计，陀螺仪和磁力计”中学习关于加速计的更多内容。现在，让我们先来熟悉一下I2C通信。

LSM303（和许多其他设备）为每个数据提供了一个两字节的值，但寄存器只能存储一个字节，因此我们必须分别读取它们，然后将它们合并成一个整数。如果你对I2C函数有疑问，请参考PIGPIOD C接口文档。和往常一样，完整的hello_i2c_lsm303.cpp程序可以从网址https://github.com/lbrombach/practical_chapters中下载。下面的第一段代码显示了我们的设置和main()函数中的结构概要。

```
#include <iostream>
#include <pigpiod_if2.h>
using namespace std;
const int LSM303_accel=0x19; //accelerometer address
const int I2Cbus=1; //RPi typical I2C bus. Find yours with "ls
/dev/*i2c* "
int main(){
//step 1.1 - initialize pigpiod connection
//step 1.2 - open I2C connection and save I2C handle
// step 2 - configure the device into the mode required and
any parameters
// step 3 - read bytes from registers
// step 4 - combine bytes as necessary, convert is desired as
well
//step 5 - put device to sleep if done with it
//step 6 - close I2C connection
//step 7 - disconnect from pigpio daemon
return 0;
}
```

以上代码片段只是读取一次数值然后退出程序。通常对于传感器，我们需要不断循环来读取数据，这部分我们将稍后再讨论。下面的代码展示了程序的启动方式，类似于任何PIGPIO程序的启动方法，它添加了一行代码来打开I2C连接并获取每个要使用的I2C设备的I2C句柄。在本例中，我们只使用了一个设备。

```
//step 1.1
char *addrStr = NULL;
char *portStr = NULL;
int pi=pigpio_start(addrStr, portStr);
/step 1.2
const int ACCEL_HANDLE=i2c_open(pi,I2Cbus, LSM303_accel,0);
```

第二步就需要设置频率寄存器，即向寄存器0x20写入值为0x47的数据，然后在寄存器0x23的位置上写入另一个配置字节。许多寄存器会将一个字节分解成多个比特位，所以在这种情况下，写入十六进制的0x09就可以设置多个配置选项，因为设备可以将写入的值解析为单一的1和0（如0x09转换为二进制的00001001）。如果你需要了解更多有关读写设备寄存器的信息，可以参考youtube.com/practicalrobotics上标题为“阅读和理解传感器数据表”的视频教程，该视频详细讨论了这个话题。

```
// step 2 - set frequency, pause, then set a few more
parameters
i2c_write_byte_data(pi, ACCEL_HANDLE, 0x20, 0x47); //set
frequency
time_sleep(.02);
i2c_write_byte_data(pi, ACCEL_HANDLE, 0x23, 0x09);
time_sleep(.02);
```

加速度计提供了三个轴（x、y和z轴）的读数，每个读数都需要我们将两个字节合并成一个单一的值。

下面的第三步和第四步是让我们读取x方向的2个字节，然后应用第四步将2个字节组合成一个单一的值。了解每个字节的格式非常重要。在这种情况下，只有16个字节中的12个字节是我的值的一部分，所以我们将最高有效位（MSB）向左移动8个位置，执行按位或运算来将它们组合在一起。最后将所有16位向右移动4个位置，以得到一个正确位置的最终值。

有时候，该值会使用10个字节，甚至全部16个字节。所以你必须从数据手册中获取正确的解析信息。此外，这个值也可能是无符号或有符号的，所以它可以代表负数（如本例）。按位操作和二进制补码在这里有点超出我们本书的范围，但在我上面提到的Practical Robotics YouTube频道上有关于这两个主题的视频教程。

```
//step 3 - read the bytes
int xLSB = (int)i2c_read_byte_data(pi, ACCEL_HANDLE, 0x28);
int xMSB = (int)i2c_read_byte_data(pi, ACCEL_HANDLE, 0x29);
```

```
//step 4 - combine the bytes
float accelX=(float)((int16_t)(xLSB | xMSB<<8)>>4);
```

```
//repeat steps 3 and 4 for y and z data
int yLSB = (int)i2c_read_byte_data(pi, ACCEL_HANDLE, 0x2A);
int yMSB = (int)i2c_read_byte_data(pi, ACCEL_HANDLE, 0x2B);
float accelY=(float)((int16_t)(yLSB | yMSB<<8)>>4);
int zLSB = (int)i2c_read_byte_data(pi, ACCEL_HANDLE, 0x2C);
int zMSB = (int)i2c_read_byte_data(pi, ACCEL_HANDLE, 0x2D);
float accelZ=(float)((int16_t)(zLSB | zMSB<<8)>>4);
//print the raw values
cout<<endl<<accelX<<" "<<accelY<<" "<<accelZ<<endl;
```

数据表将指定测量单位，有时还会指定一个乘数以达到该单位。在这种情况下，原始数据以mG为单位，因此一个水平静止的设备在x和y轴上的读数将接近于0，而在z轴上的读数约为1000mG。虽然在这些步骤中没有列出，但下面的一小段代码，可以用于判断设备是否大致处于水平状态。

```
if(accelX < 50 && accelX > -50 && accelY < 50 && accelY > -50)
cout<<"The device is fairly level"<<endl;
else
cout<<"The device is not level"<<endl;
```

最后，以下代码块中的第五至七步只是在完成关闭操作。

```
//step 5 - put device into sleep mode
i2c_write_byte_data(pi, ACCEL_HANDLE, 0x20, 0x00);
//step 6 - close I2C port
i2c_close(pi, ACCEL_HANDLE);
//step 7 - disconnect Pigpio daemon
pigpio_stop(pi);
```

如果代码运行一切正常，你应该看到类似于图5.8所示的输出。但请不要忘记，在执行过程中，PIGPIO daemon 程序必须运行。

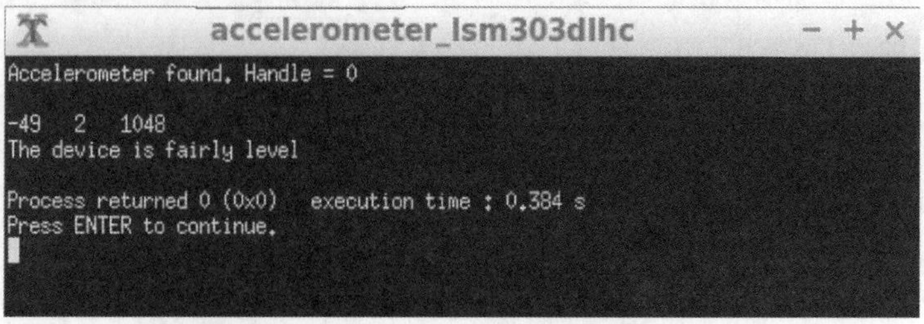

```
accelerometer_lsm303dlhc
Accelerometer found, Handle = 0

-49   2   1048
The device is fairly level

Process returned 0 (0x0)   execution time : 0.384 s
Press ENTER to continue.
```

图5.8　hello_lsm303 I2C测试程序的输出

毫无疑问，hello_i2c_lsm303.cpp 代码是针对 lsm303 加速度计的。不过，这个过程是很典型的，如果你有不同的 I2C 设备，可以通过使用你的设备地址和寄存器地址来修改这个程序。但请注意，如果没有将读取字节的代码更改为与你的设备格式相匹配，最终值有可能会计算错误。同样地，如果你需要的话，可以再次查看 Practical Robotics YouTube 频道以获取有关这两方面的进一步教程。

5.6　结论

在本章中，我们学习了三种最常见的设备之间进行通信的方式，也学习了如何读取可能作为传感器嵌入的开关、输出信号类似于开关的传感器模块，以及如何使用两种串行通信协议（一种被称为串行，另一种称为 I2C）发送和接收一个以上的数据。I2C 协议允许我们在同一对电线上与多个设备进行通信。

机器人中有很多小部件，通常它们组合在一起工作，而有时这些部件需要其他部件来支持或与它们相连接。在接下来的一章中，我们将探讨各种硬件，这些硬件并不适合在其他章节中完整地进行介绍，但你可能需要了解它们，并以此来完成一个机器人项目。

5.7　问题

1. 当计算机读取开关多次而不是一次时，这被称为什么呢？其解决方案是什么呢？

2. 从技术上讲，红外发射器 / 接收器常被用于测量距离，但它在机器人技术中最常被用作什么呢？

3. 为了使标准的串行通信工作，其两端必须匹配哪些参数呢？

4. 如果我们有几个 I2C 设备都连在同一通信线路上，每个设备如何知道它是被查询的设备呢？

第 6 章

其他有用的硬件

6.1 简介

机器人中有很多的部件，有时这些部件需要其他部件来支持它们或将它们与机器人的其他部分连接起来。在本章中，我们将介绍一些不是专门用于树莓派或机器人的硬件，但你会发现这些硬件非常有用，甚至是必不可少的，而我相信你每次构建机器人时都需要使用大量的硬件才能搭出一个机器人。本章中介绍的一些硬件可能并不是每个机器人都必需的，但我们也将其包含在内以便你知道它们的存在以及它们可以为你做什么。

在本章中，我们将重点介绍以下内容：

- 电源——5V电源和可调电源
- 继电器模块
- 逻辑电平转换器
- 分压器
- FTDI芯片
- Arduino微控制器
- Digispark微控制器

6.2 目标

本章将学习如何使用一些常见的辅助硬件，以及如何为你的项目选择最合适的硬件。

6.3 电源

除了适合驱动电机的电池组外，你的机器人还需要至少一种稳压电源，用于为计算机和其他电子设备供电。对于我们而言，我们希望使用至少可以处理与我们的主电池组一样高的输入电压，并具有足够驱动所有设备所需电流（安培）容量的DC-DC电压转换器。要确定所需的总电流（安培），只需将每个设备所需的电流相加即可。

6.3.1 5V电源

一般来说，你需要一种有足够电流容量的5V电源，以驱动所有设备，包括传感器、伺服电机、继电器，以及如果你使用树莓派作为计算机的话也需要将其电流计算在内。我们这里使用的最小电流模块是3A，但如果可以的话，我会选择至少5A的转换器作为我的5V电源。电流太小可能会导致电子设备电压下降和不稳定。

许多5V设备都配了USB接口；而有些设备则配备了螺钉终端或者需要焊接到电路板上的孔。作为这个章的起始内容，我通常会选择带有USB插座的5V电源，然后将电线焊接到电源电路板上，并制作一个导轨或接线条，以便我根据需要轻松地获取电源。请参见图6.1。

图6.1 可调式和固定式DC-DC转换器以及一个USB到螺钉终端适配器

图6.1中左上方的设备是一个带有焊盘的可调DC-DC转换器，左下方的设备是一个输出端带有USB插头的固定5V转换器。右边的设备是一个适配器，可以让你从USB端口获取5V连接而无须焊接，只需小心地从计算机的USB端口获取最小电流即可。我通常会将它们与具有多个USB插头的固定5V电源一起使用。

6.3.2 可调电源

传感器所需的第二常见电压可能是3.3V，但由于这些设备没有任何类型的标准连接器，所以我不需要购买专门的3.3V固定电源。3.3V设备所需的电流通常也足够小，如果我有一个树莓派的话，也不介意从树莓派上获取电源。但如果设备真的需要更多电源，那我则会使用一个可调电压的DC-DC转换器，它们在这种场合下很有用。

电子设备上的额定安培容量指的是它们可以供应或输出的最大值。如果电源的额定值超过设备所需的值，请不要担心，因为设备只会消耗它所需的电量。例如，即使电源的额定电流为100A，树莓派3B也只会消耗所需的2A或2.5A电流。

6.4　继电器模块

在过去，使用微控制器的继电器意味着需要连接6个元件来驱动继电器线圈，同时还需要保护我们的输出引脚。这并不困难，但确实烦琐且耗时。今天，我们可以轻松获得如图6.2所示的模块，这些模块都已经安装并连接了所有这些组件，而且价格比我们以前制作的还要便宜。

图6.2　SainSmart公司的一个4路继电器模块

这些由SainSmart公司生产的继电器模块（和普通的复制品）是最常见的继电器模块之一。虽然它被标称为5V继电器,然而，它们有内置的光耦隔离器，通常可以对输入端的3.3V电压做出良好的响应。这意味着你可以在JD-VCC上施加5V电压为继电器线圈供电，又由于VCC端是电气隔离的，所以它还可以使用微控制器或树莓派提供3.3V的电压完成供电（为此，你必须移除JDVCC和VCC之间的跳线）。此外需要注意的是，该产品是一种有源低电平继电器，所以你需要用一个低电平信号来给继电器线圈通电，以及一个高电平信号使其断电。

这些基本模块为每个继电器接收来自微控制器的一个数字信号，以控制每个继电器，但我们可以得到通过串行或I2C通信的模块，这些模块允许你仅通过几根数据线就可以控制数十个继电器。

6.5　逻辑电平转换器

在机器人的制作过程当中，我们迟早会遇到通信电压不同的两个设备。如果是单向通信，其中较高电压的信号需要由较低电压的设备读取，此时可以使用简单的分压器。而对于其他情况，你需要使用合适的逻辑电平转换器，该转换器可以根据需要升高或降低电压。

电压分压器是通过将两个电阻串联起来，然后用它们之间的连接作为我们的输入引脚。这是因为两个电阻组成了一个从高电压设备到地面的电路，而我们从电路的中心点提取了一个较低的电压。此时分压器中心点的电压取决于较高的电压电平以及两个电阻器之间的比率。图6.3显示了一个分压器电路的示例和计算输出电压的公式。

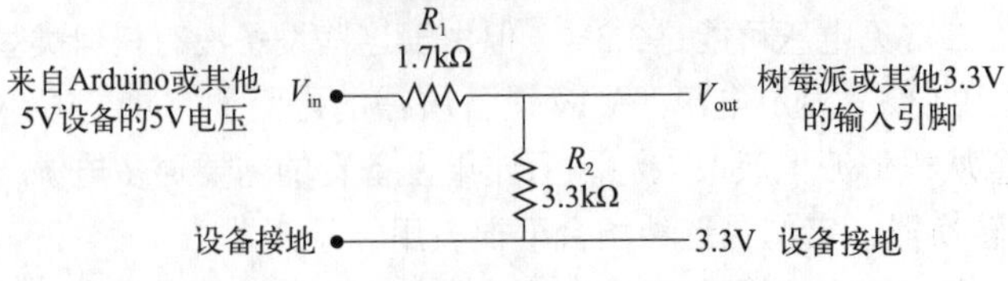

R_1
1.7kΩ
来自Arduino或其他5V设备的5V电压　V_{in}　V_{out}　树莓派或其他3.3V的输入引脚
R_2
3.3kΩ
设备接地　3.3V　设备接地

$$V_{out} = V_{in} \times \frac{R_2}{R_1+R_2} \qquad 3.3 = 5 \times \frac{3300}{5000}$$

图6.3　分压器的接线、公式和公式示例

电压分压器电阻值可以是任何合理的值，只要比率保持不变。但是需要注意的是，如果电阻值过低，可能会导致电流过大；如果电阻值过高，则电流过小不足以触发输入设备。此外，对于大多数3.3V的设备而言，3.0V的电压已经高于逻辑阈值，所以即使电阻值不是很精确，足够接近也是可以的。

逻辑电平转换器（也称为逻辑转换器）允许你将信号升高或降低。通常情况下，它们会装在一块带有多个通道的板子上，这使得将一个设备的多个引脚与另一个设备连接。图6.4显示了一个具有四个通道的电平转换器，拥有四个通道也就意味着模块具有四个逻辑转换器，可以用于分别处理不同的信号。

图6.4　一个四通道的双向逻辑电平转换器

早期的逻辑转换器只在一个方向上工作，即它们只能向上转换，或者只能向下转换。双向逻辑转换器（如图6.4中所示的TE291断路器）则可以在两个方向上移位，这使其成为用途最广的，也是唯一可以用来为I2C通信电路匹配电平的转换器类型。

6.6　FTDI芯片

FTDI是一个品牌名称（Future Technology Devices International）的首字母缩写。不过，它还是一个特定芯片的代名词，这类芯片可以将USB与UART类型的串行（UART型）通信引脚连接起来。这使得我们可以将UART型串行设备和传感器与树莓派相连（如果采用串行GPIO引脚的话），同时它还允许与普通计算机一起使用。图6.5显示了围绕FTDI芯片设计的两个模块。

图6.5　FTDI设备

图6.5中，左侧的FTDI设备可以切换为3.3V或5V的工作电压（两种工作模式），而右边的设备有一个跳线，可以选择5V、3.3V或1.8V，并且不需要单独的USB连接线。

使用USB端口进行串行通信与使用GPIO UART串行引脚是一样的，只是需要打开不同的端口。通常情况下，打开的端口是/dev/ttyUSB0。除非你已经在USB上插入了另一台设备，这时它可能会变成/dev/ttyUSB1。为了打开USB端口并测试FTDI，需要使用第5章“与传感器和其他设备通信”中的hello_serial程序，并将第12行：

```
int UARTHandle = serial_open(pi, "/dev/ttyAMA0",115200,0);
```

改为：

```
int UARTHandle = serial_open(pi, "/dev/ttyUSB0",115200,0);
```

完成这一更改后，你应该能够将FTDI的tx/rx引脚进行回环，并看到与使用GPIO UART引脚运行hello_serial时相同的输出。

6.7 Arduino微控制器

如果你在过去的十来年对电子领域有所涉猎，那你肯定听说过Arduino。这是建立在电路板上的很棒的微控制器，它们带有各种附属硬件，如连接器、稳压器和LED，这些硬件都已经为我们连接并焊接在了电路板上。

Arduino是机器人与任何计算机之间的很棒的接口设备，即使那些没有自己的输入和输出引脚的设备也可以使用。对我们来说，其中特别有用的一点是，大多数Arduino版本都具有内置的模数转换器，这使它们具有连树莓派都没有的能力。你可以在Arduino的专用编辑环境（可免费下载）中使用C++编程，在编程完成后，Arduino会在通电时自动启动其例程。关于Arduino的更多信息，可通过www.arduino.cc获取。

6.8 Digispark微控制器

这里有很多不同的微控制器可供选择，但对于一些小任务，我最喜欢的是Digispark。虽然从技术上来说，它们与Arduino不同，但是它们可以使用与Arduino相同的软件和库进行编程，并具有许多相似的特点。因此，在我看来它们可以被视为荣誉Arduino。在图6.6中显示了一个Digispark和一个Arduino微控制器。

图6.6　一个Arduino Uno R3微控制器（左图）和一个Digispark微控制器（右图）

Digisparks是以ATTtiny85微控制器为核心构建的，该微控制器拥有极小的程序内存。尽管如此，它们仍然被构建在一个小巧的电路板上（大约是我拇指指尖的大小），可直接插入USB

端口且无须电缆即可轻松编程。它们有6个输入/输出引脚，并且可以使用PWM控制电机，读取模拟电压并将其转换为数字值，控制继电器，等等。每当我需要完成一个简单的任务时，我都会选择Digispark。

6.9　总结

在本章中，我们只是浅显地谈及了机器人项目中可能需要的一些可用的硬件。我们已经学习了如何选择电源、如何连接具有不同配置（USB到GPIO引脚串口）或在不同逻辑电压下操作的设备，以及如何使用微控制器来扩展我们主计算机的功能。

在下一章中，我们将至少使用其中的一些设备，并将中央计算机添加到我们的机器人中，然后将它们连接起来，并测试每个组件和接口。到此，算是一个重要的里程碑，因为有了完整的机器人平台，我们就能够专注于学习赋予机器人智能和自主性的机器人技术的部分，即机器人的软件部分。

6.10　问题

1. 对于以下列出的设备，你需要为机器人选择一个5V电源。你能使用的最低额定电流是多少？为什么使用更大的电源是一个好主意呢？

2.5A——树莓派3

350mA——LIDAR

125mA——USB相机

60mA——电机驱动控制电路（不包括电机）

35mA——GPS/IMU/其他传感器

2. 什么时候可以使用分压器而不是逻辑电平转换器？

3. Arduino可以做，而树莓派却做不到的一件事是什么？

第7章 添加计算机来控制机器人

7.1 简介

通过前面各章内容的学习，我们已经对机器人的构建有了一定的了解，现在也是时候为你的机器人安装一台计算机了，机器人将可以用它来学习新的技能，并自行做出决策。计算机作为主控制器，它将从传感器获取数据，保存有关环境的信息，以及我们的编程代码，使其成为比遥控玩具更强大且更有用的机器人。

在本章中，我们假定你已经有了一个带电池的机器人底盘，适配计算机的电源，车轮模块（带轮式编码器）和电机驱动器。如果你还没有这些东西，也不用担心，你可以通读这一章的内容，这样也便于你更好地了解在开始构建机器人时将会遇到什么问题。当然，我也强烈建议你在开始搭建或购买部件之前先通读整本书。

这些说明与第21章“构建并完成一个自主的机器人的编程”中的机器人构建的说明相一致，即接线图、引脚编号和传感器都与最终项目相匹配。如果你还没有阅读第21章，那你可以先概览一下该项目，以便对该项目有一个很好的了解。同样地，你也可以先阅读第14章“里程计的轮式编码器”的前几页，然后再继续阅读本章。

在这一章中，我们会把计算机安装在机器人上，并与必要的传感器和电机驱动器进行连接与测试。这台计算机将是你与机器人其他硬件的主要接口，所以必须把线路连接好并对每个组件进行测试。在这之后，我们就可以暂时不用管组件的安装了，并开始专注于机器人技术中最令人兴奋的部分：编程。

7.2 结构

在本章中，我们将主要介绍以下内容：

· 安装并运行计算机的电源

- 与车轮电机进行连接与测试
- 与轮式编码器进行连接与测试
- 选择性地安装与测试激光雷达和 IMU

7.3 目标

通过本章的内容，你将学会完成并测试一台基本的机器人平台。

7.4 步骤

下面的章节是为本书的机器人示例编写的。如果你能力水平比较高，使用这本书更像是一种指南，而不是按照步骤一步步来，你也可能会选择不同的硬件。当然如果是这样的话，那就太好了，但我显然无法记录每一种可能的硬件组合。一般的步骤都是一样的，基本分为如下三个步骤，但是你需要自己做更多的布线和编码指令的工作：

1. 安装计算机并为其供电。
2. 将计算机与电机驱动器相连接，并测试它们对软件的反应。
3. 将轮式编码器与计算机相连接，并测试我们是否能用软件来读取它们。

步骤 1 ～ 3 是能够应用以下章节学到的知识的基本要求。在完成上述步骤后，我们就可以开始学习如何驱动机器人，并使用轮式编码器的反馈来跟踪它的位置了。我还在接线图中加入了一个惯性测量单元(IMU)。当然 IMU 是可选的，但我们最终的项目中也使用到了它。因为 IMU 是一个 I2C 设备，所以你决定添加的任何 I2C 设备都将连接到相同的引脚。

7.4.1 安装计算机并为其供电

在你的机器人上找到一个安全的地方来保护计算机不被轻易地破坏。一般来说理想的情况是，将你需要的每一个部件都布置好，并决定它们的安装位置，这样你就不必在以后移动它们了。在选择安装位置时，要考虑的一些因素如下：

- 要为所有的电源、USB、视频、摄像头和其他连接器留出空间，尤其是不要忘了为插拔电源留出一点额外的空间！
- 说到连接器，可别忘了它们会伸出来一点。如果你把树莓派安装在靠近机器人边缘的地方，那么电缆就会悬挂在机器人上，并在运动时触碰到其他东西。
- 为散热留出空间，以便进行冷却。把计算机安装在一个小空间里，可能看起来很酷，但很可能会导致过热（其实这样早晚都会过热的）。如果想把它安装在一个小空间里，你需要加装一台散热风扇。

如果你要安装的是树莓派，所提供的安装孔便要适合 M2.5 的螺栓和支架，但如果有 M3 的螺栓，细心的人可能会把安装孔钻大一些，以适应 M3 的螺栓。为了方便搭建和制作原型，我发现 M3 螺栓直接固定在钻孔的木材上时很牢固。图 7.1 显示了一个树莓派和 GPIO 分线头的固定方式。

图7.1 用于安装和堆叠组件的尼龙支架

在固定好计算机后，如果没有5V电源的话，请找个合适的地方来固定电源并为树莓派供电。请注意要使用较短的连接线，而不是较长的连接线，并将多余的电缆扎成整齐的一束。同时你也不要急着给它插上电源，在这之前你应该先把剩下的线路接好，以免发生意外短路。

7.4.2 将计算机与机器人的其他组件相连

现在我们需要将GPIO引脚与机器人的其他硬件连接起来，我建议使用带有编号的螺钉式接线端子的分线板，而不要尝试将电线直接插在计算机的GPIO引脚上。我使用的是图7.2所示的分线板。另外，在添加一堆其他电线之前，可以按照第21章“构建并完成一个自主的机器人的编程”中的描述，在空的电路板上准备一个I2C总线。

图7.2 GPIO引脚上带有标签的螺钉式接线端子的分线板

在此，你需要注意的是无论选择哪种接口板，都要把它安装起来并与计算机相连接。图7.3中的分线板可以直接安装在树莓派40针的GPIO接头上。其他的设备则使用40芯的IDE线，这也与曾经用于连接硬盘驱动器的标准电缆相同。

安装好分线板后，我们就可以把机器人的硬件连接在分线板上了。如果你有任何疑问，可以参考第4章“机器人电机类型和电机控制”或第14章“里程计的轮式编码器”来寻找解决方案。此外请记住，如果你选择了不同的组件，情况可能会有所不同。如果你想要严格按照我们采用树莓派来构建机器人的示例，你至少应该有以下设备需要进行布线：

1. 给左轮电机驱动器布线。推荐21号引脚用于PWM，26号引脚用于启用正向，13号引脚用于启用反向。请参考第4章“机器人电机类型和电机控制”中的电机接线图。一旦接线完成，可以用第4章中的hello_motor来测试它的运行情况。注意确保代码程序中的引脚编号与接线方式一致。

2. 给右轮电机驱动器布线。推荐12号引脚用于PWM，20号引脚用于启用正向，19号引脚用于启用反向，然后对右轮重复你对左轮所做的测试。

3. 将右轮编码器的信号线接到23号引脚。你可以用第2章“GPIO硬件接口引脚的概述及使用”中的hello_callback.cpp进行测试，或者等到我们读完第9章“协调各个部件”和第14章“里程计的轮式编码器”后再进行测试。在第14章中有用来读取编码器的最终程序，但需要你掌握第9章的一些基础知识才能清楚地了解第14章。在测试期间，将电机通电或手动转动轮子，并确保程序中的引脚号与你的接线相匹配。有关接线图请参阅第5章。

4. 将左轮编码器信号线连接到22号引脚，并重复你为右轮编码器所做的测试。

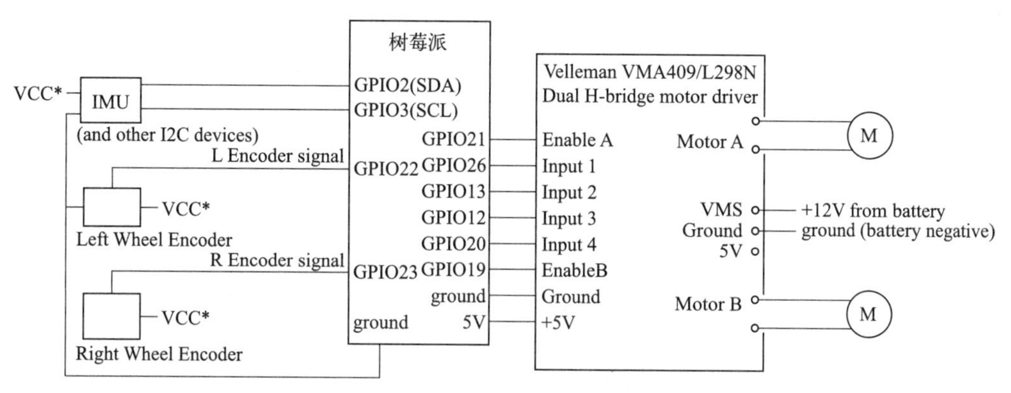

图7.3　本书中机器人项目的完整接线图

图7.3中反映了不少信息，其中Left Wheel Encoder和Right Wheel Encoder分别表示左轮编码器和右轮编码器；L Encoder signal和R Encoder signal分别表示左轮编码器信号和右轮编码器信号。需要注意的是，VCC*是指为你设备供电的合适的正电压，其中在所使用的轮子模块中的霍尔效应编码器的电压为5V，LSM303 IMU的电压为3.3V。此外，像往常一样，你都需要检查你的设备文档。

最后一步是将IMU和其他I2C设备连接到SDA和SCL接口（即标准的I2C引脚，GPIO 2和3）上，然后用一个适当的程序对它们进行测试，该程序可以使用第5章“与传感器和其他设备通信”中的hello_lsm303 IMU测试程序。

7.5 结论

本章相对来说是比较简单明了的，到此我们也应该安装了机器人的主计算机，并将其与电机驱动器和轮式编码器连接起来了。如果一切都按照计划进行，你现在应该已经有一个基本的机器人平台，只需要一些代码就可以让它动起来了。

如果机器人中有任何部件不能正常工作，我们鼓励你去复习之前的章节，进行深入的学习和研究，直到你解决了这个问题，再继续学习下一章节的内容。请不要灰心，因为我们中最优秀的一些人通过改正错误所学到的东西远比我们单单看书所能学到的东西多得多。

当你的机器人平台可以正常工作，并且你已准备好继续前进时，可能是时候拍拍自己的背，好好休息一下了。当休息好后，你也许可以在学习机器人控制中的概念时，带上一支铅笔和一张纸来学习其中的一些基本的数学知识。比如我们将学习一些相对简单的控制是如何工作的，尤其是如何反复进行以做出越来越复杂的控制决策的。

7.6 问题

1. 为什么要抵制把电脑装进小空间的冲动呢？如果这样做了，你能做些什么来帮助解决这个问题呢?

2. 如果你的树莓派GPIO分线板不能直接连接到引脚上，你可以用什么样的电缆来连接它呢?

第 8 章 机器人的控制策略

8.1 简介

我们在本书前七章的内容中打下了关于机器人硬件的知识基础，学习了从基本的电子技术到将传感器与计算机相连接的相关内容，而计算机将是我们自主机器人的大脑。有了这些知识，我们现在可以期待一下机器人的软件部分，它可以使我们的机器人更加智能，能够自行完成诸如从一个地方导航到另一个地方的任务。

在本章中，我们将学习一些基本控制原理，这些原理不仅可以应用于机器人，也可以应用于大多数其他自动化系统。我们将讨论控制整个机器和控制其特定部分（例如单个电机）之间的区别，并学习如何实现这两种控制方式。这些是必要的概念，你需要掌握它们才能编写各级别的机器人控制软件，或者甚至从现有软件中获得最佳效果。

8.2 结构

在本章中，我们将主要介绍以下内容：

- 机器人控制：全局控制与局部控制
- 基本控制回路
- 开环和闭环控制器
- 设计一个全局控制器（也称为主控制器）
- 设计一个局部控制器（也称为进程控制器）

8.3 目标

在本章中，你将学习不同类型的机器人控制器，并理解什么是第一控制回路，以及在比例控制器中使用第一控制回路，并探索简单控制回路的嵌套以处理复杂的过程。

8.4 机器人控制：全局与局部

想像一下，你坐在办公室的小隔间里，刚开始做老板要求你在今天晚上就要完成的任务。你拥有完成该项工作的所有知识和工具，并且应该有足够的时间完成，所以这不是什么大问题。但现在想像一下，你隔壁的房间突然着火了，如果你起身离开，可能就无法在今天完成你的任务，因此你必须做出决定，而且要快！

在意识到发生了什么之后，你可能会按照重要性来权衡你的选择：尽管工作很重要，但生存优先级更高，因此，你决定需要采取一些行动，而不是坐下来继续工作。现在你必须决定是起身离开，还是选择扑灭火焰，为公司挽回大量的损失。

你可能会想：

- 值得冒这个险吗？
- 你会因为你对公司的奉献而得到奖励，还是因为违反公司政策而被解雇？

这就是我所说的全局观控制器(也称为主控制器)是如何工作的。主控制器可以被认为是一个拥有数百名员工的企业的负责人或总决策者。虽然经理可能会决定接下来要完成的整体任务是什么，但他或她不可能关心每个员工正在做的每一个细节。因此，你的内部主控制器最终决定最好离开大楼，并让专业人士来扑灭火焰，这显然是最好的选择！它给出了命令，并让自己时刻注意周围环境的新信息，因为如果发生新的危险，它就需要再次决定该怎么办。对于主控制器而言，它给出了一个总体的命令，然后有一些小细节便几乎会自动发生，而不需要它特别关注。

但实际上它们不是自动发生的。对我们来说可能感觉是自动的，因为我们不必主动思考它。尽管如此，它们仍然需要你大脑的运动控制部分来处理。这个部分负责决定要收缩哪些肌肉，以及按什么顺序收缩，以便你可以站起来朝出口走去。从医学上来讲，这个大脑的运动控制部分被称为运动皮层。

人体运动控制器只是许多控制器之一，它们关注自己特定的小功能，而不关注其他事情。你的身体有不同的控制器来调节体温、血压和呼吸频率，这都只是其中的几个例子。它们都会接收一些输入（关于它们所负责的事物的状态的一些数据），并决定下一步该做什么以达到预期的状态。图8.1试图说明了一个机器人中的几个控制器是如何协同完成一个任务的。

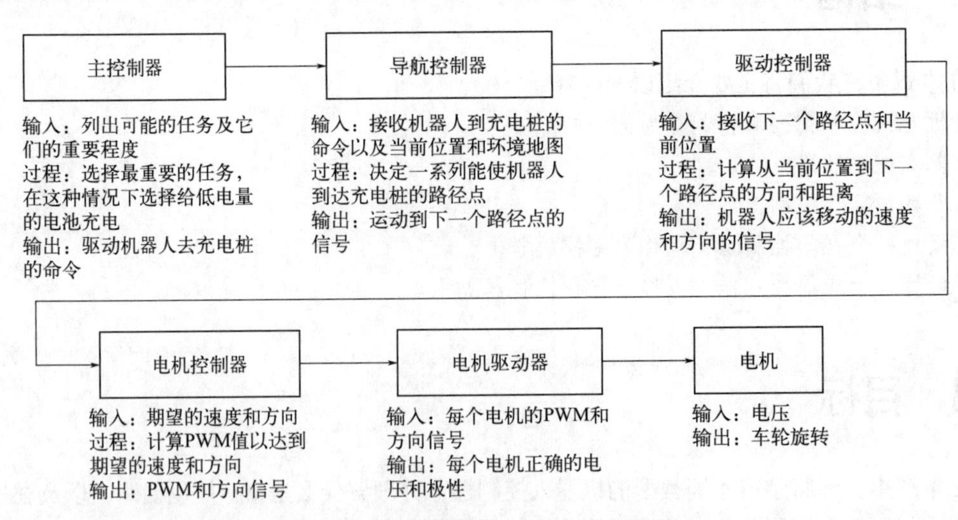

图8.1 完成任何任务通常都需要几层控制器

你们现在需要明白的是，当我们谈论机器人技术中的控制器时，重要的是要知道指的是哪一个控制器。在此，我会尽量说得具体一点，但要注意的是在谈话中，人们似乎常常认为你知道他们在谈论哪一个控制器。除非你问，否则是不会对这个控制器去进行具体说明的。刚刚谈到的这一点是我在控制行业的经验。如果每次我被要求查看控制器问题而没有被告知具体是哪个控制器时，我都能因此收到1美元，那么我可能会有足够的金额去给你们每个人免费寄出这本书。

8.5 基本控制回路

所有的控制器都使用一种被称为控制回路的基本思想，这与我们人类处理信息和做出决定的方式并没有太大区别。一般指代的是我们遵循某种特定的步骤并反复做出同样的操作。对于人类而言，这通常是无意识的，但我们的机器人必须非常明确地进行编程，才能完成即使是非常简单的控制功能。对于这些必要的步骤，不同的文本中使用的术语略有不同，但它们的意思是一样的：

1. 观察和比较；
2. 响应；
3. 影响。

8.5.1 观察和比较

在这一步骤中，需要对我们想要控制的事物的当前状态进行评估。它们可能是位置、方向、温度、速度、关节角度或其他东西。在这里，这些事物被更正式地称为过程变量，而状态则是对其当前状况的测量。请见图8.2所示。

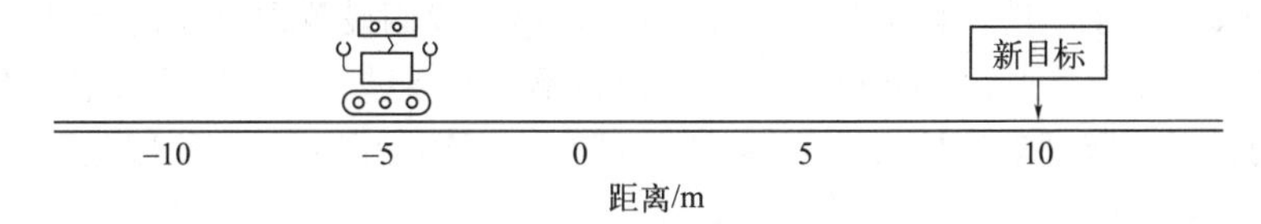

图8.2 过程变量、状态和误差

控制器将过程变量的当前状态（也就是机器人的位置）与期望状态进行比较，并计算出误差。误差是当前状态和期望状态之间的差异。如果我们的机器人在图8.2中只能向前和向后移动，并且当前距离家庭有−5m的距离，如果我们给它一个新的目标10m，那么误差就是10 −（−5）=+15（m）。

8.5.2 响应

既然我们有了误差，我们就需要计算并将适当的信号传输到适当的设备中，以使我们的误差尽可能接近0。影响变化的设备通常被称为执行器，它可能是一个加热元件或电机驱动器。但根据我们控制器的级别，它可能是一个完整的系统，具有自己的控制器，可以在小范围内处理细节。

8.5.3 影响

影响是实际的纠正动作，比如电机的速度随着我们上面的响应步骤而变化。一旦这个序列完成，我们要么认为任务已经完成，要么回到第一步，再次观察我们现在的位置，将它与我们想要到达的位置进行比较，以此类推。在编程语言中，你可以将此序列视为在循环中反复调用的函数，直到调用它的函数决定任务已完成或不再需要为止。

你可以考虑一下下面这个简单的温度控制器函数，它可以是你家中恒温器程序的一部分：

```
void control_temp(int temperature, int desiredTemp){
if (temperature < desiredTemp)
{
stop_air_conditioner();
start_furnace();
}
else if (temperature > desiredTemp)
{
stop_furnace();
start_air_conditioner();
}
else
{
stop_air_conditioner();
stop_furnace();
}
}
```

在上面的这个例子中，我们想要控制的过程变量或物品是我们家里的温度。状态是实际测量的温度，并传递给控制器函数作为可变的temperature（温度）。

接下来，让我们看看它如何与我们的三步循环有关。

观察和比较： 在这种情况下，观察步骤是将参数temperature和desiredTemp传递给该函数，变量temperature是你家里的实际温度，而desiredTemp是我们设置恒温器的温度。如果它们没有被作为参数进行传递，那么control_temp()函数将不得不通过调用其他函数来获取这些数据。

无论我们如何获取函数的信息，if/else语句都会比较实际温度和期望温度。这个比较的结果决定了下一步会发生什么。

响应： 一旦我们确定了适用的比较条件，我们就会调用所需的函数来输出信号，以打开加热炉或空调。如果实际温度和期望温度相同，则误差为0，并且我们使用最后的else语句来确保熔炉和空调都没有运行。

影响： 发生在所有的熔炉和空调的控制函数中。它们本身就是一种控制器，可以直接启动风扇和气阀等。

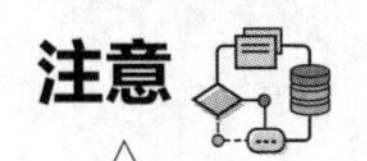

在响应步骤中，当我们发出一个信号时，首先要确保任何有冲突的设备都被关闭。这里我们不希望加热和冷却同时开启。在你的机器人中，可能需要注意，不要同时向一个电机驱动器发送正向和反向的使能信号。

在实际编写控制器函数时，我们的工作将停止以作出响应。我们必须知道信号在“影响”这一阶段应该做什么，但如何进行是硬件或其他函数的工作。对于我们现在正在编写的控制器函数，将只考虑每个控制器需要的三件事:

1. 输入;
2. 一个做出控制决策的函数;
3. 一个输出。

有时候，在流程图中把它们画出来会有帮助，如图 8.3 所示。

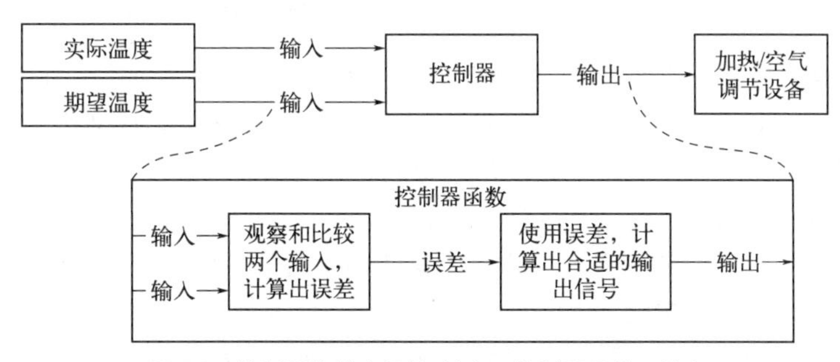

图8.3 控制器的基本组件:输入，控制器函数，输出

图 8.3 中展示了温度控制的控制流程，其中将实际温度和期望的温度作为控制器的两个输入，控制器输出端与加热/空气调节设备相连接。在控制器函数中，当控制器接收到两个输入后，会观察和比较两个输入，计算出它们的误差，然后使用误差、计算出合适的输出信号，最后将信号输出到加热/空气调节设备。

显然，我也知道，你买这本书不是为了学习如何控制熔炉，但我想让大家明白的是这些控制的基本原理是通用的，虽然细节的东西会随应用而变化。另外，我想让你看到的是，这些控制组件是不会变化的。请参见图 8.4，该图可能会让你觉得更有意义。

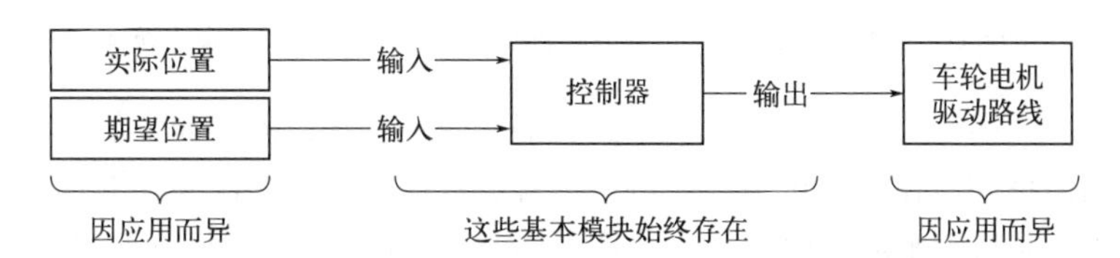

图8.4 控制器都可以归结为输入、控制器函数和输出

从图 8.4，我们很容易看出这些构建模块都是相同的。随着学习不断深入，我们会在这些模块上添加更多的知识和概念，甚至将它们嵌套在一起，如果你开始感到迷茫或害怕，请记住我父亲曾经给我的建议:

“慢下来，记住这些事情都是一样的，只是不同应用而已。”

8.6 开环控制器和闭环控制器

开环控制器是一种最简单的控制器类型。在这种控制器类型中，控制器接收输入，并计算输出，但不监控实现目标的进程。而闭环控制器会重复测量，这种操作我们称为反馈的进程。考虑一下图 8.2 中的机器人的控制场景，其中机器人的实际位置是 −5m，期望位置是 10m。

开环控制器试图利用已知信息，并假定结果是可以接受的。如图8.5所示，它没有反馈来关闭回路，而我想知道为什么它被称为环路，因为它看起来更像一条直线。

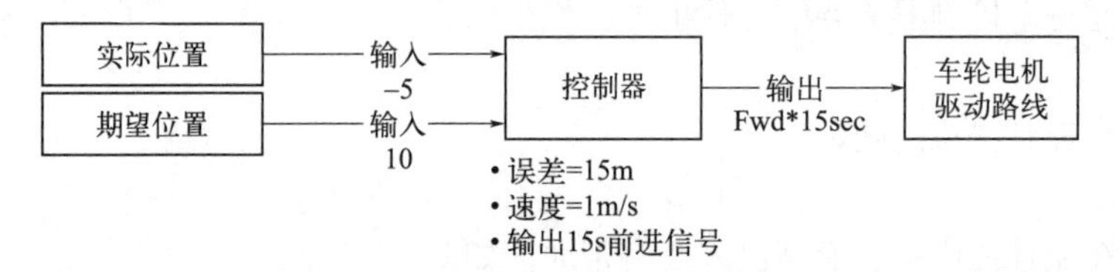

图8.5　对应于图8.2中场景的开环控制流程

在这个例子中，控制器计算了实际位置和期望位置之间的差异（误差）为15m，将其除以预期速度1m/s，然后输出15s的前进信号，然后系统简单地假定机器人最终到达了正确的位置。

然而在实践中，机器人不太可能在我们期望的地方结束。车轮会打滑或被卡住，电池电量不足，轴承等机械部件变旧变脏，导致速度低于预期。如果你的机器人是一艘船或一架飞机呢？那么风和水流将对最后的位置产生影响。这些因素通常会导致最终结果与计算结果不同，这使得开环控制不适于大多数机器人的控制应用。

另一方面，一个闭环控制器可以很好地通过监测目标的进程来处理意外因素。我们的机器人不能仅阅读地板上的卷尺标记，还可以使用传感器来测量我们已经走了多远。这将作为一个输入不断反馈，因此我们的驱动控制器可以重新评估它是否仍在做正确的事情。其控制图如图8.6所示。

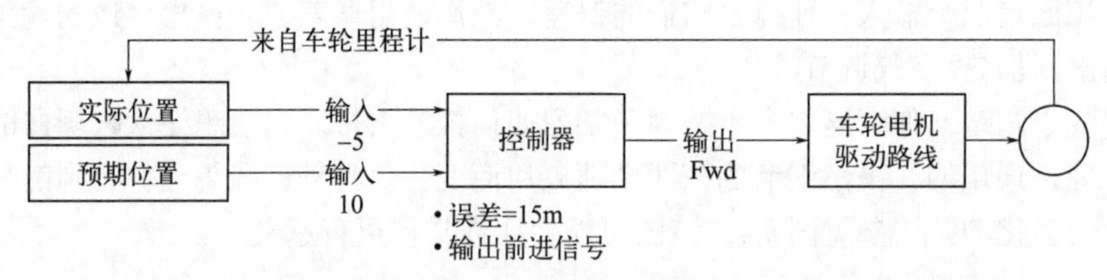

图8.6　使用来自车轮里程计反馈的闭环控制器来处理图8.2中的场景

在这个最简单的闭环控制器工作示例中，机器人会计算出误差，而它的输出被简单地设置为启动机器人向前移动。在这个过程中，每秒里程计数据都会被多次添加到输入端，并计算出新的误差。输出信号持续驱动机器人运动，直到误差达到0，而不考虑所需的时间。

希望我们能赞同这一观点——几乎所有的自主机器人控制器都需要使用闭环控制器。

8.6.1　设计一个大局观控制器（也称为主控制器）

由于有许多不同类型的机器人平台，机器人任务和硬件也会变化，我不可能给出一个关于如何设计主控制器的全面方法。不过我确实可以给你一些总体思路和一个思考的起点，以便你可以随着项目的开展而调整。我将主控制器和其他控制器放在一个单独的小节中进行介绍，是因为它们有几个显著的差异会影响到我们如何编写控制器函数。

1. 输入的不是我们可以直接用来进行比较以计算误差的整数变量，而是更像一个需要操作的列表。我们的控制器函数必须决定哪个任务是当前最重要的。

2. 主控制器通常不会输出一个整数值，而是会调用一个函数来充当整个任务的控制器。这个控制器将作为一个序列器，并命令几件事情按照特定的顺序发生。第二个控制器本身就是一个主控制器，但是我们通常会尝试给每个控制器一个唯一的名称，以减少混淆。

如果我们不能直接将这些输入作为整数进行比较，我们该怎么办呢？我们可以给它们赋整数值。假设我们有一个机器人，它能做以下动作：

- 停靠和充电；
- 更新环境的地图；
- 遵循用户手动输入的驱动器命令；
- 检查狗的水碗；
- 用吸尘器清理地板。

我们可以将这些数据按照重要性进行排序，放入一个名为任务列表的数组中。图8.7显示了一个简单的字符串数组(机器人的任务列表)，并按重要性排序。

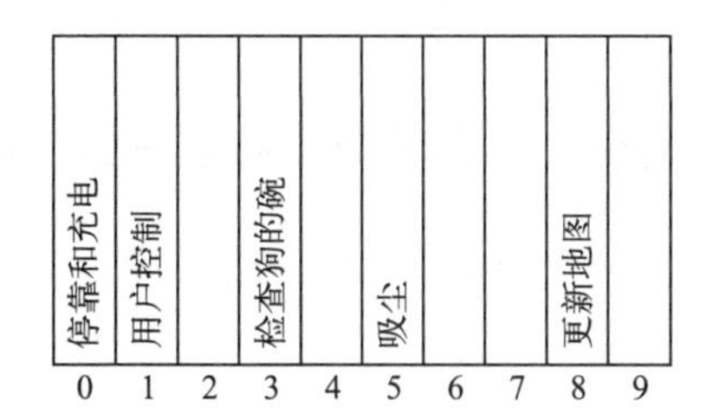

图8.7 根据优先级或重要性将任务排序到数组中

注意到那些空白的元素吗？那是故意的，因为项目不可避免地会发生变化，任务也会被添加和删除，需要留出一些空间。如果内存不是一个问题，这个数组的大小可以是100或更多。如果在你的编程工具包中有更高级的数据结构，那么使用它也是很好的选择。

除了这个数组之外，我们还想向你介绍一种叫作优先级数组的东西。这是一个与任务数组大小相同的平行数组，但数据类型为布尔类型。通过排列这些数组，优先级数组元素可以对应于每个任务。如果任务没有请求，可以设置为false；如果任务被请求，则设置为true。

我们的主控制器函数将遍历优先级数组，并找到被请求的第一个(最高优先级)任务。在任务列表中查找该任务，并调用必要的函数来处理该任务。图8.8应该有助于说明这个概念。

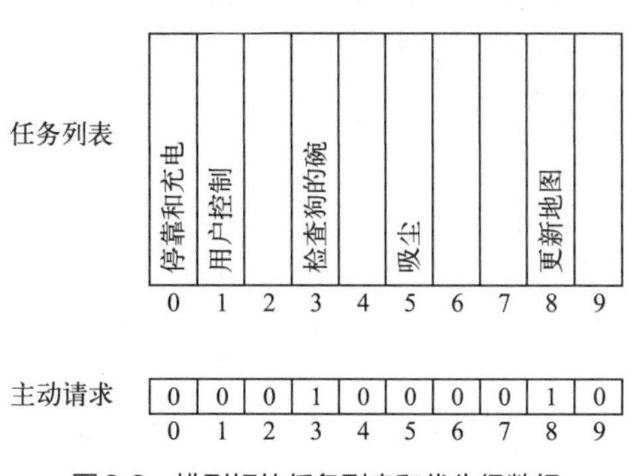

图8.8 排列好的任务列表和优先级数组

在优先级数组中，有两个元素被设置为true（真），即检查狗的碗和更新地图。由于照顾一个活生生的动物比检查是否有新墙建成更重要，程序员选择把给狗加水放在一个更高的优先级位置。当主控制器遍历优先级数组时，它将看到元素[3]是当前请求的最重要任务。然后它可以检查我们的任务数组并看到元素[3]，这就意味着是时候照顾狗，然后开始该序列。更新地图将等到其他更重要的任务完成后再进行。

> 简单的平行数组主控制器模型效果很好，但更高级的程序员可能更喜欢用一个结构或类对象的数组。主函数只需要检查一个数据成员，然后直接调用一个成员函数来启动工作。

你可能想知道：是什么决定优先级数组中的哪些元素会被设置？你能猜出来吗？是的，另一个独立于主控制器或其他函数工作的控制器。幸运的是，这些通常是具有简单布尔（真/假）输出的简单函数。例如，电池监视器将检查电池电压，如果低于某个期望水平，则将元素[0]设置为true，以便主控制器在下一次循环中捕获。如果用户正在发送命令，另一个控制器将在用户发送命令时标记元素[1]，而此列表中的其他任务可能是基于自上次完成以来所要经过的时间。

8.6.2 设计一个局部控制器（也称为进程控制器）

我发现我们的局部控制器比全局控制器的设计和编码更令人满意，即使它们涉及更多的细节和数学知识。

8.6.2.1 Bang Bang控制器（也称为开/关控制器）

我们在本章前面谈到温控器函数control_temp()时，已经讨论过这种最简单的控制器类型，但没有正式命名它。这种控制器对于实际状态和期望状态之间的任何差异的响应，会被控制器转化为打开或关闭响应的元素。如果误差很小，比如说需要轻微地调整，这类控制器无法做到。因为它只有开关，并没有温和的响应。

Bang Bang控制不能用于需要精确控制的地方，由于在传感器指示关闭输出信号的时候，我们通常已经超过了期望状态，导致控制器输出向另一个方向猛烈反弹。这样不仅精度受到影响，而且快速反向运动（甚至只是快速启动/停止）的热量和突然冲击力也会对机械和电气部件产生影响。

出于这些原因，我们通常不会在机器人驱动器中看到它，但有时它对一些附加任务很有用，比如图8.8中控制标志的电池监视功能。

8.6.2.2 比例控制器

在本书中，我将重点讨论这种类型的控制器。想像一下，你想将汽车从车道上的一个位置移动到车库里，其中期望位置可能距离实际位置有8m远。你会猛踩油门将汽车开进去吗？我猜你根本不会给任何油门，而只会轻轻驱动汽车前进。如果汽车在50m外呢？你可能会给多一点油门，但仍然不会尝试达到高速公路的速度。

这就是比例控制器背后的想法，即输出信号（上面示例中的脚踩油门）与误差的大小成比例。现在我们谈论的是一种适用于机器人驱动电机的实用控制器。

让我们立即开始设计一个比例驱动控制器来控制我们的一维机器人的速度，从基本公式开始：

$$输出=增益\times误差$$

这还不错，对吗？为了设计控制器，我们必须考虑输出范围，通常对于机器人驱动控制器，我们希望以m/s为单位来输出速度，因此我们期望的最小值可能是0m/s，我们的最大期望值将取决于我们的硬件和环境（还没有考虑到我们可能要反向并输出负速度的情况）。我将假设一个机器人的最大期望速度为1m/s。

要获取比例增益值，我们必须问自己：在什么误差范围内，希望机器人在多大的误差下能达到最大速度？我们当然不希望它在移动几厘米时就使用最高速度，但如果它必须穿越一个足球场的话，我们也不希望它使用低速运动而浪费时间。这里的实际情况将取决于机器人的质量和其他一些因素，你可能会在一些测试中调整这个增益值。我认为在2m的范围内速度从0加速到1m/s是合理的，所以我想在误差达到2m时，可以达到最大输出。

因此，在确定了尽可能多的变量后，我们可以开始计算图8.9中的方程了。

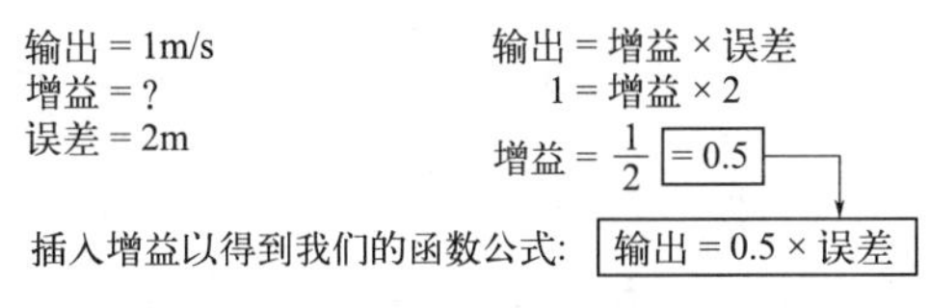

图8.9 基本比例驱动控制器的增益计算

计算出增益后，我们就可以编写函数，该函数将输入的x表示误差，并计算一个输出，当我们接近2m的误差时，该输出将从0稳定地增加到1m/s。请仔细查看图8.10所示的输出图，我希望你能注意到一些具体的事情。

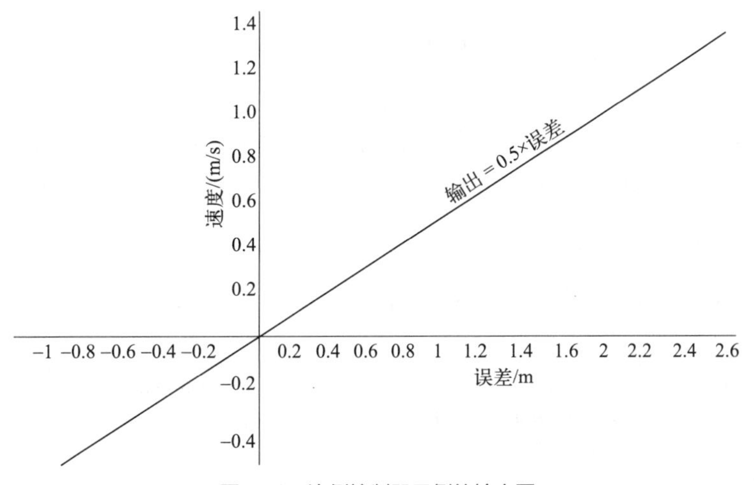

图8.10 比例控制器示例的输出图

我想让你注意到的第一件事是，这只是一个斜率截距式的直线函数（也称为线性）。如果你还记得代数课的内容，线性函数的公式是$y=mx+b$，其中m是斜率，b是偏移量，即沿y轴向上或向下的偏移量。我们的比例控制器公式也是一样的。

虽然为了简单起见，我省略了偏移量b，并假设我们的机器人在输出为0时静止不动。但情况未必总是这样，如一架无人机对抗重力或一艘小船对抗稳定的河流，总是需要包含偏移量或用一个完全不同类型的控制器函数来控制机器人的稳定。图8.11显示了比例控制器公式和标准线性方程之间的比较。

第二件需要注意的事情是，我们的比例控制器很擅长处理负的误差值，并适当地输出一个负的速度指令，我们只需要获取这个负值，以确保我们的电机驱动器反转电机。请看图8.12中的例子，并注意第二种情况的输出。

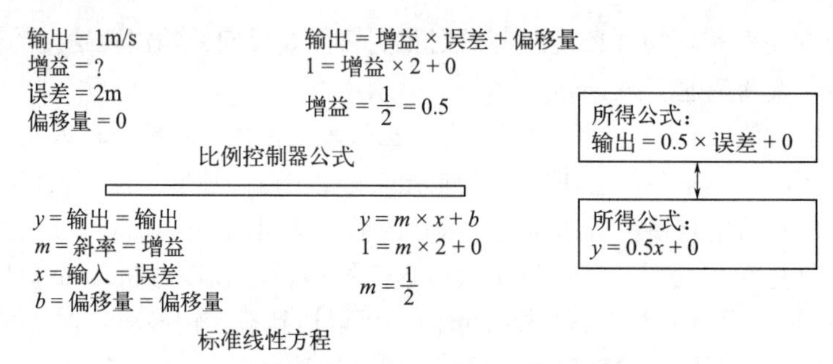

图8.11　比例控制器公式和标准线性方程

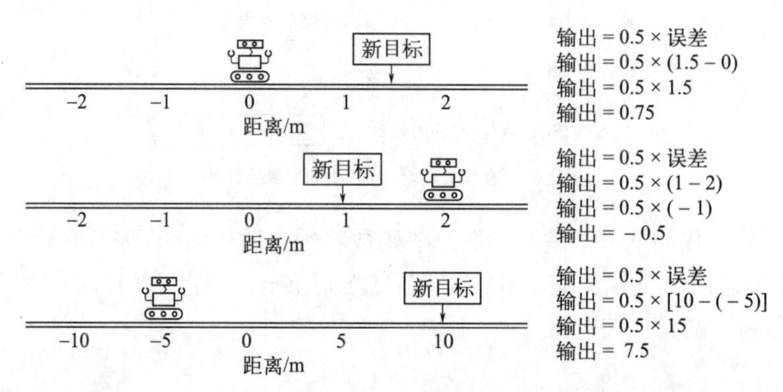

图8.12　一个正，一个负和一个超出期望范围的比例控制器的输出

在第三种情况下发生了什么呢？我们之前决定，我们的最大速度应该是1m/s，然而我们的控制器的指令是7.5m/s。除非我们的硬件不能超过1m/s，否则我们的工作就是捕获并处理这些越界的情况。其实在我们输出信号之前，添加一个简单的if语句就可以了，如下面示例代码所示：

```
void Velocity_Controller()
{
    const int k = .5; //Our gain. usually denoted with a 'k'
    const int offset = 0;
    const int MAX_VELOCITY = 1;
    int cmdVel = 0; //our output. Stands for "command Velocity"
    int desired = 0; //desired location
    int current = 0; //current location
    while(1)
    {
        desired = Get_Desired();
        current = Get_Current();
        int error = desired - current;
        cmdVel = k*error+offset;
        if(cmdVel > MAX_VELOCITY)
        {
            cmdvel = MAX_VELOCITY;
        }
        publish(cmdVel);
        time_sleep(.1); //delay to set 10 HZ publish frequency
    }
}
```

这个控制器可以按原样实现（对于一个只向前和向后移动的机器人），但说实话，它已经接近伪代码了。我们可以从中了解到控制器是如何编码的，但在实践中，我们可能会以不同的方式获得输入。至于publish(cmdVel)函数的调用，它只是意味着将以我们的电机控制器可以读取的方式发布输出值，并反过来为电机驱动电路输出适当的PWM和方向信号。

> 在编程中可能很容易跳过一个步骤，编写一个直接输出PWM信号的速度控制器。但是，在我看来，这是一个错误的操作，而其中的原因我们将在下一章中具体阐明。

8.6.2.3 设计控制器来接受一些误差

我不想说但又不得不说的是，无论你如何编写控制器，都很少能达到零误差的状态。

你可能会用卷尺来测量机器人的位置，并认为它在正确的位置上，但它真的停在我们看到的2m的标记上吗？还是2.000001m？即使你的机器人会一直试图修正这个额外的微米级距离，但可能永远都做不好。这是一个问题，因为如果机器人从未报告它已到达指定的目标位置，它将不会继续执行下一个任务。

为了解决这个问题，我们必须给出一些我们称之为足够接近的边界。如果我们的机器人必须在轨道上的20m标记处取回仓库中的一个箱子，我们可以使用如下代码来完成这个操作：

```
double desired = 20;
while(current != desired)
{
keep_trying();
}
```

还可以编写如下代码，完成上述的操作：

```
double cushion = .01;
while(current < desired - cushion || current > desired +
cushion)
{
keep_trying()
}
```

你可以考虑一下，上面两个函数中哪一个将会允许机器人停下来并报告它已经准备好进行下一步操作呢?

8.6.2.4 设置一个最小输出

比例控制器的一个缺点是，如果只有来自比例公式的输出，机器人将永远无法真正到达目标位置。当机器人接近目标位置时，这个比例公式将输出一些非常小的信号，但是这些信号太小，根本无法驱动机器人移动。

这个信号的最小水平将因机器人而异，以PWM信号到电机驱动板为例，通常其范围为0到255。如果机器人足够接近，比例公式将输出低至10或20的值，但许多电机在PWM信号小于50或60或100时根本不会转动，所以这就取决于电机。因此，有必要包括一个最小的PWM值，如果驱动控制器要求的值小于可以使电机转动的值，那么我们必须输出最小可转动电机的值（尽管不是最小值），以使得电机转动。机器人还可以监测轮子的速度，并在轮子速度为0时增加PWM信号。这可以帮助机器人重新启动，当然这需要更多功率（和更大的PWM信号），至少比启动后保持机器人运动所需要的大，主要是因为静止时候是存在静摩擦。

8.6.2.5 其他控制器

虽然我们在本书中使用的比例控制器是一个很好的起点，而且比Bang Bang控制器要好很多，但是有时候你可能会发现它的表现不如你所预期。尽管比例控制器（也被称为P控制器）具有显著的优点，但它仍然有其缺点。

虽然我们可以制定一些简单的偏移量来保持期望状态以外的一些恒定输出，但是它不是非常精确。尤其当我们必须对抗诸如像风这样变化的外力或速度增加时，我们需要随时进行修正。当机器人靠近目标位置但尚未到达时，平稳地移动最后一小段距离，是纯比例控制器难以应对的另一种情况。对于这些情况，在我们的比例控制器中加入积分和微分的影响，可以提高响应速度，使整个控制器更加鲁棒。这就是所谓的比例积分微分（PID）控制。

PID控制器使我们能够获得简单比例控制器无法比拟的精度和响应速度，但其代价是需要更高的数学知识，对此，我不想在这里强加给大家。对于那些熟悉基本微积分的人来说，在P控制器中添加I和D组件应该不是什么难事，在网上也有很多教程可以参考。

8.7 结论

控制器是自动化机器的重要组成部分。我们希望你最好能确保自己已经熟知本章的内容，如果有必要的话，我们建议你进一步研究（我们强烈建议你做进一步研究，因为我们只是浅尝辄止）。我们希望你从现在开始注意日常机器中的关键控制回路，并在你试图理解任何代码时深入了解它。让控制回路深深刻在你的脑海中，因为你在机器人领域中的几乎所有事情都将严重依赖控制。

通过本章内容，我们了解了主控制器和进程控制器的相关知识，它们都是通过接收输入，做出决定，并输出一些信号的控制器。我们还学习了如何将几个简单的控制器串联起来以完成更复杂的任务。此外，我们还详细研究了比例过程控制器。最后，我们学习了主控制器的基本原理，它可以为我们的机器人做出重大决策。

既然我们已经了解了控制器，并开始意识到在我们日常生活中控制器的数量，我们肯定想知道如何让所有控制器都处于机器人的管理之下。不用担心，因为我们将在下一章讨论如何协调部件并保持它们的可管理性。到目前，我们可以稍事休息。当你休息好后，我们将学习如何使用软件，使其可以相对容易地组织和协调几十个小程序。机器人操作系统（ROS）已经广泛应用于学术和研究领域（越来越多地应用于商业机器人），ROS为运行和排除机器人故障提供了许多有用的工具。

8.8 问题

1. 假定你的无人机的前进速度为6m/s。请编程让它在静止的空气中飞行30m，然后用一个开环控制器使它停止并悬停。无人机将会飞多少秒？如果顺风出乎意料地增加到2m/s，无人机最终将飞行多少米？

2. 当误差为6m，期望的最快速度为4m/s时，计算该机器人的比例控制器公式。

3. 什么情况下比例控制器是不理想的，解决方案是什么？

第9章 协调各个部件

9.1 简介

不可避免地，自主机器人有很多任务要做。在讨论本章内容之前，我们已经介绍了前八章的基础知识，这就像我们正在为一份美食食谱收集材料一样。虽然我不太会做饭，但我知道好的厨师都有一套方法使得他们的厨房井然有序，他们可能需要的东西都方便取用，且不会受到任何妨碍。我们需要用类似的方法来构建机器人的软件包，否则事情很快就会变成无法管理的混乱局面，有时甚至是烧毁的混乱局面！

在本章中，我们将为工具箱添加一个强大的软件，它可以帮助我们协调几十个输入、输出和控制器功能，这些功能需要在彼此之间（有时在不同的计算机之间）自由分享信息。保存整个机器人的许多功能和数据位是机器人技术中非常重要的一环，你在本章学到的东西可以为你部署机器人节省几个月甚至几年的时间。接下来，让我们开始学习本章的内容。

> 比起其他章节，这章我们更需要一些必要的Linux命令行技能。如果你不能自如地浏览文件系统，那可能需要先简单地了解一下Linux。

9.2 结构

在本章中，我们将主要介绍以下内容：

- 什么是机器人操作系统（ROS）
- ROS与编写机器人控制软件
- ROS和商业机器人产业
- ROS的设置

- ROS概述和速成课程
- 一些有用的建议
- 创建和编写ROS包和节点
- 使用启动文件来简化工作

9.3 目标

通过对本章的学习，你将对机器人操作系统（ROS）有一个全面的了解和掌握，并学会编写我们的第一个机器人控制函数。

9.4 什么是机器人操作系统?

尽管名为机器人操作系统(几乎总是称为ROS)，但它并不是一个操作系统，而是一个用于处理节点组件之间通信的软件框架。与其说它是一个操作系统，不如说它是一个中间件，目前ROS最适合在Linux操作系统的Ubuntu上进行部署和运行。

ROS节点可以动态地启动和停止，允许你在机器人的其他部分仍在运行的情况下进行更改，甚至尝试完全不同的节点。这非常方便，因为你可以在线接入新的传感器，添加新的例程，或尝试不同的算法(例如路径规划)，而无须重新编译并重启整个系统。节点可以在多台计算机上运行，并允许机器人之间分担处理任务，甚至在机器人之间进行协作。

ROS通过充当一种信息枢纽来实现这一点，即任何节点都可以广播或发布信息，而ROS会使该信息对任何订阅它的其他节点可用。它还可以充当主时钟、参数服务器和软件包管理器。此外ROS还配备了仿真、故障排除和可视化工具，如果我们选择了完整安装（推荐安装），这些工具就可以立即使用。

9.5 ROS与编写机器人控制软件

你完全可以选择自己编写整个软件，除了时间的限制外没有任何阻碍。你当然可以编写包含无数文件和类的文件夹，然后编写一些自己的框架将它们联系在一起，并控制数据流和流程。如果这就是你想要的，那你就尽情地去做吧。

但是我必须警告你，如果你选择完全独立地去做的话，这个项目可能会变得又大又乱。特别是如果你同时还在学习机器人基础知识的话。

在任何情况下，走“我可以自己做”的路线通常会造成一个令人沮丧的、只实现部分功能且功能匮乏的项目，并且进度缓慢。我们最初的目标是建立一个机器人平台来尝试不同的技术，并通过自己的调整来完善整个程序，但这一目标经常被忽视或进展缓慢。这就是我自己在不使用ROS的情况下遇到的问题。如果其他人都已经写好了所有的代码，那自己写还有什么意义呢?

既然你读到了这里，那我将假设你更愿意花时间去学习和实现机器人算法，而不是永远编写代码框架。那我们认为ROS就可以帮助你做到这一点。因为ROS中提供了足够多的代码

（称为包），通常我们可以只编写很少的代码，或者按照自己的想法编写自定义的包，而不需要考虑任何的数据通信的问题。通常情况下，我们希望立即获得一个工作平台；然后，我们可以选择单独的包来进行调整和实验。

在早期，我们低估了ROS的便捷性并专注于实现单个包的功能，而不是自己编写整个代码库。如果不是这样，那我可以了解更多关于机器人的知识。在这里我希望你可以避免上述的错误，并使用ROS来学习机器人是如何运行的。一旦我们掌握了在ROS中构建并完成机器人项目编程的方法，我们就可以从头开始编写代码库，同时也可以节省大量时间并避免在一开始的时候就遭受挫折。

9.6 ROS和商业机器人产业

这个简短的章节是为了那些有兴趣从事商业机器人领域的人们而准备的，他们可能担心ROS会浪费他们的时间。这是一个合理的问题，因为不久之前，业界认为ROS是为学术机构服务的，机器人公司并不使用ROS。我很高兴地告诉你，这种形势已经发生了逆转。

在机器人革命的早期，许多公司倾向于保留他们的软件和技术专利。他们当时的想法是，当取得重大突破时，他们可以成为一家拥有强大竞争力的公司，并将竞争对手甩在身后。这似乎是个好主意，但直到最后，他们都没有取得自己所希望的进展。

许多机器人公司的首席执行官已经意识到，由于缺乏信息共享，整个行业进展缓慢。如果行业取得快速发展，并让机器人成为普通消费者日常生活的一部分，那每家公司都将获得更多的收益。此外，他们意识到雇用已经熟悉一些标准软件和实践的开发人员的好处，因为这样就不需要花费几个月的时间来培训新人，然后才能开始从事一个特定的项目。我在2019年机器人峰会和博览会上，亲耳听到了来自数十家公司的首席执行官和开发人员的这些说法。他们在研讨会和一对一聊天中所传达的信息可以概括为：我们开始使用ROS，因为它大大增加了我们的人才储备和开发速度。

如果这还不足以说服你相信ROS的力量和即将到来的ROS的普及，那么你应该了解到，一个由不同公司组成的联盟(包括你知道的许多公司)已经派遣了数十名经验丰富的开发人员，全职合作开发ROS2的软件、标准和协议，这可能让读者你对ROS有所改观（目前ROS2已发布）。我现在相信，在未来几年，ROS将在商业机器人中发挥更重要的作用，希望你也这样认为。

这不是一本关于ROS的书，你需要学习的内容比我们在这里要学习的多得多，但我们其余章节的示例和第21章的最终项目中都会使用ROS。因此，我们应该掌握足够多的基础知识，以便你可以在代码中使用ROS，而不仅仅只会使用我们的代码或者可以在网站上下载到的内容。让我们带着你在计算机上设置好ROS，然后就可以开始讨论“如何操作”的部分了。

9.7 ROS的设置

至少，你需要在充当机器人大脑的计算机上安装ROS。由于我们在示例项目中一直使用带Lubuntu16.04操作系统的树莓派3B，因此我将向你介绍两种在树莓派上安装ROS的方法。此外，我们会发现在笔记本电脑或台式电脑上安装ROS也非常有用。我们希望你已经安装了

Ubuntu 18.04。

ROS的版本是以按字母顺序递增的代码名发布的，就像Linux发行版那样。目前支持的ROS版本有两种，分别是Kinetic和Melodic，而关于哪一个版本更好的分歧并不少。在机器人开发过程中，我两种都有使用。就网络和消息传递而言，它们相互兼容。我还没有发现软件包在其中一个版本上工作，但在另一个上不行的情况。但其中还是存在一些差异的，有些包(可供下载的ROS代码包)只在其中一个版本上受支持。尽管如此，在大多数情况下，如果在不支持的平台上需要该软件包时，我们仍然可以通过git克隆存储库并手动编译来添加它们。你也不用担心，稍后我们会讲到这一点。

当然，我想说的是，你不要太纠结哪个版本是最好的。如果你运行的是Ubuntu 18.04，则支持ROS Melodic Morenia版本，安装它将是最合适的，这可能是你的笔记本电脑或桌面电脑适用的情况。但是如果你正在安装的树莓派运行的是Lubuntu 16.04，那支持的ROS版本是Kinetic Kame。

在此，我是建议下载并安装支持你的Linux版本的ROS版本。

9.7.1 在你笔记本电脑或台式机上安装ROS Melodic

要在你的笔记本电脑或台式机上安装ROS Melodic，请访问wiki.ros.org/ROS/Installation，单击Melodic选项，并仔细按照说明进行操作。你会注意到一些较新的选项，可以在Debian Linux甚至Windows上安装。不过，到目前为止仍然存在一些问题。并且在我看来，对于那些刚接触ROS的新人来说，修复可能遇到的错误的修复方法还不够充分。因此，我们建议你在Ubuntu(或Lubuntu)上安装。

9.7.2 在你的树莓派3B上安装ROS Kinetic

要在树莓派3B上安装ROS Kinetic，很明确的是你有两个选择，同时我们还要说明的一点是：你不必像我们在第1章中那样辛苦地安装并配置Lubuntu。最简单的方法是在第一次启动时就运行Lubuntu和ROS的完整镜像。不过，它是通过一家私人公司的网站提供的，理论上他们可以在任何时候决定停止分享它(我认为这不会发生，但他们可以)。

选项1：在树莓派3B上安装ROS的简单方法如下。

1. 从ubiquityrobotics.com/download下载最新的树莓派镜像。

2. 使用类似balenaEtcher的工具(从balena.io/etcher下载)将下载的镜像文件写入micro-SD卡。

3. 将micro-SD卡插入树莓派，并启动它。你可以按照下载页面上的说明进行操作，这些步骤可以在没有显示器的情况下进行，但我们发现使用显示器会更容易。

4. 除非你有一个Magni机器人，否则我们要停止他们的启动脚本。因为这是他们在Magni机器人中运行的镜像，而我们的硬件很有可能是不一样的。我们可以在命令行中使用systemctl工具执行此操作：

①使用sudo systemctl disable magni_base命令停止专用的magni启动脚本。

②使用sudo systemctl disable roscore.service禁止roscore自启动。

5. 将PIGPIO虚拟光驱设置为启动时自动启动(可选的)。

①使用sudo systemctl enable pigpiod .service在启动时启动PIGPIO虚拟光驱。

②使用sudo systemctl start pigpiod.service立即启动守护进程。

6. 我们可以选择性地删除catkin工作空间中的Ubiquity包。尽管它们的存在不会影响任何东西，但我们更喜欢一个整洁的工作空间。

选项2：在树莓派3B上安装ROS，官方的方法比较复杂。在开始之前，我们必须打开Lubuntu软件中心，并将其设置为从restricted、universe和multiverse三个存储库中允许下载。其中一些配置默认是禁用的，所以不要跳过这一步。

1. 通过点击菜单按钮找到软件中心，然后是系统工具。单击并打开Lubuntu软件中心。

2. 使用箭头打开Preferences选项卡。

3. 打开 Software properties。

4. 勾选方框，允许从“main”“restricted”“universe”“multiverse”下载。

5. 关闭软件中心。

设置好权限后，我们就可以按照http://wiki.ros.org/kinetic/Installation/Ubuntu的以下步骤来安装ROS。我强烈建议你浏览一下安装页面，以便更好地了解你正在做的事情，并确保你拥有最新的信息。以下都是要在命令行中输入的命令。

1. sudo sh -c ‘echo “deb http://packages.ros.org/ros/ubuntu $(lsb_release -sc) main” > /etc/apt/sources.list.d/ros-latest.list’。

2. sudo apt-key adv --keyserver ‘hkp://keyserver.ubuntu.com:80’ --recv-key C1CF6E31E6BADE8868B172B4F42ED6FBAB17C654。

3. sudo apt-get update。

4. sudo apt-get install ros-kinetic-desktop-full。

这是官方的安装部分，但我们仍然需要初始化rosdep，并设置一些环境变量，以允许我们能够从任何终端使用ROS命令，而无须导航到特定目录或为每个命令输入长的绝对路径。最后一行是安装一些ROS依赖项，这些依赖就和rosinstall这个工具一样，可以使你的工作简化。

1. sudo rosdep init。

2. rosdep update。

3. echo “source /opt/ros/kinetic/setup.bash” >> ~/.bashrc。

4. source ~/.bashrc。

5. sudo apt install python-rosinstall python-rosinstall-generator python-wstool build-essential。

最后，在我们开始之前，需要做的最后一件事是为你设置一个叫作catkin工作区的工作空间。虽然ROS安装在其他地方，但catkin工作区是我们用于搭建项目的工作空间。我们创建的任何包以及从互联网上克隆下载的许多包都将放在这里。最后我们会使用被称为catkin的构建系统(catkin_make)来帮助我们设置、管理和构建项目。

1. mkdir -p ~/catkin_ws/src。

2. cd ~/catkin_ws/。

3. catkin_make。

以上的工作确实比较麻烦，但我们终于完成了设置工作，并在快速测试后准备开始使用ROS了！

下面进行ROS的快速测试。

在继续之前，需要确认一下我们的安装是否成功，并启动roscore这个ROS的主节点。如果你在这一步测试中遇到了问题，那请重新开始检查安装并阅读ROS Wiki页面。一般来说，信息报错中通常会准确地告诉你缺少了什么，有时在谷歌上搜索错误消息会让你找到其他人遇到的同样问题以及社区提供的答案。

> roscore是ROS项目的中心，必须在任何其他节点之前启动。如果roscore停止并重新启动，那已经运行的其他节点也将失去它们的连接，这需要重新启动。

在命令提示符下，输入以下命令：

```
roscore
```

再等1min让它启动。希望你能得到类似于图9.1的无错误输出。

```
roscore http://lloyd-robotics:11311/
roscore http://lloyd-robotics:11311/ 87x28
lloyd@lloyd-robotics:~$ roscore
... logging to /home/lloyd/.ros/log/dd030aaa-e710-11e9-bb4d-b827ebc67e9a/roslaunch-lloy
d-robotics-23686.log
Checking log directory for disk usage. This may take awhile.
Press Ctrl-C to interrupt
Done checking log file disk usage. Usage is <1GB.

started roslaunch server http://lloyd-robotics:33553/
ros_comm version 1.12.14


SUMMARY
========

PARAMETERS
 * /rosdistro: kinetic
 * /rosversion: 1.12.14

NODES

auto-starting new master
process[master]: started with pid [23696]
ROS_MASTER_URI=http://lloyd-robotics:11311/

setting /run_id to dd030aaa-e710-11e9-bb4d-b827ebc67e9a
process[rosout-1]: started with pid [23709]
started core service [/rosout]
```

图9.1 roscore的成功启动

在此，恭喜你已经成功地启动了ROS主节点，现在可以随意启动和停止其他节点。接下来，我们就可以深入学习如何使用ROS了。

9.8 ROS概述和速成课程

ROS项目由节点组成，每个节点处理一个特定的任务。你可以将它们看作程序中的函数，它们接收一些信息，并依此做出一些决策，然后将一些信息发送回用户、另一个函数，甚至是一块外部硬件。

与我们可以直接调用并等待返回值的函数不同，ROS节点是独立运作的。一旦启动，它们会读取并处理或广播该消息，无论此时是否有其他节点在侦听它们所需的信息。节点之间的这种信息广播通常被称为发布信息，而监听已发布的消息被称为订阅信息。出于这个原因，你会经常看到一个节点被称为发布者或订阅者。

让我们开始一些发布者和订阅者的示例吧。如果你已经在笔记本电脑上安装了ROS，那你可以用笔记本电脑来完成这个教程，此时我们还不必使用树莓派这类服务于机器人的主控制器。

以下是关于包、节点、发布者、订阅者、话题和消息的一些内容。

节点被打包到一起，称为包。在roscore已经运行的情况下，打开一个新的终端窗口，并输入以下命令：

```
rosrun turtlesim turtlesim_node rosrun
```

- rosrun是用来启动一个节点的命令。
- turtlesim是一个软件包的名称，它有几个很有趣的节点，可以用于学习ROS如何工作。
- turtlesim_node是一个节点的名称。

当你按下回车键时，应该会看到弹出一个蓝色区域，中间有一只乌龟。在这里你可以将其视为一个模拟机器人。turtlesim_node只是turtlesim包中的一个节点。你可以打开另一个终端窗口，输入以下命令来查看turtlesim包中可用的其他节点：

```
rosrun turtlesim <tab><tab>
```

你应该会看到一些可用节点的名称弹出，然后系统会保留你的命令提示符，因此无须重新输入任何内容。此时，先不要启动另一个节点，而是按Ctrl + C退出，回到一个空的命令行。图9.2显示了turtlesim_node窗口和turtlesim包中的可用节点列表。

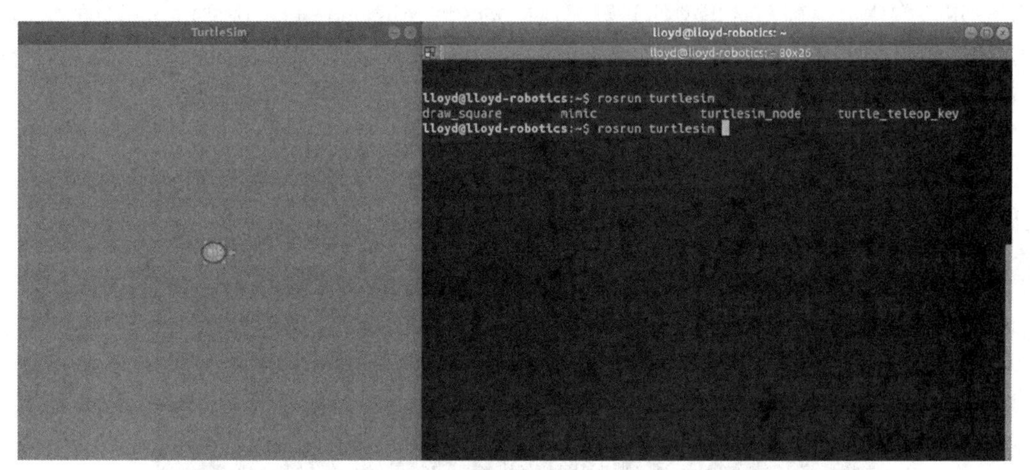

图9.2　turtlesim_node（左图）和在turtlesim包中的可用节点（右图）

如果你尝试用方向键或鼠标输入来驱动图中的乌龟，但它毫无反应，这无疑会让你感到失望。但是别担心，它没有坏。让我们使用rostopic命令来获取第一条线索，看看到底发生了什么。你可以输入以下命令：

```
rostopic <tab><tab>
```

你将看到一个可用的rostopic命令列表。你看出规律了吗？ <tab> 键为你提供了一个可能的命令列表。你甚至可以只输入命令的前几个字母，如果只有一个选择，它将会自动补全。我们还可以使用list命令，通过该命令，我们可以看到当前活动话题的列表。

```
rostopic list
```

只要我们运行了roscore，那前面列出的两个话题rosout和rosout_agg都会出现。与我们模拟的robot-turtle直接相关的话题则被放置在turtle1命名空间下。rostopic list命令的输出应该如图9.3。

```
lloyd@lloyd-robotics: ~
lloyd@lloyd-robotics: ~ 80x26
lloyd@lloyd-robotics:~$ rostopic
bw    echo  find  hz    info  list  pub   type
lloyd@lloyd-robotics:~$ rostopic list
/rosout
/rosout_agg
/turtle1/cmd_vel
/turtle1/color_sensor
/turtle1/pose
lloyd@lloyd-robotics:~$
```

图9.3　rostopic list命令的输出

要想知道turtle1/cmd_vel是怎么回事，请使用rostopic info。

```
rostopic info turtle1/cmd_vel
```

通过上面的指令，我们将得到如下输出信息：

· 消息类型；

· 发布该话题的节点；

· 订阅该话题的节点。

这里我们需要回到消息类型的问题，现在先了解一下cmd_vel，这是ROS消息的常用名称，用于发出速度指令。我希望你注意到发布者和订阅者。我们的turtlesim正在订阅并等待接收移动的命令。

那么这些指令是从哪里来的呢？

我们可以看到，现在没有发布速度指令。这就好比你有一辆汽车停在车道上，发动机还在运转，但没有人坐在方向盘后面踩油门或转动方向盘！你在屏幕上看到的应该和图9.4相似。

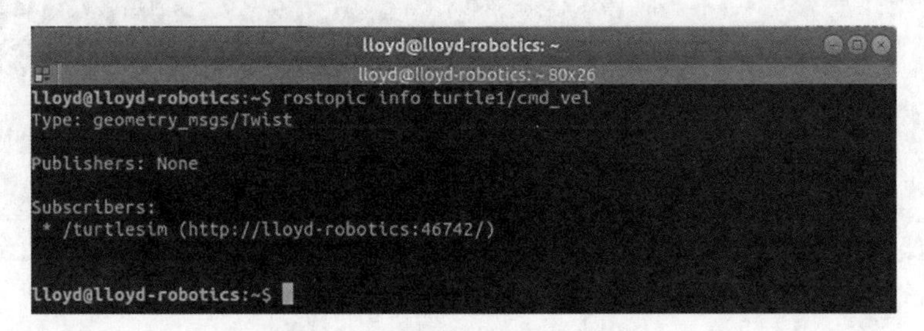

图9.4　rostopic info命令的输出

为了发布速度命令，我们需要启动一个合适的节点。现在请打开另一个终端窗口，然后从turtlesim包中启动turtle_teleop_key节点。

```
rosrun turtlesim turtle_teleop_key
```

现在，只要你选中刚刚启动的turtle_teleop_key窗口，按动方向键，乌龟就会移动。

它是怎么做到的呢？在另一个终端窗口中再次对主题turtle1/cmd_vel运行rostopic info命令，你会看到turtle_teleop_key节点将速度命令发布到该主题。

你是否注意到另一种模式？ rosrun的使用需要两个参数。

1. 第一个参数是所需节点所在的包的名称。

2. 第二个参数是节点本身的名称。

```
rosrun <package name> <node name>
```

最后一块拼图是消息类型。消息类型是一种自定义数据类型，它具有一个或多个数据成员的类对象。有些消息只包含简单的数据成员，如整数，而有些消息是一个集合或多个其他消息。这只是意味着当一个节点创建一个消息时，它们正在创建一个类的对象。

有时，该对象还包含多个其他对象作为它的数据成员。访问数据成员的方式与访问非ROS对象中的数据成员的方式是一样的。

> 希望你对C++中的类和对象足够熟悉。在我的代码示例中，尽量避免使用它们，以使代码对初学者来说更容易理解，在学习ROS的过程中，类和对象是一个不可避免的部分，因此我建议学习者找一些教程来对它们有一个深刻的理解。

在图9.4中，我们看到cmd_vel消息发布的消息类型为geometry_msgs/Twist。你可以使用rosmsg info命令查看geometry_msgs/Twist消息中的数据成员。

```
rosmsg info geometry_msgs/Twist
```

请注意，geometry_msgs/Twist消息包含两个独立的消息，它们都是Vector3消息(也是geometry_msgs包的一部分)。如果我们愿意的话，可以让这三个数值在节点中使用并单独发布。在Vector3消息上使用rosmsg信息，我们可以看到这是一个由3个浮点值组成的集合，分别是x、y和z。

```
rosmsg info geometry_msgs/Vector3
```

在图9.5中，可以看到rosmsg信息对Twist和Vector3消息的输出。

```
lloyd@lloyd-robotics:~$ rosmsg info geometry_msgs/Twist
geometry_msgs/Vector3 linear
  float64 x
  float64 y
  float64 z
geometry_msgs/Vector3 angular
  float64 x
  float64 y
  float64 z

lloyd@lloyd-robotics:~$ rosmsg info geometry_msgs/Vector3
float64 x
float64 y
float64 z
```

图9.5 rosmsg info命令的输出

ROS有数百种消息类型，虽然rosmsg信息很方便，但你应该花一些时间去浏览wiki.ros.org/common_msgs，以了解ROS中已经定义的许多消息类型，它们分布在多个软件包中。如果找不到合适的消息类型，我们还可以创建自己的自定义消息类型。阅读wiki.ros.org/msg可以让你对消息有一个更好的理解。

至于消息里面的那些x、y和z轴的值是什么呢？简单来说，这些是驱动器控制器的输入。对于一个简单的、不会飞行的机器人来说，我们通常使用线性的x轴的值表示前进速度，并忽略y轴的值(除非我们的机器人可以不旋转而横向移动)和z轴的值（因为这与飞机或攀爬机器人有关)。ROS中用于表示线性速度的标准单位是米/秒。

角度值表示旋转速率，即旋转的速度。从俯视视角来看，轮式机器人通常只能向左或向右转，这表示了z轴的角速度，通常以弧度/秒为单位（我将在第10章中对弧度做一个简单的回顾)。

当你运行rostopic list时，可以对任何列出的消息使用rostopic echo命令来查看这些消息的实时内容。在运行roscore、turtlesim_node和turtle_teleop_key的情况下，排列好窗口，让你可以看到乌龟、teleop以及另一个带有命令提示符的终端窗口，然后输入以下命令：

```
rostopic echo turtle1/cmd_vel
```

现在点击teleop窗口使其成为活动窗口，并使用方向键驱动乌龟移动。观察echo窗口的输出，并将其与乌龟的运动进行比较。从终端我们可以看到，当线速度x的值为正时，乌龟会向前移动，线速度x的值为负时，乌龟会向后移动。ROS的协议告诉我们，正的z轴角速度的值将使乌龟顺时针旋转，而负的z轴角速度的值则会使其逆时针旋转。如图9.6所示，这是我们的布局窗口和展示rostopic echo cmd_vel输出的界面。

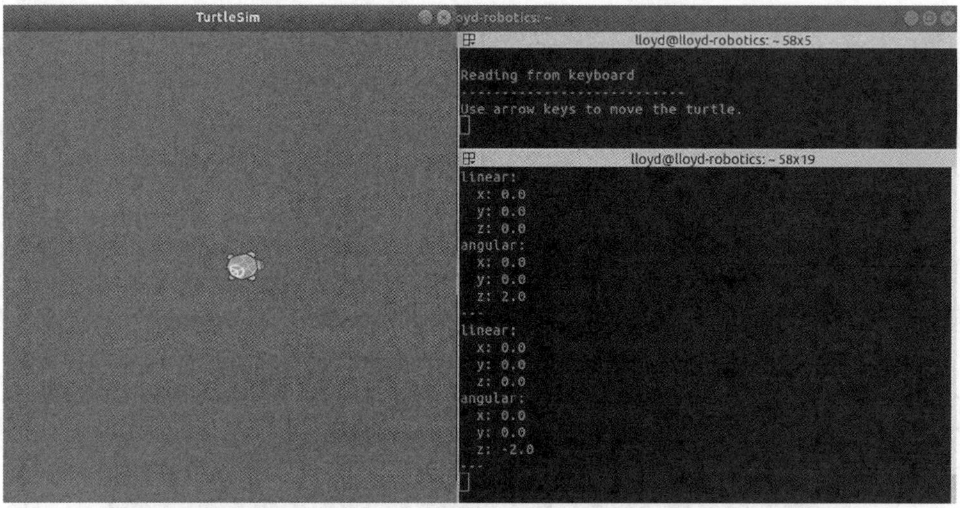

图9.6　用rostopic echo监控消息

既然你知道ROS消息只是从一个节点发送到另一个节点的数据集合，那很显然，任何节点都可以发布或订阅任何话题。例如，在teleop_key窗口中按下Ctrl + C关闭节点，然后在rqt_robot_steering包中启动一个名为rqt_robot_steering的节点。

你能想到如何启动它吗？以下命令就是正确的启动方式：

```
rosrun rqt_robot_steering rqt_robot_steering
```

这时会弹出一个小的GUI窗口，允许你使用窗口中的滑块发布cmd_vel消息。如果你试着马上滑动滑块，你会注意到它还不会控制你的乌龟移动。

你知道这是为什么吗？我在图9.7中给了一些提示。

没错！ rqt_robot_steering节点默认向/cmd_vel话题发布消息，但turtlesim_node默认订阅的是/turtle1/cmd_vel。现在，你可以在图9.7中圈出的区域更改主题，使其与turtlesim订阅的主题匹配。这样，你就可以方便地使用rqt_robot_steering节点进行机器人测试和控制了。

由于任何节点都可以发布任何话题，任何节点都可以订阅任何话题，因此我们可以想像如何将它们用于从第8章所学的控制器中传递输入和输出消息。例如，电机控制器可以订阅cmd_vel话题，并根据命令值将PWM信号设置给电机驱动硬件，而不是在屏幕上显示乌龟。或者，另一个节点可以自动计算到达下一个目标位置的航向和距离，并发布cmd_vel消息来控制机器人移动，而不需要使用teleop_key节点手动发布。

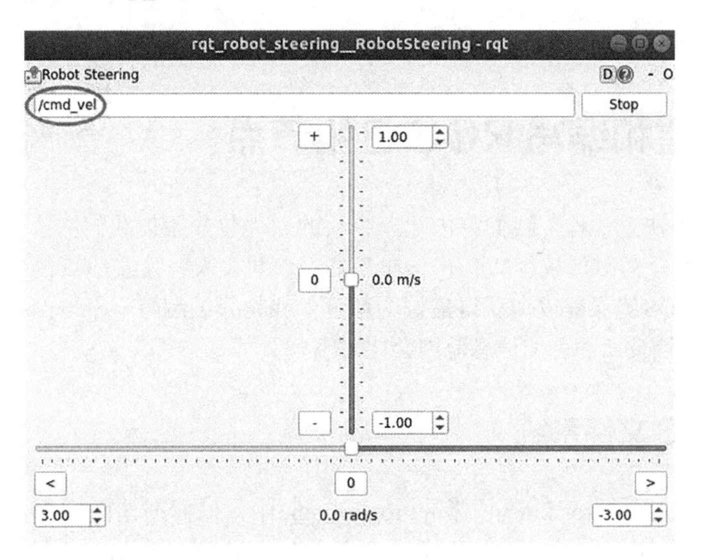

图9.7　rqt_robot_steering节点

9.9　一些有用的建议

有很多关于ROS的书，我们在这里能涉及的内容是有限的。这里有一些我自己经常使用的技巧和资源，分享给你，我想你可能会喜欢。

- wiki.ros.org/ROS/tutorials：ROS Wiki教程所包含的信息远远超过我们这个小小的快速课程所能涵盖的内容。
- Terminator：毫无疑问，你已经注意到，我们在使用ROS时打开并使用了许多窗口，管理这些窗口可能是一件很痛苦的事情。像terminator这样的终端模拟器可以在一个终端窗口中提供多个终端窗口。你可以在terminator-gtk3.readthedocs.io上阅读更多信息，或者在Google上搜索Terminator终端模拟器。
- roswtf：这是一个命令，它可以扫描你的话题列表，并通知你哪些主题有订阅者但没有发布者。当我们启动rqt_robot_steering时，如果我们没有立即发现话题名称不匹配，这个命令就会非常有用。只需将roswtf作为整个命令运行即可。
- 在rqt_graph包中有一个名为rqt_graph的节点，它可以生成节点和话题的可视化图。你可以看到话题进入节点，并从节点流出。一个缺少订阅者或发布者的主题很容易被发现，因为它是一个叶节点（一个只有一个连接的节点）。你可以使用rosrun rqt_graph rqt_graph启动这个方便的工具。
- 命令行重映射。有些节点没有办法像rqt_robot_steering那样简单地更改话题名称。当我们需要在ROS中匹配话题或其他名称时，不必每次都修改源代码，我们可以在命令行中重新映射。更多关于重映射的内容，你可以在wiki.ros.org/Remapping%20Arguments中进行阅读。
- 如果要从互联网上手动克隆一个不能使用apt的软件包，你通常可以从工作空间的src

文件夹中用git clone进行克隆（见图9.8），然后回到catkin_ws目录，在命令行中运行catkin_make来重新编译。

9.10 创建和编写ROS包和节点

为了总结ROS快速课程，我们将创建一个新的软件包并添加我们的第一个节点。再次强调，我无法给大家分享ROS教程Wiki中的丰富知识，建议大家关注ROS的Wiki界面，或者找到一个专门针对ROS的课程以便获得最好的理解。我将介绍编写一个专门针对我们的示例机器人项目的节点，因此所涵盖的信息范围会比较小。

9.10.1 ROS文件系统

安装的软件包在/opt/ros/kinetic或/opt/ros/melodic中，但你创建的软件包会放在你设置的catkin工作区中。最简单的方法是使用roscd命令进入catkin_ws/devel文件夹，然后使用cd ..到上一层catkin_ws。最后使用ls命令列出目录中的所有内容(如果你习惯了Windows，那我们可以习惯地将目录称为文件夹)。这时你应该会看到以下三个子目录:

- build；
- devel；
- src。

9.10.2 创建ROS包

为了学习更多关于build和devel目录中发生的事情，你应该参考ROS的Wiki页面来了解build和devel目录中的内容；我们将使用src目录作为添加我们的包的地方。创建ROS包的步骤如下所示。

步骤1：在命令提示符中找到catkin_ws/src目录。

```
cd ~/catkin_ws/src
```

步骤2：创建你自己的软件包，命名为practical。

```
catkin_create_pkg practical roscpp std_msgs
```

- catkin_create_pkg命令将创建一个名为practical软件包的新文件夹，并创建两个用于包含文件和源文件的子文件夹。此外，这个过程还会为新包创建CMakeLists.txt和package.xml文件。任何时候，当我们想创建一个新的包，都建议使用以下格式：

```
catkin_create_pkg <new_pkg_name> <depend1> <depend2>
<depend…>
```

- 所谓的depends参数是可选的，但最好包含它们以避免编译错误。我们编写的程序至少需要使用roscpp和std_msgs这两个软件包，所以在创建practical包时，我们将它们包含进去了。你也可以稍后在CMakeLists.txt文件中添加它们。图9.8展示了Catkin工作区的一般结构以及你的软件包和文件如何适配其中。

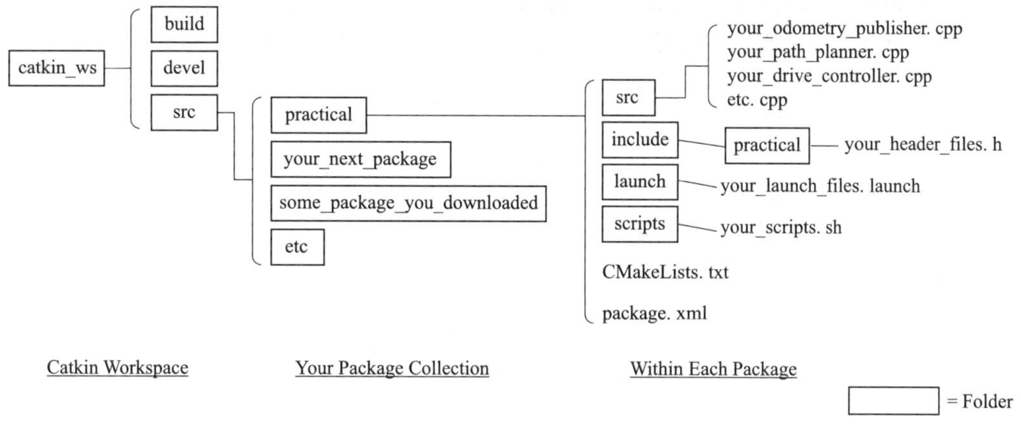

图9.8 Catkin工作空间的文件结构

步骤3：编辑软件包的CMakeLists.txt文件。我们会使用代码编辑器在新创建的包中打开CMakeLists.txt，并删除#以取消注释第5行，以启用C++11支持，然后保存并退出。这并不总是必需的，但如果你在树莓派上使用PIGPIOD库，那就需要这样做。我认为这样做不会有任何坏处。图9.9展示了我编辑后的CMakeLists.txt文件。

```
practical > M CMakeLists.txt
1  cmake_minimum_required(VERSION 2.8.3)
2  project(practical)
3
4  ## Compile as C++11, supported in ROS Kinetic and newer
5  add_compile_options(-std=c++11)
6
```

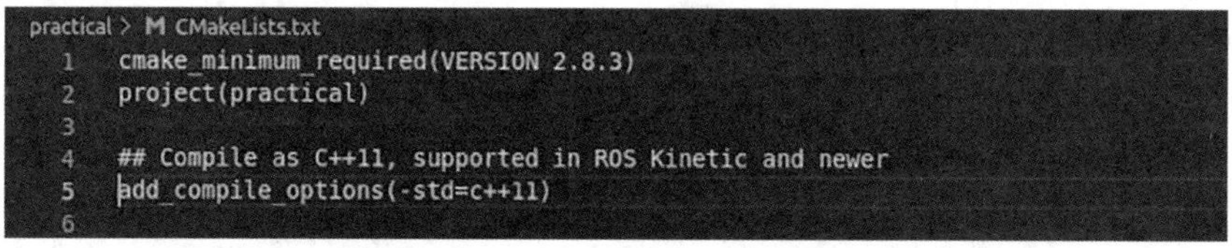

图9.9 取消CMakeLists.txt中第5行的注释以启用C++ 11编译

在CMakeLists.txt文件中，前面带#的行表示注释，并在编译时会被忽略。取消一行注释意味着删除一行前面的所有#符号。

步骤4：创建必要的资源文件夹。

创建一个稍后我们需要的名为launch的文件夹。这个时候你应该仍然在工作空间的顶层src文件夹下。因此，我们需要进入practical文件夹并创建名为launch的文件夹。

```
cd practical
mkdir launch
```

你可以为其他资源创建文件夹，如脚本、映射、节点的配置数据等。现在对我们而言，创建launch文件夹就足够了。

9.10.3 编写ROS程序（节点）

现在使用代码编辑器创建第一个ROS节点。我们在本小节将创建一个比例控制器，它以乌龟的位置作为输入，并输出一个扭矩（速度）消息，以控制乌龟到达新位置的速度。在第一个程序中，我们会尽可能地使该程序保持简单，你只需在代码中将目标x的位置设置为常量（从0到11，乌龟从x=5.54开始）。该程序你可以在下载文件中找到，名称为go_to_x.cpp。

创建ROS节点的步骤如下:

1. 在packages /src文件夹中创建一个.cpp文件。
2. 包括ros.h、ROS消息头和其他需要的文件。
3. 定义任何常数值，全局变量。
4. 编写一个设置函数。
5. 编写回调函数。
6. 编写任何辅助函数。
7. 编写任意控制器函数。
8. 编写主函数:

① 调用设置函数（在程序中，此步为8.1，下同）。

② 与roscore握手并获得一个节点句柄（8.2）。

③ 订阅任何话题（8.3）。

④ 广播所有的发布者（8.4）。

⑤ 只需要运行一个程序，并执行循环（8.5）。

a. 设置循环率（8.5.1）;

b. 调用spin()来检查回调（8.5.2）;

c. 调用你的函数（8.5.3）;

d. 如果在其他函数中没有完成，则发布消息（8.5.4）;

e. 将节点数据打印到屏幕上（可选）（8.5.5）。

⑥ 必要时关闭任何硬件接口（8.6）。

9.10.3.1 创建一个.cpp文件

在practical/src文件夹中创建一个名为go_to_x.cpp的空白文件。如何执行此操作将取决于你的编程环境。在Codeblock中，你可以单击“新建文件”按钮，然后按照提示包含完整的位置路径和文件名。尽管如此，我还是觉得Codeblock的这一部分有些笨拙，所以我通常更喜欢使用nano(或任何你喜欢的文本编辑器)从命令行创建并保存一个空白文件。

```
nano go_to_x.cpp
```

然后我通常会保存空白文件，在Codeblock中打开它。这比Codeblock的新文件实用程序更有效率，特别是当你知道要同时创建多个文件时。

9.10.3.2 步骤2和3

在你的.cpp文件中包含ros.h、ROS消息头和其他你需要的文件，并声明全局常量和变量。

```
#include "ros/ros.h"
#include "geometry_msgs/Twist.h"
#include "geometry_msgs/Pose2D.h"
#include "turtlesim/Pose.h"
#include <cstdlib> //for abs()
#include <iostream>
using namespace std;
//declaring variables.
```

```
geometry_msgs::Twist cmdVel;
geometry_msgs::Pose2D current;
geometry_msgs::Pose2D desired;
//change GOAL to any value from 0 to 11
const double GOAL = 1.5;
//the coefficient (or gain) for our linear velocity calculation
const double Kl = 1;
//the distance we are willing to accept as "close enough"
const double distanceTolerance = .1;
```

第一部分并没什么特别的。只需记住，我们必须为将要使用的每种消息类型包含正确的头文件，然后你会注意到，我们创建了一些需要跨多个函数访问的对象。

对象cmdVel是一个Twist消息。Twist消息是用于传递关于速度的信息，因此我们可以使用它来发布速度命令。cmdVel只是我在内部使用时命名的对象，但我们将以典型的话题名称cmd_vel来发布它。

每当该节点在话题turtle1/pose中接收到一个新的姿态消息时，对象current就会更新。然后我们再次使用它来计算x位置的距离误差。

> 在机器人学中，姿势指的是机器人（甚至是一个组件，比如机械臂）的物理状态。对于我们的乌龟和简单的轮式机器人，我们利用它在二维平面上的 x 和 y 坐标，以及我们称为 theta 的朝向。有关此内容的更多信息，请参见第 10 章和第 11 章。

对象desired是我们的目标姿态将被存储的地方。在这个示例程序中，我们只是用一个常数来设置desired.x变量。在未来，我们将使用从命令行输入或从路径规划器自动发布的消息设置desired.x、desired.y和desired.theta的值。

9.10.3.3　编写一个设置函数

```
void misc_setup()
{
desired.x = GOAL;
cmdVel.linear.x = 0;
cmdVel.linear.y = 0;
cmdVel.linear.z = 0;
cmdVel.angular.x = 0;
cmdVel.angular.y = 0;
cmdVel.linear.z = 0;
}
```

misc_setup()函数很有用，它可以确保没有未初始化的变量和任何其他设置清理工作，我们希望将其与main()函数分开。我通常用它来设置PIGPIO Dameon接口、串行或I2C接口，并将GPIO引脚初始化为安全状态，这样机器人就不会出错了。

9.10.3.4　编写回调函数

```
// callback function to update the current location
void update_pose(const turtlesim::PoseConstPtr &currentPose)
{
```

```
current.x = currentPose->x;
current.y = currentPose->y;
current.theta = currentPose->theta;
}
```

update_pose()函数是我们的第一个回调函数。在本教程中，我们没有使用y或theta数据成员，但是我将它们包括在内，以便你将来可以看到如何访问它们。

回调函数不会被普通的function_call()调用，而是在某些事件发生时自动调用。在这种情况下，当一个消息被发布到turtle1/pose话题时，update_pose()将被调用。我们还经常使用回调函数来处理硬件事件，如轮子编码器计数。

9.10.3.5 编写任何辅助函数

```
double getDistanceError()
{
return desired.x - current.x;
}
```

现在我们只有一个辅助函数，用来计算x坐标上的距离误差。在未来，这些可能会变得更复杂。

9.10.3.6 编写控制器函数

```
void set_velocity()
{
if (abs(getDistanceError()) > distanceTolerance)
{
cmdVel.linear.x = K1 * getDistanceError();
}
else
{
cout << "I'm HERE!" << endl;
cmdVel.linear.x = 0;
}
}
```

set_velocity()中的if/else语句构成了比例控制器，就像我们在第11章中讨论的那样。乌龟报告的当前x位置离期望的x位置越远，cmd_vel的输出就越大。当我们认为乌龟足够接近时，将输出设置为0。

9.10.3.7 编写main（）函数

```
int main(int argc, char **argv)
{
//8.1
misc_setup();
//8.2 register node "go_to_x" with roscore & get a nodehandle
ros::init(argc, argv, "go_to_x");
ros::NodeHandle node;
//8.3 Subscribe to topic and set callback
```

```
ros::Subscriber subCurrentPose =
node.subscribe("turtle1/pose", 0, update_pose);
//8.4 Register node as publisher
ros::Publisher pubVelocity =
node.advertise<geometry_msgs::Twist>("turtle1/cmd_vel", 0);
//8.5.1 set the frequency for the loop below
ros::Rate loop_rate(10); //10 cycles per second
//8.5 execute this loop until connection is lost with ROS
Master
while (ros::ok)
{
//8.5.2 call the callbacks waiting to be called.
ros::spinOnce();
//8.5.3 call controller after the callbacks are done
set_velocity();
//8.5.4 publish messages
pubVelocity.publish(cmdVel);
//8.5.5 output for you entertainment
cout << "goal x = " << desired.x << endl
<< "current x = " << current.x << endl
<< " disError = " << getDistanceError() << endl
<< "cmd_vel = " << cmdVel.linear.x<< endl;
//We set the frequency for 10Hz, this sleeps as long
//as it takes to keep that frequency
loop_rate.sleep();
}
8.6 //we don't have any hardware to shut down
return 0;
}
```

最后，我们的main()函数必须向master(也称为roscore)注册节点，发布我们想要发布的任何内容，并为订阅的任何话题设置回调函数。然后不断循环以保持所有事情会持续发生。这并没有什么特别需要注意的事情，但请你仔细看看图9.10，因为在图中更仔细地声明我们的发布者和订阅者的行为。

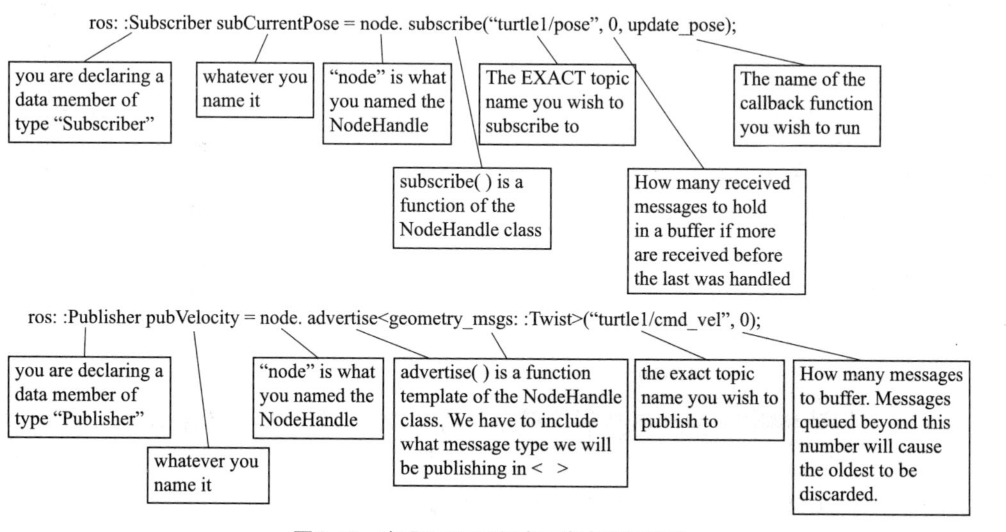

图9.10 声明ROS订阅者和发布者的细节

9.10.3.8 将程序添加到CmakeLists.txt

一旦你保存了.cpp文件，我们需要将它添加到你的包的CmakeLists.txt中，这样它就会被编译并成为一个可以用rosrun启动的节点。下面我们打开practical包中的CmakeLists.txt文件，并在靠近底部的地方添加这两行。

```
add_executable(go_to_x src/go_to_x.cpp)
target_link_libraries(go_to_x ${catkin_LIBRARIES})
```

你需要为要添加到包中的每个节点执行相同的操作。为了将来使用(当你准备使用像PIGPIOD的非ROS库时)，你还需要在可执行文件列表上添加这两行：

```
INCLUDE_DIRECTORIES(/usr/local/lib)
LINK_DIRECTORIES(/usr/local/lib)
```

在添加任何使用PIGPIOD的节点时，你必须将libpigpiod_if2.so添加到target_link_libraries中。我们附上了target_link_libraries中最后几行的截图（见图9.11所示），以便让你了解如何将几个.cpp文件转换为节点。

```
Start here  *CMakeLists.txt
210
211 INCLUDE_DIRECTORIES(/usr/local/lib)
212 LINK_DIRECTORIES(/usr/local/lib)
213
214 add_executable(go_to_x src/go_to_x.cpp)
215 target_link_libraries(go_to_x ${catkin_LIBRARIES})
216
217 add_executable(simple_diff_drive src/simple_diff_drive.cpp)
218 target_link_libraries(simple_diff_drive libpigpiod_if2.so ${catkin_LIBRARIES})
219 add_dependencies(simple_diff_drive)
220
221 add_executable(better_diff_drive src/better_diff_drive.cpp)
222 target_link_libraries(better_diff_drive libpigpiod_if2.so ${catkin_LIBRARIES})
223
224 add_executable(tick_publisher src/tick_publisher.cpp)
225 target_link_libraries(tick_publisher libpigpiod_if2.so ${catkin_LIBRARIES})
226
227
```

图9.11 添加包含目录和可执行节点到CmakeLists.txt

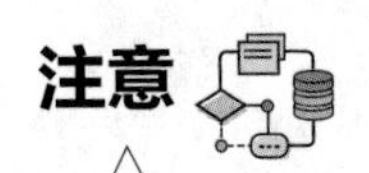

注意

你可以在这里选择性地添加节点依赖项。一旦你完成了编辑并保存CmakeLists .txt之后，剩下的就是编译你的软件包了。你必须在catkin_ws目录下(不是子目录)，然后在命令行使用：

```
catkin_make
```

这可能需要一点时间，具体取决于自上次进行编译以来发生了多少更改。如果出现失败消息，请回过头来滚动输出，以查找错误。就像普通的C++编译一样，通常致命的错误是红色的，并给出了文件名和行号。如果你的编译没有错误，那太棒了！让我们来尝试一下编译好的节点。这里需要你打开三个终端，一个启动roscore，另一个启动turtlesim_node，最后一个终端尝试启动你的新节点。

```
rosrun practical go_to_x
```

在go_to_x.cpp中，你应该看到乌龟向左或向右移动，直到它到达你设定的GOAL的x位置。你可以关闭该节点，将GOAL值更改为0到11之间，重新编译(catkin_make)，然后重新启动节点，观察乌龟向新的位置移动。此时我们还可以实时观看比例控制器的工作情况。如果出现任何问题，请尝试我们之前学到的故障排除技巧，比如roswtf或rostopic echo turtle1/cmd_vel，以查看哪里出了问题。最后，你自己来尝试一下这些操作吧！

9.10.4　下载、审阅和运行章节下载程序

以下程序可以在本章的downloads文件夹中找到：

- go_to_x.cpp：正是我们上面写的程序。
- simple_goal_pub.cpp：一个接收用户输入来发布目标x、y坐标的程序，而不是每次我们想让乌龟（或机器人）移动时都要更改代码。
- go_to_xy.cpp：除了移动到x方向的某个位置之外，我们还订阅了一个名为waypoint的消息，该消息具有x和y坐标。乌龟首先转向目标位置，然后向目标位置移动。

simple_goal_pub.cpp和go_to_xy.cpp都是本章末尾问题部分可行的解决方案。我建议你先尝试运行它们，这样你就可以看到它们是如何工作的，然后在你查看代码之前，尝试自己用第8章和第9章的知识来编写它们，但是本章节的代码是供你学习的。

本章的代码可以作为一个独立的ROS包，也可以像本书的其他部分一样，从各章节下载单独的程序。我这样做是为了让你了解如何下载和运行这些程序，因为很多ROS包和节点不能直接通过apt存储库完成安装。第21章中的机器人项目也可以作为ROS包使用，但其余章节中的代码只是各章节downloads文件夹中的.cpp文件。

要下载第9章的ROS包，请将你的命令提示符导航到catkin_ws/src文件夹并运行：

```
cd ~/catkin_ws/src
git clone https://github.com/lbrombach/chapter9.git
cd ..
catkin_make
```

ROS不允许在catkin_ws中有两个同名的程序，因此如果不能编译的话，请重命名go_to_x.cpp文件和任何其他具有重复名称的文件(同时不要忘记修改你的CmakeLists.txt以做匹配)。在运行示例节点之后，你可以将chapter 9文件夹移出catkin_ws，如果你愿意的话，可以将所有的程序名还原。

因为这个包名称是chapter 9，因此你可以使用该名称作为软件包名称，来代替practical包。例如：在roscore和turtlesim_node已经运行的情况下，使用两个新的终端来运行以下命令：

```
rosrun chapter9 go_to_xy
rosrun chapter9 simple_goal_pub
```

你应该能够在simple_goal_pub窗口中输入x和y坐标，并且go_to_xy节点会发出cmd_vel消息，以将乌龟驱动到你告诉它去的任何地方(在允许范围内)。利用这段时间运行roswtf和rqt_graph，看看你的ROS环境与前面的简单示例相比发生了什么变化。

9.11 使用roslaunch和.launch来简化工作

从一个终端窗口打开到30个终端窗口并单独启动这么多节点，可能会让一个会话变得无聊（和低效）。幸运的是，ROS有一个叫作launch文件的工具，它的作用有点像脚本，可以自动启动节点、重新映射消息名称、输入参数等。你可以在软件包中编写任意数量的不同的.launch文件。

launch启动的文件一般是一个在代码或文本编辑器中创建的.xml文件。我们需要做的就是将它们放在之前创建的launch文件夹中，并以.launch扩展名保存它们。图9.12是一个非常简单的，但仍可以节省时间的launch文件示例。

```
turtle_go_to.launch ×
launch > turtle_go_to.launch
1  <launch>
2
3      <node pkg="turtlesim" type="turtlesim_node" name="turtlesim_node" />
4      <node pkg="chapter9" type="go_to_xy" name="go_to_xy" />
5      <node pkg="chapter9" type="simple_goal_pub" name="simple_goal_pub" output="screen" />
6
7  </launch>
```

图9.12　一个简单的launch文件

这个启动文件名为turtle_go_to.launch并能自动启动：

- roscore；
- turtlesim_node；
- go_to_xy；
- simple_goal_pub。

确实，如果roslaunch没有检测到roscore正在运行，那么它会为我们自动启动它。这个启动文件包含在第9章的download文件中，你可以自己在命令行中进行尝试：

```
roslaunch chapter9 turtle_go_to.launch
```

你可以在启动的终端中与simple_goal_pub交互，但我要提醒你不要运行从roslaunch获取键盘输入的节点，因为每个运行的节点都会使输出变得混乱。在这里之所以包含它，是为了让你知道可以这样做，但是输出特性最适合显示来自节点的输出，而且是少量的输出。

roslaunch还有更多功能，我们也将在后续的学习过程中接触到，你也可以在wiki.ros.org/roslaunch上了解更多关于roslaunch的功能。一旦你掌握了窍门，那么你以后就很难不用到它们了。

9.12 结论

在本章中，我们对最流行和最有用的机器人软件工具之一进行了简单的介绍。我们花在学习ROS基础上的时间将获得50倍的回报，并使你能够专注于机器人自主性的方式。

我们已经了解了ROS是什么，为什么它有用，学会了怎么去安装它，以及学习了如何启动其重要组件和节点之间的通信。现在我们甚至可以自己创建这些节点了。

在本章中学到的这些技能将在下一章中派上用场。在下一章中，我们将学习机器人如何绘制地图，如果我们希望我们的机器人能够可靠并自主地从一个地方行驶到另一个地方，这些地图将变得至关重要。我们将学习机器人地图的结构，它们是如何制作的，并通过使用一个能够为我们制作优秀地图的ROS软件包来进行演示。

9.13　问题

1. 为一个名为waypoint的话题编写一个发布者节点，该节点发布类型为geometry_msgs::Pose2D的消息。该节点应要求用户输入0到11之间的目标的x和y坐标(浮点值)，然后发布最近更新的消息。

2. 修改我们前面编写的go_to_x.cpp以订阅waypoint话题并自动更新desired.x的值与来自waypoint话题的数据。这将导致乌龟移动到你所编写的发布者节点中输入的任何x的位置。

3. 额外的挑战：节点go_to_x忽略任何的y输入。

将go_to_x.cpp文件复制到名为go_to_xy.cpp的新节点文件，然后修改它，使它的新目标包括x坐标和y坐标。你的控制器应该首先将乌龟朝向正确的方向。当乌龟的航向足够接近时，让你的控制器计算总距离并驶向目标。

提示：这里有一些你可以用来计算距离和角度误差的函数。你需要包括math.h，并且想使用atan2而不是atan，其原因我就不在这里讨论了。如果你有需要，可以看看YouTube，上面有一些很棒的关于三角函数方面的资源。

```
double getDistanceError()
{
return sqrt(pow(desired.x - current.x, 2) + pow(desired.y -
current.y, 2));
}
double getAngularError()
{
double deltaX = desired.x - current.x;
double deltaY = desired.y - current.y;
//hypotenuse = a^2+b^2=c^2
double distanceError = sqrt(pow(deltaX, 2) + pow(deltaY, 2));
//absolute bearing to goal = arctan(slope)
// and slope = (y1-y2)/(x1-x2)
double thetaBearing = atan2(deltaY, deltaX);
double angularError = thetaBearing - current.theta;
return angularError;
}
```

第10章 用于机器人导航的地图构建

10.1 简介

一直以来，我们都会使用地图来指引方向，地图会告诉我们要去的目的地的方位以及距离。老一辈的人在年轻时候经常会尝试着使用纸质地图来确定自己的方位，并依据自身的经验来规划出合适的路径到达目的地。而现在的年轻人则会通过智能手机，并打开导航软件，通过数字地图的形式来确定自己的方位，并使用智能导航来规划出合适的路径来到达目的地。有的人会说我对家周边环境非常熟悉，所以自己不需要地图。但是实际上即使我们手上没有实物或电子的地图，我们在脑海中仍然会有一个从起点到终点的关键帧地图，用来告诉我们到那里后该怎么样继续向下走。一般来说，这类地图通常是一个自上而下视图（具有不同的准确性和分辨率）的环境图，当中包含一些关键信息。而从起点到终点的信息则是人为规划出来的，我们需要从中选取最优的路径。

Telsa汽车公司的CEO埃隆・马斯克也曾经表示，他不认为自动驾驶汽车应该使用非常详细的点云地图，因为通常来说，这些具有大量信息的地图数据量巨大，不方便存储和传输，他认为智能机器人和自动驾驶汽车都能够有效地规划出从起点到终点的轨迹，即使这辆车并未去过这个地方。我们也明白他的观点，但我也认为如果一个自动驾驶汽车已经去过这个地方，那强迫这个系统忘记所去的地方（即不保存这个地方的数据）是愚蠢的。不知你是否可以想像到，如果每次你在使用卫生间或复印机时，都要重新寻找场景，这样是非常可怕的。我们其实可以通过大脑记下它的位置和任何障碍物，这样的做法不是更有效率吗？当然你也有可能需要绕过路上的动态障碍物，但是具体的一些细节你是清楚的，比如知道隔间和门在哪里，所以会更快地完成从起点到卫生间或复印机的路径规划。

无独有偶，自动驾驶汽车公司Cruise automation也反映了我上述的想法，公司自身就在旧金山繁忙的街道上运营着一支自动驾驶汽车车队，通过高精地图能够给该车队提供令人难以置信的有效且快速的决策。据凯尔·沃格特[时任Cruise公司总裁兼首席技术官（2019年6月）]说，这些贴合人类思维的（高效且快速）决策在很大程度上要归功于车队能够定期更新并实时共享的高精地图。当汽车遇到一些不常见的事情，例如在车道上画了额外的线或交通标志识别受阻，这个时候，自动驾驶汽车通常可以调用先前的位置数据，并继续安全地完成自动驾驶操作。我们可以在YouTube上搜索Cruise San Francisco Maneuvers，就可以看到他们的车队展示，可以说高精地图对自动驾驶而言是非常有帮助的。

讲到这里，我希望我已经给你们讲述清楚了搭建机器人工作环境地图的好处，因为接下来本章我们将要详细地讲述基于地图的深度学习导航算法的工作方式。

10.2 目标

我们在这里需要给各位明确这部分内容的主要目标，即了解占用栅格地图；如何使用机器人传感器数据来搭建一个占用栅格地图；如何将建好的占用栅格地图保存为正确格式的文件；如何将保存好的占用栅格地图送回ROS中用于机器人的导航。

在本章中，我们将涉及以下内容：

- 角度、航向和距离等常规参数的规则
- 接收传感器数据
- 占用栅格地图（OGM）
- 用传感器数据构建占用栅格地图（OGM）
- OGM在ROS中的坐标变换
- 用Gmapping绘制地图
- 用Rviz实现地图的可视化
- 保存地图
- 向机器人提供先前保存的地图

10.3 角度、航向和距离等常规参数的规则

在本节中，我们将会与大量的角度数值打交道。我们在阅读下面内容的时候就会发现，无论是在占用栅格地图中绘制障碍物还是描述机器人当前的方向（也称为航向角，一般表示为θ），我们会习惯使用度数来表示测量角度的单位，一般在日常生活中，我们会将正上方（或北方）作为0°参考坐标系，并且很少会使用到三角变换。然而，在机器人学中，我们用弧度来表示测量角度，这个时候，我们的参考点或者说零点是在机器人的右边（如果你看的是标准全局地图，则是正东方）。

作为常识，360°中有2π（大约6.28318）的弧度（或rad）。对于机器人而言，我们不是在0到2π的范围内测量我们的角度，而是从0开始，逆时针测量到π，然后再从0开始，顺时针测量到−π来表示整个360°范围。如果在计算的任何过程中出现一个高于π的值，那只需要减去2π，这样我们得到的结果将是一个等效的负角度。同样，如果我们的计算结果是一个小于−π的角度，则只需加上2π就可以得到一个相等的正角。

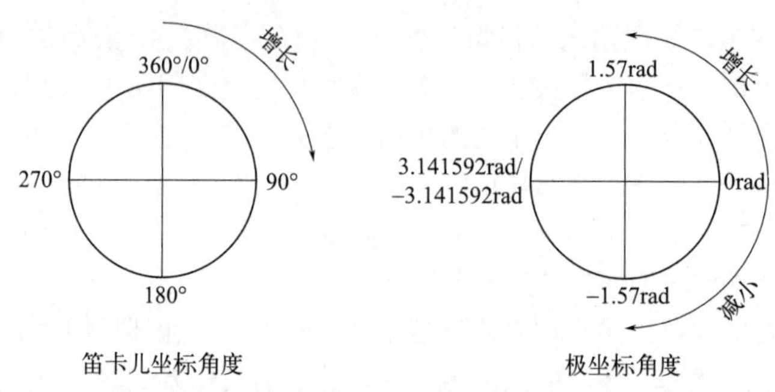

图10.1　在机器人技术中，极坐标系比笛卡儿坐标系更受欢迎

图10.1中表示了笛卡儿坐标角度和极坐标角度两种情况。图中的箭头方向代表了增长和减小两个程度。

极坐标系的使用有助于解决机器人最优转向的问题，并减少测绘和路径规划中使用三角函数时的数学转换问题（因为一般代码中的三角函数都是使用弧度制的）。但是对大多数用户来说，以度为单位的角度更加直观，所以在用户界面上对弧度做转换，并使用度数的情况也并不少见。

在一个三维世界中，我们只用其中三个角度就可以描述完整的方向。这种使用$-\pi$弧度到$+\pi$弧度表示横滚、俯仰和偏航（与我们的航向或θ角相同）的惯例被称为欧拉角惯例。我们将在下一章中再次讨论欧拉角——现在你只需知道，我们的机器人所面向的方向是三个欧拉角中的一个即可。

四元数作为另一种表示物体在空间中的方向的方法，需要你对其有一定的了解。四元数相比于传统的RPY姿态数据而言，在方向部分增加了第四个变量，通常用w来表示。这些角度不像欧拉角那样直观，所以我们不想把它包括在本书这样的基础知识书籍中，但是四元数仍然非常重要，所以我们只需要知道如何进行从欧拉角到四元数的来回转换，以便下面使用一些非常重要的软件工具。我们将在下一章中来着重解决转换问题。

另一个值得注意的惯例是，机器人的距离通常是以米为单位测量的，因此我们使用浮点值来获得更高的分辨率。如果你是美国人或者英国人这类使用英尺和英寸标准的人，则一般需要自行转换（比如说，国内有人喜欢使用毫米作为测量单位）。但是这里想提醒的是，每次转换都会增加出错的可能，甚至美国国家航空航天局(NASA)也从这个问题中吸取了教训。就因为他们忘记将加速度数据从英制转换为公制，从而导致一颗价值数以亿计的火星轨道飞行器坠毁。所以为了避免更大的麻烦，请尽量使用标准公制单位。

10.4　接收传感器数据

这一节我们讲述如何接收传感器数据来构建占用栅格地图，这些数据应该以ROS消息的形式出现，并通过机器人中构建地图的节点完成消息的订阅。虽然在理论上可以直接读取原始传感器数据并在同一节点中完成构建，但这里不建议这样做。因为在某些时候你可能需要更换传感器类型，而且有时其他节点也同时需要该传感器数据。所以我们就可以通过ROS的消息机制编写一个能处理任何标准激光扫描消息的地图构建节点，同时可以自动补偿扫描仪的分辨率和视场等差异。

下面我们将以最为常用的激光扫描消息为例。当然，如果你想要使用其他具有不同数据类型的传感器，具体的操作也是一样的。订阅激光扫描消息就像第9章“协调各个部件”中编写的订阅者一样，我们只是接收不同的数据类型。下面我们来看一下地图发布者节点设置的示例。

```
#include <ros/ros.h>
#include <sensor_msgs/LaserScan.h>
#include <nav_msgs/OccupancyGrid.h>
ros::Publisher mapPub
//callback function runs when we receive a new scan message
void scan_to_map(sensor_msgs::LaserScan msg)
{
// use scan data to build and publish map here
}
int main(int argc, char **argv)
{
    ros::init(argc, argv, "map_builder");
    ros::NodeHandle n;
    //subscribe to laser scan message
    ros::Subscriber scanHandler =
    n.subscribe<sensor_msgs::LaserScan>
    ("scan", 0, scan_to_map);
    //advertise our publisher
    mapPub = n.advertise<nav_msgs::OccupancyGrid>("map", 10);
    //loop through callback 10 times per second
    ros::Rate loop_rate(10);
    while (ros::ok)
    {
        ros::spinOnce();
        loop_rate.sleep();
    }
}
```

上面是一个基本的订阅者/发布者的设置。具体流程为，当程序接收到话题名为scan的laserScan消息时，回调函数将其作为本地msg消息对象接收。对象数据成员使用标准运算符访问。例如，要在屏幕上打印扫描的最小角度和range[100]中测量的距离，可以使用下面类似的形式：

```
std::cout<<msg.angle_min<<endl;
std::cout<<msg.ranges[100]<<endl;
```

我们将在第18章中更详细地介绍sensor_msgs :: laserScan的消息。对于激光扫描数据成员和其他传感器消息类型的完整描述，你可能需要访问wiki.ros.org/sensor_msgs。

10.5　占用栅格地图（OGM）

占用栅格地图作为一种简单有效的地图，其核心就是我们可以使用一个二维的单元格阵列或矩阵来表示真实世界的地图场景。如图10.2所示，我们在公寓图纸上叠加网格线。深色线表示墙壁、楼梯、沙发、桌子、几把椅子，还有一些其他家具和电器。

这种简单而有效的地图类型的核心是，我们可以用一个二维的单元格阵列或矩阵来表示一个物理世界的地图。想像一下，像我在图10.2中所做的那样，将网格线覆盖在一个公寓的图纸上，暗线是墙，还有一些楼梯、沙发、桌椅，以及一些其他的家具和电器也在栅格地图中被表示了出来。

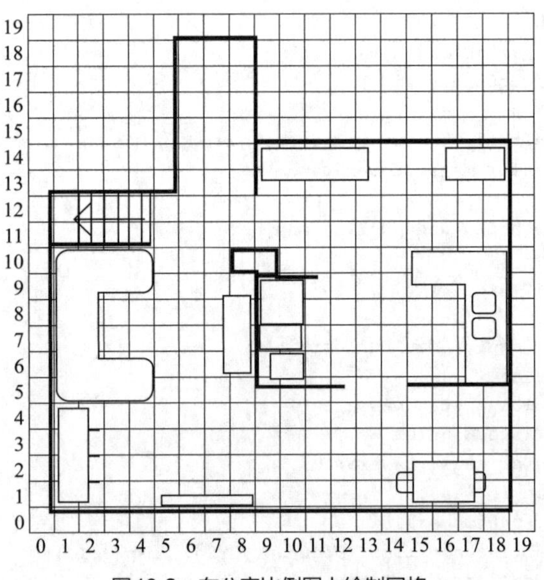

图10.2　在公寓比例图上绘制网格

通过网格覆盖，我们可以用坐标（*x*,*y*）快速查找任何单元格，并确定其中的内容。如果我们想要计算一条从起点到终点的路线，那我们的路径规划算法可以看到点(6,6)是一个开放空间，而(4,6)有一张沙发，(8,6)有一个电视柜。

这些细节表明，我们的机器人可以自由穿越(6,6)，但不能穿越其他地方。我们的路径规划器不必关心挡住它去路的是墙还是沙发，只需要知道它能不能去某个地方。这里将每个格子里的杂乱细节移除，并只标记它们是否被占用。图10.3是同一个平面图的简化版本。

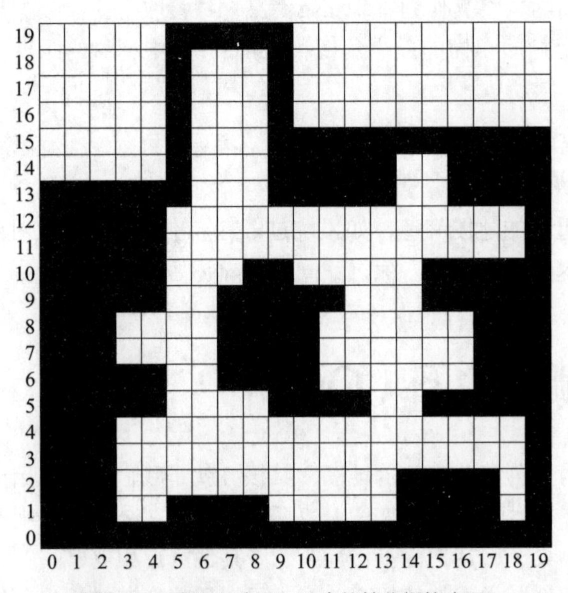

图10.3　图10.2中同一公寓的简化栅格表示

现在，我们可以看到，这种二维数组组成的栅格地图中只包含了比较简单的二进制值，路径规划算法需要解释的内容非常少(“Interpreting”在规划算法中通常指解释规划算法所得到的解决方案或结果，可能包括分析算法的输出，以确定它是否符合预期，并说明其中的任何偏差)。当我们使用像树莓派这样的机器，由于建图空间更大或分辨率更高，进而直接导致数组增大时，将栅格地图转化为简单的二进制值数组这一操作至关重要。

> 图 10.1 和图 10.2 中的示例使用的元素（即地图的网格单元）似乎每个约为 0.5m。0.5m 的分辨率会使在相同大小空间内，二维数组中的元素数量减少，从而可以减少处理量，但这也会浪费很多自由空间(指的是机器人或车辆可以通过的空间，即地图上的空位)，其原因我们稍后会讲到。所以，我在选值的时候非常喜欢以 0.1m 的区间选择元素，但一般来说 0.05m 的细粒度在机器人中也很常见。

在使用地图时，人们很容易感到困惑，因为我们总是用机器人的位置（姿态）来表示x轴和y轴的距离（这也是我们接收机器人位置数据的方式），一般来说，机器人会将地图角落记为(0,0)。然而，一旦我们在栅格地图上进行计算，我们就必须将x和y轴的数据（以米为单位）转换为x轴和y轴的网格单元格数，通过将x和y的数值（通常单位为米）除以地图分辨率得到。例如，如果我们的地图每个单元的分辨率为0.1m（10cm），机器人的位置为(1.5,2.2)，这意味着它的实际位置在地图的左下角(0,0)的向右1.5m和向上2.2m处。然而，为了将坐标值转化为地图的栅格数，我们必须除以0.1来找到地图单元内的位置。在地图上，我们的机器人位于单元格(15,22)中。

这就是我们为机器人构建地图的基本思路。很简单，对吧？随着现在的技术变得更先进，这个结构可以扩展到三维。你可以想像，具有飞行能力的机器人不但需要知道二维空间中的坐标，还需要知道每个障碍物的高度。以及对于地面车辆来说，在不平坦地形或其他特殊情况时，使用三维数据完成导航是非常有益的。当然对于平坦地形的基本导航，三维地图不具有优势。

10.6　用传感器数据构建占用栅格地图（OGM）

这一小节我们主要来讲如何用传感器数据构建占用栅格地图，我们认为在建图时不需要考虑过多的细节，本章的后面会给你介绍一些能够自动处理这些细节的制图软件。我们认为，本书的这一部分提供了重要的建图细节，如果跳过了这一部分就会导致对建图的理解缺失，所以我们建议你仔细阅读这部分的内容。

我们在构建地图时，通常会把点(0,0)作为机器人地图的左下角，而不是像我们在数学课上习惯的那样，将原点放在中心位置。这样的好处是我们可以把机器人限制在网格的第一象限中，这个象限中只包含正数的坐标。当涉及处理数组索引和数学问题时，我们不必处理负数，这会更加轻易地完成运算。

在上面的章节中，我谈到了将地图的值简化为二进制值的操作方式，但这并不是栅格地图的全部。在栅格地图中，除了有占用和空闲两种信息外，机器人知道哪些空间是未知的或者说未探索的也是非常重要的。此外，有时我们的数据不够具体，无法判定这个栅格空间是否空闲。常规解决方案是将每个单元格的值标记为从0到100范围内的数值，其中0是空闲空间，100是占用空间。中间值表示我们的系统对空间是否占用的确定程度。接收和利用地图数据的各个软件包也可以设置阈值来决定单元格是否被占用。如果是未知或未探索的单元格则会被默认赋值为−1。

在开始建图之前，我们需要做以下四件事：

· 一张空白的或以前的地图来存储我们的新数据。
· 得到机器人在地图空间中的当前（x,y）位置以及其航向角。
· 知道传感器与机器人中心的位置。
· 我们将要映射建图的物体的距离和角度方向。

如果需要从一张空白地图开始建图，我们需要声明一个二维整型数组，并让其足够大以适应我们的环境。在初始时刻，将每个元素初始化为−1。比如，我知道测试空间大约是10m×10m，也就是1000cm×1000cm。由于我想使用一个10cm×10cm的单元格，所以我需要100×100个元素的二维数组。在实际使用中，我们发现更小的地图将能为机器人提供更好的服务。所以我们必须要对速度和精度进行取舍。

我们将在后面的章节中学习机器人跟踪和定位，现在我们先手动为机器人提供其在地图框架中的位置。这应该比简单地使用栅格地图的分辨率要高得多，一般我们希望定位精度可以精确到厘米（如果可能的话，希望更好），所以我们将使用以米为单位的浮点值。一般我将这些姿态变量为currentX、currentY和currentTheta。

最后，我们需要使用ROS中的一个叫作变换（transform）的东西。通过变换可以补偿传感器不在机器人中心时所需的信息。机器人将自己视为一个在纯转轴中心的空间点。如果一个传感器离中心0.5m远，而且我们不补偿这个差异，障碍将不能被准确地绘制出来。为此，在本节中，我们将手动添加这个偏移量，并将其称为transformX、transformY和transformTheta。在一个正确的ROS项目中，我们通常查找由其他节点广播出来的变换数据。我们将在稍后学习更多关于变换的知识。

现在我们需要讨论测距数据。在本教程中，我们将假定正在从扫描激光传感器中获取数据（因为激光传感器仍然是最常见的测距传感器）。这里你不能仅仅局限于激光扫描仪，测距数据也可以由超声波传感器、雷达、特殊相机甚至具有范围为0的碰撞传感器提供。你可以在地图上添加其中任何一个传感器或者全部的传感器，每一个传感器都有自己的数据转换。

让我们来看看一些变量和常数，我们将使用这些参数建立一个占用栅格地图。

```
//PI is used a lot
const PI = 3.141592;
//declare new map array
int8_t newMap[100][100];
//initialize the location in the map grid as 49.5, 20. In
practice
//we would have to divide the real-world robot location
//by the map resolution to find the map location given here.
double currentX = 49.5;
double currentY = 20.0;
//initialize the robot aimed straight ahead using polar heading
double currentTheta = PI/2;
//manually set our transform as if our laser is on the
centerline
//but 10 cm forward of true center, and aiming straight ahead
double transformX = 0.1; // .1 meters = 10cm
double transformY = 0.0;
```

```
double transformZ = 0.0;
double transformRoll = 0.0;
double transformPitch = 0.0;
double transformYaw = 0.0;
//normally supplied by laser_scan message
double ranges[360];
const double angle_increment = PI/180; // 2*PI/360 simplified;
const double angle_min = -PI;
const double angle_max = PI;
```

上面设定的代码信息，大致指的是我们有一个位于空白世界中的机器人，其现实世界的姿态为(4.95,2.0)，并以 0rad 瞄准正前方。由于我们的地图分辨率为 0.1，因此我们必须将姿势数据除以 0.1，才能找到机器人在栅格地图中网格的位置，其数值为 x=49.5 和 y=20。

在本教程中，让我们定义一个直径为 30cm 的圆形机器人（该机器人非常接近本书的示例项目机器人）。图 10.4 有助于读者了解机器人所看到的世界。

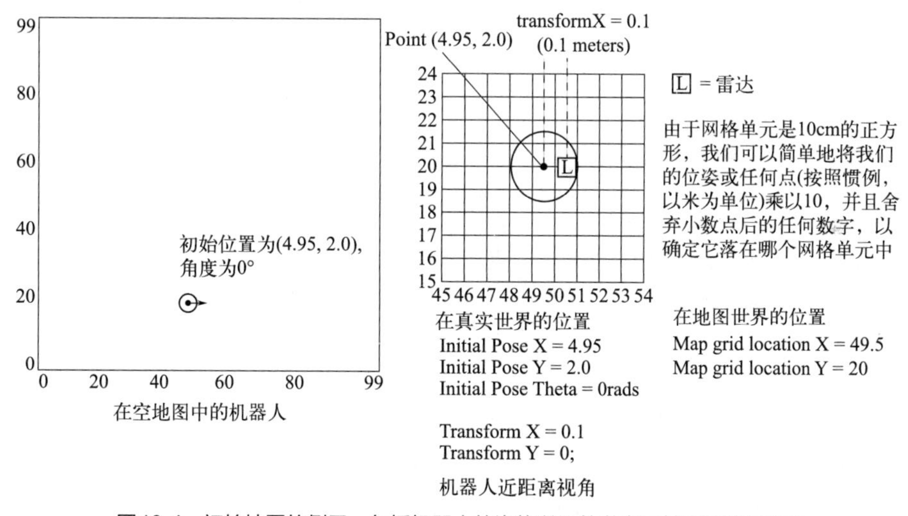

图 10.4　初始地图的例子，包括机器人的姿势以及从激光到基座的转换信息

注意

通过这个图，我们可以清晰地了解从激光传感器的视角到机器人基准坐标系（base_link）转换的重要性。如果我们没有补偿 0.1m 的偏移，那么现在的扫描将会在完全不同的网格单元中绘制障碍物，而不是与旋转 180° 再进行扫描重合。这种误差会随着机器人旋转中心和传感器之间的距离的增大而增大。想像一下，如果传感器安装在汽车前面，这个误差会有多大！

10.6.1 标记被占用的单元格

激光测距数据会以数组的形式提供。数组中的元素数与设备每次扫描返回的元素数相同。我们把这个数组设为ranges [360]，因为我们的示例项目只使用了一个激光扫描仪，并且该激光扫描仪以1°的增量提供了360°的数据（激光的角度增量数据将以弧度而非度数发布）。此外，通过每度对应一个数值的形式，还可以确定哪个array[]元素对应哪个角度的数据，以及这些数据是否可用。形式为：扫描开始的位置（angle_min）、扫描结束的位置（angle_max）以及单个数据点之间的增量（angle_increment）。参见图10.5。

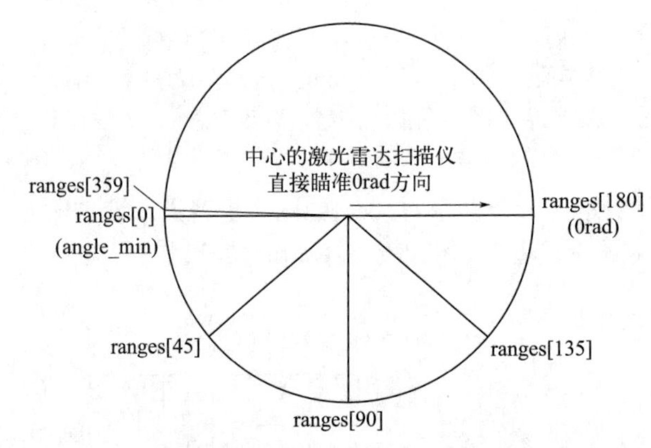

图10.5 激光扫描（Lidar）的范围数据在ROS中被公布为一个阵列，该阵列有足够的元素来表示扫描仪在一次扫描中的测量数量

现在我们知道了ranges[]数组是如何确定方向的，我们可以遍历该数组，并在我们的地图上绘制每个测量值。要做到这一点，我们需要应用三角变换来处理范围和角度数据，以计算出每个检测到的障碍物的x和y坐标。但是我们的机器人并不总是指向0弧度的方向，所以我们必须将机器人航向角(theta)加到scanAngle上。要计算在给定范围和角度下检测到的障碍物的(x,y)坐标，需要按照以下步骤：

1. 计算激光扫描仪和机器人base_link之间的x和y距离，因为我们必须将这些添加到扫描范围中，以便准确地把它们绘制到地图上。

```
xOffset = cos(pose.theta) * transformX
yOffset = sin(pose.theta) * transformX
```

2. 根据 ranges[] 元素编号计算出相对于机器人航向的相对扫描角度（单位：rad）。

```
relativeScanAngle = angle_min+element*angle_increment
```

3. 使用实际扫描角度－机器人航向（单位：rad）的形式计算出差值，并加到第2步中的相对扫描角度中。

```
scanAngle = pose.theta + relativeScanAngle
```

4. 使用第3步中的扫描角度计算激光扫描仪到物体的x和y距离。

```
xDistance = cos(scanAngle)*range
yDistance = sin(scanAngle)*range
```

5. 激光器的x位置是机器人的pose.x + xOffset，其y位置是pose.y + yOffset。将激光器的x和y坐标与物体的x和y距离相加，即可得到其绝对x和y坐标。

```
xCoordinate = xDistance + pose.x + xOffset
yCoordinate = yDistance + pose.y + yOffset
```

图10.6详细计算了在ranges[155]中检测到的障碍物的（x,y）坐标，机器人到障碍物的距离为0.61m。这种特定的扫描仪以1°的增量覆盖360°(像XV11 Lidar或其他许多扫描仪都是这样的形式)。机器人的航向为45°，转化为弧度则为0.785rad。

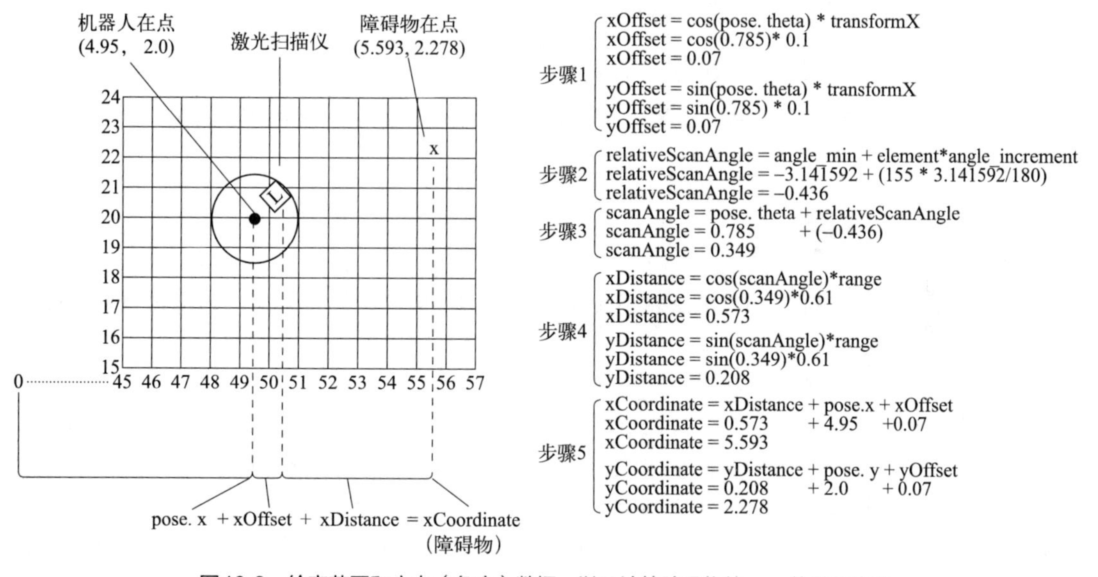

图10.6 给定范围和方向（角度）数据，以及计算障碍物的x、y位置的步骤

由于我们的地图格点是0.1m×0.1m，所以我们可以通过乘以坐标并舍弃小数点后面的所有内容，来轻松地找到障碍物在二维地图阵列(newMap[][])中的哪个元素中。需要注意的是，无论实际点落在单元格中的位置如何，我们都需要将整个单元格标记为已占用。例如，我们的物体被检测在第（55,22）个单元格，所以我们将newMap[55][22]的值赋值为100，以表示占用。

在将单元标记为被占用之前，比较谨慎的做法就是应用一些过滤器和检查器来判定单元格是否被占用，如果信号强度太低，或者输出的距离比传感器的额定距离更近或更远，则这些信息很可能是错误的，不应该被绘制到地图上。最常用的方法就是给单次扫描分配加权值，并在0和100之间改变单元栅格元素的值，以反映该单元被占用的可能性。一般来说，我们认为分配0是空闲空间，100是占用空间，−1为未知空间。

10.6.2 标记空闲单元格

上一节我们花了很多时间计算的信息还需要在此步骤中继续使用，因为除了用它来标记被占用的单元格外，我们还可以用它来标记空闲空间，因为激光扫描或其他在机器人上安装的传感器的数据能告诉机器人最近障碍物的位置，所以，我们有把握知道传感器和障碍物之间没有任何东西，我们可以将这些传感器和障碍物之间的单元格标记为空闲单元格。但是需要注意的是，由于许多连续的scanAngles经常穿过相同的单元格，因此如果先前的计算将该单元格标记为已占用，则不应将其标记改变为空闲而仍然需要设置为已占用（图10.7）。

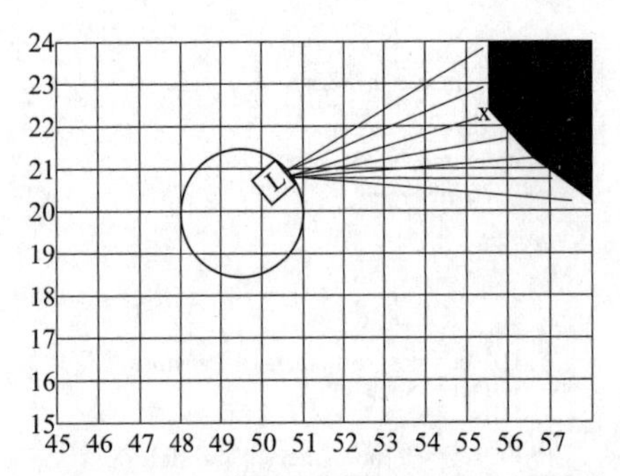

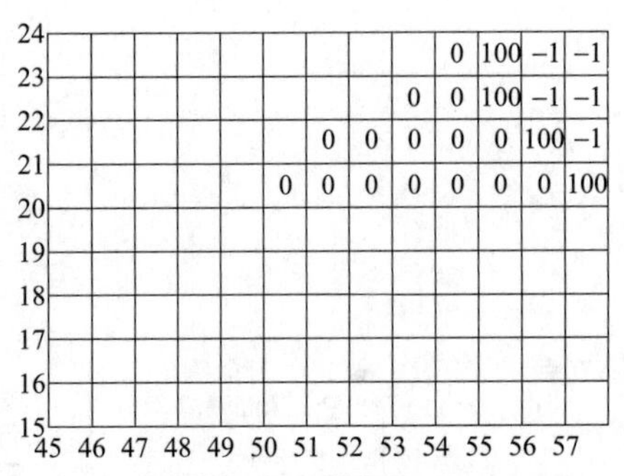

图10.7　在处理ranges []数组中的连续元素后，占用网格检测到图片中的障碍物的情况

10.6.3 完成建图

如果只进行一次扫描，那可能会留下很多未探索的空间。但是如果每次扫描都可以知道机器人准确的姿态数据，就可以手动驱动机器人，并不断地更新地图。这意味着机器人要有一个能够准确并连续更新的测量里程节点或姿态估计器。

机器人在移动时处理激光扫描需要格外小心，因为你必须将机器人的扫描消息与姿态消息同步，以确保它们能够在同一时间被采集。幸运的是，ROS官方消息类型中就包括用作消息时间戳的数据成员。除此以外，你还必须补偿因移动机器人在每个扫描点处于不同位置而发生的扫描模糊。幸运的是，Gmapping这一软件为我们处理了这些问题，虽然这个算法已经比较旧了，但是对于新手来说，相较于cartographer，它更通俗易懂。

如果你不打算通过手动遥控机器人的方式来完成地图的制作，那设计一种简单的自动探索技术并将其编写为一个节点则是非常有必要的。比如说，让机器人定位到最近的未探索区域，并将对应未探索区域附近的空闲单元格发布为目标位置。这样机器人的路径规划器就可以将机器人引导到那里，这时候机器人就可以扫描并不断重复，直到世界地图中该区域的建图达到预期的百分比。如果你想尝试这个方法，那有可能需要限制机器人的速度和加速度这些参数，并尽量减少姿势估计误差和扫描模糊来较为精准地使用Gmapping。具体内容我们将在第12章“自主运动”中介绍。

10.6.4 将地图作为ROS消息发布

到这一步，我们的地图可能已经基本成形了，但我们还需要能够把它发布给路径规划器或可视化工具，否则它是无法使用的。因此，我们需要以ROS消息格式发布我们的地图，以供其他需要地图信息的ROS软件包完成订阅。

在上一小节中，我们建立并使用的地图是一个二维数组，通常我们用[x][y]的二维数组索引来对其进行寻址。但是标准的nav_msgs::OccupancyGrid则是将数据发布为一维数组（作为一个矢量发布出去）。经验丰富的程序员可能一开始就使用了一维数组，但是我们其他刚入门的小伙伴就有可能不得不一次次地复制地图数据。如果出现这样的情况，可以尝试着使用一个简单的嵌套for循环来处理这个问题，图10.8中演示了这个过程。

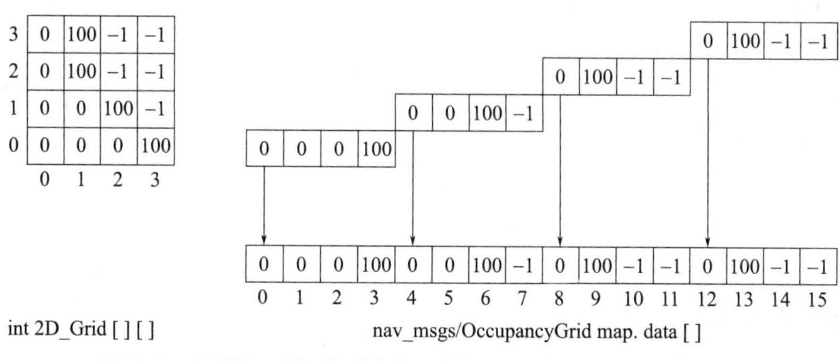

图10.8　地图的二维网格转换为一维的占用网格阵列的具体示意图

一对嵌套的for循环可以轻松完成这项工作，根据二维数组地图中预先设置的高度和宽度来完成遍历。下面的代码就向读者展示了这样的操作。

```
#include <nav_msgs::OccupancyGrid.h>
void someFunction()
{
    //creates a map object named "map"
    nav_msgs::OccupancyGrid map;
    //filling header and metadata
    map.header.frame_id = "map";
    map.info.resolution = .1; //meters per cell
    map.info.width = 100; //covers 10 meters
    map.info.height = 100; //covers 10 meters
    //resize empty data field and initialize all to unknown
    Map.data.resize(map.info.width * map.info.height);
    for(int i = 0; i < map.data.size; i++)
    {
        Map.data[i] = -1;
    }
    //let's assume our 2d map array "newMap" already exists
    //with the same width, height, and resolution
    //iterate over and copy every element
    for int(j = 0; j < map.info.height; j++)
    {
        for int(i = 0; i < map.info.width; i++)
        {
            map.data[map.info.width*2 + i] = newMap[i][j];
        }
    }
    //publish the occupancy grid map with previously declared
    publisher "map" mapPub.publish(map);
}
```

地图数据是nav_msgs::OccupancyGrid的数据成员，它本身是另一种消息类型。对于这个消息，我们需要填写地图宽度、高度和分辨率（指的是我们希望每个像素代表多少米）。具体内容可以访问wiki.ros.org/nav_msgs以了解Occupancy Grid和Map Metadata消息的完整内容，以及一些其他nav_msgs。你会发现ROS地图消息很有用。

10.7 ROS中的变换

在ROS中，变换(Transforms)这种方式被广泛用于传达各个传感器之间位置和方向的数据。更具体地说，变换传递的是两个参考框架之间的位置和方向的差异。通过在A帧和B帧之间以及B帧和C帧之间链接变换信息，我们可以计算A帧到C帧之间的变换信息。下面让我们来了解一下变换的具体内容以及如何在ROS中使用变换。

10.7.1 理解变换

为了理解变换，我们需要先理解参考系（frame）。ROS中的框架指的是用于测量与构建坐标的不同参考系。如果你要求机器人去寻找狗，它向你报告了狗在右边2m和上方1m，但是这个信息对于你来说仍然不知道意味着什么，因为你没有参考系。从传感器向右2m和向上1m与从地图原点向右2m和向上1m是不同的。在这种情况下，我们讨论了两个参考系：传感器参考系和地图参考系。

如果你知道传感器和地图原点之间的确切距离，那么你就可以将一些无法衡量的模糊信息，比如说从传感器向右2m和向上1m的声明，转换为在地图框架内有意义的一些尺度信息。当然，这只有在声明中披露参考点是什么的情况下才有效，所以当我们在ROS中发布任何东西的位置数据时，信息中会专门有一个地方可以指定坐标是基于哪个坐标系的。为了更加清楚地了解这块工作，我们可以回过头看看图10.4。

在图10.4中，我们有三个参考系：

- 激光参考系：激光报告的数据是关于它自己的。由于激光的位置固定在base_link上，因此认为激光参考系是base_link参考系的子参考系。
- base_link参考系：base_link通常是机器人的运动中心点或者说机器人的中心点。base_link参考系是该机器人的基础参考系，一切其余的机器人参考系都是围绕着这个参考系进行测量的。base_link是激光参考系的父参考系，但它是地图参考系的子参考系。
- 地图参考系：在这个例子中，它是层次结构中最高的框架。

我们在前面讲使用激光扫描检测障碍物时，本质上是计算从地图参考系到激光参考系的变换，然后在地图参考系绘制障碍物。变换指的就是我们上面所说的两个参考系之间的测量量。

在实际应用中，地图和base_link之间还有另一个参考系，称为odom。odom是odometry（这是我们追踪机器人位置的方式）的缩写，odom参考系的起点与map参考系起点相同(x，y，z的坐标均为0)，但odom参考系会随着累计误差产生游离，这个时候我们就会发现odom参考系和map参考系不重合了。在第11章“机器人跟踪和定位”中，我们会对这部分进行更深入的讲解。

10.7.2 ROS中如何使用变换

我们使用变换来确保每个节点都有将其转换到有效基准坐标系所需的测量值。其中有一些变换永远不会改变，这些变换被认为是静态的，比如说我们的base_link到laser变换。这些数据可以通过硬编码直接编入使用激光数据的节点中，但是如果我们移动了激光的安装位置，那么我们就必须更改每个节点的代码。在发布变换数据时，则只需要更改一次，然后像获取其他发布的消息一样获取它，这样的变换发布消息形式更有效且更不容易出错。

非静态变换，像map到base_link，这种变换是不断变化的，所以不能使用硬编码的方式。有时变换数据对其他信息来说是多余的（例如，map到base_link数据与我们的姿态数据是一样的），但这两种数据都各有其用途。如果你是这种数据的发送者，你需要意识到有些节点会需要该数据作为消息，而其他节点有可能会使用该转换。所以你需要确保这两种数据都是可用的，我们在第11章“机器人跟踪和定位”中就做了类似的操作。

如果你正在编写一个节点或者在程序的某些地方需要这些数据，那知道如何用两种方式接收这些数据是非常有益的。你可以像我们上面做的那样，分三步计算激光器在地图参考系中的位置（从地图→odom，从odom→base_link，然后base_link→laser），或者你可以使用一个叫作tf_lookup()的便捷变换工具。例如，你需要询问一个从map到laser的坐标系转换，那它就会为你计算出这两个坐标系的关系。事实上，使用tf_lookup()函数可以请求任何两帧之间的变换，只要它们是在坐标系中直接或间接链接起来的。图10.9显示了tf组成的树。

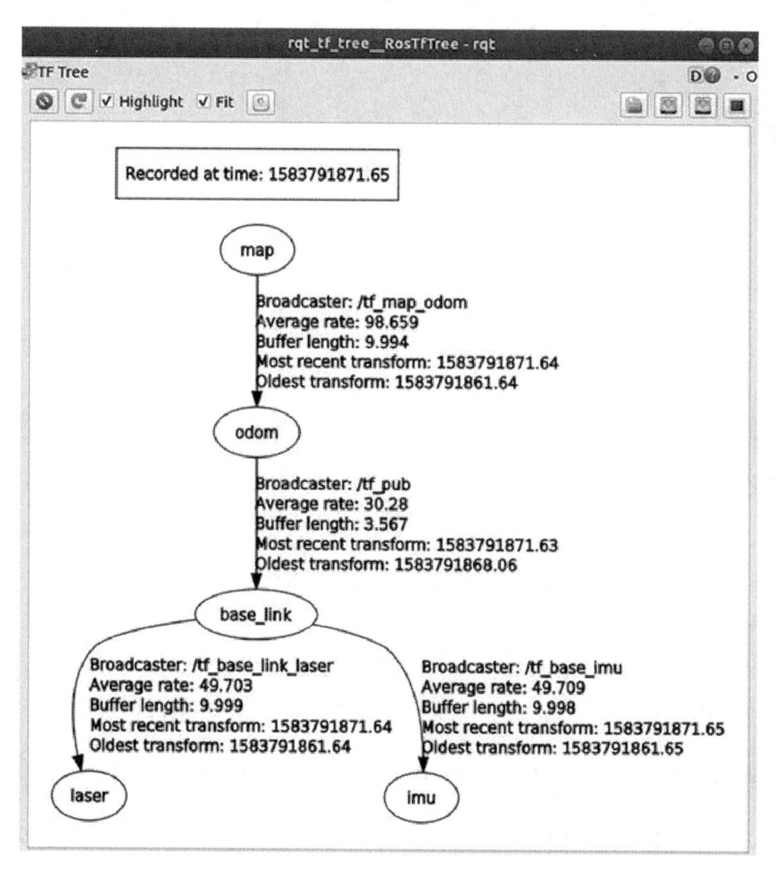

图10.9　由rqt_tf_tree生成的tf树

> 对于 tf 树而言重要的是，在 tf 树中不能有任何断裂。例如，图 10.9 中没有广播 odom 到 base_link 的转换，tf_lookup 函数就无法计算 map 到 base_link 的请求，因为树断裂了，无法链接这两个坐标系。

从上面的描述中，你应该很容易看出tf_lookup是一种方便的变换工具，虽然说参考系对于我们这个相对简单的机器人来说是比较方便的。但是想像一下，如果我们想要获取一个六关节的机械臂的坐标系，或者说我们再设置得复杂一些，这个机械臂末端有一个夹爪并且这个机械臂是在一个移动的机器人上的，那我们为每个位置变换订阅一个消息，并计算夹爪在地图坐标系中的位置和方向，这将是一个无趣且乏味的事情！而使用tf_lookup函数将是一个非常好的方法，通过直接调用tf_lookup()就可以完成map→gripper的计算。

将会在第21章中构建我们的示例机器人的实际tf树，这里可以通过运行rosrun rqt_tf_tree rqt_tf_tree来生成此视图。这是一个便捷的方法，因为可以快速地记住哪些节点正在广播，哪些节点是转换的，并可以直观地看到转化的tf树上是否有任何缺少的转化，从而导致tf树的断裂。

10.7.3 使用静态变换发布器发布变换

对于无法进行变换的坐标系，你可以通过节点中的广播器发布数据，但我认为在启动文件中管理它们更为简便。你只需从tf包启动一个名为static_transform_publisher 的节点实例，并带上以下参数:

1. *x*轴偏移量;
2. *y*轴偏移量;
3. *z*轴偏移量;
4. 横滚方向;
5. 俯仰方向;
6. 偏航方向（theta);
7. 父坐标系;
8. 子坐标系;
9. 发布频率。

回顾一下图10.4中的示例，我们设置的transformX（*x*轴偏移量）为0.1，transformY（*y*轴偏移量）为0，以及 transformTheta（偏航方向）为0。在启动文件中的语句应如下所示:

```
<node pkg="tf" type="static_transform_publisher"
name="tf_base_link_laser"
args=".10 0 0 0 0 0 base_link laser 10" />
```

或者，你也可以使用相同的参数通过命令行发布静态变换，命令行如下所示:

```
rosrun tf static_transform_publisher .10 0 0 0 0 0 base_link laser 10
```

我们一般使用命令行去测试新的功能或者去快速更改其输入参数，但其过于烦琐，不适用于反复使用。请充分利用你编写的启动文件。

10.7.4 用变换广播器从节点向外发布变换

在ROS中，变换广播器tf::transformBroadcaster与ros::Publisher对象没有太大区别，它们都是在ROS生态系统中注册并处理其他消息类型的传递。在下面的例子中我们使用的是tf::Transform消息类型。通过以下步骤，我们就可以在ROS节点中添加一个transform广播器:

1. 创建一个包含tf/transform_broadcaster.h的文件;
2. 创建广播器对象;
3. 创建tf::Transform消息对象;
4. 设置变换的偏移位置信息;
5. 设置变换的偏移方向信息;
6. 向其他节点广播变换。

详情可以看下面的代码:

```
//step 1
#include <tf/transform_broadcaster.h>
//step 2 declare broadcaster object - can be in a function
static tf::TransformBroadcaster br;
//step 3 declare transform object - can be in a function
tf::Transform odom_base_tf;
void some_function()
{
    //step 4 set tf origin data
    base_laser_tf.setOrigin(tf::Vector3(x, y, z));
    //step 5 set tf rotation data
    base_laser_tf.setRotation(tf::Quaternion(x, y, z, w));
    //step 6 broadcast transform
    br.sendTransform(tf::stampedTransform(odom_base_tf,
    ros::Time::now(), "odom", "base_link"));
}
```

在声明了我们的broadcaster和transform对象之后（步骤2和3），我们需要用一个带有x、y和z位置数据的tf::Vector3参数来设置原点（步骤4）。为了设置方向（第5步），我们使用setRotation()函数，但是我们不能使用欧拉角，而是要使用四元数。

要构建包括tf或tf2文件的节点，你需要将这两个包添加到你自己包的CmakeLists.txt文件中。这些内容应该在CmakeList中完成申明，看起来像下面这样。

```
find_package(catkin REQUIRED COMPONENTS
roscpp
std_msgs
tf
tf2
)
```

上述变换广播器可以直接放在计算里程计数据的节点中，但更多的时候，让另一个节点专门负责广播这些信息有可能会更好。因此，写一个独立的变换发布节点监听里程计消息，然后将该信息作为变换进行转播的做法并不罕见。因为在启动文件中，必要时删除或包含变换广播器节点这一操作，相较于更改里程计节点本身的代码更容易。第11章以及第21章的功能包中，都有这样一个节点的完整示例。

10.7.5 在节点中获得转换数据

在程序中获取变换数据并不困难，并且比订阅话题和需要实时处理每一个消息（无论你是否需要）更高效。使用变换的方法，就可以让我们的程序在需要的时候才查询变换。在ROS节点中查询变换的一般步骤是：

1. 创建一个包含tf/transform_broadcaster.h的文件；
2. 创建一个变换监听器对象；
3. 创建一个transform变换对象；
4. 调用lookupTransform()，将数据加载到你的转换对象中；
5. 使用getter()函数来访问数据；
6. 如果有必要，将四元数数据转换为欧拉角，这样可以更直观。

详情可以看下面的代码：

```
//step 1
#include <tf/transform_listener.h>
void some_function()
{
    //step 2
    static tf::TransformListener listener;
    //step 3
    tf::StampedTransform odom_base_tf;
    //optional
    if(listener.canTransform("odom","base_link",
    ros::Time(0), NULL))
    {
        //step 4
        listener.lookupTransform("odom", "base_link",
        ros::Time(0), odom_base_tf);
        //step 5
        cout<<odom_base_tf.getOrigin().x()<<", "
        <<odom_base_tf.getOrigin().y()<<" "<<endl
        <<odom_base_tf.getRotation().x()<<", "
        <<odom_base_tf.getRotation().y()<<", "
        <<odom_base_tf.getRotation().z()<<", "
        <<odom_base_tf.getRotation().w()<<endl;
        //step 6 in chapter 11
    }
}
```

步骤1～3比较好理解，到第3步会产生一个名为listener的监听器对象和一个名为odom_base_tf的变换对象。有一点需要注意的是，监听器对象必须静态创建，因为它在背后存储了10s的转换数据。如果你创建了对象，然后立即尝试读取它，那么很可能没有任何信息。

在上述步骤中没有列出的是，你可以选择使用一个名为canTransform()的监听器函数来检查你想要的变换是否可用。这样就可以确保下面的代码不会报错或者不会出现未知的错误。

第4步使用lookupTransform()函数来将变换数据放入我们的变换对象中。这需要确保创建的监听器对象已经过了足够的时间，这样可以保证lookupTransform()函数可以存放一些数据。lookupTransform()需要以下四个参数：

- 目标坐标系frame1；

· 起始坐标系 frame2；
· 要找的一个时间戳，这里使用 ros::Time(0) 表示我们想要获取最新的数据；
· 待存储转换数据的对象名称，这里是 odom_base_tf。

第 5 步是在我们的变换对象上使用 getOrigin() 和 getRotation() 这两个函数。旋转值的输出是四元数，我们将在第 11 章“机器人跟踪和定位”中演示如何将四元数转换为欧拉角。在本章的代码中，还有一个完整的 ROS 节点文件，名为 tf_echo2.cpp，感兴趣的读者可以自行阅读。

10.7.6　从命令行查看变换数据

有时候我们需要快速查看几个坐标系之间的变换。这个时候就可以使用 tf 包中的节点 tf_echo，并利用命令行轻松地完成此操作。这就像启动任何其他节点一样，加上 frame1 和 frame2 参数。例如，要查看 odom 到 base_link 的当前变换，那我们就可以输入：

```
rosrun tf tf_echo odom base_link
```

如果这两个 frame 坐标系是可用的并且是存在连接关系的，那上述命令将会在终端不断地打印这两个 frame 的实时变换数据。其中方向数据是以四元数和常规（欧拉）角度符号打印的，这对我们观察机器人的角度非常有利。

此外，还可以通过以下方式查看额外的命令行 tf 工具节点：

```
rosrun tf <tab><tab>
```

关于命令行界面和 C++ API 的完整信息可以在 wiki.ros.org/tf 中找到。

其实 transform 和 tf 包不仅仅可以用来简化你的代码，你在网上找到的许多 ROS 开源包都需要某些 transform 转换才能工作。例如，下面我们将要介绍的绘图软件，当中就需要一个 odom 坐标系到 base_link 坐标系的转换，以及一个 base_link 坐标系到激光坐标系的转换。

10.8　用 Gmapping 绘制地图

上面讲了那么多，但是我承认，我们的想法不是让你从零开始，来完成一个建图算法的设计与编写。因为对于初学者来说，你并不需要详细研究上一节的部分。然而，对于初学者来说，了解激光扫描和占用栅格消息形式、如何生成占用栅格以及这些内容在建图中意味着什么是至关重要的。所以我想不出更好的方法来阐述整个流程了，所以希望你可以挑选自己感兴趣的内容进行学习和理解。在本章的下载列表中有一个完整建图的 cpp 文件，以便你能够更加清晰地了解整个建图地流程。我们提供的代码中，这个节点是可以工作的，但缺少一个智能且鲁棒的建图节点：Gmapping。

10.8.1　Gmapping

Gmapping 作为一个开源的同步定位和建图（SLAM）软件包，至今已在机器人领域广泛使用 10 多年。Gmapping 使用里程计数据（我们将在第 11 章“机器人跟踪和定位”中学习如何发布）和二维激光扫描信息来生成栅格地图，其算法远比我们上面读到的例子要先进。Gmapping能够处理移动中的扫描信息，甚至能够计算测距和真实世界之间的误差。虽然它是一个较早的软件包，但是因为Gmapping使用了ROS作为封装，并且有很多随时可用的文档且确实有效，使得它仍然被广泛使用。ROS的Wiki页面中就有很多关于如何运行Gmapping以及Gmapping的参数信息。我们可以在网站wiki.ros.org/gmapping中找到它。关于Gmapping如何计算并完成同步定位和建图的更多信息，你可以从https://openslamorg. github.io/gmapping.html开始阅读学习。在这个网站中，你会发现一个作者信息的简述，以及相关学术论文的链接，在学术论文中有该算法的更多细节。

10.8.2 下载Gmapping

安装Gmapping的最简单方法是使用apt软件包管理器来完成下载安装。这里需要选择与你的ROS版本相匹配的命令，并在命令行中运行它。比如说Ubuntu16.04中可以使用:

```
sudo apt-get install ros-kinetic-gmapping
```

或者在Ubuntu18.04中可以使用:

```
sudo apt-get install ros-melodic-gmapping
```

这样就会安装可以直接使用的Gmapping ROS包，以及openslam_gmapping包本身的底层代码。

10.8.3 运行Gmapping和启动文件中的参数

阅读本节的目的是让你知道一些在Gmapping中必须了解和实现的东西，以实现初学者学习并了解Gmapping。请仔细阅读这一部分，具体内容将在第21章中提到，因为那时候我们需要将先前讲到的所有知识融会贯通，并把整个机器人组装起来。

Gmapping的输入主要需要两个内容，分别是格式正确的激光扫描消息以及base_link到laser，和odom到base_link的变换。你可以直接使用命令行运行gmapping节点，它将加载默认参数，但是除非你将参数设置为与你的系统相匹配，否则很难获得预期的结果。要使用默认参数运行基本节点:

```
rosrun gmapping slam_gmapping
```

虽然你可以尝试着通过命令行设置一两个参数，但Gmapping使用的参数太多了，所以最好使用launch配置启动文件。为了在启动文件中设置参数，我们必须通过将终端中的/符号移动到launch文件中的<node>标记中来扩展先前的参数条目信息。

例如，下面的代码块显示了我们可以使用的单个<node>标签条目，如果我们使用默认参数，就可以写成以下形式:

```
<node pkg="gmapping" type="slam_gmapping" name="gmapping" />
```

其中末尾处的/表示这是这个节点条目的结束。为了扩展该条目以添加参数或将之前参数重映射，我们将省略第一个<node>标签中的/，并将其添加到第二个<node>标签。在这两个标签之间，我们可以使用<param>或<remap>标签按照以下格式添加参数。

```
<node pkg="gmapping" type="slam_gmapping" name="gmapping" >
<param name="base_frame" value="base_link"/>
<param name="maxRange" value="8"/>
<remap from="scan" to="base_laser"/>
</node>
```

上面的代码块是使用一个单一的节点来完成启动的操作。它将启动slam_gmapping这个节点，并且指定了base_link是代码中base_frame参数的值，激光的最大范围是8m，并且该节点应该监听base_laser话题上的消息，而不是默认的scan话题。有一些需要注意的是：

· 所有的参数都以带引号的字符串形式传递，即使是数字形式；

· 每个标签必须有一个/来声明该标签的结束。

现在你应该知道了参数和重新映射参数是如何在启动文件中设置的，下面让我们看看Gmapping的完整启动文件。

```
<launch>
    <!-- this is a comment in a launch file -->
    <node pkg="gmapping" type="slam_gmapping"
    name="slam_gmapping" output="screen">
        <param name="odom_frame" value="odom"/>
        <param name="base_frame" value="base_link"/>
        <param name="map_frame" value="map"/>
        <!-- The maximum usable range of the laser for obstacle
        detection. Set to less than maxRange -->
        <param name="maxUrange" value="8"/>
        <!-- The maximum range of the sensor - for marking of free
        space. Set maxUrange < maximum range of the real sensor <=
        maxRange -->
        <param name="maxRange" value="12"/>
        <!--map->odom tf broadcast period in seconds.
        0 to disable, but during mapping this is better than
        a static transform fixing map and odom together-->
        <param name="transform_publish_period" value=".05"/>
        <!-- Initial map size and starting point (origin) -->
        <param name="xmin" value="0"/>
        <param name="ymin" value="0"/>
        <param name="xmax" value="10.0"/>
        <param name="ymax" value="10.0"/>
        <!--delta = resolution of the map-->
        <param name="delta" value="0.1"/>
    </node>
</launch>
```

上述的这些就是我们需要弄清楚的基本参数。当为单个节点创建启动文件时，我倾向于包含每个参数，即使我们认为默认值是好的，但这样包含每个参数的好处显而易见，这样可以使代码容易调整和实验。上述启动文件（包括一些额外的、不太关键的参数）可在第10章以及第21章包中找到。你也可以在Gmapping Wiki上阅读其余的参数的含义以及使用。

10.8.4 创建地图的步骤

创建地图是一个需要很多步骤的过程，主要原因是我们需要有很多配合机器人自身数据输入与获取的操作，比如我们需要通过节点来控制机器人，解释这些命令并将它们转换为电机的输出信号，控制激光雷达发布激光扫描数据并让机器人读取对应的数据，在建图完成定位后又需要跟踪并发布相应机器人的位置。我们将在接下来的章节中逐一学习这些内容。同样的在第21章中尝试着搭建一个自己的自主机器人，并尝试对建图部分完成编程时，也可以回到这里再次了解，或许按照这些步骤操作有不一样的体验(在第21章中有更详细的介绍)：

1. 运行一个启动文件，该文件将启动传感器并完成自动驾驶与导航，完全无须任何手动驾驶（我们将在第21章详细介绍）；

2. 设置你的起始位置和方向；

3. 运行你的gmapping启动文件（roslaunch your_package_name gmapping_only.launch）；

4. 确保在建图时机器人缓慢移动。

如果你的机器人已经满足了上述所有的要求，Gmapping应该已经开始在地图的话题上发布地图了，这个话题的信息可以用来查看和保存地图，供后续使用。随着机器人自动驾驶，地图中不可见区域变得可见，此时构建的栅格地图应该不存在未知区域。

10.9 用Rviz实现地图的可视化

对于你而言，你可能希望在更新和发布时能够可视化占用栅格消息。Rviz就是这样一个可视化工具，它订阅ROS消息，如占用网格和激光扫描信息，并输出它们的可视化结果。一旦你的机器人有一张正在发布的地图（可以用rostopic echo -n1 map检查），此时就可以运行Rviz可视化工具，只需要输入下面的指令：

```
rosrun rviz rviz
```

当窗口打开时，你需要按照以下步骤显示地图。

1. 在左侧窗格中，点击“添加”按钮。

2. 在弹出的窗口中，点击地图，来导入一个地图插件。

3. 在左边的界面中，应该出现一个新的地图标志。我们需要确保列出的话题名称与正在发布的话题名称相符。

4. 在左侧窗格中选择全局选项，并选择固定框架(Fixed Frame)的TF可视化转换基准，一般来说我们会选择map作为固定框架(Fixed Frame)。

此时地图会出现在主界面中，如图10.10所示。

如果说上述的地图在Rviz中不可见，那需要检查左边窗口界面中在地图处是否存在错误信息。通常情况下，一般问题是出在缺少一个必要的转换TF，如果说Fixed frame是错误的，那就无法显示出地图；此外，还有可能是话题名称不正确。如果说我们没有在Rviz中提供正确的信息时，它就无法显示出地图。所以说，我们需要仔细检查地图是否被发布，至少说有一些数据会因为激光扫描被置为0，同时会存在未知区域−1。

Rviz对于从事机器人行业的人员来说是一个非常便捷的工具，它能可视化的东西不仅仅只有地图，在Gmapping中我们还可以从Rviz中看到实时的激光扫描点云、机器人当前的位置、规划的路径以及更多有用的信息。Rviz作为一个工具可以在界面中放入很多信息，如果你感兴趣可以尝试着参照官网做更多的实验。我们在youtube.com/practicalrobotics这个网站上放有一个关于Rviz基础知识的简短教程，各位读者有兴趣的可以看一看。

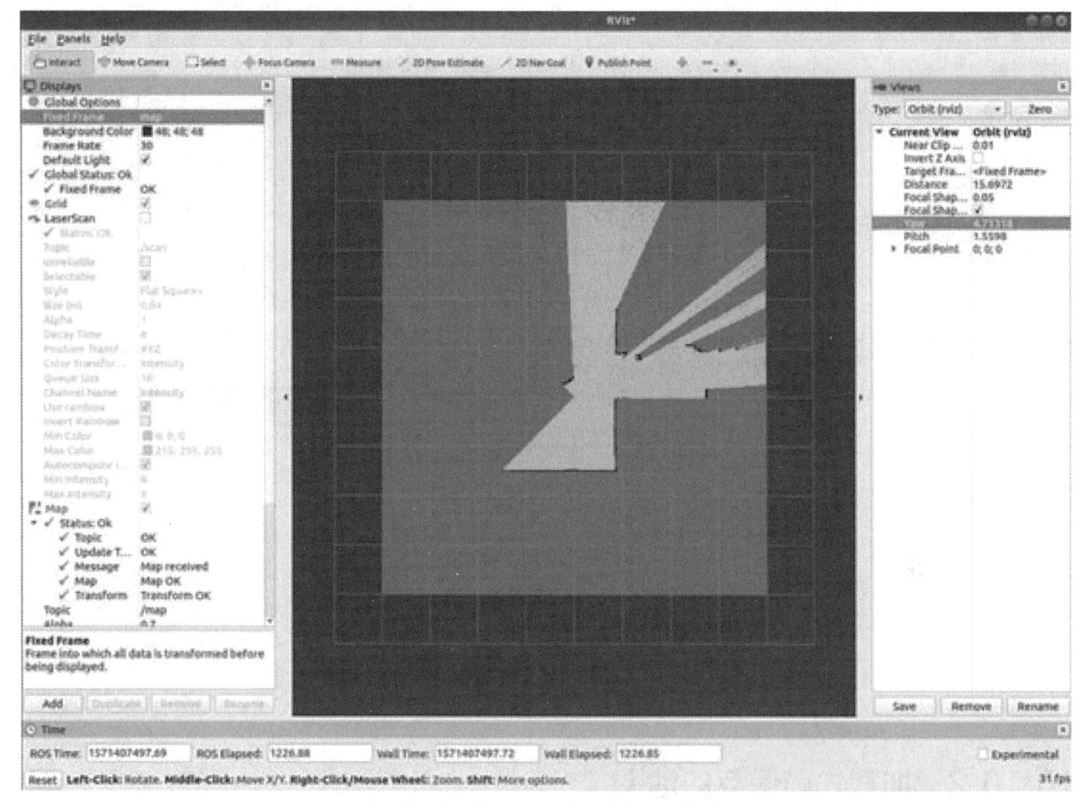

图10.10　在Rviz中实现地图的可视化

10.10　保存地图并在以后使用

虽然说我们可以将占用栅格数据存放到文本文件中，编写一个读取文本文件并发布OccupancyGrid消息的节点。但一般来说，我们应该将地图保存为.PGM格式的图像文件，因为这样可以轻松查看，甚至可以在图片编辑器中对地图进行编辑。编辑器对于我们的占用栅格来说非常方便，因为可以删除被建图的临时地图信息（比如不动的狗），或者填补激光扫描遗漏的区域（比如非常反光的洗碗机）。

10.10.1　保存地图

对于保存地图而言，我们通常使用一个叫作map_server的软件包。你可以先试试下面的命令，如果提示没有map_server软件包，那就说明ROS在安装的时候没有自动包括map_server，你可以用下面的方法安装它。比如说Ubuntu 16.04就是：

```
sudo apt-get install ros-kinetic-map-server
```

Ubuntu 18.04就是：

```
sudo apt-get install ros-melodic-map-server
```

上面的指令需要根据你自身的ROS版本来选择。然后在安装成功后，就可以通过启动map_saver节点（来自map_server包）来保存地图，参数为文件名。

```
rosrun map_server map_saver -f lvgRmMap
```

在运行了上面的指令后，map_saver节点将会生成两个文件，分别是.PGM图像文件和带有一些地图元数据的.yaml文件。值得一提的是，如果你的占用栅格地图使用了其他话题名进行发布，而不是map，那就需要在上述命令行中将话题名重映射为map，这样才可以完成建图，就如我们上面一章（第9章）中讨论的。图10.11显示了我们建立完地图后的文件情况，在这个目录下存在两个文件分别是地图lvgRmMap文件以及扫描客厅后生成的.yaml文件。

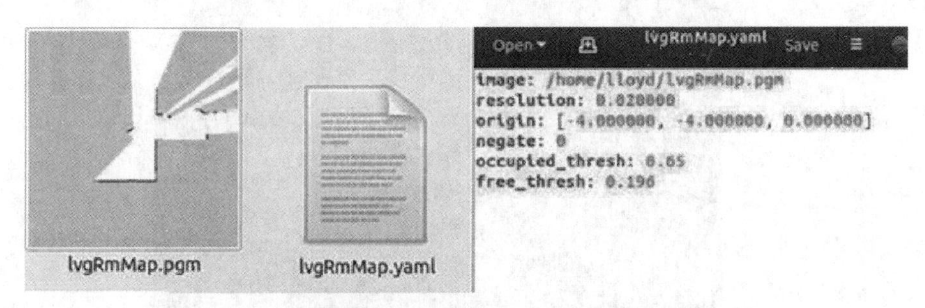

图10.11　保存的占用网格地图及对应的yaml数据文件

10.10.2　加载先前保存的地图

在ROS中，使用先前保存的地图也同样是方便的，我们只需要使用map_server节点，通过启动map_server节点发布地图即可。需要注意的是，在命令行中我们需要添加.yaml文件名作为参数。例如，要加载lvgRmMap.yaml。

```
rosrun map_server map_server lvgRmMap.yaml
```

你还可以访问wiki.ros.org/map_server，从而了解更多关于map_server和map_saver节点的细节和可选项。

10.11　总结

地图是智能机器人导航的重要组成部分。你在本章中学到的技能有：使用极坐标系；订阅传感器数据信息；占用栅格的定义；如何生成、保存和重新加载占用栅格地图。上述的这些知识是本章的重点，也是你在制作智能自主机器人项目中需要的基础知识。

当然，这需要你的机器人具有一定的智能性，如果你的机器人不能自己回答机器人学中最具挑战性的问题，那很可惜，这种机器人有可能就不能自主地生成地图的空间并完成导航了。

```
Where am I?
```

在下一章中，我们将着重教你解决这个问题，并讨论机器人跟踪并确定自身所处位置的不同方法，以及这些方法的一些优缺点，最后会帮助你非常详细地实现其中一种经典的方法。

10.12　问题

1. 请参考图10.12。比如说你正命令你的机器人从极坐标系的零度开始转弯并朝向50°方向。因为机器人只能用弧度表示，所以必须要对弧度进行转换。从图中可以看出，正在发布的姿势θ数据表明，机器人的当前航向是2.0rad。下面请计算所需航向与当前航向之间的误差，单位请用rad来表示。

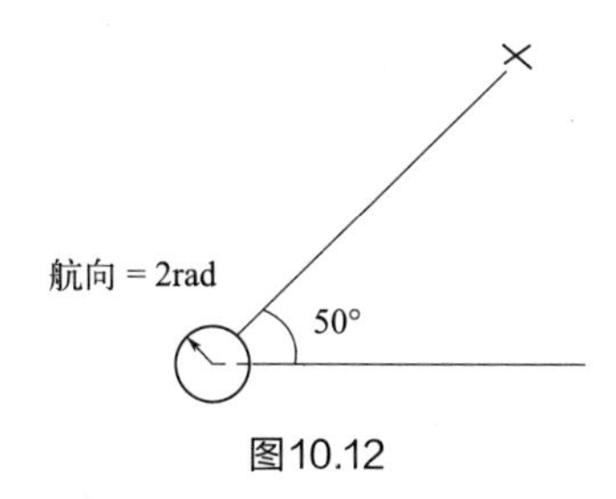

图10.12

2. 第二个问题是，你收到了来自Hokuyo激光的扫描信息，其特征如下所述。那你需要访问range[]数组中的哪个元素来确定激光雷达与激光雷达正北方向的物体之间的距离（即1.57rad）？

从扫描信息中读取的数据为：

```
angle_min: -2.35619449615
angle_max: 2.35619449615
angle_increment: 0.00436332309619
```

第11章 机器人跟踪和定位

11.1 简介

机器人跟踪的本质就是不断地将一组传感器数据与前一组数据进行比较，并将微小的变化相加，从而估计当前的位置和方向。机器人定位的含义则是在不跟踪的情况下确定机器人在环境中的位置的行为。这就更像是你蒙着眼睛走到某个地方，然后揭开眼睛，用所有新的线索找出你所处的位置。如果不知道机器人当前的位置，那我们就无法智能地指示它到达下一个目的地。一般在机器人的使用中，跟踪和定位都是了解机器人所在位置的有效方法，但是单一的方法当然会有一定的问题，不具备非常好的鲁棒性，这时候通常我们会让机器人将这两种方法结合，从而获得更好的结果。

这一章，我们希望回答的问题是机器人在哪（where is the robot）的问题，并以一种可以通过数学表达的形式来进行表示。比如说以将传感器数据映射到地图（地图和传感器扫描重合度）或将当前位置到另一个位置的路径进行绘制的形式（规划的起点）来实时地向你展示当前机器人的位置。因为我们最终要完成一个自主机器人的开发，所以我们希望机器人能够自己回答这个问题。

11.2 目标

本章主要需要你了解如何通过数学的形式表达机器人所在的位置，根据传感器数据来计算出机器人的位置，并将位置数据作为ROS消息发布，供其他机器人包使用。

在本章中，我们将介绍以下内容：

· 机器人位姿

· 里程计算和航迹推算

· 在ROS中发布里程计数据

- 进一步定位
- 在ROS中发布姿态数据
- 基准点
- 激光特征跟踪和定位
- GPS/GNSS传感器的价值和局限性
- 基于信标的定位系统

11.3　机器人位姿

对于机器人来说，要描述机器人在哪里，我们不能简单地说他在厨房，或者更具体一点它在厨房的冰箱旁边。这样都是不满足要求的，因为机器人的路径规划和绘图都需要使用数字来进行计算，即使机器人知道冰箱在哪里，也不太可能具体到非常精确的位置，从而可以让机器人计算出合理的路径并驱动电机不撞到障碍物。为此，我们需要一种更具体且能够一致表达所有场景的方式来描述机器人的位置和方向——也就是说，我们会使用一组数字，来表示机器人当前所在的位置，这一般被称为机器人姿态。

对于机器人来说，通常有好几种表达姿态的惯例，这些姿态的表达都包含位置和方向的数据(有时也称为平移和旋转)。最简单的姿态惯例是2D姿态，在本书中我们将以2D姿态来对机器人位姿进行阐述与使用，2D姿态包含x和y位置，以及被称为theta（θ）的角度数据（机器人面向哪个方向）。图11.1展示了一个2D姿态。如果你已经阅读过建图的章节，你应该看到过类似的图片；如果你还没有阅读对应的章节，这里建议你回过头来了解一下这部分的概念。至少应该阅读一下关于角度、航向和距离惯例的部分。

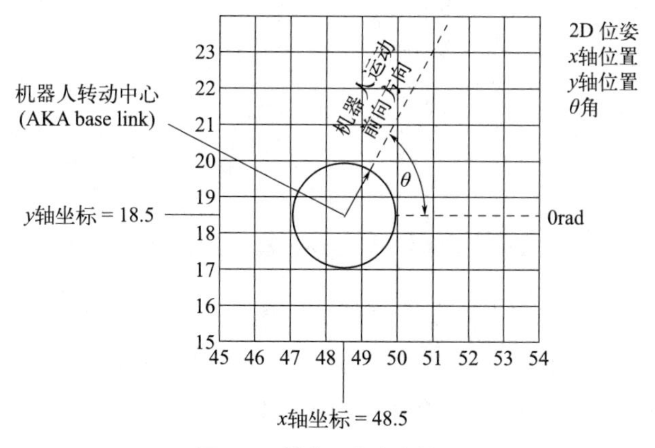

图11.1　基本二维姿态数据

在看完2D位姿信息后，我们发现有些场景中不能使用这类简单的2D位姿信息，因为无人机或地面机器人（如需要在洞穴或拥有几层建筑物中完成导航的）需要第三个维度z，来表示相对参考平面的相对高度。此外，这些机器不仅需要表示偏航（θ）的角度数据，它们还需要滚动和俯仰的数据。这些数据的含义就是机器人围绕着x，y和z轴的角度旋转。这三个滚动、俯仰和偏航的表示方式统称为欧拉角，具体信息在图11.2中有相应的说明。

四元数作为表示空间中物体方向的另一种方式，你至少需要熟悉它。四元数为姿态数据的

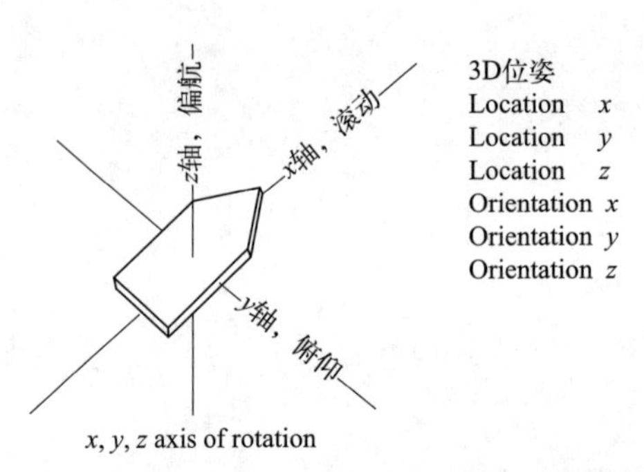

图11.2　一个完整的3D姿势包括我们的2D信息外，还需要加上高度、滚动、俯仰信息

方向部分添加了第四个变量，这个变量通常用*w*表示。这就导致了四元数不像欧拉角那样直观可视化，我们并没有把它包括在本书这样的基础知识书籍中，因为这需要知道如何将欧拉角和四元数进行转换。

图11.3总结并给出了我们将要使用的2D姿态数据，以及如何用欧拉角表示3D姿态数据。此外还向你展示了如何使用四元数表示3D姿态的例子。

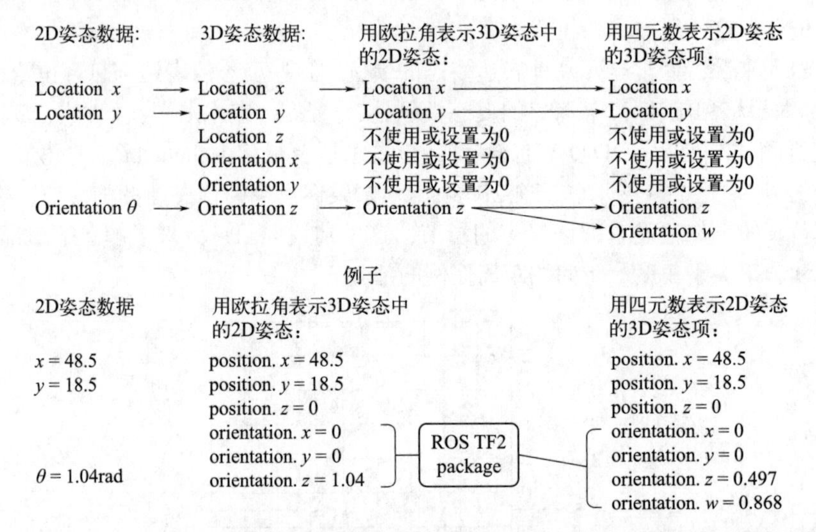

图11.3　2D姿态数据、用欧拉角表示的3D姿态数据、用四元数表示的3D姿态数据的比较

由于转换的数学运算超出了本书需要学习的范围，所以我们不会非常详细地谈论这部分的转化。但是非常幸运的是，ROS tf和tf2包可以为你完成四元数和欧拉角的转换。如果需要用到这些ROS包，只需要在CmakeLists.txt文件的find_package部分加入tf和tf2即可。

11.3.1　将欧拉角转换为四元数

将欧拉角转换为nav_msgs::Odometry消息的四元数需要三个步骤：

1. 创建一个tf2::Quaternion对象。

2. 使用setRPY(roll，pitch，yaw)函数将欧拉角转换为四元数。

3. 将tf2::Quaternion转换为geometry_msgs::Quaternion，这就将tf2形式的四元数转换到里程计和姿势消息中使用的类型了。

```
#include <tf2/LinearMath/Quaternion.h
#include <tf2_geometry_msgs/tf2_geometry_msgs.h>
//step 1
tf2::Quaternion tempQuat;
//step 2
tempQuat.setRPY(0, 0, pose.theta);
//step 3
OdomMsg.pose.orientation = tf2::toMsg(tempQuat);
```

其中tf2::toMsg()函数的作用是，将x、y、z和w数据成员从tf2::Quaternion复制到geometry_msgs::Quaternion中，对应的数据保持不变。当然你可以使用函数来访问tf2数据成员。例如，要直接复制w成员，你可以使用：

```
OdomMsg.pose.orientation.w = tempQuat.w();
```

11.3.2　将四元数转换为欧拉角

上文中讲了如何将欧拉角转化为四元数，这里我们再从另一个方向上完成梳理。我们在使用的过程中，发现使用第一版的tf程序包比使用tf2程序包更直接，下面是对应的步骤：

1. 首先，创建一个tf::Quaternion对象，并使用你收到的消息中的x、y、q和w值进行初始化。
2. 然后，创建一个tf::Matrix3x3对象，并使用你的四元数进行初始化。
3. 最后，调用.getRPY()函数，将你的方向x、y和z作为参数，以获取滚动、俯仰和偏航数据。

以下示例代码假设你有一个名为orientation的geometry_msgs::quaternion，作为姿态消息的一部分，并将姿态的消息命名为myPose，该消息中会存放欧拉角的相关信息（主要是z，但我们将处理所有的欧拉角）：

```
#include <tf/transform_broadcaster.h>
//step 1
tf::Quaternion quat(orientation.x, orientation.y,
orientation.z, orientation.x);
//step 2
tf::matrix3x3 mat(quat);
//step 3
m.getRPY(myPose.orientation.x, myPose.orientation.y,
myPose.orientation.z);
```

从结果中我们可以看到，myPose.orientation.z 现在存储了我们的航向角（theta）。

最后是关于四元数的一个注意事项。任何欧拉角的任何变化都会改变四元数的四个值，因此如果你尝试着增加y来表示机器人处于倾斜状态，这会导致x值的减小。这是正常的，请不要感到惊讶。正如我们说的，它不是很直观，但是现在你拥有对四元数最基本的熟悉和转换能力就已经完全足够了。

11.4　里程计算和航迹推算

里程计（odometry）推算的本质是使用传感器数据来估计机器人位置，通过测量并累加小的变化，一般来说通常是每秒几十次左右。里程计数据最广泛的使用就是汽车上的车轮码盘表，现在在智能汽车中对于里程计的定义则更加广泛，比如说通过轮式编码器或激光数据来完成测量，甚至可以通过跟踪摄像机数据中的帧间运动来完成里程计的测量。毫无疑问，里程计并非没有缺点，但它是跟踪机器人位置的最古老的方法。今天仍然是一种标准。换句话来说，尽管现在传感器越来越多，但里程计仍然作为完整定位软件的一个非常重要的组件，来辅助机器人知道自身的位置。

11.4.1 轮速计

如果说你要使用轮式里程计来测量并跟踪机器人的运动状态，我们可以回到第3章“机器人平台”中提到的编码器。我们可以计算电机轴旋转时编码器的脉冲数，并将脉冲数（又称为滴答数）除以每米对应的滴答数。如果左右轮行驶的距离相同，我们的机器人就直行，如果左右轮的行驶距离不同，我们的机器人就转弯了。每米对应的滴答数可以通过测量或计算来确定。我们将在第14章“里程计的轮式编码器”中详细介绍编码器和发布滴答的数据。

如果你打算通过轮式里程计来计算，那需要注意，机器人行驶的地面类型的不同，很有可能会得到不同的结果。例如在柔软的地面（如地毯）上行驶比在坚硬的地面（如地板）上行驶时，覆盖相同的距离需要更多的旋转圈数。在户外，车轮纹理选择的不同在不同场景中（坚硬的水泥路面、草地和泥土地面）也会在相同的距离下给出不同的结果。基于上述的这些原因，我更喜欢直接在正常行驶的地面上测量每米对应的编码器计数，并限定使用的场景。如果地面有所变化，就应该多次测量并使用最好的平均值来完成每米对应编码器的计数。要测量编码器每米的刻度，需要有以下步骤：

- 在机器人的前方标记一个起点，并尽量保证精确。例如，我一般喜欢在机器人的转向轮处放一个胶带，或者说机器人是四轮小车，没有转向轮，这个时候，我就会在机器人的前轮上放置胶带，并使用卷尺精确标记轮子之间的中心点。
- 启动计数器（我们稍后详细地分析相关的代码），并驱动机器人直行一段距离，最好是几米的距离。这个距离不需要在精确的位置上停止（比如说在2m、3m这些标准位置停止），重要的是机器人是直行驱动的（当然有微小的漂移是可以的）。这就需要你控制机器人缓慢加速并保持一个低速行驶，以避免轮子滑动。
- 重复标记过程，这就需要你尽量精确地测量起点到终点的距离（以米为单位），以便移动机器人可以获得较为准确的测量值。
- 将左边和右边的计数加起来，然后除以2得到平均值。将平均计数除以距离（以米为单位）得到每米的计数器计数。
- 多次重复以获得最佳平均值。你将在你的里程计代码中将其声明为const int TICKS_PER_M。
- 测量你的车轮从中心线到中心线之间的距离，并将其记录为const double WHEEL_BASE。

一旦知道每米的计数值，你只需要知道两个轮子之间的距离，以及来自tick_publisher节点的稳定数据流即可。图11.4是本书的项目机器人中需要计算的示例值。

图11.4中，两个轮距的中心线，用常量WHEEL_BASE表示。每米对应的计数值则用常量TICKS_PER_M表示。

这里的数学很简单，只需要一点三角函数相关的知识即可。在每个周期中，我们将从左轮和右轮的编码器中接收到更新的计数。频率至少是每秒十次的量级，这取决于计数发布者发布

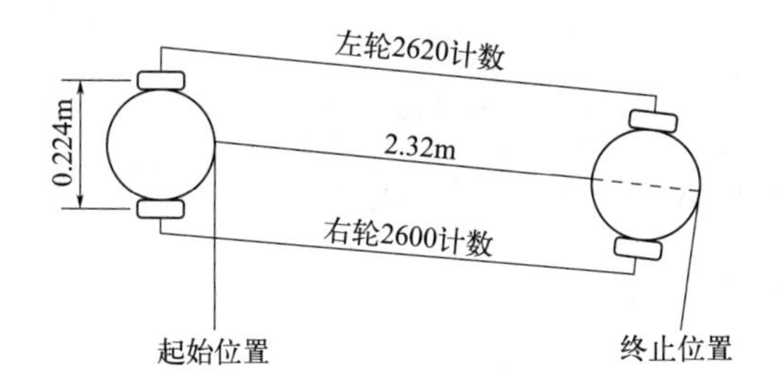

TICKS_PER_M = avg_total_ticks(总共的平均计数值)/distance(距离)
TICKS_PER_M = [(2620+2600)/2]/2.32

TICKS_PER_M = 1125 WHEEL_BASE = 0.224

图11.4　测量每米的计数和轮距，这两个常量将用于里程计

的速度。在每个周期中会有以下参数的计算：

- 计算每个轮子行驶的距离；
- 计算机器人移动的总距离；
- 计算机器人航向角的变化；
- 将机器人中的朝向变化添加到原来的朝向上；
- 计算在x和y方向上移动的距离；
- 将计算的距离添加到前一个姿态估计中；
- 向其他节点发布新的里程计姿态消息；
- 保存新的姿态数据以在下一个周期中使用。

在ROS系统中，机器人的位姿跟踪代码将包含三个功能函数和一个main()函数。前两个功能函数主要用于更新左轮和右轮的距离，第三个功能函数则是用于剩余数据的计算和发布，main()函数则用于处理初始化和循环等。在阅读完整个ROS节点的代码框架后，我们再查看每个操作步骤。

```
#include "ros/ros.h"
#include "std_msgs/Int16.h"
#include <nav_msgs/Odometry.h>
#include <geometry_msgs/PoseStamped.h>
#include <tf2/LinearMath/Quaternion.h>
#include <tf2_ros/transform_broadcaster.h>
#include <cmath>
//we will publish with and without quaternions
ros::Publisher odom_pub;
ros::Publisher pub_quat;
//odometry messages contain a pose message
nav_msgs::Odometry newOdom;
nav_msgs::Odometry oldOdom;
const double PI = 3.141592;
const double WHEEL_BASE = .224;
const double TICKS_PER_M = 2250;
double leftDistance = 0;
double rightDistance = 0;
using namespace std;
void setInitialPose(const geometry_msgs::PoseStamped
&init_pose)
```

```
{
//set "last known pose" to init_pose message
}
void Calc_Left(const std_msgs::Int16& lCount)
{
//update leftDistance;
}
void Calc_Right(const std_msgs::Int16& rCount)
{
//update rightDistance
}
void update_odom()
{
//calculate and publish new odometry
}
int main(int argc, char **argv)
{
//subscribe to encoder messages
//establish and advertise publisher
//loop and call update_odom
}
```

值得一提的是，这些代码块不能一起粘贴编译，因为我在这里声明了odometry数据类型。下面的例子中，我们使用了2D位姿数据来进一步提高里程计代码的可读性。同时，我们将在本章结束前学习odometry这一个数据类型。你可以在本章的下载中获得这个encoder_odom_publisher.cpp的完整示例节点代码，并在第21章的机器人项目中找到相同的示例程序。

11.4.2 计算每个轮子行驶的距离

为了完成这个过程，我们需要减去前一个计数值与新的计数值的差。这一步需要特别注意的是你需要小心处理整数的溢出。假设接收到的数据是典型的16位整数，那当计数值超过最大16位值（也就是32768）时，下一个计数值会产生溢出，并回绕到最小值-32768。这个回绕是双向的，也就是小于最小值就回到了最大值，所以代码需要拥有处理这类问题的能力。

检测翻转的一种简单方法是寻找每个周期的计数的较大跳跃。如果大多数周期给出0到20大小的计数，那么如果有数千大小计数的情况则一般意味着计数器发生了回绕。所以，针对这样的情况，我们在回调函数中接收一个名为lCount的16位整数，如果说在一个周期中有大于10,000的计数值，则可以认为这个阶段产生了溢出。此外，该函数还避免添加上一次或新计数为0的周期，因为如果节点出于某种原因导致启动时间不同，则该函数将自动计算出一个行驶距离，而实际上机器人其实是静止的。这样做的结果是利大于弊的，因为运动恰好到0的概率是非常小的，而我们通过这样的办法可以尽可能地过滤掉绝大多数的问题。可以这么说，上面讲到的这个简单的方法，能有效地避免里程计计算错误。在做完一次计数的计算后，我们则会开始计算下一个周期。对于正确的编码器计数消息，都应该有一个类似的回调函数来处理这些异常信息。

```
void Calc_Left(const std_msgs::Int16& lCount)
{
    static int lastCountL = 0;
```

```
        //make sure we don't start up with false distance
        if(lCount.data!=0&&lastCountL!=0)
        {
            //update ticks for this cycle
            int leftTicks = (lCount.data - lastCountL);
            //these two ifs detect and correct rollover or rollunder
            if (leftTicks > 10000)
            {
            leftTicks=0-(65535 - leftTicks);
            }
            else if (leftTicks < -10000)
            {
            leftTicks = 65535-leftTicks;
            }
            //calculate distance from ticks, and store
            //in global variable leftDistance
            leftDistance = leftTicks/TICKS_PER_M;
        }
        lastCountL = lCount.data;
    }
```

我们在上文中提到的其余操作步骤，可以在update_odom中看到。

11.4.3　计算机器人移动的总距离

这部分的操作很简单，即将左右轮距离相加并除以2得到平均值即可。

```
    double cycleDistance = (rightDistance+leftDistance)/2;
```

11.4.4　计算航向角的变化

这部分的内容中，只涉及一点三角函数的知识。轮子行驶的距离差异构成了一个直角三角形的一边，这在三角学中被称为对边，即我们正在计算的角度的对边，与邻边或斜边相对。机器人的轮距形成了斜边，因为我们更新得非常快，所以在正常驾驶条件下，两者的差别很小，这就导致我们可以暂时认为邻边和斜边是可以近似为直角三角形的。头文件cmath中就有asin（反正弦函数）三角函数。图11.5说明了我们上面阐述的内容。

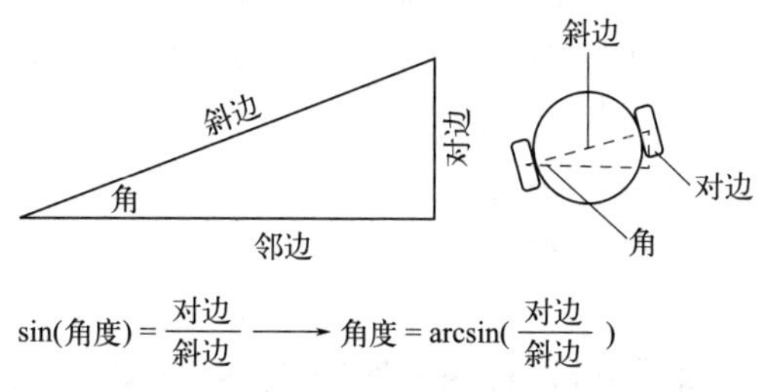

图11.5　计算轮速差带来的航向角变化

```
    double difference = rightDistance-leftDistance;
    double cycleAngle = asin(difference/WHEEL_BASE);
```

11.4.5 将机器人中的朝向变化添加到原来的朝向上

这部分的内容只是弧度的加法处理，但我们必须处理弧度的溢出上界和下界的问题，因为我们希望表示的最大值是π，最小值是−π。所以在实际处理中，只需根据需要加上或减去2π即可。

```
newOdom.pose.pose.orientation.z
= cycleAngle + oldOdom.pose.pose.orientation.z;
if (newOdom.pose.pose.orientation.z > PI)
{
    newOdom.pose.pose.orientation.z -= 2*PI;
}
else if (newOdom.pose.pose.orientation.z < -PI)
{
    newOdom.pose.pose.orientation.z += 2*PI;
}
```

11.4.6 计算在x和y方向上移动的距离（也被叫作转换）

为此我们专门来说明如何计算在x方向上的行驶距离。计算的方法是利用相对于地图的航向角θ来进行三角函数的计算。不管使用旧的θ还是新的θ都没有很大的差别。图11.6说明了这个概念。

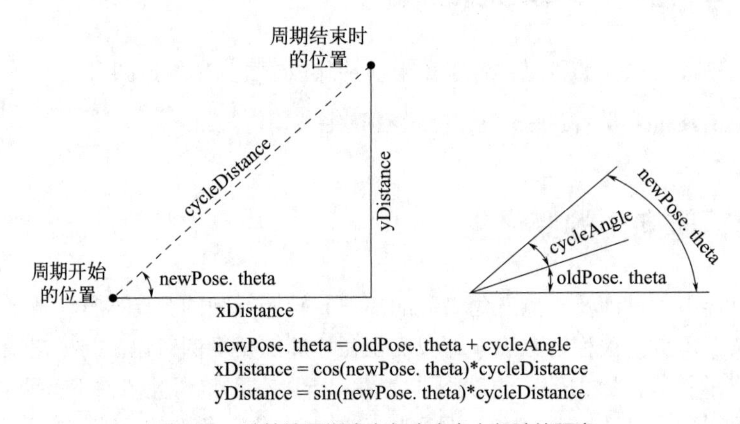

图11.6 计算该周期中在每个方向上行驶的距离

图11.6为周期结束时的位置情况。图中显示了newPose.theta也就是新位置的航向角，以及xDistance(x轴的位置)和yDistance(y轴的位置)。cycleDistance指的是周期移动的距离，cycleAngle指的是周期中夹角的情况。

```
xDistance = cos(newPose.theta)*cycleDistance;
yDistance = sin(newPose.theta)*cycleDistance;
```

11.4.7 将计算的距离添加到前一个姿态估计中

这个操作也同样是加法，不管我们在x方向上的位置如何，我们都将把这个周期中移动的距离加到该距离上。相同的操作同样适用于y方向。

```
newOdom.x = oldOdom.x + xDistance;
newOdom.y = oldOdom.y + yDistance;
```

11.4.7.1　向其他节点发布新的里程计姿态消息

这一步的newOdom变量就可以作为结果，并向其他节点发布新的里程计姿态消息。这里发布的里程计消息与上文中使用的简单的2D姿态数据类型略有不同。我们将在本章末尾讨论如何将2D位置信息完成转换并向其他node节点发布里程计信息。

```
//pseudocode.publish(newOdom);
```

11.4.7.2　保存新的姿态数据以在下一个周期中使用

```
oldOdom.x = newOdom.x;
oldOdom.y = newOdom.y;
oldOdom.theta = newOdom.theta;
```

我们刚刚介绍的里程计可以单独给机器人使用，但是作为自主机器人来说，里程计模块通常是该复杂系统的一部分。事实上，维护机器人精确位姿估计需要使用多种传感器类型来互相弥补，这不是单个机器人就能胜任的，因为每种传感器都有其弱点。例如，基于轮式编码器的里程计会受到轮子打滑等问题的影响，并且如果机器人被撞出路径或被提起，那将无法对轮速计进行补偿。

11.4.8　航位推测

在获得了里程计数据后，下一步需要做的就是根据里程计数据来完成航位推算。“航位推算”可以追溯到几千年前，当时是通过纯粹测量移动距离和计算当时速度来粗略地计算里程计移动的数据。早期的水手们会每过一段固定的时间后就数一数绳结的个数。在没有可见地标或星星的情况下，他们可以通过将速度乘以时间，得到移动的距离；然后乘以航向角这样的方式来估计出船大致的位置。

在现代机器人技术中，航位推算（dead reckoning）成为了估算机器人位置必不可少的一个方法，通过纯粹测量行驶距离，进一步计算行驶速度来更精确地估算机器人位置。同时航位推算还肩负着组合来自多个传感器的数据并决定哪些数据可信的责任。在第20章“传感器融合”中将进一步讨论。现在里程计信息中除了会发布基于编码器计数的行驶距离外，我们还在同一个里程计消息中计算并发布当前时刻车辆的速度。一般来说，我们称x、y或z轴上的速度为线速度，单位是m/s。我们也测量每个欧拉角的旋转速度，这被称为角速度，我们用rad/s来测量。

我们上面说的速度测量，这对于刚接触机器人的人来说有一个比较困惑的地方，就是这些测量是关于机器人的，而不是地图的。这是因为我们使用了极坐标，并将机器人的朝向视为0rad（朝向东沿x轴方向），所以机器人的x轴位于其前后中心线上。如果机器人旋转了1.57rad(0.5π)，那机器人的x轴会沿着地图的y轴垂直向上。如果机器人沿自身的x轴移动，并且线速度值为0.1，则意味着机器人以0.1m/s的速度沿着y轴向上移动。当机器人转弯时，则又会产生一个角速度z。详细内容请看图11.7。

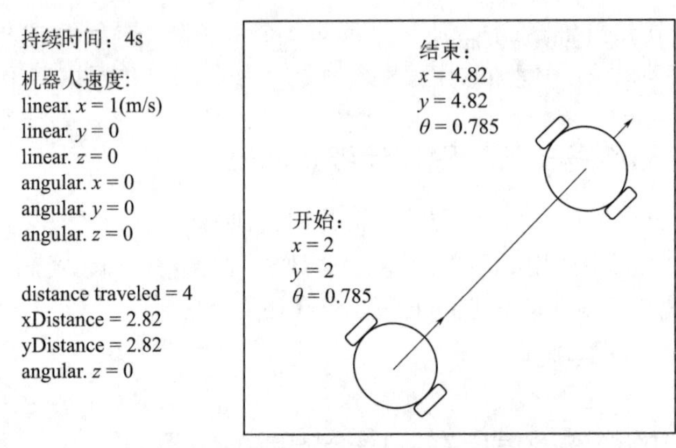

图11.7 速度与机器人自身有关而与地图无关

图11.7中反映了机器人的移动情况，最上面提到了该数据持续时间为4s。下面就是机器人速度，这里面存放有线速度(linear)和角速度(angular)的x,y,z数值。然后下方则是机器人的位移(distance traveled)，以及在x轴和y轴的距离。

需要注意的是，尽管线速度是沿x轴的，但机器人仍然能够在地图中沿着x轴和y轴进行物理移动，这是因为机器人与地图存在一个航向角theta(θ)。

这种简单的两轮差速驱动机器人是永远不会出现y轴或z轴的线速度的，如果在里程计信息的输出当中出现了y轴和z轴的线速度，那一般是出现了计算的问题。类似地，角速度的x和y也没有角速度，我们只需要在里程计消息当中发布z轴的角速度即可。

x轴的线速度正值是向前的，负值是向后的。角速度z正值是逆时针旋转，负值是顺时针旋转。

为了求解出我们上面所需要的线速度x和角速度z，我们可以通过将周期距离和周期角度除以周期间的时间间隔，来简单计算出linear.x和angular.z。假设程序中的update_odom()函数每秒运行10次，那么你就可以将行驶距离除以0.1来得到线速度x和角速度z。但是这种方式通常来说不太准确，更准确的方法就是使用系统时钟并保存上个周期的结束时间，并与当前时间进行比较，从而精确地计算出时间差。你可以通过下面的代码来获取ROS的系统时间并将其转换为秒:

```
double secs = ros::Time::now().toSec();
```

有关ROS时间、持续时间和睡眠话题的更多信息，请参见wiki.ros.org/roscpp/Overview/Time。

11.5 在ROS中发布姿态数据

在预定义的ROS消息类型中，有一个名为nav_msgs/Odometry的消息类型，这个消息类型主要是用来处理里程计的消息的。如果你想要向其他节点发送里程计信息，可以参考网上的很多例子，因为现在有许多现有的ROS软件包和工具就是以这样的形式完成里程计位置和速度数据的更新和发送的。当然，这种形式不是必需的，但我们认为在未来的机器人开发道路上，习惯性使用这类消息类型将会大大节省我们的时间，即使里面的有些信息我们是不需要的。

声明nav_msgs/Odometry消息的本质就是创建一个由子消息对象组成的一个高级的消息对象，就像绝大多数ROS节点一样。如果你已经熟悉了如何通过一层层调用来调用高级消息对象中的子消息对象的操作，那我们相信这个方法你一定不陌生。在此过程中，我们需要访问多层对象中的数据成员，从而找到我们想要的信息。如果想要了解更多关于 nav_msgs/Odometry 的信息，请访问 wiki.ros.org/nav_msgs 网站获取。

下面我们将重点讨论如何在nav_msgs/ Odometry消息中获取到上面章节讨论过的里程计数据信息，以及其他一些相关内容。在下面，我们在代码块中创建了一个nav_msgs/Odometry消息，然后对我们关注的数据成员进行访问。

```
//declare the message object named OdomMsg
nav_msgs::Odometry OdomMsg;
nav_msgs::Odometry OdomQuatMsg;
//Set the time in the header stamp
OdomMsg.header.stamp = ros::Time::now();
//set the frame id
OdomMsg.header.frame_id = "odom";
//assign the pose position and orientation data
OdomMsg.pose.pose.position.x = newOdom.x;
OdomMsg.pose.pose.position.y = newOdom.y;
OdomMsg.pose.orientation.z = newOdom.theta;
//assign the velocity data
OdomMsg.twist.twist.linear.x = linear.x
OdomMsg.twist.twist.angular.z = angular.z;
//convert orientation Euler heading angle to quaternion
tf2::Quaternion tempQuat;
tempQuat.setRPY(0, 0, newpose.theta);
//copy position and quaternion data to 2nd message
odomQuatMsg.pose.pose = odomMsg.pose.pose;
```

本书中将方向数据从欧拉角转换成四元数，虽然这可能有点难以理解，但是其余部分应该很简单。我们创建了一种便于理解的欧拉角的消息，同时也提供了一个其他节点期望接收到的四元数。这两者都是可选的，但是我更喜欢使用能够快速查看角度信息的欧拉角，因为这可以快速地了解机器人的姿态。

上面我们已经基本讲完了nav_msgs/Odometry里程计消息，现在剩下的步骤就是发布我们的里程计消息并开始循环获取当前时刻的里程计数据。上面的代码将成为update_odom()函数的一部分。为方便参考，我还增加了main()函数，以供你清晰地梳理整个流程。

```
ros::Publisher odom_pub;
void update_odom()
{
    nav_msgs::Odometry OdomMsg;
    //
    //calculate new odometry data here
    //
    pub.publish(OdomMsg);
    pub.publish(OdomQuatMsg);
}
int main(int argc, char **argv)
{
    ros::init(argc, argv, "encoder_odom_publisher");
    ros::NodeHandle node;
```

```
    ros::Subscriber subForRightCounts =
    node.subscribe("rightWheel", 0, Calc_Right);
    ros::Subscriber subForLeftCounts =
    node.subscribe("leftWheel", 0, Calc_Left);
    odom_pub = node.advertise<nav_msgs::Odometry>(odom, 0);
    odom_pub = node.advertise<nav_msgs::Odometry>(odom_quat, 0);
    ros::Rate::loop_rate(10);
    while(ros::ok)
    {
        ros::spinOnce();
        update_odom();
        loop_rate.sleep();
    }
    return 0;
}
```

11.6 里程计数据变换发布

正如我们在第10章中讨论的那样，一些节点（例如Gmapping）需要对里程计数据进行变换来获取机器人的位移以及速度、角速度等信息。虽然你可以在上面的里程计节点中添加以下内容并与里程计消息发布者一起运行，但是很多时候，我们可能更希望让另一个节点来处理odom到base_link的变换。如果在其节点中运行这个tf变换，这很容易在启动文件中注释掉。为此我们在本章的代码文件以及第21章的完整机器人程序包中，都包含了以下两个部分，分别是订阅里程计消息的节点，以及复制信息并将其发布为odom->base_link变换。里程计变换发布者的步骤如下所示：

1. 包含必要的头文件。

2. 向roscore注册节点。

3. 订阅里程计消息并设置回调函数。

① 初始化转换广播器（在程序中此步为3.1，下同）；

② 将里程计消息数据复制到tf::transform（3.2）；

③ 广播变换（3.3）。

4. 只要roscore没挂掉，则会一直保持循环，并发布tf变换。

下面的代码块是除了回调函数之外的整个程序。

```
//step 1
#include "ros/ros.h"
#include <nav_msgs/Odometry.h>
#include <tf/transform_broadcaster.h>
#include "std_msgs/Float32.h"
//step 3
void handle_odom(const nav_msgs::Odometry &odom)
{
//steps 3.1 - 3.3 here
}
int main(int argc, char **argv)
{
```

```
    //step 2
    ros::init(argc, argv, "tf_pub");
    ros::NodeHandle node;
    //step 3
    ros::Subscriber subOdom
    = node.subscribe("encoder/odom_quat", 10, handle_odom);
    //step 4
    ros::Rate loop_rate(30);
    while (ros::ok)
    {
        ros::spinOnce();
        loop_rate.sleep();
    }
    return 0;
}
```

因为变换必须使用四元数这个信息，为此我们需要确保订阅正确的消息以避免转换错误。以下代码块是回调函数，它将直接接收并完成四元数数据的使用。

```
//step 3
//callback function that broadcasts odom message as transform
void handle_odom(const nav_msgs::Odometry &odom)
{
    //step 3.1
    static tf::TransformBroadcaster br;
    tf::Transform odom_base_tf;
    //step 3.2
    odom_base_tf.setOrigin(tf::Vector3(odom.pose.pose.position.x,
    odom.pose.pose.position.y, 0.0));
    tf::Quaternion tf_q(odom.pose.pose.orientation.x,
    odom.pose.pose.orientation.y,
    odom.pose.pose.orientation.z, odom.pose.pose.orientation.w);
    odom_base_tf.setRotation(tf_q);
    //step 3.3
    {
        br.sendTransform(tf::StampedTransform(odom_base_tf,
        odom.header.stamp, "odom", "base_link"));
    }
}
```

注意

广播器需要静态声明。接下来就是使用tf包的函数来复制odometry消息中的数据，并在步骤③中进行广播。

为了让程序更美观和通用，我们可以尝试着将广播变换嵌入里程计节点中，并通过一个参数来打开或关闭它。如果读者对C++代码比较熟练，可以使用更高级的用法来设计这部分程序，因为这可以让单独节点更优雅和通用，而不需要在程序中写死。当然，你需要记住如果使用了tf这个软件包，这需要将其列入你的CmakeLists.txt中的find_package中。

11.7 进一步跟踪和定位

到目前为止，我们所研究的里程计方法基本是一类跟踪方法，即机器人在空间移动，如何通过传感器来追踪，并确定其位置的方法。虽然定位本质上是一个确定机器人位置的问题(有时借助于追踪方法，有时独立于追踪方法)，但由于所有形式的里程计方法和航位推算的方法都存在传感器噪声误差和漂移误差，因此如果我们无法对其进行修正，最终我们会对机器人的位置产生一个错误的估计。为了解决这个问题，我们可以使用姿态估计器来获得额外的信息，以决定是否有一个更确信的实际位置和方向。

> 在机器人的空间移动中，噪声误差和漂移误差是影响机器人定位的因素。噪声误差可能导致误差瞬间大幅跳跃，而漂移误差则随着时间累积导致误差逐渐增大。虽然里程计误差对机器人位置的影响可能在很长时间内不显著，但航向角的微小误差可以使机器人迅速偏离目标。因此，有必要使用姿态估计器来获取额外信息，以得出更精确的实际位置和方向。

对于定位系统来说，有一点值得注意的是，即使是最准确的位置估计，也可能会出现剧烈的、突然的变化。这可能会对驱动控制器造成严重的影响，因此它们通常不会用于纠正基于里程计数据的驱动控制信息。相反，定位的姿态估计值被作为一种额外的信息来广播，并通过map到odom的变换来传递，而不是我之前提到的静态map到odom的变换，因为这是一种动态的变换信息发布形式。

在本书中，我只会着重讲述静态map到odom变换，除了这种静态的手动姿态更新器外，本章的其余内容都是为了让你了解更多的定位方法。这样，当你了解了本章介绍的基本内容之后，就可以以此为基础进一步研究更高级的用法。我们想要说的是，你学到这里已经可以成功地使用定位方法来直接修正里程计节点中的姿势估计了，但这仅限于机器人静止状态下。转换后的信息可以在initial_2d话题中发布新的修正姿态信息，来完成初始姿态的更换。

手动姿态更新器是一种非常有用的工具，它不仅允许用户随时手动纠正机器人的姿态，而且在启动时可以很容易地为机器人提供初始姿态，而不需要修改代码或参数。这种手动姿态更新方法非常方便，只需要在地面上铺一排胶带，机器人就可以很容易地对其姿态进行校正。

在本书中，这是一种非常容易实现的姿势固定方法，因为它只要求用户输入x, y和θ的值，然后根据这些信息发布对应的姿势。这种方法对于普通用户来说也是很简单的，只需要注意将欧拉角θ转换为四元数即可，因为只有这样才可以确保机器人的姿态正确。该节点的代码可以在本章的下载中找到，具体代码文件名称为manual_pose_and_goal_pub.cpp。

11.8 基准点

基准点的本质是一种参考标记，它们经常是作为视觉图像检测的一部分以用于定位和导航。在机器人技术中，机器人可以在仓库地面上读取一个接一个的基准点，来知晓自身的位置，并通过路径规划以到达正确的位置。在现代机器人技术中，每个特殊的基准点标记可以在一帧中为该基准点拟合出直线和顶点坐标，以用于定位。如图11.8所示，April标签就是一种很常见的基准点标记。

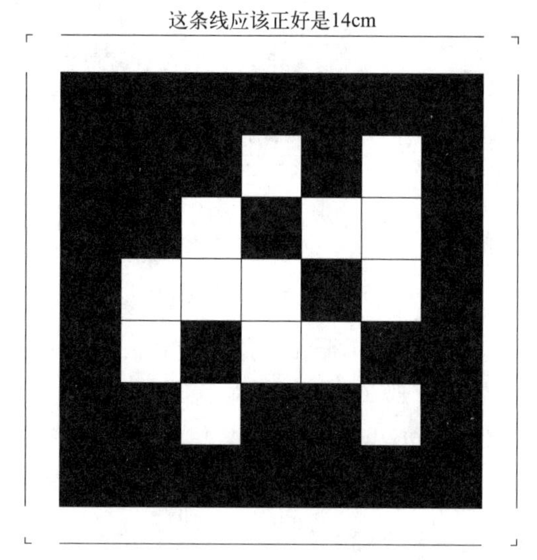

图11.8　April标签

如果机器人能够在视野中成对地观察到这些基准点标记，那么它们就可以相对准确地估算出机器人的位置和方向。此外，另一种方法就是在机器人上放置一个基准点标记，然后允许摄像机系统从上方跟踪机器人。不过，这需要预先进行设置，否则无法让机器人理解自身所处的位置。相关的ROS软件包，你可以在wiki.ros.org/fiducials上找到更多的信息，但我这里建议你使用关键字fiducial搜索，以获取更详细的信息和更多软件包。

11.9　激光特征跟踪和定位

这里，我们会使用激光传感器（也称为LIDAR）来生成占用栅格地图，并根据地图信息完成定位。其中最受欢迎的方法之一就是使用粒子滤波器来估算机器人在已知的地图中的位置。

粒子滤波姿态估计的过程大致如下：首先，机器人假设它可能处于任何位置，并设置每一个位置的可能性都是相等的；其次，随着机器人激光传感器信息传入定位系统中，粒子滤波器就开始消除机器人不可能处于的位置；最终，我们会得到一个具有最高概率的位置。具体内容如图11.9所示。

高级蒙特卡罗定位(AMCL)是一种非常流行的基于激光的粒子滤波姿态估计器，在有足够多的激光特征以供对比的地方表现良好，但是在缺少激光特征区域的开放空间则效果不太理想。我在使用低端XV11 Neato Botvac激光传感器时也遇到了困难，我猜测主要的原因是该款激光传感器的更新频率较低。在更换使用更快的Hokuyo激光传感器后，获得了更好的效果。如果想要了解更多关于AMCL的信息，请查阅网站 wiki.ros.org/amcl。虽然 AMCL 需要有先验地图信息以供机器人完成定位，但是一个名为 hector_slam的slam软件包则可以仅依赖激光传感器来完成地图的匹配构建，从而提供良好的激光里程计数据，因此这个算法在没有轮式编码

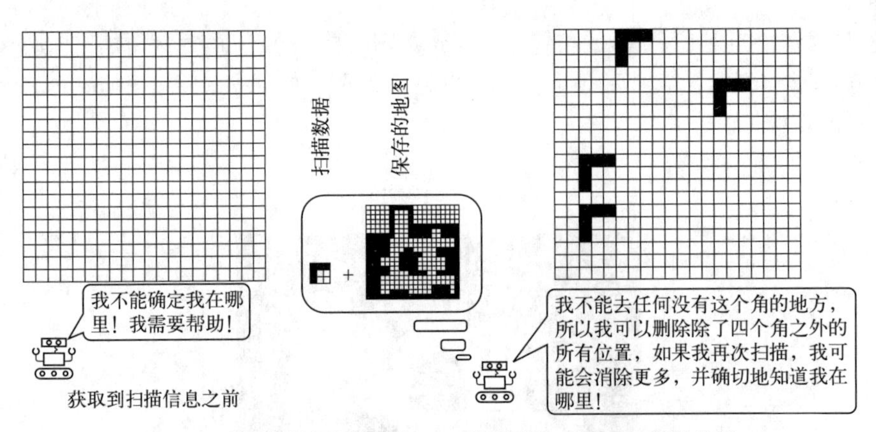

图11.9　将扫描数据与存储的map进行匹配，以确定可能的位置

器的情况下也可以使用。一旦你了解它需要和提供哪些消息类型和转换，那么就可以轻松地将一种消息类型转换为另一种类型，那么将这些代码实现起来就相当容易了。更多内容请参考wiki.ros.org/hector_slam和wiki.ros.org/hector_mapping。

11.10　GPS和GNSS

GPS是通过美国政府维护的GPS卫星接收到的时间信号进行三角定位的。GNSS也是如此，它是利用了多个国家的卫星网络，其中包括：美国GPS、俄罗斯GLONASS、中国北斗卫星导航系统(BDS)、欧盟GALILEO。然而，标准GPS/GNSS只能精确到几米以内，因此仅能作为确定机器人位置的有效线索，但不能用于精确引导机器人。

造成GPS和GNSS不准确性的最大因素是大气条件会影响卫星到接收器的无线电信号的传播速度。因为地球各地的大气条件是不断变化的，所以GPS和GNSS的准确性会受到影响，而无法恒定地求出差值。目前针对这一问题，研发人员已经研发出了多种方法来尽可能减少这种误差，其中一种非常成功的方法是实时动态定位(RTK)，它可以提供精确到一厘米的位置数据，这个精度是完全可以满足机器人运动导航的需求的。

但是如果你想将GPS应用到各个场景中，那肯定是不行的。因为GPS在室内根本无法满足需求，因为在室内卫星信号的干扰太大，而且变化太大。不过，如果你制作的是室外机器人，基于GPS/GNSS的RTK系统可以提供具有固定解的高精度定位，机器人可以相信RTK传输的位置信息。但是RTK在室外环境仍然需要注意处理假固定这类比较特殊的错误信息，比如说你的机器人突然告诉你，它在1/10s内走了几百米，那这种情况一般是假固定或者时间戳跳变造成的。

11.11　基于信标的定位系统

虽然GPS无法在室内使用，但请不必沮丧，因为现在有许多系统可以在室内使用，它们的工作原理类似于GPS。比如说利用超声波、无线电波甚至是投射到天花板上的光线信息，这些方法都可以通过将三角测量和飞行时间结合，来估算出机器人在室内的位置。这些系统大多数都已经在工业应用中完成了落地，比如说Humatics的KineticIQ。与此同时，有一些公司也开始迎合业余爱好者的需求，比如说一家名为Marvelmind的公司，它们销售的室内GPS信标系统，据广告宣传，这个信标系统的性价比也还不错。由于我没有使用过这些系统，所以我不能为它们背书，但它们确实是一种替代选择(我在一个会议上看过Humatics的演讲，他们的系统确实令人印象深刻)。

11.12　总结

本章从计算编码器的脉冲数到计算里程计数据，然后再通过其他传感器对里程计数据进行修正，着重解决了移动机器人最难解决的基本问题，即:

我在哪里？

现在你已经学会了编写一个基本里程计发布者和姿态估计器节点所需的一切基础知识，并且了解到了一些如何提高位置估计器精度的方法。这些改进的方法将帮助机器人能够更加精确地完成导航，并改进我们在第10章中制作的地图。

现在我们的机器人可以回答两个大问题，即:

1. 这个地方在哪里？

2. 我在哪里？

我们可以编写一个程序，通过设置一个坐标控制机器人移动到一个位置，而不是像遥控汽车那样手动操控它。为此，在本书中我们先学习了如何构建一个基本的电机控制器，使我们对机器人具有远程控制能力，然后编写了一个驱动器控制器节点，以便我们的机器人可以自主地完成从a到b的运动。

11.13　问题

1. 当一个轮子的值突然从+32765减少到−32761且两个轮子的编码器计数都在稳步增加，这意味着什么？怎样才能防止你的机器人突然计算出一个不正确的，且拥有非常大移动距离的情况？

2. 请编写一个手动的姿态发布器，它会接收用户输入并发布名为initial_2d的geometry_msgs:: PoseStamped消息，我们的姿态估计器可以用它来更新当前位置。

第12章 自主运动

12.1 简介

在本章中，我们将学习如何通过控制理论和电机控制等技术，来创建一个功能强大的ROS节点，使得我们可以通过几个按键或者预先设置的程序，来控制机器人在地图上的运动。通过将位置请求转换为速度命令，最终就可以实现机器人在地图上的精确移动。拥有机器人所在环境的地图并且知道机器人在地图上的位置是很好的，但是进一步地，如果可以通过简单的操作就能控制机器人移动到地图上的任意位置，那不是更棒了吗?

本章将着重介绍以下内容:

- ROS机器人运动综述
- 电机控制器
- 驱动器控制器

12.2 目标

学习如何编写驱动ROSpowered机器人所需的ROS节点。

12.3 ROS机器人运动综述

用ROS实现运动与我们在之前讨论过的内容没有什么不同。在本章中，你将学习如何编写控制ROS驱动机器人所需的节点。图12.1对整个系统流程进行了可视化，它可以帮助你更好地理解本章内容。

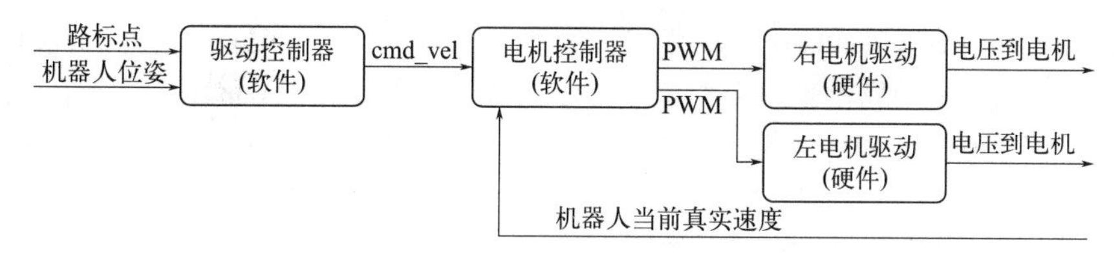

图12.1　ROS与运动相关的节点和话题

图12.1中的信息还是比较多的，首先在输入端存在三个输入，分别是路标点，机器人位姿，机器人当前真实速度信息。然后路标点和机器人位姿传入驱动控制器软件中并输出一个cmd_vel的topic信息，来显示当前机器人的里程信息。然后对应的信息会传入电机控制器软件中，并由电机控制器分别产生两路PWM波，来完成右电机驱动硬件以及左电机驱动硬件。在完成左右电机驱动硬件PWM波的设置后就可以将电压量转化为轮子驱动量。

上述驱动控制器应该与第8章中的控制回路图相似，这在ROS实现运动的过程中扮演着重要的角色。它通过比较期望位置(也称为路标点)和当前位置来确定适当的线速度和角速度，从而使机器人向目标点移动。电机控制器通过接收cmd_vel消息，并计算出适当的PWM信号输出给电机控制器。电机控制器会输出不同的电压以控制电机的运动。因此，驱动控制器在ROS中实现运动是一个有效的、结构化的流程。

12.4　电机控制器——simple_diff_drive.cpp

本部分首先向你展示如何编写差动驱动电机控制器，这是因为在尝试驱动控制器之前，你需要先确保差动驱动电机控制器正常工作。同时测试电机控制器和驱动控制器不是一件好事，因为会增加系统的复杂程度，当出现问题时也没有办法查找，因此我们不建议这样做。完整的代码可以在 github.com/lbrombach/practical_chapters上的代码仓库的Chapter 12文件夹中找到，并且完整的robot包可以在github.com/lbrombach/practical_robot上找到。

本部分讲的电机控制器是一个部分闭环控制器，它具有将cmd_vel和速度反馈作为输入，并输出特定电机驱动器所需的任何信号。图12.1中就涉及了速度反馈的内容，它可以从许多不同的来源获得，例如通过订阅里程计发布者或者订阅轮式编码器直接计算车轮速度。而对于驱动电机的L298N电机驱动器来说，我们需要电机驱动器给每个电机提供一个PWM信号，并设置每个电机的正向和反向引脚。如果你需要重新了解如何使用L298N这种双H桥的电机驱动器，请重新回顾第4章“机器人电机类型和电机控制”即可。

尽管该程序存在许多if/else语句，但simple_diff_drive仍然算得上是一个非常简单的电机控制器，它适用于在树莓派嵌入式计算机的Ubuntu环境，并且具有两路L298N电机驱动器的差速驱动机器人中。该电机控制器不支持在弧线上转弯（即只支持原地旋转），只会让机器人执行直线或原地旋转这两种运动方式。即使你认为simple_diff_drive很简单，并且无法满足你设计的机器人运动控制的所有方式，但是毋庸置疑的是，它仍然可以帮助你理解如何使用ROS和树莓派控制电机。

这个电机控制器是部分闭环的控制器，闭环的原因是它采用反馈方式来修正角度的偏差，但这并不能保证绝对速度的精确性。如果你不熟悉使用代码控制电机，我们强烈建议你从这里开始，并学习simple_diff_drive的基础知识。然而，从长远来看，我更希望在整本书结束后，你可以尝试着使用PID这类比较高级的电机控制器，而不是仅仅使用简单的比例控制，因为简单的比例控制无法完成平滑的运动。你可以尝试着编写一个针对这种机器人的differential_drive差速驱动包，因为它是我们认为最简单的PID实现方法。这个包已经有一段时间没有人去维护了，因此你需要将代码下载到自己的catkin_ws/src文件夹中，或者只是将它用作编写代码的参考。如果想要获取更多关于差速驱动的信息，请查看wiki.ros/differential_drive。

12.4.1 simple_diff_drive电机控制器的代码步骤

1. 与ROS主节点连接。

2. 订阅轮式编码器和cmd_vel话题。

3. 循环执行步骤4、5和6，完成程序的整个生命周期。

4. 检查订阅话题是否有新消息，使用回调函数始终保持轮子速度数据是最新的数据。

5. 计算所需的PWM值：

①如果cmd_vel请求中有角速度（车辆需要转弯），则小车优先考虑角速度并转弯，否则，则会根据软件发出的PWM值计算直行的速度（在代码中，该步骤标为5.1，余同）。

②如果行驶直线时，实际左右轮速度不同，则调整PWM值（5.2）。

6. 设置方向引脚并输出PWM信号：

①如果此时的PWM值为负数，需要GPIO方向引脚设置为反向，否则，请设置前向引脚（6.1）。

②每个循环逐渐增加或减少实际PWM输出，直到所请求的PWM值为正值（6.2）。

通过这六个简单的步骤，就可以得到一份可读性良好的代码实现。尽管这看起来很复杂，但实际上我们不仅仅是计算一对PWM数字，还必须管理6个GPIO引脚的设置（4个方向引脚和2个PWM引脚）。使用带有PID控制器的代码可以消除一些if/else块，但随之需要更多的数学知识，也会增加一定的难度。

12.4.2 差动驱动电机控制器代码概述

下面是简易差动电机控制器概述。

```
//includes
//declare constants and global variables
void Calc_Left_Vel(const std_msgs::Int16& lCount)
{
    step 4 - update left wheel velocity using encoder count data
}
void Calc_Right_Vel(const std_msgs::Int16& rCount)
{
    step 4 - update right wheel velocity using encoder count data
}
void Set_Speeds(const geometry_msgs::Twist& cmdVel)
{
    step 5 - calculate PWM values
}
void set_pin_values()
```

```
{
    step 6 - set direction pins and output signal to PWM pins
}
int PigpioSetup()
{
//initialize pigpiod interface and GPIO pins.
//Set initial pin states
}
int main(int argc, char **argv)
{
    //call function to initialize pipiod interface
    step 1 - Handshake with ROS master
    step 2 - Subscribe to wheel encoder and cmd_vel topics
    while(ros::ok)
    {
    //step 3 - loop through steps 4, 5, and 6
    }
    //set all motors off as node exiting
}
```

12.4.3 差动电机控制器代码

首先，让我们看一下一些必须包含的头文件和常量。在程序中，我们需要包含Twist和Int16消息头文件以及Pigpio Daemon接口头文件。我们还需要包括一些根据你的机器人构造所特定设置的一些常量。在最后，还有在程序中会被覆盖修改的变量，为了方便，我们在程序中将它们声明在全局范围内。我认为大多数变量的意义都是显而易见的，只有leftPwmReq和rightPwmReq难以理解一些。这两个变量都是用于计算PWM值的，它们最初是根据程序的线性公式计算的一个数值，随后通过一些约束以及调整，最终生成出控制电机的PWM值。

```
#include "ros/ros.h"
#include "geometry_msgs/Twist.h"
#include "std_msgs/Int16.h"
#include <iostream>
#include <pigpiod_if2.h>
//the rate PWM out can change per cycle
const int PWM_INCREMENT = 2;
//how many encoder ticks per meter
const double TICKS_PER_M = 2250;
//Minimum and Maximum desired PWM output
const int MIN_PWM = 55;
const int MAX_PWM = 120;
//left and right motor PWM and direction GPIO pin assignments
const int PWM_L = 21;
const int MOTOR_L_FWD = 26;
const int MOTOR_L_REV = 13;
const int PWM_R = 12;
const int MOTOR_R_FWD = 20;
const int MOTOR_R_REV = 19;
double leftVelocity = 0;
double rightVelocity = 0;
```

```
double leftPwmReq = 0;
double rightPwmReq = 0;
double lastCmdMsgRcvd = 0; //time of last command received
int pi =-1;
```

下面的代码块是我们的回调函数，每当接收到左轮编码器计数消息时，它都会继续计算左轮转速（通过全局变量leftVelocity）。这里仅展示了左轮的转速计算，如果有需要，你可以对右轮进行类似的操作，以计算它的转速。

```
void Calc_Left_Vel(const std_msgs::Int16& lCount)
{
    static double lastTime = 0;
    static int lastCount = 0;
    //the next 2 statements handle integer rollover and rollunder
    int cycleDistance = (65535 + lCount.data - lastCount) % 65535;
    if (cycleDistance > 10000)
    {
    cycleDistance=0-(65535 - cycleDistance);
    }
    //convert ticks per cycle to meters per second
    leftVelocity =
    cycleDistance/TICKS_PER_M/(ros::Time::now().toSec()-lastTime);
    //keep track of last time and last data for the next cycle
    lastCount = lCount.data;
    lastTime = ros::Time::now().toSec();
}
```

接下来是回调函数set_speed()，在这里我们会计算电动机的PWM值。当发现机器人有旋转请求时，沿着机器人中心，两个电机输出相反的PWM波。如果没有转弯请求，需要机器人前进或者后退，则需要使用线性公式$y=230x+39$来计算出向电机发送的PWM数值。该公式适用于本书的差速机器人，上面的公式对应了PWM值与速度之间的关系。我们知道，在实际情况下，哪怕我们给机器人输入相同的电压，左右电动机也很难获得相同的速度。因此我们需要计算速度差，并在三个周期内对其进行平均，以纠正速度差(这可能导致不必要的转向)。这就需要我们使用一个适用于机器人的因子来调整左右PWM请求变量。例如对于本书中的机器人，该因子为−125。如果你对微积分和PID控制有了解，则可以通过算法来完成平滑的控制，从而避免使用试错的方式来设置一些变量，从而获得更精确的结果。

在代码的最后，我们考虑了一些PWM值过低，从而导致轮子无法转动的可能性，同时这种情况会导致机器人轮子产生“嗡嗡”声并快速耗尽电池电量。为了解决这个问题，在最后两行中，我使用了一个三元运算符，以便PWM值小于特定阈值时，可以将数值设置为0。三元运算符是一种简化多行if(){...}语句的方法，如果你觉得不是很清楚，可以通过Google搜索C++三元运算符来快速了解。

```
void Set_Speeds(const geometry_msgs::Twist& cmdVel)
{
    lastCmdMsgRcvd = ros::Time::now().toSec();
    if(cmdVel.angular.z > .10) //cmd_vel request left turn
    {
        leftPwmReq = -55;
        rightPwmReq = 55;
```

```
    }
    else if(cmdVel.angular.z < -.10)//cmd_vel request right turn
    {
        leftPwmReq = 55;
        rightPwmReq = -55;
    }
    else if(abs(cmdVel.linear.x) > 50) //else go straight.
    {
        //calculate initial PWM values
        leftPwmReq =230*cmdVel.linear.x+39;
        rightPwmReq =230*cmdVel.linear.x+39;
        //average difference in actual wheel speeds for 3 cycles
        double angularVelDiff = leftVelocity - rightVelocity;
        static double prevDiff = 0;
        static double prevDiff2 = 0;
        doubleavgAngularDiff = (prevDiff+prevDiff2+angularVelDiff)/3;
        prevDiff2 = prevDiff;
        prevDiff = angularVelDiff;
        //apply correction to each wheel to try and go straight
        leftPwmReq -= (int)(avgAngularDiff*125);
        rightPwmReq += (int)(avgAngularDiff*125);
    }
    //don't PWM values that don't do anything
    leftPwmReq = (abs(leftPwmReq)<=MIN_PWM) ? 0 : leftPwmReq;
    rightPwmReq =(abs(rightPwmReq)<=MIN_PWM) ? 0 : rightPwmReq;
}
```

在下面的set_pin_values()函数中，我们又一次省略了对右边轮子的代码；和左轮相比，除了对引脚值的赋值和变量名称以外，其他部分都是相同的。

我们要做的第一件事是根据PwmReq变量设置方向引脚。虽然PWM值不能是负数，但是PwmReq可以为负数，当该值为负数时，这意味着我们需要将轮子向相反的方向移动。此外，你可以回忆一下第4章“机器人电机类型和电机控制”中关于机器人电机和电机控制类型的内容，我们需要将方向引脚调到低电平，并且我们不希望将方向引脚和PWM引脚同时设置为低。因为方向引脚是控制电机运动方向的，如果同时将方向引脚和PWM引脚设置为低，就会导致电机停止工作，不能控制其运动方向。

在设置好方向引脚后，我们会通过PWM_INCREMENT常量的数量来增加或减少PWM输出，以控制车辆的速度在请求值的附近。这样做的目的主要是尽可能减少车轮的颠簸和打滑。

在最后，我们对车轮的PWM输出值进行一个快速检查，以确保PWM输出的值在0到设定的最大值之间，然后将该值设置到PWM引脚上。

```
void set_pin_values()
{
    static int leftPwmOut = 0;
    //set motor driver direction pins
    if(leftPwmReq>0) //left fwd
    {
        gpio_write(pi, MOTOR_L_REV, 1);
        gpio_write(pi, MOTOR_L_FWD, 0);
    }
    else if(leftPwmReq<0) //left rev
```

```
    {
        gpio_write(pi, MOTOR_L_FWD, 1);
        gpio_write(pi, MOTOR_L_REV, 0);
    }
    else if (leftPwmReq == 0 && leftPwmOut == 0) //left stop
    {
        gpio_write(pi, MOTOR_L_FWD, 1);
        gpio_write(pi, MOTOR_L_REV, 1);
    }
    //send our pwm signal
    if (abs(leftPwmReq) > leftPwmOut)
    {
        leftPwmOut += PWM_INCREMENT;
    }
    else if (abs(leftPwmReq) < leftPwmOut)
    {
        leftPwmOut -= PWM_INCREMENT;
    }
    leftPwmOut = (leftPwmOut>MAX_PWM) ? MAX_PWM : leftPwmOut;
    leftPwmOut = (leftPwmOut< 0) ? 0 : leftPwmOut;
    set_PWM_dutycycle(pi, PWM_L, leftPwmOut);
}
```

下面讲的PigpioSetup()函数的实现类似于其他PIGPIO的设置函数，但相比于其他的PIGPIO函数包含了额外的引脚声明。我们在该程序中通过连接其他的PIGPIO守护进程，并调用这些PIGPIO守护进程来声明并初始化GPIO引脚变量。需要注意的是所有与GPIO相关的函数调用都需要指定pi变量，因为这个pi变量包含了设备的地址和端口信息。

```
int PigpioSetup()
{
    char *addrStr = NULL;
    char *portStr = NULL;
    pi = pigpio_start(addrStr, portStr);
    //next 10 lines sets up our pins. Remember that high is "off"
    //and we must drive a direction pin low to start a motor
    set_mode(pi,PWM_L, PI_OUTPUT);
    set_mode(pi,MOTOR_L_FWD, PI_OUTPUT);
    set_mode(pi,MOTOR_L_REV, PI_OUTPUT);
    set_mode(pi,PWM_R, PI_OUTPUT);
    set_mode(pi,MOTOR_R_FWD, PI_OUTPUT);
    set_mode(pi,MOTOR_R_REV, PI_OUTPUT);
    gpio_write(pi, MOTOR_L_FWD, 1); //initializes motor off
    gpio_write(pi, MOTOR_L_REV, 1); //initializes motor off
    gpio_write(pi, MOTOR_R_FWD, 1); //initializes motor off
    gpio_write(pi, MOTOR_R_REV, 1); //initializes motor off
    return pi;
}
```

最后，我们来看一下主程序main()，它首先调用了PIGPIO的设置函数，然后与ROS主节点进行交互并订阅所需的话题，最后在检查到cmd_vel消息已经接收到后，就会调用函数来完成PWM值的设置。

```
int main(int argc, char **argv)
{
    //initialize pigpiod interface
    pi = PigpioSetup();
    if(pi()>=0)
    {
        cout<<"daemon interface started ok at "<<pi<<endl;
    }
    else
    {
        cout<<"Failed to connect to PIGPIO Daemon
        - is it running?"<<endl;
        return -1;
    }
    /////////////end pigpiod setup/start ros setup/////////
    ros::init(argc, argv, "simple_diff_drive");
    ros::NodeHandle node;
    //Subscribe to topics
    ros::Subscriber subRCounts = node.subscribe("rightWheel", 0,
    Calc_Right_Vel,ros::TransportHints().tcpNoDelay());
    ros::Subscriber subLCounts = node.subscribe("leftWheel", 0,
    Calc_Left_Vel,ros::TransportHints().tcpNoDelay());
    ros::Subscriber subVelocity = node.subscribe("cmd_vel", 0,
    Set_Speeds,ros::TransportHints().tcpNoDelay());
    ros::Rate loop_rate(50);
    while(ros::ok)
    {
        ros::spinOnce();
        //If no msg received for more than 1 sec, stop motors
        if(ros::Time::now().toSec() - lastCmdMsgRcvd > 1)
        {
            cout<<"NOT RECIEVING CMD_VEL - STOPPING MOTORS"<<endl;
            leftPwmReq = 0;
            rightPwmReq = 0;
        }
        set_pin_values();
        loop_rate.sleep();
    }
    //set the motors to off as node closes
    gpio_write(pi, MOTOR_L_FWD, 1);
    gpio_write(pi, MOTOR_L_REV, 1);
    gpio_write(pi, MOTOR_R_FWD, 1);
    gpio_write(pi, MOTOR_R_REV, 1);
    return 0;
}
```

上面的代码里面，还包含了一个主电机控制器。该控制器使用PIGPIO守护进程库来连接GPIO引脚，因此在尝试运行它之前，请务必在命令行中输入sudo pigpiod，以启动守护进程(具体操作可以参考第2章“GPIO硬件接口引脚的概述和使用”，并复习GPIO引脚和pigpiod的使用)。测试并调整机器人的参数，直到我们可以使用cmd_vel发布者来完成机器人的控制。在第9章“协调各个部件”中我们学过这个例子：rqt_robot_steering。

12.5 驱动器控制器:simple_drive_controller.cpp

在拿到一个能够正确响应cmd_vel消息的工作电机控制器后，你就可以按照下面的步骤来编写一个驱动器控制器节点了。该节点的任务就是根据当前位置和目标位置，来自动计算并发布cmd_vel信息。这可以让我们的机器人自动执行预先设定的任务，而无须人为手动控制。

驱动控制器步骤:

1. 首先，与ROS master节点建立连接。

2. 紧接着，订阅odom和waypoint_2d话题，并设置一个名为cmd_vel的发布者，用来发布处理好的信息。

3. 然后，在整个程序的生命周期内不断循环执行下面的步骤4和步骤5。

4. 检查所有已订阅话题的新消息，并在收到新消息时就更新当前位置和期望位置。

5. 根据最新的里程计姿态和期望的路标点（一般在导航中是指作为移动路径的特定位置，它们按顺序指定了移动路径上的目标位置，并帮助实现从一个位置到另一个位置的规划）信息，计算出机器人的速度:

① 检查机器人是否已经足够靠近期望路标点，如果是，则直接计算两轮的速度，使机器人朝向期望路径点的最终路标点（在代码中，该步骤为5.1）。

② 如果还没有足够接近期望的路标点，则需要计算角速度，使机器人转向期望的路径点，并将线速度设置为0（5.2）。

③ 如果机器人面向期望路标点，设置角速度为0，并计算线速度，使机器人向着期望路标点移动（5.3）。

④ 最后，发布cmd_vel消息，消息的值是根据上述步骤计算出来的（5.4）。

这部分的代码是非常简单的，你只需要调整程序中订阅和发布的话题，并将话题名与第9章的乌龟控制器的话题名相匹配，这样就可以与turtlesim节点一起使用了。下面是simple_drive_controller.cpp的代码:

```
//include required files
//declare some constants and global variables
void update_pose(const nav_msgs::Odometry &currentOdom)
{
    step 4 - update current pose
}
void update_goal(const geometry_msgs::PoseStamped &desiredPose)
{
    step 4 - update desired pose (aka the next waypoint)
}
double getDistanceError()
{
    //helper to calculate distance error to desired location
}
double getAngularError()
{
    //helper function to calculate angular error
}
void set_velocity()
{
```

```
    Steps 5.1-5.4 - calculate and publish appropriate velocities
    to first turn towards desired waypoint, then drive to
    waypoint.
}
int main(int argc, char **argv)
{
    step 1 - Handshake with ROS master
    step 2 - subscribe to topics, advertise publisher
    step 3 - loop for life of program
}
```

下面让我们来仔细看看上述代码的每一部分。第一个代码块是必需的包含语句，它包含了代码中所需的头文件，并声明了一些常量和全局变量，这些常量和变量将在程序中被用到。

```
#include "ros/ros.h"
#include "geometry_msgs/Twist.h"
#include "geometry_msgs/PoseStamped.h"
#include <nav_msgs/Odometry.h>
#include <cstdlib> //for abs()
#include <math.h>
#include <iostream>
const double PI = 3.141592;
//Proportional gain for angular error
const double Ka = .35;
//Proportional gain for linear error
const double Klv = .65;
const double MAX_LINEAR_VEL = 1.0;
ros::Publisher pubVel;
geometry_msgs::Twist cmdVel;
nav_msgs::Odometry odom;
geometry_msgs::PoseStamped desired;
bool waypointActive = false;
```

下一个代码块包含两个回调函数，当接收到特定话题消息时，它们将会进入回调函数，并更新当前位置和期望位置的最新状态。这两个回调函数的唯一区别是：当update_goal函数接收到一个新的路标点时，除了更新需要的姿态外，我们还会将bool标志位设置为true。

```
//updates the current location
void update_pose(const nav_msgs::Odometry &currentOdom)
{
    odom.pose.pose.position.x = currentOdom.pose.pose.position.x;
    odom.pose.pose.position.y = currentOdom.pose.pose.position.y;
    odom.pose.pose.orientation.z =
    currentOdom.pose.pose.orientation.z;
}
//updates the desired pose AKA waypoint
void update_goal(const geometry_msgs::PoseStamped &desiredPose)
{
    desired.pose.position.x = desiredPose.pose.position.x;
    desired.pose.position.y = desiredPose.pose.position.y;
    desired.pose.orientation.z = desiredPose.pose.orientation.z;
    waypointActive = true;
}
```

下一个代码块中包含了两个辅助函数，分别是getDistanceError()和getAngularError()，它们包含了一些常用的数学计算。这些函数通过计算当前位置与期望位置的差距来返回距离和角度错误。

```
double getDistanceError()
{
    double deltaX =
    desired.pose.position.x - odom.pose.pose.position.x;
    double deltaY =
    desired.pose.position.y - odom.pose.pose.position.y;
    return sqrt(pow(deltaX, 2) + pow(deltaY, 2));
}
double getAngularError()
{
    double deltaX =
    desired.pose.position.x - odom.pose.pose.position.x;
    double deltaY =
    desired.pose.position.y - odom.pose.pose.position.y;
    double thetaBearing = atan2(deltaY, deltaX);
    double angularError =
    thetaBearing - odom.pose.pose.orientation.z;
    angularError =
    (angularError > PI) ? angularError - (2*PI) : angularError;
    angularError =
    (angularError < -PI) ? angularError + (2*PI) : angularError;
    return angularError;
}
```

下一段代码块是set_velocity函数，在该函数中，我们列举了上述第五点中所有情况并发布了cmd_vel消息。每个周期cmdVel的线速度都会被置零，然后根据需要使用比例公式计算角速度或线速度。首先需要控制机器人转向路标点，然后再控制机器人直行，循环往复直到到达路标点。路标点除了发布x和y轴的位置，还会发布航向角。一旦我们控制机器人到达了路标点的位置，控制器会发布角速度，并让机器人朝向预先设置的方向。此外，在到达路标点后，机器人将会把标志位waypointActive设置为false，速度也会置为0，直到接收到新的路标点消息。

```
void set_velocity()
{
    cmdVel.linear.x = 0;
    cmdVel.angular.z = 0;
    bool angle_met = true;
    bool location_met = true;
    double final_desired_heading_error =
    desired.pose.orientation.z - odom.pose.pose.orientation.z;
    //check if we are "close enough" to desired location
    if(abs(getDistanceError()) >= .10)
    {
        location_met = false;
    }
    else if (abs(getDistanceError()) < .07)
    {
        location_met = true;
    }
    //if at waypoint, base angular error on final desired heading
    //otherwise, based it on heading required to get to waypoint
```

```
    double angularError = (location_met == false) ?
    getAngularError() : final_desired_heading_error;
    //check if heading is "close enough"
    if (abs(angularError) > .15)
    {
        angle_met = false;
    }
    else if (abs(angularError) < .1)
    {
        angle_met = true;
    }
    //if not close enough to required heading, command a turn
    //otherwise, command to drive forward
    if (waypointActive == true && angle_met == false)
    {
        cmdVel.angular.z = Ka * angularError;
        cmdVel.linear.x = 0;
    }
    else if (waypointActive == true
    && abs(getDistanceError()) >= .1
    && location_met == false)
    {
        cmdVel.linear.x = Klv * getDistanceError();
        cmdVel.angular.z = 0;
    }
    else
    {
        location_met = true;
    }
    //stop once at waypoint and final desired heading achieved
    if (location_met && abs(final_desired_heading_error) < .1)
    {
        waypointActive = false;
    }
    pubVelocity.publish(cmdVel);
}
```

最后，我们编写了一个非常简单的main()函数，它只包含一个条件语句，因此不会自动追踪某个在程序中预先设置好的路标点，而是会通过订阅来等待，直到收到路标点消息为止。

```
int main(int argc, char **argv)
{
//set desired pose.x as a flag until waypoint msg is received
desired.pose.position.x = -1;
ros::init(argc, argv, "simple_drive_controller");
ros::NodeHandle node;
//Subscribe to topics
ros::Subscriber subPose = node.subscribe("encoder/odom", 0,
update_pose, ros::TransportHints().tcpNoDelay());
ros::Subscriber subWaypnt = node.subscribe("waypoint_2d", 0,
update_goal, ros::TransportHints().tcpNoDelay());
pubVel = node.advertise<geometry_msgs::Twist>("cmd_vel", 0);
ros::Rate loop_rate(10);
while (ros::ok)
{
```

```
ros::spinOnce();
//IF a waypoint message has been received, set velocities
if(desired.pose.position.x != -1)
{
set_velocity();
}
loop_rate.sleep();
}
return 0;
}
```

在这个程序中，你会发现simple_drive_controller比simple_diff_drive更加简洁，因为它不需要处理GPIO引脚。虽然处理GPIO引脚的代码不是很困难，但是与仅仅计算小乌龟在屏幕上移动相比，GPIO确实需要我们编写很多代码。但这却是我们操控机器人所必需的。

因此，在这里我们编写了一个简单的路标点发布者，用于测试simple_drive_controller程序。这个程序没有任何问题，如果你希望能够运行并测试它，你可以在第11章的Github代码中找到manual_pose_and_goal_pub.cpp这个文件。作为一个发布姿态和目标的程序，它可以发布与waypoint_2d消息类型相同的姿态和目标。当然你也可以在命令行或启动文件中重新映射话题名称，来完成其他姿态和目标消息名称的发布。详细内容请参考第9章“协调各个部件”，以了解如何使用重映射参数以及重新映射话题名称。

12.6 结论

在本章中，你不仅学习了如何创建一个简单的电机控制器，还学习了如何创建一个驱动控制器。这两个控制器加起来构建了一个完整的机器人控制系统，它可以实现从ROS中的cmd_vel消息到实际使用PWM来驱动电机的转换。这是实现自主机器人的重要步骤，它可以接收到当前姿态和期望姿态(路标点)的x、y坐标，并自动计算发布这些cmd_vel消息。因此本章所学的内容非常关键，正确实现这两个控制器有助于保证机器人姿态的准确性。同时，我们还需要花点时间确保上一章中的里程计算节点的准确性，因为当机器人开始尝试跟踪自动绘制的路径点时，准确的里程测量对于机器人的表现也是至关重要的。

当你完成了上述工作后，接下来你将进入一个全新的章节，在这里，你将学习机器人的路径规划算法，它可以读取地图数据并生成一条避开障碍物的路径，然后会通过话题发布路径点以供机器人跟随。这是一项非常重要的技能，因为它给机器人提供了完全自主的能力，比如说，你可以要求机器人拍摄一张室外场景的照片，或者开始探索周围的环境，并更新地图数据。

12.7 问题

1. 电机控制节点的输入和输出是什么？

2. 驱动器控制器节点的输入和输出是什么？

3. 哪种类型的控制需要更多的数学运算，同时比本书中编写的简单控制器能够给机器人提供更精确的控制？

第13章 自主路径规划

13.1 简介

在本章中，我们将深入探讨如何让机器人独立行动，并通过程序来完成自主的路径规划。不管你是否为一名机器人从业者，都肯定热衷于实现这一点。因此，我们将会详细介绍如何编写自主路径规划程序。本章将从读取地图，到发布航线路标点，再到为小车提供控制指令以控制小车运动，一步步涵盖所有内容。因此，在学完本章后，你将不再会因如何让机器人自主运动到目标点而感到困扰了。

本章将会着重介绍以下内容：

- 路径规划方法与挑战
- 障碍物膨胀
- A*路径规划算法
- 编写路径规划程序

13.2 目标

本章将学习如何编写一个让机器人能够自主导航、规划路径、避开障碍并从一个地点到达另一个地点的程序。同时让你深入地了解数学运算知识和软件工程技能，并让机器人在无须人为干预的情况下自动完成各种任务，例如拍摄外面的照片、探索周围环境并更新地图等。

13.3 路径规划方法与挑战

路径规划的目标不仅仅是提供一组机器人可以遵循的坐标，而且还要考虑使这些坐标组成的路径要尽可能有效率，以避免机器人在移动过程中沿着无效的路线消耗过多的能量。就像玩连点游戏一样，从一个地方到另一个地方而不会遇到障碍。可以这么说，这种路径规划算法是一项非常重要的任务，因为有效的路径规划可以大大提高机器人的效率和使用寿命，而不是像早期的机器人吸尘器一样，盲目地移动，在找到目的地之前时不时碰壁。

13.3.1 挑战

其实，让自主导航变得困难的并不是路径规划本身，而是如何让机器人拿到准确的地图和姿态估计。只有当这些部分都齐全并且正确时，机器人才能顺利地从一个地点到达另一个地点，同时避免障碍。此外，动态环境也是一个需要关注的因素，因为它可能会突然改变机器人的路线，使其无法到达目的地。因此，必须持续监测周围的环境，并快速地做出适当的调整，以保证自主导航的准确性。

13.3.2 路径规划方法

在研究自主路径规划时，你一定听说过Dijkstra算法，该算法是一个基于图论的最短路径算法，它能够从一个起始单元格开始，通过不断地对相邻的单元格进行更新，寻找到目标单元格的最短路径。它的优点在于，每次探索的过程都是以找到最短路径为目的，并不断以此类推，从而确保最终的结果是最优的(不要担心，这个概念将在几页后说明清楚)。不过，它的缺点在于每次探索的过程都是单独的，没有充分利用之前的探索结果，因此可能造成大量的计算浪费，特别是在地图尺寸较大时。但是，它仍然是一个重要的自主路径规划算法，被广泛应用于许多领域，当中就包括机器人自主导航和物流配送等。

如果机器人在寻找路径的同时，将机器人到目标的最短直线距离考虑进来，这样将能够节省大量的计算时间和资源。A^*算法就是这样一种非常受欢迎的算法，如今它被广泛用于各种应用领域。与Dijkstra算法相比（Dijkstra算法会优先检查与起点的距离最小的单元格），A^*算法在找寻路径时会优先检查从起点的行进距离加上到目标的直线距离之和最小的单元格。图13.1详细说明了A^*算法和Dijkstra算法在计算路径时需要检查的单元格数的对比情况。这两种算法各有优点，用户可以根据实际需求来选择最适合的算法。

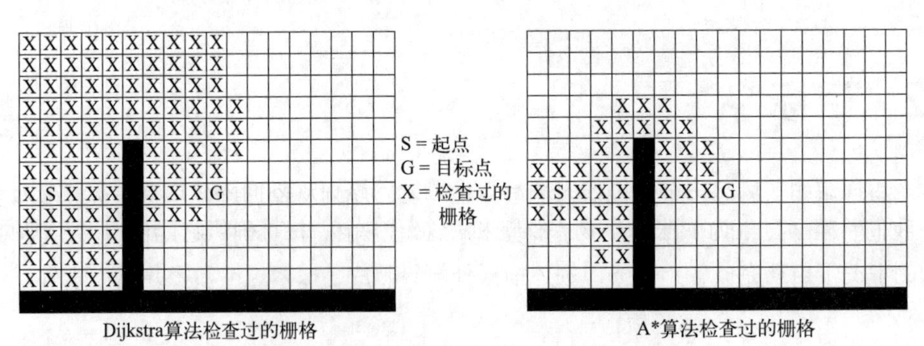

图13.1 Dijkstra算法和A^*算法选中的单元格数

在学习自主路径规划的过程中，使用Dijkstra算法对于初学者来说是一个不错的选择，因为它容易理解，同时可以简单地观察路径搜索的过程。然而，随着学习的深入，我们可以对Dijkstra算法进行改进。在无障碍情况下，Dijkstra算法与A^*算法的差异会更加明显。而在A^*

算法中，由于它考虑了从起点到目标的直线距离，因此可以节省大量计算。对于有经验的机器人专家来说，D*算法也是一个值得考虑的选择，例如当出现新的障碍时，它可以保留数据进行重新计算(在这些情况下，A*会重新开始计算)。总体而言，不同的算法都有各自的优缺点，可以根据实际需求来选择最适合的解决方案。

13.4　障碍物膨胀

在让机器人读取地图并进行路径规划之前，必须注意机器人自身尺寸，判断它是否可以穿过障碍物。一般来说，机器人将自己视为空间中的一个单一点，并没有考虑到自身的物理尺寸。如果我们不采取措施，机器人可能会试图穿过它不能通过的地方，或在转弯时紧挨着障碍物而不知道。为了解决上述问题，我们可以采用障碍物膨胀的方法，即让路径规划程序误解障碍物的大小比实际大，从而避免机器人在通过时受到阻碍。图 13.2 比较了使用膨胀障碍和不使用膨胀障碍时的路径规划和结果，并展示了它们对路径规划和结果的影响。

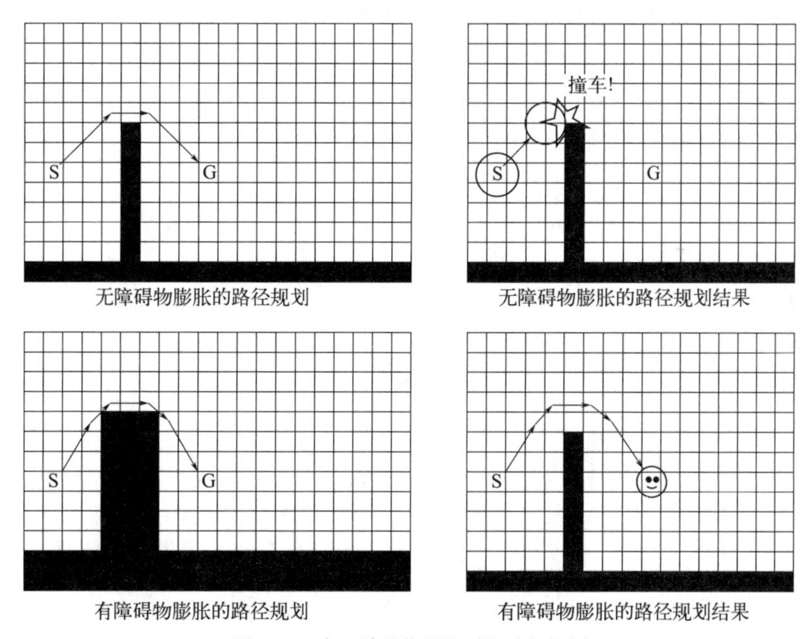

图13.2　有无障碍物膨胀时的路径规划

你是否注意到了因人为膨胀障碍物而导致的额外的路径规划间隔？这正是我们努力实现的目标（我们希望通过人为膨胀障碍物来保证机器人的安全，并且确保它能够遵循正确的路径。通过使用膨胀障碍物，我们可以让机器人在空间中保持适当的距离，避免撞到障碍物或靠得太近，并且我们还可以更好地评估路径规划的效果，并确保机器人安全地到达目的地)。

13.4.1　代价地图

代价地图通常又被称为膨胀地图，这不仅仅指的是技术上的障碍物膨胀的手段，还指的是一张反映通过每个单元格所需时间或代价的图。因为有些地形可能是湿滑的或不平的，因此需要更多的时间和精力才能通过。代价地图还定义了一个代价阈值，当某个单元格的代价超过该阈值时，路径规划程序会认为该单元格是不可通过的，并需要通过操控机器人以避开它。

13.4.2 costmap_2d包

costmap_2d包是一个路径规划的成熟解决方案，其参数设置与大多数其他节点类似，只是略有不同。在这里，我将会在下面简要地介绍如何使用它，更详细的文档可以在ROS官方网站wiki.ros.org/costmap_2d中找到。

costmap_2d采用了地图图层的概念来管理多个图层，这样更加方便管理。主要的图层有:

- 静态地图图层——这个图层是指你已经构建好的或正在构建的地图，包含了所有永久性障碍物。
- 障碍物图层——这个图层是通过costmap_2d使用传感器数据实时创建的，因此会包含那些在构建原始地图时不存在的、非永久性的对象，比如人或物体。
- 膨胀图层——该图层则包含了costmap_2d在前面两层上进行的障碍膨胀。

在实际应用中，costmap_2d将所有这三层信息结合在一起，并形成一张完整的代价地图。如果你想要使用这些信息进行路径规划，你需要订阅costmap_2d发布的代价地图。这张地图提供了所有关于静态障碍物、动态障碍物和膨胀障碍物的信息，因此，它是你的路径规划节点的核心输入。

可以使用apt-get命令在ROS环境中安装costmap_2d包。具体的安装方法如下:

```
sudo apt-get install ros-kinetic-costmap-2d
```

或者:

```
sudo apt-get install ros-melodic-costmap-2d
```

到目前为止，我们已经通过命令行或启动文件加载了参数。以costmap_2d为例，我们将使用启动文件加载 .yaml 参数文件。因为这是一种将机器人的形状加载到costmap_2d中的有效方法，而不能通过正常的参数输入来达到这一目的。我知道我们在上面讲述的过程会很绕，但是我可以向你保证，它实际上并不复杂。如果你需要更详细的文档和额外的技巧，可以在wiki.ros.org/costmap_2d/tutorials上进行查找，尤其是关于配置分层代价地图的部分。如果你只需要相关的基础知识，具体可以按照下面的说明来操作。

1. 在包的根目录下创建一个名为param的文件夹。例如，我的导航包名为practical_nav，所以我们使用了以下命令创建文件:

```
roscd practical_nav
mkdir param
```

2. 创建一个扩展名为.yaml的文本文件。我们这里使用的是costmap_basic.yaml。

3. 指定插件——这个操作的目的是设置代价地图中需要包含哪些图层。作为一个基础的代价地图，我们一般会包含一个静态图层和一个膨胀图层。static_map是由map_server节点提供的服务的名称。

```
plugins:
```

```
- {name: static_map, type: "costmap_2d::StaticLayer"}
- {name: inflation_layer, type:
"costmap_2d::InflationLayer"}
```

4. 指定机器人的轮廓形状——在机器人的路径规划中，机器人足迹是一个至关重要的因素，因为它决定了机器人在环境中可以到达的区域。一般这种轮廓是由一组点（x，y）坐标组成的，通过将每个点都与前一个点相连形成一个多边形。比如说，我的机器人是圆形的，所以可以只用八个点作为一个八边形的代表，但是这并不是一个充分的表示。这些点是基于机器人中心(0,0)的，最后一个点会自动连接到第一个点，因此形成一个封闭的多边形，从而指明机器人的可移动区域。

```
footprint: [[x1, y1], [x2, y2], [x3, y3], [x4,y4], [x5,
y5], [x6, y6], [x7, y7], [x8, y8]]
```

5. 下面一步就是指定其他所需的通用参数，比如说参数名称、机器人的基础坐标、分辨率等，格式如下：

```
parameterName: value_here
#for example
robot_base_frame: base_link
resolution: .1
```

6. 然后下一步就是参考下面的代码，并指定每一层地图的具体参数：

```
static_layer:
map_topic: /map
unknown_cost_value: -1
lethal_cost_threshold: 100
first_map_only: false
subscribe_to_updates: false
```

完整的示例文件costmap_basic.yaml可以在本章的下载部分找到，具体地址是github.com/lbrombach/practical_chapters。此外，它也是第21章项目包的一部分。图13.3是该文件的截图，可以作为一个参考，方便你理解该配置文件的结构和内容。

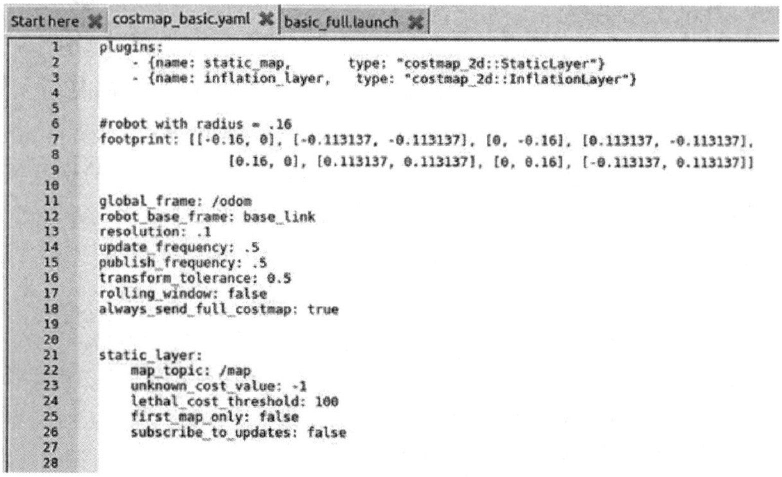

```
Start here | costmap_basic.yaml | basic_full.launch
1   plugins:
2       - {name: static_map,       type: "costmap_2d::StaticLayer"}
3       - {name: inflation_layer,   type: "costmap_2d::InflationLayer"}
4
5
6   #robot with radius = .16
7   footprint: [[-0.16, 0], [-0.113137, -0.113137], [0, -0.16], [0.113137, -0.113137],
8                [0.16, 0], [0.113137, 0.113137], [0, 0.16], [-0.113137, 0.113137]]
9
10
11  global_frame: /odom
12  robot_base_frame: base_link
13  resolution: .1
14  update_frequency: .5
15  publish_frequency: .5
16  transform_tolerance: 0.5
17  rolling_window: false
18  always_send_full_costmap: true
19
20
21  static_layer:
22      map_topic: /map
23      unknown_cost_value: -1
24      lethal_cost_threshold: 100
25      first_map_only: false
26      subscribe_to_updates: false
27
28
```

图13.3　costmap_2d配置的YAML文件

我在使用YAML语法时发现，它比我们在启动文件中使用的XML语法简单得多，因为它不需要很多的标签。你可以使用第一个命令将YAML文件加载到ROS参数服务器，然后使用第二个命令启动costmap_2d节点，轻松实现参数的设置。

```
<rosparam file="$find package_name/params/file_name.yaml"
command="load" ns="/costmap_2d" />
<node pkg="costmap_2d" type="costmap_2d_node" name="costmap_2d"
output="screen" />
```

此外，还要注意不要过度障碍物膨胀，从而浪费可通过区域的空间。如图13.4所示，它展示了我的公寓在使用代价地图前后的情况对比，可以说明这一点。

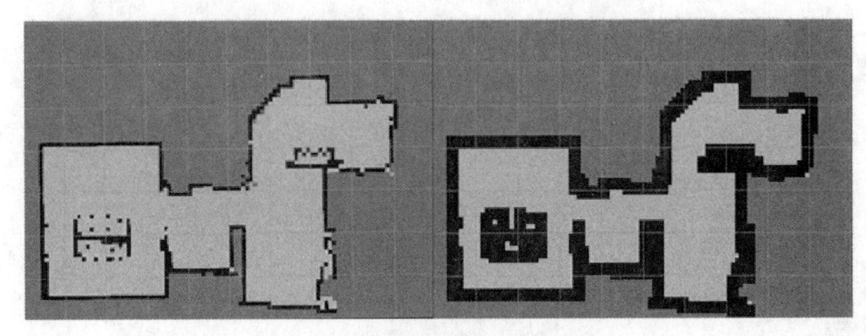

图13.4 障碍物膨胀前后的对比

虽然膨胀的障碍物很好地防止了机器人试图从餐厅椅子腿之间穿过（图13.4左图中左侧区域），但是它却让占用栅格地图中可通行区域大量减少，因为即使物体仅仅占用了一个角落，那整个单元格也会被标记为已占用。这会导致机器人在规划的过程中可能错过一条高效的运动路径。在选择地图分辨率时，必须考虑这种潜在的浪费，并与处理能力进行权衡。例如，如果我们使用代表5cm而不是10cm的地图栅格单元，那每个节点就必须处理4倍的占用栅格单元数量，而使用1cm的分辨率则需要处理100倍的占用栅格单元数量。所以请你在第一次构建地图时就考虑这一点。

13.5 A*路径规划

我们的A*路径规划节点是基于三个输入完成工作的，即成本地图costmap、当前位置（由我们的姿态估计器获得）和目标位置（从发布目标的某个主题中获得）。有了这三个输入，就可以通过一些数学计算，给出一系列路径点列表，使得机器人能够从当前位置到达目标位置，并且尽量避免遇到障碍物。我们将会以2D姿态的格式发布这些路标点(waypoint)，当然，前一章编写的驱动器控制器会订阅这些姿态。为了帮助你更好地理解我们的概念和术语，请参阅图13.5的内容。

假设已经启动了程序，并且地图和机器人当前位置都已经得到了确定，那么，路径规划器就会等待接收并处理目标位置的指令信息。一旦路径规划节点接收到目标位置，路径规划器就会构建一个路标点列表；并在机器人到达前一个路标点时，按顺序为驱动控制器发布路标点。最终，将目标位置作为最后一个路标点发布给驱动控制器。这样，机器人就能够沿着路标点列表，从当前位置一步一步地到达目标位置，并尽量避免障碍物。

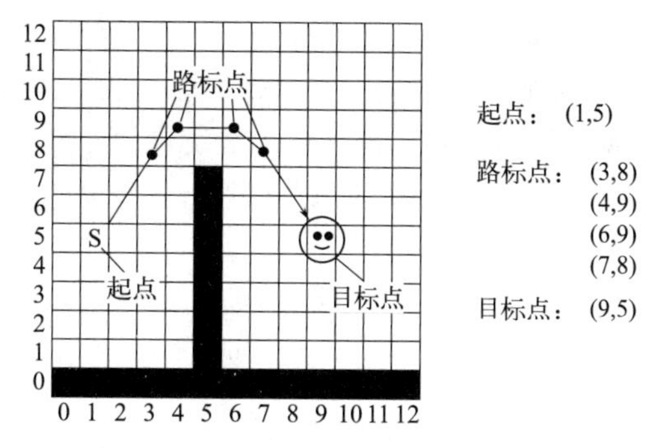

图13.5　定义机器人的起点、目标和路标点

13.5.1　A*是如何工作的

A*有一个基本的想法，即从一个单元格到另一个单元格，每次移动都将产生一定的成本。对角线移动将花费1.4倍的横向或垂直移动成本（假设地图中的地形类型相同），而障碍物被视为成本无限，因此我们不会试图穿越它们。任何路径的成本都可以简单地通过将沿途经过的每个单元格的成本相加来计算。从起点单元到任何单元的累积成本被称为G代价（出于某种原因，在A*中使用G和H变量几乎是一种常见的行为，然后将它们相加到变量F中，稍后你将看到）。图13.6展示了如何通过将基础代价10加到前一个单元格的G代价，来计算路径上每个单元格的G代价这一步骤。

14	10	14
10	*G*	10
14	10	14

14.14　10　10

*G*从当前栅格(中心)遍历到每个相邻栅格的代价

			10+14 34	34+10 44			
(*G*=0) S	0+10 10	10+10 20	inf	inf	44+14 58		
			inf	inf		58+14 *G*	
			inf	inf			

通过将遍历该单元格的代价与前一个单元格的*G*代价相加，来计算沿着路径的每个单元格的*G*代价
被占用的单元格的*G*代价是无限的

图13.6　沿着路径计算每个单元格的G代价（inf表示障碍物）

因此，确定基础的移动代价的成本的方法是非常灵活的，它可以根据特定的应用场景需求来定制不同的移动成本。例如，在特定的情况下，在沙地或泥泞地上移动可能需要消耗更多的时间或燃料，因此在这种情况下，程序员可以将这些地形的基本成本设置为更高的值，以表示它们更难走。当然，如果有一条干净的人行道可以更容易地到达目的地，那么它们的基本成本应该较低。总的来说，确定基本成本的方法取决于开发人员的需求，并且可以根据特定情况来定制。你可以考虑机器人需要考虑的一切因素，比如时间、能耗或其他任何你可以测量的东西。如前所述，障碍物的开销为INT32_MAX，这个值尽可能接近无穷大，而不同类型地形的代价也基本在基础移动代价和无限代价之间取值。

这里我们使用距离作为衡量代价的因素，因为是2D网格，所以移动的选项基本就是左右、上下，还有对角线移动。因为使用数字1作为横向移动的代价将导致对角线移动的代价为小数，所以为了使代价显得合理，我们选择以数字10作为横向和垂直移动的代价，并以14作为

对角线移动的代价。这样可以将栅格间的权重构建成一个边长为10，斜边为14的直角三角形。

A*算法与Dijkstra算法最大的不同在于，A*算法需要额外计算一个启发式代价H，而Dijkstra算法则不需要。A*算法的启发式代价H旨在帮助我们计算总代价F，因此我们可以更精确地知道当前位置到终点的大致代价，并以此为基础，选择更有可能抵达终点的路径，从而更快地到达终点。

将一个给定的单元格作为路径上的一个路标点，那从起点到该路标点的总成本将是：

总成本=从起点到路标点的成本+路标点到目标的成本

因为在没有完成整个路径规划的时候，我们无法确定任何单元格到目标的真实花费，因此，在进行路径寻找的过程中，我们需要使用一种有效的启发式方法。我们可以使用预估距离或其他有效的算法作为前进的方向，以增加我们朝着正确方向前进的机会。如果不采用这种启发式方法，那A*算法将会被简化为Dijkstra算法的搜索模式，从而造成大量的计算浪费。因此，总距离公式会变为以下形式：

总成本＝从开始到单元格的成本＋启发式成本，即F=G+H

启发式是一种有效的方法，可以有效地帮助导航机器人找到从起点到终点的最短路径。这些启发式方法可以根据情况而有所不同。在我们的例子中，最常用的是使用曼哈顿距离（曼哈顿距离是指从一个单元格到目标单元格的直线距离，假设这两个单元格之间没有任何障碍物）。虽然它并不完美，但是这是一个很好的选择。在本书中，我将使用曼哈顿距离作为启发式方法，因为这样使得代码更易于阅读。图13.7展示了如何计算单元格的G、H和F代价，并将其应用于A*算法。

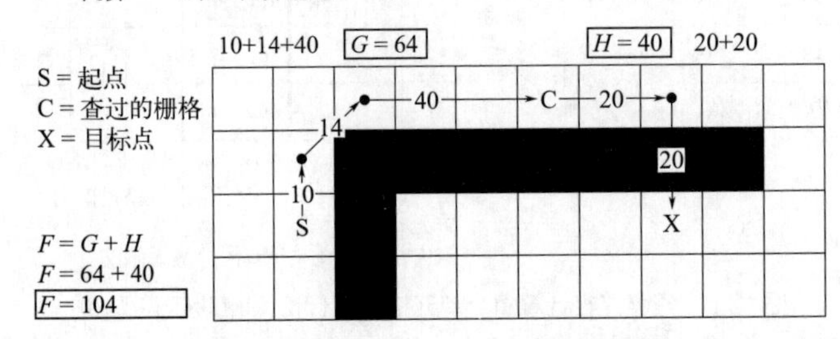

图13.7　作为A*寻路算法的一部分，计算一个单元格的G、H和F代价

A*算法的核心思想是，通过不断计算相邻8个单元格的F代价，并从中选出F代价最小的单元格作为下一步的移动目标，来不断前进，朝着目标的方向逼近。这个被选中的单元格称为“当前单元格”。在每次移动后，我们都会为所有与当前单元格相邻的单元格重新计算F代价，并重复以上过程，直到到达目标单元格。我们还会记录每个单元格是从哪个单元格移动过来的，以便在到达目标单元格后，可以从目标单元格回溯到起始单元格，从而得到最短路径。

A*算法的工作流程是，当我们发现一个单元格与起始单元格相邻时，我们会将它添加到“open”列表中，继续搜索其他可能的路径。当我们选择下一个当前单元格时，我们会遍历“open”列表，选择F代价最低的那个单元格作为下一步移动的单元格。

在我们离开当前单元格，移动到下一个单元格之后，我们会从“open”列表中删除该单元格，并将它添加到“closed”列表中，以避免对同一个单元格重复进行计算。当我们发现一个已经被占用的单元格时，我们也会立刻将其添加到“closed”列表中。

上述的两个流程会一直重复下去，直到我们找到目标单元格；或者“open”列表中的单元格都已经用完，此时我们可以确定没有从起点到目标的路径。在找到目标单元格后，我们可以通过回溯之前的单元格，创建一个包含完整路径的单元格列表。

13.5.2 A*算法的步骤

需要注意的是，掌握A*程序并不是一件简单的事情，它可能需要花费一定的时间和精力。特别是当你开始在代码中添加实际的控制逻辑，并且这些代码需要处理ROS消息时，学习和理解A*算法中所有嵌套的while()和for()循环以及if()和else块就会变得更加困难。因此，我想说的是，不要抱怨学习A*算法的困难。在你写代码的过程中，你可以参考一份具有注释的大纲，它将有助于你理解算法的基本结构，并且有助于加快你学习的进程。

我们需要在开始进行路径规划之前，首先确定单元格的组成部分。我们已经确定了单元格是地图上的一个位置，但还需要为其添加更多相关信息。为了更加方便地进行路径规划，我们考虑创建一个自定义的数据类型，即结构体。结构体是一种数据类型，其中包含一组公共数据成员。如果你不熟悉结构体的相关概念和技巧，建议你先查找相关教程，在继续学习之前加深对结构体的了解。

```
struct cell
{
    int index; //the index in nav_msgs::OccupancyGrid data[]
    int x; //x coordinate of cell on map
    int y; //y coordinate of cell on map
    int F; //the total cost, calculated as G + H
    int G; //cost from start to this cell along path
    int H; //heuristic - manhatten distance from cell to goal
    int prevX; //x coordinates of previous cell
    int prevY; //y coordinate of previous cell
};
```

要明确的是，上面的结构体中，第一个数据成员index是可选的，但我在使用后发现，相比检查x和y，使用index会更容易进行比较。index参数用来存储地图数组的索引，如果需要，可以回到第3章的内容，我们在那里讲到了，对于给定的地图大小，每个（x，y）坐标都有一个对应的索引。如果需要，可以回头再看图10.8，从而进一步对index索引加深理解。

以下是A*算法的基本步骤：

1. 创建两个空列表，分别是打开列表和关闭列表。

2. 创建一个名为“current”的单元格对象，它代表起点单元格，在这里是机器人的位置。

3. 将这个新的单元格加入打开列表中。

4. 遍历以下步骤，直到找到目标：

① 检查打开列表的大小，如果为0，说明没有可用的路径，返回失败（在代码中为4.1步骤，下同）。

② 检查当前单元格的所有相邻单元格（4.2）。

a. 如果相邻单元格已经在打开列表中，则计算它的新的F代价，并与之前的F代价进行比较。如果新的F代价更低，则更新相邻单元格的F代价和G代价，并将当前单元格作为它新的父单元格（4.2.1）。

b. 如果相邻单元格不在打开列表或关闭列表中，则新建一个单元格对象，如果它不是障碍，则加入打开列表，否则加入关闭列表（4.2.2）。

③ 检查完所有相邻单元后，将当前单元格加入关闭列表并从打开列表中移除（4.3）。

④ 在打开列表中找到代价（F）最低的单元格，并将其设为当前单元格（4.4）。

5. 当我们找到目标后，我们需要将目标的父元素设置为最后找到的单元格，然后将目标添加到关闭列表中，以便我们可以回溯到起点的路径。所有在路径上的单元格都将添加到关闭列表中。

6. 最后，从目标开始，根据先前存储的prevX和prevY数据，创建一个列表，按顺序返回起始位置的路径单元格。

对于寻路问题，A*算法具有很高的效率。不仅如此，它还可以找到最短路径，从而确保机器人在最短的时间内到达目的地。然而，尽管算法简单易懂，但仍然有很多嵌套循环和条件语句，可能会使初学者感到困惑。因此，在学习代码之前，我们可以先针对一个简单的寻路问题，对算法的思想进行可视化嵌入，这样有助于更好地理解代码。

13.5.3 完成A*程序

在研究图13.8的路径搜索问题时，你应该注意到在单元格顶部显示的G代价和H代价，中间加粗的数字是F代价。此外，我们还需要注意每个单元格是否在打开或关闭列表中。图中黑色的单元格表示障碍物，但是程序在一开始执行时我们是不会立刻知道它们是障碍的，除非在探索中检测到这些黑色的单元格。

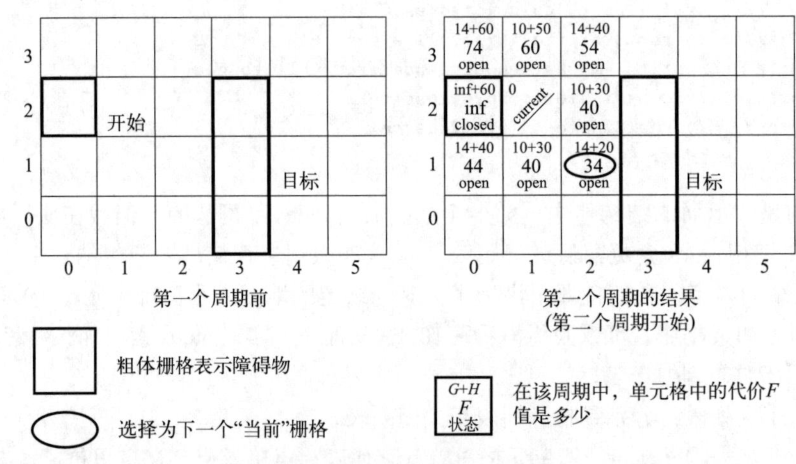

图13.8 寻径问题中第一个A*循环

当我们在图13.8中对路径搜索问题进行研究时可以看到，从图的左边开始，我们将地图加载到内存中，但是程序并未对单元格内的任何信息进行查看。

13.5.3.1 第1至3步

在第1至3步中，我们将创建一个空的打开列表和关闭列表，并定义了一个名为current的单元格对象，该对象的x、y坐标为(1,2)，这是我们的起始单元格。将当前单元格放入打开列表中，随后进入步骤4。

13.5.3.2 第4步

在第4步中，我们将探索起始单元格的每个相邻单元格。如果这些单元格不在打开列表（open）和关闭列表（closed）中，则需要为它们创建单元格对象。其中单元格(0,2)是一个障碍物，因此将立即放入关闭列表中。对于其余的单元格，我们计算它们的*F*代价，并将当前单元格1和2标记为上一时刻的父单元格（prevX和prevY），然后将它们放入打开列表中。你需要记住的是，*G*代价是累积的，而起点单元格的*G*代价为0，因此在第一轮中，所有相邻单元格的*G*代价只有10或14。在图13.8中，*F*代价是每个单元格中间的那个数字。

最后，我们将当前单元格从打开列表中删除，并将其添加到关闭列表中，因为我们已经探索了它的所有相邻单元格。然后我们再次查找打开列表中*F*代价最小的单元格，将其设置为当前单元格(2,1)，并继续探索它的相邻单元格。我们现在有两个关闭单元格和七个打开的单元格，其中包括当前单元格。第一轮的结果可以在图13.8的右侧找到，这是第二轮循环的开始。第二轮循环的相关内容可以在图13.9中看到。

	0	1	2	3	4	5
3	14+60 74 open	10+50 60 open	14+40 54 open			
2	inf+60 inf closed	0 开始 closed	24+30 54 open	inf closed		
1	14+40 44 open	24+30 54 open	14 current	inf closed	目标	
0		28+40 68 open	24+30 54 open	inf closed		

第二个周期中，从计算当前单元格成本后，到做出下一个路径点决策之前的代价图

	0	1	2	3	4	5
3	14+60 74 open	10+50 60 open	14+40 54 open			
2	inf+60 inf closed	0 开始 closed	10+30 40 open	inf closed		
1	14+40 44 open	10+30 40 open	14 closed current	inf closed	目标	
0		28+40 68 open	24+30 54 open	inf closed		

第二次循环结束的代价图

图13.9 寻径问题中第二个A*循环

在第4步中，我们再次探索当前单元格周围的所有单元格。如果任何单元格都是我们的目标，那么我们已经找到了一条路径。但是，如果我们没有找到目标，则这个步骤将重复执行，直到我们找到目标或者确定没有路径。图13.9是这个步骤的参考图。

我们对(2,1)这个新的当前单元格附近的每个单元格都进行了详细的检查。我们会将上一时刻的当前单元格（也称为起始单元格）放入关闭列表中，因为它周围的所有单元格都已经处理过了。在其他单元格中，如果发现有障碍物，我们将它们视为不可通行的单元格，并为它们创建一个单元格对象。但在进行计算之前，我们会将它们放入关闭列表中，以便后续的处理。

在图13.9的左图中，我们对当前单元格的其他四个邻近单元格进行了详细的计算，并将这些值作为临时值存储下来。对于单元格(1,0)和(2,0)，我们会通过计算出来的临时值来创建它们，并将它们放置在open列表中。而对于单元格(1,1)和(2,2)，由于它们已经存在于开放列表中，因此我们需要比较新值和旧值，并保留最小的值。在这两种情况下，从起始单元格到达这两个单元格的成本都比通过当前单元格（新的当前单元格）到达这两个单元格的成本要低，因此我们选择保留旧的值。

在进行计算和比较之后，我们将(2,1)单元格关闭，并选择一个新的单元格。(1,1)和(2,2)单元格具有相同的*F*代价，因此我们可以随意选择其中一个作为新的当前单元格。然而这里我们会故意选择一条与理想路径有偏差的路径，但是不要担心，后面会证明启发式算法是如

何让我们快速恢复到正确的路径的。这里我们将(1,1)作为新的当前单元格，因为它已经在打开列表中被创建，因此我们可以回到上面第4步结束的位置，并开始第三轮循环，如图13.10所示。

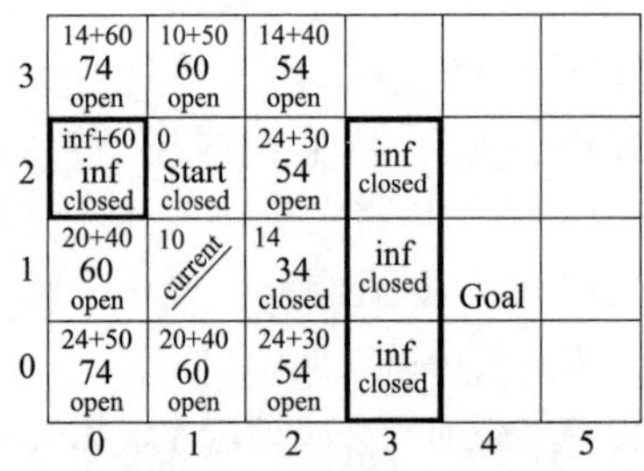

第三个周期中，从计算当前单元格成本后，到做出下一个路径点，决策之前的代价图

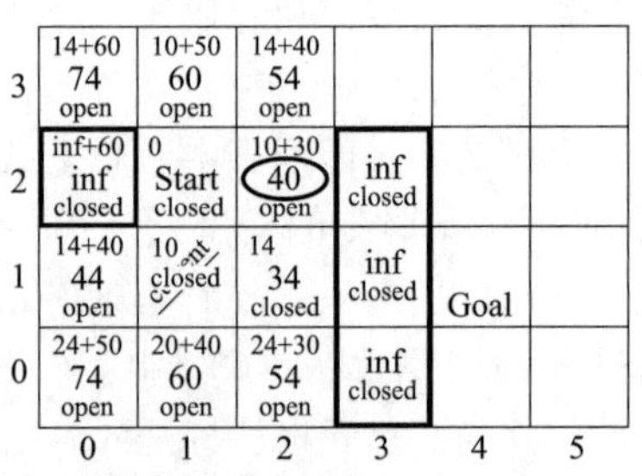

第三次循环结束的代价图

图13.10 寻径问题中第三个A*循环

继续上面的第二个循环末尾，当前的current位于单元格(1,1)时，我们需要再次计算所有在open列表中的相邻单元格的G和F值。有很多旧的F代价将不再被我们考虑，因为它们已经比当前的F代价高了。然而，单元格(1,0)却得到了一个更低的G和F代价，从而导致该单元格的prevX和prevY值也被更新了，所以(1,1)成为了它的新父元素。最后，我们将(1,1)移动到了closed列表中，并将(2,2)设为新的单元格，因为此时它的F代价是打开列表中所有单元格中最低的。从图13.11中我们可以看到，F代价最低的单元格是上一轮循环的另一个选择，所以单元格(2,2)将是我们下一轮循环的新的单元格。

	0	1	2	3	4	5
3	14+60 74 open	24+50 74 open	24+40 64 open	24+30 54 open		
2	inf+60 inf closed	0 Start closed	10 current	inf closed		
1	14+40 44 open	10 40 closed	14 34 closed	inf closed	Goal	
0	24+50 74 open	20+40 60 open	24+30 54 open	inf closed		

第四个周期中，从计算当前单元格成本后，到做出下一个路径点决策之前的代价图

	0	1	2	3	4	5
3	14+60 74 open	10+50 60 open	14+40 54 open	24+30 54 open		
2	inf+60 inf closed	0 Start closed	10 closed current	inf closed		
1	14+40 44 open	10 40 closed	14 34 closed	inf closed	Goal	
0	24+50 74 open	20+40 60 open	24+30 54 open	inf closed		

第四次循环结束的代价图

图13.11 寻径问题中第四个A*循环

在上一时刻的当前单元格(1,1)被移动到closed列表中并且(2,2)成为了新的当前单元格后，我们发现当前单元格的大多数邻近单元格已经关闭了。因此我们只需要关注最上方一行中的三个单元格。如果回顾第三次循环的结果（如图13.10所示），你会发现在开放列表中的两个单元格的F代价比现在计算出来的F代价更小，因此我们不会用新计算结果去覆盖它们，也不会改变它们的父单元格。同时，我们在此过程中新建了单元格(3,3)并加入开放列表中，它的父单元格被设置为(2,2)。而当前单元格(2,2)已经关闭并从开放(open)列表中删除，当我们快速扫描开放列表中的单元格时，如图13.12所示，我们发现第五轮的当前单元格是(0,1)。

由于当前邻近单元格(0,1)中的大部分邻近单元格已经在边界外或处于关闭列表中，所以我们只需要检查具有较低F代价的两个单元格。在这些单元格中，只有单元格(1,0)需要更新。

我们将其关闭并重新寻找F值最低的开放单元格。

	0	1	2	3	4	5
3	14+60 74 open	10+50 60 open	14+40 54 open	24+30 54 open		
2	inf+60 inf closed	0 Start closed	10 40 closed	inf closed		
1	14 current	10 40 closed	14 34 closed	inf closed	Goal	
0	24+50 74 open	24+40 64 open	24+30 54 open	inf closed		

第五个周期中，从计算当前单元格成本后，到做出下一个路径点决策之前的代价图

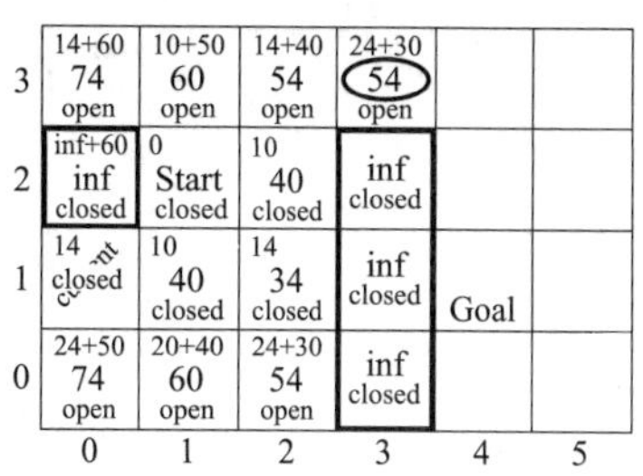

第五次循环结束的代价图

图13.12　寻径问题中第五个A*循环

仔细观察图13.12，你会发现三个单元格的F值相等，因此任何一个都可以作为当前单元格。为了节省时间，我会选择一个正确方向的单元格，但实际上，你的程序可能会选择其中任意一个。当然，无论怎么样，我现在选择的单元格一定将会在一个周期或两个周期内被程序筛选出来，成为当前单元格。图13.13就是第六次循环的示意。

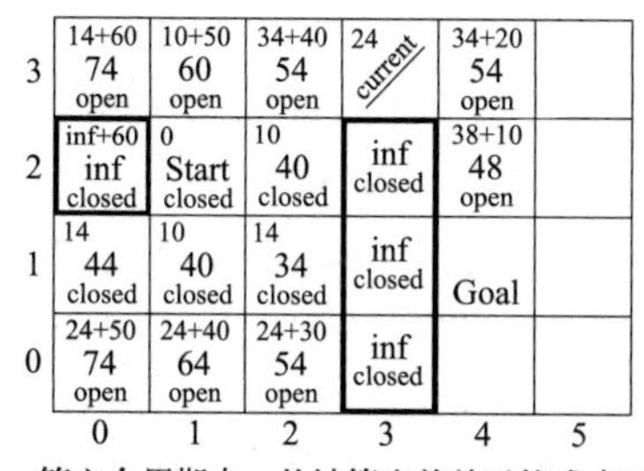

第六个周期中，从计算当前单元格成本后，到做出下一个路径点决策之前的代价图

	0	1	2	3	4	5
3	14+60 74 open	10+50 60 open	14+40 54 open	24 current closed	34+20 54 open	
2	inf+60 inf closed	0 Start closed	10 40 closed	inf closed	38+10 48 open	
1	14 44 closed	10 40 closed	14 34 closed	inf closed	Goal	
0	24+50 74 open	20+40 60 open	24+30 54 open	inf closed		

第六次循环结束的代价图

图13.13　寻径问题中第六个A*循环

当我们检查当前单元格(3,3)时，我们发现其中一个单元格的新计算值过高，无法满足我们的要求。因此，我们继续将两个新的单元格放入开放列表中，并在开放列表中寻找下一个单元格。通过对当前的相邻单元格进行检查，我们的程序可以发现，下一个当前单元格将是目标。这对你来说将会是兴奋不已的。我们再次关闭当前单元格，并将(4,2)设置为新的当前单元格，然后开始下一轮迭代。

由于当前单元格(4,2)的周围有一个打开的单元格和三个未经探索的单元格，因此第一次选择时可能无法直接找到目标。但没关系，随着程序的推进，A*算法将能够检测到它正在探索的单元格和目标匹配，最终在前往我们第5个流程前，成功完成对目标的搜索。

13.5.3.3　第5步

要到达这一步，我们必须已经检测到了目标地点。现在我们需要将目标地点的父节点设置为能够检测到它的当前节点。然后我们将当前节点和目标节点都添加到closed列表中。由于我们已经关闭了所有已探索的单元格，我们可以忽略所有F、G和H成本，专注于prevX和prevY，以便从目标单元格向后追溯到起点。如果我们再次查看一直在处理的地图，我向你展示prevX和prevY而不是成本，你会发现它运行得相当顺利。图13.14 显示了前一个（x，y)值和路径。

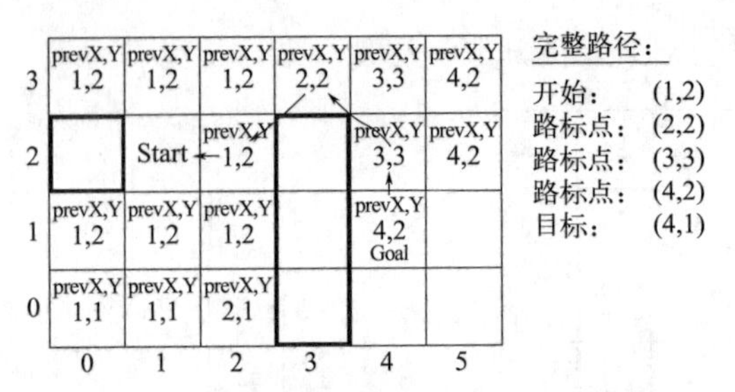

图13.14　检测到目标地点后向后回溯到起始点

13.5.3.4　第6步

在图13.14中，我们通过记录每个单元格的父单元格来找到从起点返回的路径。这种方法使我们能够在最终的解中定位每个单元格的位置，从而确定机器人的完整路径。到这一步，你可以根据自己的需求，选择发布整个路径或仅发布第一个路径点，然后机器人在运动到第一个路径点后，再次发送下一个路径点。同时如果地图发生变化，那你也可以根据自身的需求来决定如何再次运行该算法。如果需要可视化，你可以将所有路径点发布到Rviz等工具中，以便了解机器人的整个导航路线。

额外步骤:（该步骤不是必须的，我这里建议你在具有一个基本的路径规划器之前不要尝试将这部分加入代码中）请注意，A^*算法为路径上的每个单元格提供一个路径点，即使它们在实际的移动中不必要。因此在大型地图上，即使是一条直线，最终也可能会有数十到数百个路径点。这种情况在我们的小示例中也是如此，从开始单元格(1,2)到(3,3)需要两个路径点，即使中间没有任何障碍物，机器人也会将这个步骤分成两步来完成移动以到达目的地。这个额外步骤不是标准A^*算法的一部分。但是，你可以选择性地添加一个函数，该函数可以查找从机器人当前位置开始的直线移动所能到达的最远路径点，然后删除不必要的路径点。这样可以减少路径点的数量，并使路径更加直线化。

在这个例子中，这个函数有可能先检查从起点到目标点间是否有障碍物，如果检测到障碍物，那么它不会直接驶向目标点。在之后的过程中，它可能会再次检查从起点到目标点的航路点，看看在途中是否有障碍物（简而言之，它可能会继续检查每一个航路点，直到找到一个航路点，在该航路点和起点之间没有任何障碍物）。在这种情况下，在航路点(3,3)处，它发现没有任何障碍物，所以它可以删除航路点(2,2)，从而机器人可以一次性移动到目标点(3,3)。这有助于减少机器人在到达目标之前需要做的额外移动，同时确保它始终保持在最短路径上。同时，这也有助于缩短程序的执行时间，因为它不需要对每个航路点都进行检查。因此，这是一个可选且非常有益的步骤，有助于提高代码的性能和效率。

13.6　将A^*程序写成ROS节点

在本章中，我们将会遇到一个目前为止最大的程序，其代码行数是最多的。这个程序的代码行数之多，并不是因为它本身就是一个特别难以理解的算法，而是因为其中存在大量的比较和操作，这使得一个相对简单的功能在代码实现上变得十分复杂。为了使初学者更容易理解该代码，我们故意避免了使用库函数，以便你能够更好地理解代码实现的细节。不过，这也意味着更高级的程序员可能需要阅读到更加烦琐的代码数量。但是，对于这样的程序员来说，他们对理解A*代码应该不会有任何问题，并能够根据自己的需求编写出自己的A*程序。

因此，我们需要为初学者提供一些适当的建议，以便他们能够充分利用本书所编写的代码。首先，初学者应该仔细学习和理解C++中的一些基本概念，例如向量(因为我们需要适时地更改数组的大小)和结构体。其次，我们在本书中尽可能避免使用一些对初学者不太友好的概念，例如独立的公共和私有数据成员、函数和运算符重载的类。然而，为了让更多的人能够阅读和理解代码，我们依然要加入一些复制构造函数和初始化列表的使用。此外，我们首次提出了包含文件的概念，因为有些代码在你甚至没有找到main()函数之前就已经加入了程序中。因此，我们建议初学者对包含文件有更深入的了解，以便在编写代码时更加顺畅。

受益于大量辅助函数的支持，我建议至少有两个文件应该包含A*算法，其中一个文件应该包含A*算法的具体实现，另一个文件则包含与A*算法相关的通用辅助函数，当然A*其中一些函数在其他程序中也会有所使用，因此如果你将这个文件包含在多个程序中，就可以省去很多冗余的代码。虽然包含文件的概念并不是非常先进的，但是回想起以前，当我作为一个初学者需要编写一个大型程序时，因为某些习惯的原因，而选择不使用这种方式，这对于编写一个大型程序来说是非常痛苦的。如果现在你也有同样的经历，那么是时候面对这个挑战了，把你的代码分成多个可管理的文件，以便更好地管理和维护。

13.6.1　标准内容、辅助函数和main()

首先，为了使我们的代码可以正常工作，我们需要在头文件中包含必要的库和头文件，并在代码中声明必要的变量。我们在程序的开始就定义了一个常量，三个ROS订阅者，一个ROS发布者以及一个全局变量来存储占用栅格地图。其中，特别值得注意的是_map声明，因为它的构造函数是有特殊意义的，其保证了我们在程序运行过程中不会因为内存空间不足而导致程序终止。

```
#include "ros/ros.h"
#include "nav_msgs/OccupancyGrid.h"
#include "nav_msgs/Path.h"
#include "geometry_msgs/PoseStamped.h"
#include "yourPkgName/yourIncludeHeader.h"#include
<tf/transform_listener.h>
#include <vector>
#include <math.h>
#include <iostream>
using namespace std;
//cells with map data above this are considered 100% occupied
const int OCCUPIED_THRESHOLD = 20;
//create our subscriber and publisher.
ros::Subscriber subMap, subGoal;
ros::Publisher pub;
ros::Publisher pathPub;
//this is where we'll keep the working _map data
nav_msgs::OccupancyGrid::Ptr _map(new
nav_msgs::OccupancyGrid());
//global flag so we can start and stop the algorithm
bool goalActive = false;
```

为了使处理占用栅格数据更容易，计算x、y坐标是十分重要的。我们使用了一个辅助函数，可以计算出任意占用栅格数据[]点索引的x和y坐标，反之亦然。值得一提的是，我们的地图绘制是在二维网格上进行的，而接收到的地图数据是一个一维数组。因此，这个辅助函数将是十分有用的，因为它能够方便我们将一维数组转换为二维坐标。

```
//returns the x coordinate, given an index number and a map
int getX(int index, const nav_msgs::OccupancyGridPtr &map)
{
    return index % map->info.width;
}
//returns the y coordinate, given an index number and a map
int getY(int index, const nav_msgs::OccupancyGridPtr &map)
{
    return index / map->info.width;
}
//returns the index number, given x,y coordinates and a map
int getIndex(int x, int y, const nav_msgs::OccupancyGridPtr
&map)
{
    return map->info.width * y + x;
}
```

除此之外，还有几个关键函数。它们不仅经常被调用，而且还是这个程序能够正确实现的关键因素。比如说，我们必须对所有单元格进行边界检查，以确保它们都在地图范围内，否则可能会引发异常并导致程序停止。另外，我们也需要经常判断一个单元格是否被视为障碍。有时还需要知道地图的分辨率，这样我们才可以将单元格坐标转换为以米为单位的真实世界坐标。这些函数都是保证程序正确性的重要组成部分。

```
//returns whether given coordinates are a valid cell n the map
bool is_in_bounds(int x, int y, const
nav_msgs::OccupancyGridPtr &map)
{
    return (x >= 0 && x < map->info.width
    && y >= 0 && y < map->info.height);
}
//helper to check if cell is to be considered an obstacle
bool is_obstacle(int x, int y, const nav_msgs::OccupancyGridPtr
&map)
{
    return ((int)map->data[getIndex(x, y, map)]
    > OCCUPIED_THRESHOLD);
}
//helper to return map resolution
double map_resolution(const nav_msgs::OccupancyGridPtr &map)
{
    return map->info.resolution;
}
```

除此之外，在这些辅助函数中还有一些其他的数学计算，例如求两点之间的欧几里得距离，计算两点间的斜率，计算一个点的垂足等。需要注意的是，当处理姿态坐标或网格坐标时，需要确保不会混淆分辨率这类问题，因为网格单元格数是姿态(米)除以地图分辨率，因此网格坐标(8,8)就等于姿态为(8,8)米的坐标。另外，在使用这些基本数学运算函数时，在处理垂直线时，也要注意除0错误。因此，在执行除法运算之前，请确保使用相关的检查函数，以避免错误的出现。

```
//returns slope m from slope-intercept formula y=m*x+b
//given two coordinate pairs
double get_m(double x1, double y1, double x2, double y2)
{
    //****CAUTION< WILL THROW ERROR IF WE DIVIDE BY ZERO
    return (y1 - y2) / (x1 - x2);
}
// returns offset b from slope intercept formula y=m*x+b
//for b = y-(m*x)
double get_b(double x1, double y1, double x2, double y2)
{
    if(x1 != x2)
    {
    return y1 - (get_m(x1, y1, x2, y2) * x1);
    }
    else return x1; // if x1 == x2, line is vertical, so b = x1
}
//returns Y from slope intercept formula y=m*x+b, given x
//****DOES NOT HANDLE VERTICAL LINES****
double get_y_intercept(double x1, double y1, double x2, double
y2, double checkX)
{
    double m = get_m(x1, y1, x2, y2);
    double b = get_b(x1, y1, x2, y2);
    return m * checkX + b;
}
//returns x from slope intercept formula y=m*x+b, given y.
//for x= (y-b)/m **DOES NOT HANDLE VERTICAL LINES**
double get_x_intercept(double x1, double y1, double x2, double
y2, double checkY)
{
    double m = get_m(x1, y1, x2, y2);
    double b = get_b(x1, y1, x2, y2);
    return (checkY - b) / m;
}
```

在运用A*算法时，虽然一般的占用栅格仅仅只包含了每个单元格的一位信息，但是为了使其工作正常，我们需要跟踪每个单元格的其他一些相关信息。为了方便，我们定义了一个struct cell类型，用于存储每个单元格的所需信息，其中包括复制构造函数和一些全局变量实例，在整个程序的实现中将会使用它们。

```
struct cell
{
    cell() : index(-1), x(-1), y(-1), theta(-1), F(INT32_MAX),
    G(INT32_MAX), H(INT32_MAX),
    prevX(-1), prevY(-1) {}
    cell(const cell &incoming);
    int index; //the index in the nav_msgs::OccupancyGrid
```

```
    int x; //x, y as grid cells coordinates
    int y;
    double theta; //not strictly for A*, but the final waypoint
    //is the goal and requires heading theta
    int F; //this cells total cost, F = G + H
    int G; //cost (distancetraveled) to cell from start
    int H; //manhattan distance distance to goal
    int prevX; //map grid coordinates of previous parent cell
    int prevY;
};
//copy constructor
cell::cell(const cell &incoming)
{
    index = incoming.index;
    x = incoming.x;
    y = incoming.y;
    theta = incoming.theta;
    F = incoming.F;
    G = incoming.G;
    H = incoming.H;
    prevX = incoming.prevX;
    prevY = incoming.prevY;
}
cell start; //creating start object
cell goal; //creating goal object
```

在A*算法程序的编写中，我认为使用回调函数是一种很好的方法，它能够给订阅者提供实时的信息。对于这种情况，回调函数会接收另一个节点发布的costmap数据，并使用这些数据来更新我们所维护的工作地图(_map)。一旦回调函数接收到新的数据，它就会立即将其应用到工作地图上。当然，为了确保信息的最新性，成本地图应该尽可能在有新信息时才发布。

```
//copy the supplied costmap to a new _map we created above
void map_handler(const nav_msgs::OccupancyGridPtr &costmap)
{
    static bool init_complete = false;
    //only do this stuff the first time a map is received.
    if (init_complete == false)
    {
        _map->header.frame_id = costmap->header.frame_id;
        _map->info.resolution = costmap->info.resolution;
        _map->info.width = costmap->info.width;
        _map->info.height = costmap->info.height;
        _map->info.origin.position.x
        = costmap->info.origin.position.x;
        _map->info.origin.position.y
        = costmap->info.origin.position.y;
        _map->info.origin.orientation.x
        = costmap->info.origin.orientation.x;
        _map->info.origin.orientation.y
        = costmap->info.origin.orientation.y;
        _map->info.origin.orientation.z
        = costmap->info.origin.orientation.z;
        _map->info.origin.orientation.w
```

```
        = costmap->info.origin.orientation.w;
        //resize data[] so it can hold the data in costmap->data
        _map->data.resize(costmap->data.size());
        cout << "Initializing map size " << _map->info.width
        << " x " << _map->info.height << endl;
        init_complete = true;
    }
    //this part we can do every time to ensure we see updates.
    for (int i = 0; i < costmap->data.size(); i++)
    {
        _map->data[i] = costmap->data[i];
    }
}
```

此外，另一个回调函数的作用就是负责保持目标位置的更新。你可以在set_goal()函数中看到，我们将goalActive标志设置为true，这是告诉程序在机器人运行时要执行路径规划函数的判断标志位。我们的起始单元格始终是机器人的当前实际位置，因为这可以通过接收里程计状态消息或在回调函数中使用转换数据的时候，实时完成机器人当前位置的更新。这将使我们的方法更加灵活，以更好地适应未来的变化。

```
//set our start cell as the current grid cell
bool update_start_cell()
{
    static tf::TransformListener listener;
    tf::StampedTransform odom_base_tf;
    listener.lookupTransform("odom", "base_link", ros::Time(0),
    odom_base_tf);
    //dont forget that grid cell is pose in meters / map
    resolution
    start.x = odom_base_tf.getOrigin().x()/ map_resolution(_map);
    start.y = odom_base_tf.getOrigin().y()/ map_resolution(_map);
    tf::Quaternion q(0, 0, odom_base_tf.getRotation().z(),
    odom_base_tf.getRotation().w());
    tf::Matrix3x3 m(q);
    double roll, pitch, yaw;
    m.getRPY(roll, pitch, yaw);
    start.theta = yaw;
    start.index = getIndex(start.x, start.y, _map);
    return true;
}
//set goal received and set goalActive = true
void set_goal(const geometry_msgs::PoseStamped &desiredPose)
{
    //grid cell is pose in meters / map resolution
    goal.x = (int)(desiredPose.pose.position.x /
    map_resolution(_map));
    goal.y = (int)(desiredPose.pose.position.y /
    map_resolution(_map));
    goal.theta = desiredPose.pose.orientation.z;
    goal.index = getIndex(goal.x, goal.y, _map);
    goal.H = 0; //must set to zero to identify when found
    goalActive = true;
}
```

下一个代码块只有两个函数，但是这两个函数在这段代码块中都有着非常重要的作用。第一个函数的功能是遍历列表，并通过其占用网格的索引来检查该单元格是否包含给定的单元格。A*算法使用这个信息来评估单元格是否可用，并决定是否可以通过该单元格移动到目标地点。第二个函数的功能是发布由find_path()函数标识的单元格，作为下一个路点。它接收find_path()函数生成的路径信息，并将单元格分解为每个路点，以便在机器人上实现它。通过这两个函数，程序能够以高效和可靠的方式导航到目标地点，并确保它不会遇到障碍物。

```
//check if cell with index of toCheck is in supplied list
bool contains(vector<cell> &list, int toCheck)
{
    for (int i = 0; i < list.size(); i++)
    {
        if (list[i].index == toCheck)
        {
            return true;
        }
    }
    //if not found in above loop, list does not contain
    return false;
}
//publish the next waypoint is 2d form -
//ignoring quaternion nature of PoseStamped data type
void publish_waypoint(cell nextWaypoint)
{
    geometry_msgs::PoseStamped wpt;
    wpt.header.frame_id = "map";
    wpt.header.stamp = ros::Time::now();
    //convert cell x, y coords to position in meters
    wpt.pose.position.x = (double)(nextWaypoint.x) / 10 + .05;
    wpt.pose.position.y = (double)(nextWaypoint.y) / 10 + .05;
    wpt.pose.position.z = 0;
    wpt.pose.orientation.x = 0;
    wpt.pose.orientation.y = 0;
    wpt.pose.orientation.z = nextWaypoint.theta;
    wpt.pose.orientation.w = 0;
    pub.publish(wpt);
}
```

下面是三个简单的数学计算函数，主要是用于计算单元格的G、H和F代价。

```
//helper to calculate G cost
double getG(int x, int y, int currentX, int currentY, double
currentG)
{
    //cost is infinite if cell is obstacle
    if (is_obstacle(x, y, _map))
    {
        return INT32_MAX;
    }
    //if cell is not diagonal, the cost to move is 10
    else if (x == currentX || y == currentY)
    {
```

```
            return currentG + 10;
        }
        //cost is 14.142 if cell is diagonal
        else
        {
            return currentG + 14;
        }
    }
        //helper to calculate H heuristic
    double getH(int x, int y)
    {
        return (abs(goal.x - x) + abs(goal.y - y)) * 10;
    }
    //helper to calculate F, but avoid integer rollover
    double getF(int g, int h)
    {
        if (g == INT32_MAX)
        {
            return g;
        }
        else
        {
            return g + h;
        }
    }
```

接下来是不可缺少的 trace() 函数，它的作用是记录我们前进的每一个单元格的信息，并将下一个目标单元格发送到 publish_waypoint() 函数进行发布，最终到达驱动器控制器。这个函数的存在对于机器人的行动来说是至关重要的，因为它能够确保机器人沿着预定的路径一直前行，从而实现对目标的有效控制。

```
    int trace(vector<cell> &closed)
    {
        vector<cell> path;
        //closed.back() is the goal, and will be element [0] in path
        path.push_back(cell(closed.back()));
        bool pathComplete = false;
        while (pathComplete == false)
        {
            bool found = false;
            //check the closed list for the parent cell of the last
            // cell in path[]. At first, only the goal is in path.
            for (int i = 0; found == false && i < closed.size(); i++)
            {
            //when we find the parent cell, push it to path
                if (closed[i].x == path.back().prevX
                && closed[i].y == path.back().prevY)
                {
                    path.push_back(cell(closed[i]));
                    found = true;
                }
            }
            //check if the path is complete
```

```
        if (path.back().index == start.index)
        {
            pathComplete = true;
        }
    }
    //the waypoint at path.back() is currently our start point.
    //By removing it, the new back() will be our first waypoint
    if (path.back().index != goal.index)
    {
        path.pop_back();
    }
    //if goal, publish goal heading, else publish the heading we
    //took to get here anyway
    if (path.back().index != path.front().index)
    {
        double deltaX = path.back().x - start.x;
        double deltaY = path.back().y - start.y;
        path.back().theta = atan2(deltaY, deltaX);
    }
    publish_waypoint(path.back());
    return path.back().index;
}
```

最后，在编写寻找路径函数之前，让我们先完成main()函数。在main()中，我们可以进行话题的订阅、声明需要的发布者、设置一些if和else代码块实现一些简单的逻辑，我们还初始化了必要的变量，例如地图大小，起始点和目标点。这些都是必需的，因为我们的寻路算法需要这些信息才能正常工作（此外，我们还在main()中创建了一个ros::Rate对象，它是我们更新频率的参考，并在对每个回调函数调用spinOnce()时使用。此外，我们还可以在main()中进行各种错误检查，以确保所有必要的参数都被正确设置，以及我们的ROS节点是否能够正常工作）。

```
int main(int argc, char **argv)
{
    ros::init(argc, argv, "path_planner");
    ros::NodeHandle node;
    //subscribe to map, current pose, and goal location
    subMap = node.subscribe("costmap", 0, map_handler);
    subGoal = node.subscribe("goal_2d", 0, set_goal);
    //advertise publisher
    pub = node.advertise<geometry_msgs::PoseStamped>
    ("waypoint_2d",0);
    //check callbacks every second
    ros::Rate loop_rate(1);
    while (ros::ok)
    {
        if (goalActive == true)
        {
            //get current location from transform data
            update_start_cell();
            //If we arrive at goal, stop until new goal received
            if (start.index == goal.index)
            {
```

```
                goalActive = false;
            }
            else
            {
                int nextWaypoint = find_path();
                if (nextWaypoint == -1)
                {
                    cout << "NO PATH FOUND" << endl;
                    goalActive = false;
                }
            }
        }
        ros::spinOnce();
        loop_rate.sleep();
    }
    return 0;
}
```

这个文件中包含了大量的辅助函数，虽然看起来有很多代码，但如果将它们分成较小的部分，就不会太复杂了。在下一节探讨A*程序的核心——find_path()函数时，也请牢记这一点。

13.6.2　A*节点的核心 :find_path()

这部分是A*算法的核心。我们已经在之前的讨论中提到了A*算法，它将在本书中作为最重要的程序之一，同时相较于其他的代码来说也是更加烦琐的。因此，为了方便管理，我将把整个函数分解成多个可管理的代码块。整个程序可以在GitHub上下载，地址为：github.com/lbrombach/practical_chapters。

下面是 find_path() 函数的概述，其中包含了所有主要的括号，并注明了哪个步骤（来自前面的A*步骤部分）在哪里。你可以看到第4步本身占用了很大的空间，因此我们在逐步浏览代码部分时，它将被进一步细分。

```
int find_path()
{
    //Step 1. Create empty open and closed lists
    //Step 2. Create cell object "current" that is the start cell
    //Step 3. Add "current" to open list
    while (Step 4 - while goal not found)
    {
        for (iterate over neighbors)
        {
            for (its 2d matrix, still iterating over neighbors)
            {
                if (make sure cell is in bounds)
                {
                    if (Step 4.1 check if open list is empty)
                    {
                    }
                    if (Step 4.2.1 - cell already in open list)
                    {}
                    else if (4.2.2 - cell not in either list)
```

```
                    {}
                }
            }
        }
    // Step 4.3 - Add "current" to closed and remove from open
        {}
    //Step 4.4 - Make "current" the cell in open with lowest F
        {}
    }
    //Step 5 - we have found the goal. Set goal's parents to last
    cell found and add to goal to closed list.
    {}
    //Step 6 - Trace the path
    return nextWaypoint;
}
```

第1步：创建空的打开列表和关闭列表是find_path()函数中非常重要的一步。为了简化算法，我们使用了vector，它不是性能最优的数据结构。如果你有能力去使用更高效的数据结构，如堆或哈希表，你会发现运行时间更快、更有效。因此，在选择数据结构时，要根据你的需求选择最合适的结构。

```
vector<cell> open;
vector<cell> closed;
```

第2步：创建一个名为cell的对象current，用它来代表起点。我们使用复制构造函数复制起点的副本来创建这个cell对象。然后我们对三个代价(G、H、F)值进行计算，起点是一个非常方便计算代价的地方。起点单元格的G代价必须为0，因为它没有任何移动。此外，由于我们将使用占用栅格索引进行比较，因此我们也需要将其初始化为0。

```
cell current(start);
//special case start G must be initialized to 0
current.G = 0;
current.H = getH(start.x, start.y);
current.F = current.G + current.H;
current.index = (getIndex(current.x, current.y, _map));
```

第3步：接着，我们要将当前元素加入打开列表。这是一步很简单的操作，此时打开列表是空的，因此添加当前单元格后，它成为了打开列表中的第一个元素。此时，当前单元格的编号为0，它成为了我们接下来将枚举的第一个单元格。我们将在后面的循环中不断检查当前单元格是否是目标单元格，如果不是，我们将其从打开列表中移动到关闭列表中，并在打开列表中添加其相邻的单元格，直到找到目标单元格为止。

```
open.push_back(cell(current));
```

第4步：这是一个很复杂的问题，在这里我们需要认真跟踪括号，以明白一层层的含义。首先会通过while进行遍历，从而检查当前单元格周围的每个单元格。如果它们位于边界内，则进行步骤4.1、步骤4.2.1和步骤4.2.2这些操作。通过这样处理每个邻近单元格，我们最终将在步骤4.3和步骤4.4中找到新的当前单元格，并重复这些操作直到到达目标。

```
//H of 0 means we are at the goal cell
while (current.H > 0)
```

```
{
    for (int x = current.x - 1; x <= current.x + 1; x++)
    {
        for (int y = current.y - 1; y <= current.y + 1; y++)
        {
            if (is_in_bounds(x, y, _map))
            {
            Step 4.1 if open list is empty
            Step 4.2.1 - cell already in open list
            Step 4.2.2 - cell not in either list
            }
        }
    }
    Step 4.3 - Add "current" to closed and remove from open
    Step 4.4 - Make "current" the cell in open with lowest F
}
```

第4.1步：如果打开列表中的所有单元格都已经用完，那么表明没有任何可行的路径。因此，我们将goalActive目标状态设置为false，表示无法找到合法路径，并且将−1作为返回值。

```
if (open.size() == 0)
{
    cout << "NO PATH FOUND" << endl;
    goalActive = false;
    return -1;
}
```

步骤4.2.1：如果检测到单元格已在开放列表中，我们需要进一步迭代开放列表，直到i等于该单元格的索引。在这种情况下，我们可以结合检查和索引检索的操作以保证代码和运算的简洁性。一旦找到了正确的索引，我们可以计算该单元格的F值，并将其与开放列表中已有的单元格的F值进行比较。如果发现新的路径比已有的更有效，则更新该单元格的信息，以反映新的状态。

```
if (contains(open, getIndex(x, y, _map)) == true)
{
//iterate the list until we find the relevant cell
    int i = 0;
    while (open[i].index != getIndex(x, y, _map))
    {
        i++;
    }
    int tempG = getG(x, y, current.x, current.y, current.G);
    int tempH = getH(x, y);
    int tempF = getF(tempG + tempH);
    //if this calculation results in lower F cost, save the new
    //data and replace cells parents with current cell
    if (tempF < open[i].F)
    {
        open[i].F = tempG + tempH;
        open[i].G = tempG;
        open[i].prevX = current.x;
        open[i].prevY = current.y;
    }
}
```

步骤4.2.2：如果在打开列表和关闭列表中都未找到该单元格，那么我们需要新建一个cell对象，并在相应的位置放置它。在对该单元格的F值进行计算后，如果结果表明它是一个障碍物，我们将它放入关闭列表；否则，将其加入打开列表中，以备后续使用。

```
else if (contains(closed, getIndex(x, y, _map)) == false)
{
    //create the cell object with current cell data
    cell newCell;
    newCell.x = x;
    newCell.y = y;
    newCell.index = getIndex(x, y, _map);
    newCell.prevX = current.x;
    newCell.prevY = current.y;
    newCell.G = getG(x, y, current.x, current.y, current.G);
    newCell.H = getH(x, y);
    newCell.F = getF(newCell.G, newCell.H);
    //add to closed list if obstacle, else add to open list
    if (newCell.F == INT32_MAX)
    {
        closed.push_back(cell(newCell));
    }
    else
    {
        open.push_back(newCell);
    }
}
```

步骤4.3：完成了检查邻近单元格后，将当前单元格加入关闭列表并从打开列表中删除，以便继续检查其他剩余在开放列表中的单元格。

```
closed.push_back(cell(current));
bool found = false;
for (int i = 0; found == false; i++)
{
    if (open[i].index == current.index)
    {
        open.erase(open.begin() + i);
        found = true;
    }
}
```

步骤4.4：在打开列表中，通过比较所有单元格的F值，找到F值最低的那个单元格，并将其设置为新的当前单元格（该单元格的F值代表了从起点到该单元格以及从该单元格到目标的总代价，因此选择F值最低的单元格是确定下一步路径的有效方法）。

```
int lowestF = 0;
for (int i = 0; i < open.size(); i++)
{
    if (open[i].F < open[lowestF].F)
    {
        lowestF = i;
    }
}
```

```
//now make the current = cell we found with lowest f cost
current.index = open[lowestF].index;
current.x = open[lowestF].x;
current.y = open[lowestF].y;
current.theta = open[lowestF].theta;
current.F = open[lowestF].F;
current.G = open[lowestF].G;
current.H = open[lowestF].H;
current.prevX = open[lowestF].prevX;
current.prevY = open[lowestF].prevY;
```

第5步：至此，我们已经找到了目标，并退出了第4步中的while循环。我们通过将当前单元格设置为目标单元格的父单元格，并将目标单元格加入关闭列表，构建出了整个从起点到终点的路径。

```
goal.prevX = closed.back().x;
goal.prevY = closed.back().y;
closed.push_back(cell(goal));
```

第6步：在这个时候，我们调用trace()函数来寻找和发布目标的下一个航路点，并通过返回该航路点在占用网格中的索引，将其传回main()函数，也就是find_Path()函数第一次被调用的地方。

```
int nextWaypoint = trace(closed);
return nextWaypoint;
```

通过上述的方法，你就拥有了一个能够实现A*算法的ROS节点，它能够订阅最新的地图数据、机器人的当前位置以及驱动器控制器的目标位置，并通过发布航路点来实现导航。当然，你在使用的时候不要忘记在include目录中取消注释，并将该程序作为可执行文件加入ROS包的CmakeList.txt文件中，就像我们在第9章中所做的那样。

13.7　结论

这一章的内容很多，且本章所讲述的知识对于机器人爱好者和专业人士来说都非常重要，它为机器人的发展道路提供了新的思路和方向。首先，我们通过在机器人的环境地图中扩大障碍物，使其不再撞到任何东西，使得机器人更加灵活和智能。其次，在A*路径规划算法的详细分析与实现中，我们深入了解了这一重要算法的工作原理。最后，我们编写了工作路径规划ROS节点，为任何机器人提供了可靠和高效的解决方案，使得机器人在实际操作中更加自主。总之，这一章的内容将帮助你在机器人的自主路径规划方面迈向一个新的台阶。

恭喜你顺利完成了这个挑战！这说明你已经掌握了构建和编程一个基本自主机器人所需的所有基本知识。接下来的几章我将会提供更详细的内容，来帮助你将不同的传感器集成到ROS生态系统中。在第5章“与传感器和其他设备通信”中我们就学习了如何使用传感器并从中获取数据的操作。而接下来第14到第18章中，我们将学习如何解析并使用这些数据，以及如何在ROS节点中发布需要的信息。接下来让我们开始学习第14章。

此外这里还有一些建议你进一步去学习研究的内容，比如说：

- C++中的指针、new()和delete();
- D^*路径规划算法;
- RRT这种快速探索随机树路径搜索算法。

13.8 问题

1. 你的 costmapper 节点接收分辨率为1m/单位（或像素）的地图。图中只有一个障碍物，它是一个5×1单元的障碍。如果机器人直径为1m，生成的代价图中将会有多少其他单元被标记为障碍呢?

2. 在我们的A^*程序中，我们使用距离来表示移动的代价。除了距离，另一种常用的代价单位是什么呢?

3. 请编写一个名为optimize()的函数，用于优化路径规划器，以删除从起点到可以直线到达机器人的最远单元的所有路标点，同时避免遇到任何障碍。

第14章 里程计的轮式编码器

14.1 简介

在本书中，如何使用轮式编码器和计数编码器来完成里程计的这一操作已经被多次讨论。我们甚至制作了一个里程计发布者和一个订阅里程计并完成电机控制的控制器，这两者均依赖于编码器的脉冲消息。因此，现在我们必须确保拥有一个正常工作的编码器脉冲发布节点，从而来确保整个里程计状态都是良好的。随着你的机器人技术的进步，你可以使用脉冲信号发射器来检测车轮是否卡住或滑动，并依此可采取对里程计的纠正措施。其他节点也可以知道编码器数据何时不可靠，并在必要的时候忽略里程计的数据，因此脉冲信号的发布具有非常重要的作用。

在本章中，你将学习到以下的内容：

- 光学编码器
- 霍尔效应编码器
- 编码器的连接
- 在ROS中计算和发布编码器时钟

14.2 目标

理解并编写一个ROS节点来发布我们的轮式编码器，同时发布编码器时钟计数。

14.3 轮式编码器

编码器作为一种设备，它可以通过向GPIO引脚提供方向脉冲来帮助确定轮轴转动的方向，以实现更精确地计算轴和轮子的转数。而且，编码器也可以提供时间戳，以帮助机器人更准确地计算出当前轮子转动的速度。在机器人导航中，编码器是非常重要的，因为它们可以帮助机器人了解它的位置和移动状态。此外，它们还可以帮助机器人确定路径规划的准确性，并在路径规划失效时采取纠正措施。

编码器系统的设计是有一定技巧的，比如说可以设计为轮子每转一圈就发出一个脉冲或者100个脉冲。编码器可以安装在电机轴或轮轴上，但是将编码器安装在电机轴上通常会比轮轴上更加准确，因为每转会有更多的脉冲数，从而可以将每一圈切分得更细。然而，这样的操作也需要更加谨慎，因为如果驱动系统出现滑动现象，那么机器人的脉冲数将不能有效地反映机器人车轮的运动情况。

14.4 光电编码器

光学编码器通常使用红外发射器和接收器来对磁盘进行检测，磁盘上通常有黑白相间的条纹。当光束穿过条纹时，光的强度会改变，传感器可以检测到这种变化，从而计算出编码器的脉冲数(具体原理请参考第5章“与传感器和其他设备通信”的图5.2)。另一种设计是将发射器和接收器对准带有孔或标签的圆盘，这些孔或标签可以产生或阻断红外光的传播。通过检测这些变化，光学编码器也可以计算出脉冲数，参见图14.1。

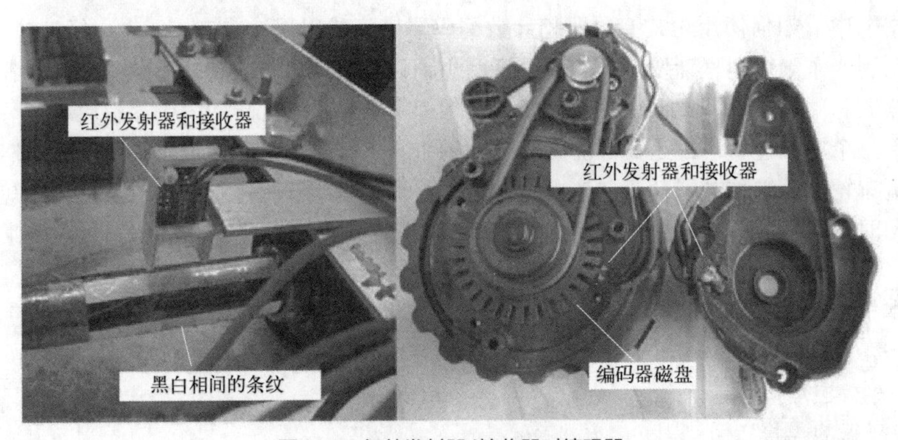

图14.1 红外发射器/接收器对编码器

光学编码器的接收红外二极管可以根据其是否检测到来自发射器的光束控制电流的通断，我们可以使用回调函数来监测接收器的输出并计算状态变化的次数，从而进一步推算出里程计的信息。但是，光学编码器容易受到强光源或灰尘等阻挡光束的物质的干扰，这也是你需要注意的点。

14.5 霍尔效应编码器

霍尔效应编码器是另一种常见的编码器类型。与光学编码器不同的是，霍尔效应编码器是对磁场的存在与否做出反应。通常，一个圆盘上会安装一个或多个永久磁铁，该圆盘连接到旋转轴上，将一个或多个固定传感器安装在足够靠近圆盘的地方，以便在磁铁经过时检测到它们。你可以使用回调函数监测每次传感器输出状态的变化，并计数旋转的次数或脉冲数。与光学编码器相比，霍尔效应编码器具有更好的抗干扰性和更长的寿命。霍尔效应编码器详细结构可以参照图 14.2。

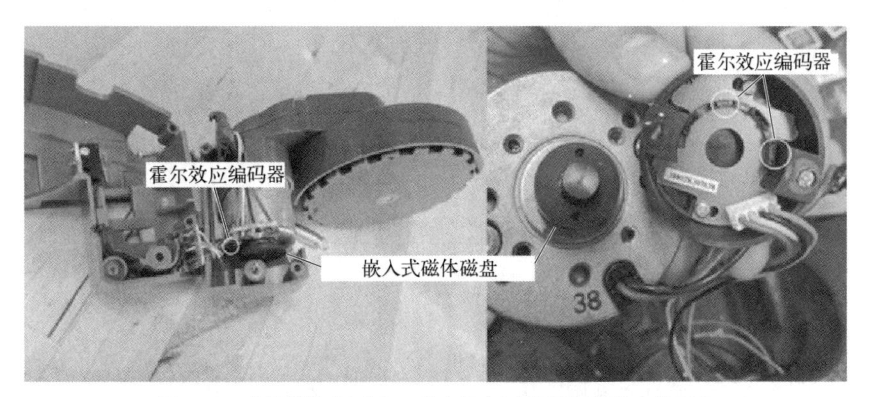

图14.2　车轮模块（左）和工业电机（右）中的霍尔效应编码器

图 14.2 展示了常用的两种霍尔效应轮式编码器，其中右图工业电机中使用了两个霍尔效应编码器，所以其可以通过软件来确定轴的旋转方向和旋转次数。如果如左图所示，只使用一个传感器时，需要使用其他方法来确定方向。与光学编码器相比，霍尔效应编码器更可靠，因为光学编码器可能会被灰尘阻塞或发射器会烧坏，而霍尔效应编码器使用小型永磁体，传感器不会受到污垢的影响。此外，霍尔效应编码器可以在更广泛的温度范围内运行，因为它们不受光学元件的热膨胀影响。需要注意的是，由于霍尔效应编码器使用磁场来检测位置，因此在附近放置大型磁性物体可能会干扰其操作。

14.6　编码器的接线

编码器的布线相对简单。对于光学编码器来说，发射器可以像LED一样布线，这甚至不需要与接收器连接到同一设备上。接收器的接线方式类似于读取开关，其中一端接地，另一端接GPIO输入引脚。由于典型的光电晶体管向下驱动（指电流从晶体管的集电极流向发射极，即光照射到光电晶体管的接收器端，将其激发并产生电流，与之相对的是向上驱动，即电流从发射极流向集电极），所以需要用电阻将其向上拉至3.3V。

霍尔效应编码器只需要一个电路来完成信号的处理，所以接线非常简单，只需要给传感器提供所需的电压(和接地)，然后将输出连接到GPIO输入引脚即可。GPIO引脚需要上拉，因为霍尔效应编码器的输出在磁场存在时是低电平，但当磁场被移走时，它会变成高电平。图 14.3 显示了光学编码器和霍尔效应编码器的典型布线原理图。

在本章中，我们讨论的基本编码器都是被作为二进制数字信号去读取的，因此每个编码器都需要有自己的GPIO输入引脚和回调函数。如果你只需要获取并处理两个轮子的信息，这并不难管理。但是如果需要获取并处理很多个轮子信息，这将导致机器人开发板上缺少GPIO引脚，此时你就可以使用编码器模块来跟踪许多编码器，并通过串行或I2C将数据传输到计算机上。如果你使用的是笔记本电脑，而不是像树莓派这样有GPIO引脚的电脑，这无疑也是一种不错的方法。

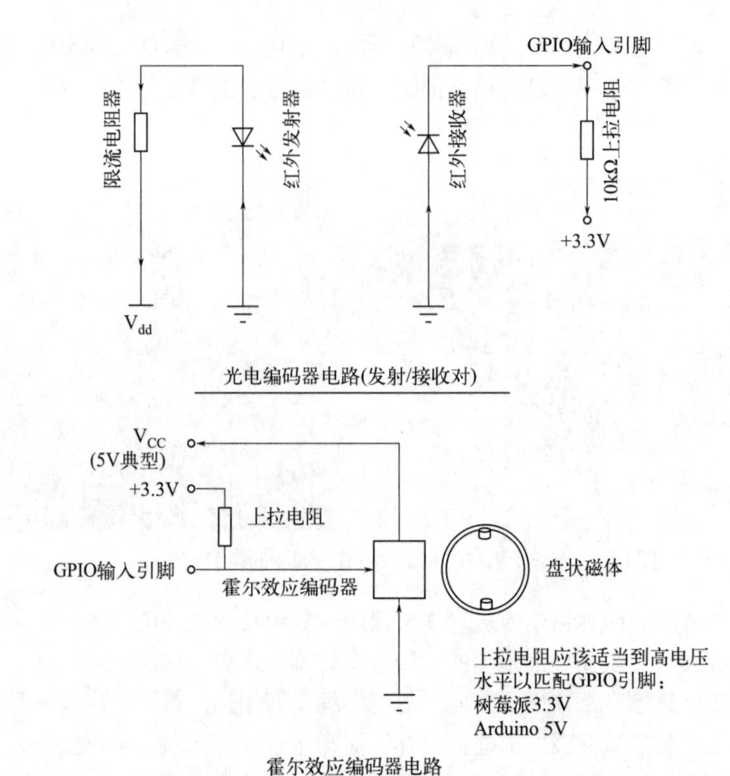

图14.3 光电和霍尔效应编码器的典型原理图

14.7 编码器tick信号发布——tick_publisher.cpp

本章的代码有可能是我们编写的最简单的ROS节点了。因为数据类型和操作都非常简单，只有几个条件语句来涵盖机器人的移动方向、计数器溢出翻转以及滚轮的信息。该节点主要负责控制机器人的移动方向，利用 GPIO 引脚读取编码器信息，并发布机器人行进的距离。虽然该节点中脉冲计数器(tick)发布者有一些细节需要处理，但代码实现较为简单，主要涉及变量和 GPIO 引脚的设置。该节点还适用于搭载树莓派的机器人，可以监测带有方向的电机驱动器和编码器信息，同时可以保证你通过指令来完成编码器信息读取，类似于Roomba车轮组件中使用的霍尔编码器。该节点将在第21章“构建并完成一个自主的机器人的编程”中的机器人项目中作为轮式里程计模块去使用。

脉冲计数器(tick)发布者执行以下步骤:

1. ROS master节点建立连接。

2. 发布tick消息，让其他节点知道编码器正在运行。

3. 设置PIGPIO守护程序的接口，用于控制GPIO引脚。

① 定义GPIO引脚号和设置引脚的输入模式（代码中此步骤为3.1，下同）。

② 初始化连接到编码器的GPIO引脚的回调函数（3.2）。

4. 在整个程序的生命周期内循环执行以下操作。

① 处理GPIO回调函数并递增或递减计数器的值（4.1）。

② 在指定的时间间隔内发布最新的计数数据，以供其他节点可以订阅并使用（4.2）。

脉冲计数器发布者代码概述如下：

```
//include stuff
//declare constants and global variables
void left_event(int pi, unsigned int gpio, unsigned int edge,
unsigned int tick)
{
    step 4.1 - process callback and increment or decrement counter
}
void right_event(int pi, unsigned int gpio, unsigned int edge,
unsigned int tick)
{
    step 4.1 - process callback and increment or decrement counter
}
int PigpioSetup()
{
    step 3.1 - Set GPIO Pin Modes
}
int main(int argc, char **argv)
{
    step 1 - handshake with ROS master
    step 2 - Advertise publishers
    step 3.1 - call PigpioSetup()
    step 3.2 - Initialize callbacks on GPIO pins connected to
    encoders
    step 4 - loop through steps 4.1 and 4.2 for the life of the
    program
}
```

这个程序基于我们在第2章“GPIO硬件接口引脚的概述和使用”中介绍的hello_callback.cpp程序构建而成。现在，我们只是添加了第二个引脚的监视，并将累积的计数作为一个简单的ROS消息发布。

虽然机器人有左右两个轮子，但是和其他程序类似，由于左侧和右侧是相同的，所以如果我们都写上则显得冗余。你只需要将右侧的GPIO引脚号更改为正确的引脚号即可连接到轮式编码器上。这个程序的完整版本可以在第14章对应的功能包中下载，也可以在第21章“构建并完成一个自主的机器人的编程”的整体机器人功能包中找到对应的代码。

在第一个代码块中，我们首先会处理include语句并设置常量。接着，我们声明了两个名为std_msgs::Int16的全局变量。这个std_msgs::Int16类型是作为一个类，这个类中包含一个数据成员data。我们将会使用这个数据成员来存储编码器计数的值，并将其作为ROS消息发布出去。如果你想要了解更多关于Int16消息类型的信息，可以访问wiki.ros.org/std_msgs。

```
#include "ros/ros.h"16
#include "std_msgs/Int16.h"
#include <pigpiod_if2.h>
#include <iostream>
using namespace std;
//GPIO Pin assignments
const int leftEncoder = 22; //left encoder
```

```
const int rightEncoder = 23; //right encoder
const int leftReverse = 13; //input - goes low when left motor
set to reverse
const int rightReverse = 19 ; //monitor as input that goes low
when right motor set to reverse
//max and min allowable values
const int encoderMin = -32768;
const int encoderMax = 32768;
std_msgs::Int16 leftCount;
std_msgs::Int16 rightCount;
```

下面的代码块包括左编码器GPIO引脚上发生状态变化时要执行的回调函数。回调函数的目的是检测编码器的旋转方向，以便我们可以计算在机器人行驶方向上的编码器计数。但是这个回调函数只知道状态发生了变化，而不知道车轮正在转向哪个方向，所以我们需要检查连接到电机驱动器上的方向引脚，以查看我们正在监控的车轮的旋转方向。在下面的代码块中，包含了左轮编码器上事件的完整函数，以及右轮编码器的函数声明。

如果你像我们在第7章“添加计算机来控制机器人”(图7.3) 中所做的那样将编码器和电机驱动器布线，上述引脚分配就能够正常工作，你可以监测反向引脚的低电平状态。如果反向引脚为低电平，我们就认为电机正在反向转动车轮，就进行倒数累减，否则，我们就向上计数累加。此外，我们还会检查是否已经达到了Int16的最小或最大值，并在必要时处理数据上溢或下溢。

```
void left_event(int pi, unsigned int gpio, unsigned int edge,
unsigned int tick)
{
    //If (leftReverse pin is "low")
    if(gpio_read(pi, leftReverse)==0)
    {
        //handle rollunder if already at minimum value for Int16
        if(leftCount.data==encoderMin)
        {
        leftCount.data = encoderMax;
        }
        //otherwise just count down by one
        else
        {
        leftCount.data--;
        }
    }
    else
    {
        //handle rollover if already at maximum value for Int16
        if(leftCount.data==encoderMax)
        {
            leftCount.data = encoderMin;
        }
        //otherwise just count up by one
        else
        {
            leftCount.data++;
```

```
        }
    }
}
void right_event(int pi, unsigned int gpio, unsigned int edge,
unsigned int tick)
{
    //same as for the left_event above
}
```

下一个代码块是我们的PigpioSetup()函数。在该函数中，我们与应该已经在运行的PIGPIO守护进程进行连接，设置引脚模式（在这种情况下，所有引脚都被设置为输入）并使用内部的上拉电阻。最后，我们返回对应的pi句柄，以便在使用GPIO的函数中引用。

```
int PigpioSetup()
{
    char *addrStr = NULL;
    char *portStr = NULL;
    int pi = pigpio_start(addrStr, portStr);
    //set the mode and pullup to read the encoder like a switch
    set_mode(pi, leftEncoder, PI_INPUT);
    set_mode(pi, rightEncoder, PI_INPUT);
    set_mode(pi, leftReverse, PI_INPUT);
    set_mode(pi, rightReverse, PI_INPUT);
    set_pull_up_down(pi, leftEncoder, PI_PUD_UP);
    set_pull_up_down(pi, rightEncoder, PI_PUD_UP);
    set_pull_up_down(pi, leftReverse, PI_PUD_UP);
    set_pull_up_down(pi, rightReverse, PI_PUD_UP);
    return pi;
}
```

在最后，我们的main()函数与标准的main()函数一样，需要和ROS和PIGPIO守护进程进行握手，然后声明两个发布者，每个编码器一个。之后我们会以指定的循环速率进入循环，直到我们关闭节点时，才会跳出循环完成数据清理的工作。

```
int main(int argc, char **argv)
{
    ros::init(argc, argv, "encoder_ticks");
    ros::NodeHandle node;
    ros::Publisher pubLeft = node.advertise<std_msgs::Int16>
    ("leftWheel", 0);
    //initialize pigpiod interface
    int pi = PigpioSetup();
    if(pi>=0)
    {
        cout<<"daemon interface started ok at "<<pi<<endl;
    }
    else
    {
        cout<<"Failed to connect to PIGPIO Daemon
        - is it running? "<<endl;
        return -1;
    }
    //initializes Pigpio callbacks
```

```
    int cbLeft=callback(pi, leftEncoder,EITHER_EDGE, left_event);
    ros::Rate loop_rate(10);
    while(ros::ok)
    {
        pubLeft.publish(leftCount);
        ros::spinOnce();
        loop_rate.sleep();
    }
    //terminate callbacks and pigpio interface as node closes
    callback_cancel(cbLeft);
    pigpio_stop(pi);
    return 0;
}
```

如果你在使用catkin_make编译时遇到困难，可以尝试检查一下包的CMakeLists.txt文件是否包含以下内容:

1. 在find_package中是否包含了std_msgs。
2. 是否取消注释了add_compile_options(-std=c++11)。
3. 是否将libpigpiod_if2.so包含在你对该文件的目标链接库中。

这些步骤可以确保在编译时正确地引用和链接必要的库和包，帮助你解决编译问题。

如果你在编译时遇到困难，请参照第9章“协调各个部件”中的CMakeLists.txt文件，以获取参考。你还可以在github.com/lbrombach的git存储库中找到practical_sensors包，并获取可运行14章的示例代码。当然，在运行程序之前，请记得在命令行中启动PIGPIO守护进程。

14.8 结论

虽然本章的内容较为简短，但是涵盖了市面上主流的轮式编码器的基础知识，以及如何跟踪和发布编码计数信号。计数信号对于机器人距离测量、速度计算以及后续检测车轮打滑等都是必不可少的。因此，你在姿态估计中需要注意何时忽略编码器计数。下一章将介绍如何在ROS中发布超声波测距数据。一旦你学习到如何完成传感器数据的发布，这些原始数据就可以被用于实时检测障碍物，并采取避让措施。

14.9 问题

1. 为什么我们需要一个编码器tick信号发布?
2. 为什么我们需要读取电机驱动器的方向引脚?
3. 为了使这个程序/节点用catkin_make编译，必须对包CmakeLists.txt做哪三件事?

第15章 超声波测距仪

15.1 简介

超声波测距仪作为一种小型、廉价的设备，用于测量与前方物体的距离。它们的工作原理是通过发出超声波信号来探测物体，并测量该信号从发射到接收所需的时间。你可以编写软件来直接实现这个功能，也可以购买模块，通过串行或I2C等接口方式将测量结果传输给控制器或其他设备。

本章主要介绍如何使用HC-SR04超声波测距传感器读取测距并将测距数据作为ROS消息发布。通过此节点发布的测距数据可用于避开障碍物或其他目的。虽然超声波测距传感器数据可用于测绘，但其分辨率较低，不建议单独使用，更多是将其作为辅助传感器。此外，由于其工作原理是发送声波并等待反弹，因此对于不能反射声波的表面（如黑色表面）无法提供可靠的测距数据，在这类场景下，我建议使用激光雷达等扫描器。

在本章中，我们将主要介绍以下内容:

- HC-SR04超声波测距传感器基础知识
- 在ROS中发布超声波测距数据
- 用于物体检测的超声波测距数据

15.2 目标

在本章中，你将学习到超声波传感器的工作原理以及如何使用ROS中的sensor_msgs::Range数据类型来表示测距数据，并将其作为ROS消息发布。

15.3 HC-SR04超声波测距传感器基础知识

HC-SR04是一种价格实惠的超声波传感器，与一些其他传感器相比，它不具备像I2C或串行通信这样的高级功能。它的工作是通过两个数字接口引脚来实现的。其中，一个引脚被称为触发器，用于启动超声波发射和接收过程；另一个引脚则被称为回声引脚（echo pin, 超声波传感器中的一个数字输出引脚，用于返回超声波信号反射的时间），用于读取超声波反射回来的信号，类似于一个开关。尽管HC-SR04的功能较为简单，但它在许多应用场景下都能够发挥重要的作用，因为它价格实惠，易于使用，并且能够精确测量与物体的距离。

一旦设备被触发，它会发出一个超声波脉冲，而回声引脚通常为高电平，只有当声音从一个物体上反弹并返回到设备上，回声引脚才会返回高电平。对于超声波传感器，我们不是直接读出一个数字，而是测量回声引脚处于低位的时间，并根据低位的时间间隔计算出声音走过的距离。这种用声音探测范围的方法也被称为声呐，即声音探测和测距。

按步骤读取HC-SR04数据：

1. 触发引脚发送一个短脉冲（10μs）的逻辑高电平。
2. 监测回声引脚，等待它从低电平转换为高电平。
3. 记录步骤2中发生的时间（以μs为单位）。
4. 监测回声引脚，等待它从高电平转换为低电平。
5. 检查时间，计算超声波信号的飞行时间。将步骤4的时间从步骤3的时间中减去。
6. 步骤5中得到的飞行时间是来回的，将其除以2，然后乘以声速(34300)，得到以厘米为单位的距离。因此，距离以厘米为单位表示。

这些步骤可能对有一定编程经验的人来说是很常见的，但对于刚开始学习或没有经验的人来说，可能需要一定的解释和说明，以便更好地理解这些步骤的含义和实际作用。当你开始编写代码并实际操作时，这些步骤的含义会变得更加清晰和具体，你会发现它们是实现超声波测距的关键步骤。

15.4 HC-SR04的接线

HC-SR04超声波传感器需要5V电压才能工作，并与树莓派或微控制器共同接地，同时还需要两个GPIO引脚——一个用于触发，一个用于回声。图15.1显示了HC-SR04超声波测距传

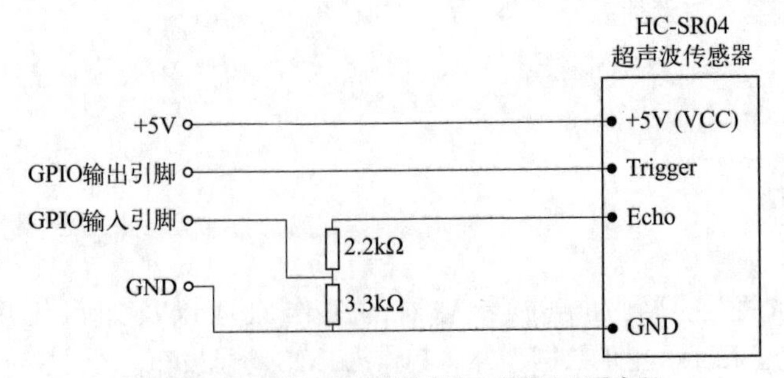

图15.1 将HC-SR04超声波测距传感器连接到树莓派上

感器的引脚布局，其中VCC和GND分别代表电源和接地引脚，Trigger和Echo分别代表触发和回声引脚。

HC-SR04的信号线会输出5V电压，这个电压高于树莓派GPIO能够承受的最高电压，如果直接连接会导致GPIO被损坏。因此，我们需要使用一个分压器或逻辑电平转换器将该电压降至3.3V，以避免损坏GPIO（这两点在第6章“其他有用的硬件”中详细讨论过）。值得注意的是，触发器引脚的逻辑电平阈值大约为2.5 ～ 2.7V，因此可以直接将它连接到3.3V的GPIO引脚上。

15.5 超声波范围数据发布器——ultrasonic_publisher. cpp

本小节讲的这个节点将用于读取HC-SR04超声波测距传感器，并使用ROS消息类型sensor_msgs::Range发布该超声波数据。这个消息类型包含更多的数据而不仅仅是距离信息。例如，它包含了最小和最大距离值，因此接收节点可以通过最大最小值进行限值并忽略在范围之外的读数。如果想了解sensor_msgs::Range数据类型的所有细节，请访问wiki.ros.org/sensor_msgs。

关于GPIO引脚的分配问题，我们这里的传感器是通过GPIO的6号引脚来连接到触发器的，并且通过16号引脚连接到回声引脚，当然你可以根据自己的需求来修改这些引脚分配。

15.5.1 超声波范围数据发布者步骤

1. 首先，与ROS master节点相连接，确保设备与主节点之间的连接是可用的。

2. 然后发布节点，并告知主节点本节点将要发布的话题和消息类型。

3. 需要设置Pigpio守护程序接口。声明所使用的GPIO引脚编号并设置引脚的输入/输出模式（代码中此步骤为3.1）。

4. 初始化范围传感器所需的固定数据信息，例如声速等。

5. 在程序的生命周期内进行循环，以实时获取范围信息并发布到ROS中。

① 获取当前时间以及测距信息，并计算距离（5.1）。

② 在指定的时间间隔内发布范围信息，以便其他节点可以订阅和使用（5.2）。

超声波范围数据测量的发布者代码:

```
//include stuff
//declare constants and global variables
float get_range(int pi)
{
    step 4.1 - process callback and increment or decrement counter
}
int PigpioSetup()
{
    step 3.1 - Set GPIO Pin Modes
}
```

```
int main(int argc, char **argv)
{
    step 1 - handshake with ROS master
    step 2 - Advertise publishers
    step 3 - call PigpioSetup()
    step 4 - Initialize fixed data in range message
    step 5 - loop through steps 5.1 and 5.2 for life of program
}
```

ultrasonic_publisher节点并不订阅任何ROS话题，因为它直接从硬件获得输入。它包含了几个函数，可以直接调用设备接口函数并发布数据，实现简单的重复操作。

15.5.2 超声波范围数据发布者代码

在第一块代码块中，我们进行了一些初始化的操作，包括一些GPIO引脚的命名以及设置一些常量。我们还创建了一个类型为sensor_msgs/Range的ROS消息对象。

```
#include "ros/ros.h"
#include "sensor_msgs/Range.h"
#include <pigpiod_if2.h>
#include <iostream>
using namespace std;
//assign alias to the gpio pin numbers
const int trigger = 6;
const int echo = 16;
sensor_msgs::Range range;
```

下一个代码块是get_range()函数的实现，这个函数的作用是获取当前的距离并将其发布到ROS主题中，main()函数中循环的每个周期都会调用这个函数。get_range()函数的参数是整数pi，也就是我们在初始化函数中创建的PIGPIO守护者接口句柄。在其他程序中，通常会将pi声明为全局变量。下面是这个代码块的注释说明:

```
float get_range(int pi)
{
    //initiate reading with 10 microsecond pulse to trigger
    gpio_write(pi, trigger, 1);
    time_sleep(.00001);
    gpio_write(pi, trigger, 0);
    //wait for echo pin to go low
    while(gpio_read(pi, echo)==0){};
    //get current tick (microseconds since boot) from system.
    int start = get_current_tick(pi);
    //wait for echo pin to return high
    while(gpio_read(pi, echo)==1){};
    //calculate round trip time
    int echoTime = get_current_tick(pi) - start;
    //speed of sound is 343 m/s, but total echo time is round trip
    //half that times echo time (in seconds) is the range
    return 171.5 * echoTime / 1000000;
}
```

下一个代码块是Pigpio设置函数，用于初始化GPIO引脚，并与PIGPIO守护程序进行连接。首先，我们将GPIO引脚设置为输出模式，然后会将触发引脚的输出设置为低电平。最后，返回一个指向PIGPIO守护程序接口的句柄，该句柄将用于其他涉及GPIO的函数中。

```
int PigpioSetup()
{
    char *addrStr = NULL;
    char *portStr = NULL;
    int pi = pigpio_start(addrStr, portStr);
    //set the pin modes and set the trigger output to low
    set_mode(pi, echo, PI_INPUT);
    set_mode(pi, trigger, PI_OUTPUT);
    gpio_write(pi, trigger, 0);
    //let pins stabilize before trying to read
    time_sleep(.01);
    return pi;
}
```

最后，我们来看一下main() 函数，首先该函数中会先初始化ROS节点，ROS和Pigpio守护进程进行连接。其次会创建一个发布者，并设置范围消息的一些固定字段，如frame_id和radiation_type。然后，以指定的循环速率进行循环，直到节点关闭，并在关闭时候清理这些变量信息。

值得注意的是，在程序中，我们将frame_id字段设置为sonar，这代表了传感器的参考坐标系。如果我们有需求就可以通过TF在sonar和base_link坐标系之间发布一个转换消息，从而完成与base_link坐标系之间的转换（如第10章简要讨论的那样）。此外，还有radiation_type这个字段类型，一般它默认被设置为0，表示这是一个超声波传感器。如果使用红外传感器，则需要将其设置为1，并相应地修改代码。

在这里，我使用了一个0.35rad(约20°)的视场角，这意味着声呐可以检测到距离声呐中心线20°之内的物体。然而，由于不同的超声波传感器具有不同的检测范围和视场角，我们在使用时发现超声波传感器的视场基本上在15°～ 30°之间。因此，我们建议你在ROS wiki上查看关于Range信息类型的视场角的定义，并根据特定的传感器进行测试，以确定合适的视场角。在找到这种方法之前，我们认为设置为默认的0.35rad的视场角是比较合适的。

```
int main(int argc, char **argv)
{
    ros::init(argc, argv, "ultrasonic_publisher");
    ros::NodeHandle node;
    ros::Publisher pub = node.advertise<sensor_msgs::Range>
    ("ultra_range", 0);
    //initialize pipiod interface
    int pi = PigpioSetup();
    if(pi>=0)
    {
        cout<<"daemon interface started ok at "<<pi<<endl;
    }
    else
    {
        cout<<"Failed to connect to PIGPIO Daemon - is it
        running? "<<endl;
```

```
        return -1;
    }
    //set our range message fixed data
    range.header.frame_id = "sonar";
    range.radiation_type = 0;
    range.field_of_view = .35;
    range.min_range = .05;
    range.max_range = 4.0;
    ros::Rate loop_rate(10);
    while(ros::ok)
    {
        range.header.stamp = ros::Time::now();
        range.range = get_range(pi);
        pub.publish(range);
        loop_rate.sleep();
    }
    pigpio_stop(pi);
    return 0;
}
```

如果你在使用catkin_make编译时遇到困难，可以尝试检查包的CMakeLists.txt文件是否包含以下内容:

1. 在 find_package 部分包含 sensor_msgs。
2. 取消注释 add_compile_options(-std=c++11)。
3. 确认 libpigpiod_if2.so 已被包含在你的目标链接库中。

如果你在编译时遇到困难，请参照第9章“协调各个部件”中的CMakeLists.txt文件，以获取参考。你还可以查看我在github.com/lbrombach的git存储库中的practical_sensors包，并获取可运行的示例代码。当然，你在运行程序之前，请记得在命令行中启动PIGPIO守护进程。

15.6 用于物体探测的超声波范围数据

虽然超声波传感器可以探测激光雷达无法检测到的一些物体，但也必须考虑到这类传感器的缺点。这类传感器除了分辨率相对较低外，如果角度过大，超声波信号会从物体上反射出去，并不是直接反射回传感器上，这就会导致测量得不准确。图15.2说明了这个问题。

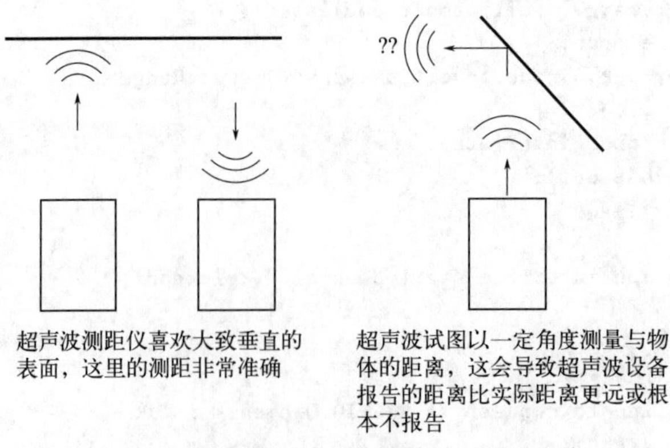

图15.2 障碍物的角度可以骗过超声波传感器

对于障碍物检测而言，一个简单的方法就是当检测到障碍物的范围小于你所设定的某个值时，就会发布一个bool值信息。该方法可以被当作一个附加的成员函数并在ultrasonic_publisher.cpp中发布信息，或者作为一个独立的节点来订阅范围信息，并根据输入的结果来进行判断输出。很多人就是从这类简单的碰撞行走机器人开始，去一步步学习机器人的障碍物检测的。此外，超声波测距数据还可以被添加到你的costmap_2d类型的costmap障碍物层中，这在第13章“自主路径规划”中就已经提到了，如果你忘记了，可以回过头来再看看该章。

15.7　结论

在过去的十几年里，随着其他更高精度传感器的价格大幅下降，超声波传感器在现代机器人技术中的应用少了很多。然而，它们仍然有其用途，例如超声波传感器目前仍然广泛用作机器人和智能汽车的接近探测器或电子保险杠，这样的方式不需要物理接触即可向机器人控制器发出警告。比如，我的车的前后保险杠上就安装有几个超声波传感器，以帮助我在狭窄的空间中停车。虽然超声波传感器可以看到激光雷达忽略的一些东西，但由于其探测范围宽广、障碍物信息路径不集中等问题，使其只能用在非常低分辨率的地图上，在制作高精度地图时基本不采用这类传感器。

在这一章，我们已经学会了如何为HC-SR04超声波传感器创建一个简单的节点，用于发布测距数据。这一点本身就很有用，但更重要的是我们熟悉了ROS中的sensor_msgs::Range数据类型。除了超声波测距，这个数据类型也可以用于红外测距、飞行时间（ToF）或其他返回单一测距值的传感器。

在下一章中，我们将学习如何在ROS中发布IMU数据，当中包括加速度计、陀螺仪和磁力计等数据的读取及处理。考虑到编码器在估算位置方面的一些不足，IMU数据是保持准确姿态估计的重要信息。

15.8　问题

1. 为什么sensor_msgs::Range数据类型包括最小和最大传感器范围?
2. 当设置sensor_msgs::Range数据字段radiation_type的值时，0和1是什么意思?
3. 超声波测距传感器的问题是什么？检测不垂直的物体有什么问题?

第 16 章 惯性测量单元——加速度计，陀螺仪和磁力计

16.1 简介

除了基于轮式编码器的里程计外，我们还可以使用加速度数据、角速度数据或地球磁场的测量数据来帮助跟踪机器人的位置和方向。通常情况下，这些传感器中的某几个会组成一个被称为惯性测量单元（IMU）的模块。图16.1展示了一个带有LSM303DLHC加速度计和磁力计的模块，以及另一个带有L3GD20陀螺仪的模块，它们都是用I2C连接的。

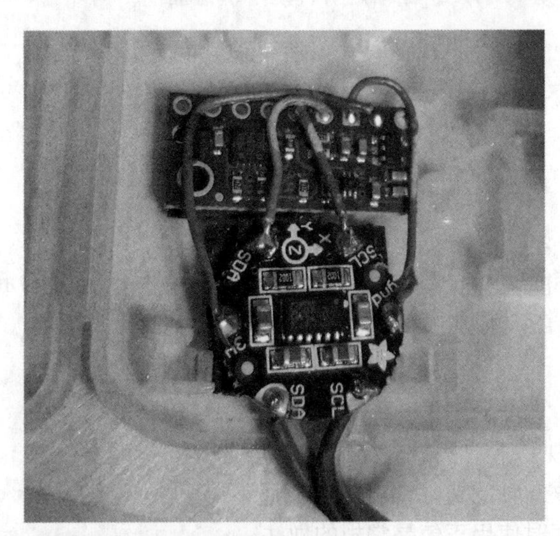

图16.1 一个LSM303加速度计和磁力计（底部）以及一个L3GD20陀螺仪（顶部）

这是三个非常流行的IMU组件，它们甚至可以在同一模块中全部购买到。在本章中，我们将讨论如何处理来自每个传感器的数据，以及如何读取和解析来自设备的数据，最后讨论如何为基于ROS的机器人格式化和发布数据。

在本章中，我们将介绍以下内容：
· 加速度计
· 陀螺仪
· 磁力计
· 读取和解析IMU数据
· 为ROS格式化和发布IMU数据

16.2　目标

通过本章，你将主要学到以下内容：
· 了解每个IMU传感器数据的价值和局限性。
· 学会读取和解析传感器数据。
· 熟悉sensor_msgs::Imu数据类型以及如何发布它。
· 熟悉sensor_msgs::MagneticField数据类型以及如何发布它。

16.3　加速度计

加速度计可以测量线性加速度，通常以毫G（1G力的1/1000）或米/秒²(m/s²)为单位，来测量x、y和z轴上的线性加速度。其中你需要注意的是从传感器中获取的值，哪个方向为正值和哪个方向为负值，以便在必要时将其调整为ROS标准的值。图16.2展示了ROS地面机器人的标准x和y轴的加速度方向。

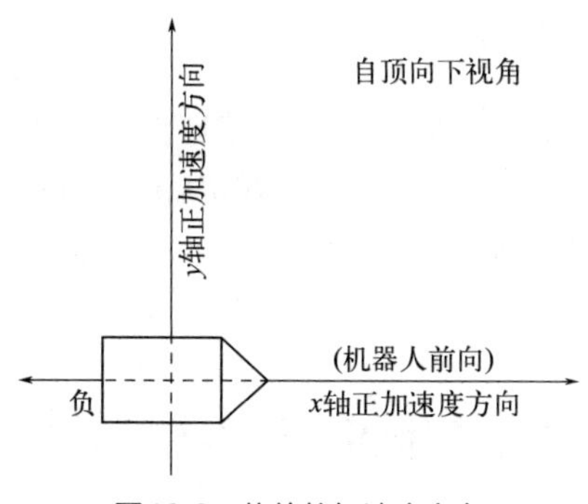

图16.2　传统的加速度方向

图16.2为自顶向下视角下的机器人加速度方向图，其中机器人的前向方向为x轴的正加速度方向；机器人的反向为x轴的负加速度方向。通常情况下，加速度计与我们的机器人具有相同的x、y和z轴。在加速时使用正值是常规的做法：
· 向东沿着x轴为正；
· 向北沿着y轴为正；
· 向上沿着z轴为正。

稳定的加速度数据流不仅可以让各种可用的ROS节点计算出速度（这使我们能够计算出

行驶的距离），而且还可以用于检测碰撞、轮胎打滑以及进行水平或倾倒程度的计算（由于持续存在的重力加速度）。在此，我们将使用米/秒^{2}作为单位来表示加速度，因为这是ROS软件中使用的是标准单位。

虽然加速度数据仍然可以作为各种ROS软件包的输入，但如果没有基础物理和微积分的背景，你将会很难理解如何正确地解释和使用这些数据。因此，我建议你花些时间学习基础物理课程，以及涵盖基本导数和积分的微积分课程，如果你还没有掌握这些东西的话。

16.3.1 加速度计的缺点

如果我们可以使用加速度计，那为什么我们仍然需要容易出错的轮式里程计呢？这是因为加速度计会出现误差。

加速度计会受到不同类型的误差的影响，这些误差会限制我们将其作为独立的位置跟踪设备。从大的、突然的误差，比如碰到凸起物；再到小的、持续的噪声误差，加速度数据误差很快就会积累起来，使得位置的估计值远远偏离实际情况。

16.3.2 在ROS中发布IMU数据

磁力计通常包含在IMU模块中，ROS的sensor_msgs::Imu消息中只包含了加速度和角速度数据（有时还包括方向估计）。ROS为磁场数据提供了单独的消息sensor_msgs::MagneticField。正如我们在第5章“与传感器和其他设备通信”中的hello_i2c_lsm303.cpp程序中所学到的那样，从每个设备中读取原始数据通常是有些多余的，因为只有寄存器地址会发生变化。

一旦我们读取了原始数据，就需要做一些工作将其转换为正确的单位和分辨率，再次发布的行为只涉及变量名称的更改。你可以访问wiki.ros.org/sensor_msgs以更详细地了解这两种消息类型，以及访问ros.org/reps/rep-0145.html来获取有关ROS IMU相关协议的详细信息。

下面，我将详细介绍如何发布加速度计的数据，但对于陀螺仪和磁力计的数据，我只会介绍一些微小的区别。在编写本章内容时，我所使用的这些传感器都是I2C设备，这也是这些传感器中最常用的通信协议之一。整个节点可以在practical_robot项目的github.com/lbrombach/practical_robot中下载，也可以在github.com/lbrombach/practical_chapters的章节下载中的第16章文件夹中找到。

16.3.3 ROS中sensor_msgs::Imu数据类型

除了通常的标头信息外，IMU消息还包含以下IMU数据组件：

- 线性加速度（linear_acceleration）；
- 线性加速度协方差矩阵（linear_acceleration_covariance）；
- 角速度（angular_velocity）；
- 角速度协方差矩阵（angular_velocity_covariance）；
- 方向（orientation）；
- 方向协方差矩阵（orientation_covariance）。

有时，我们并不会使用消息中的每个数据成员，这时候遵循惯例来指示任何订阅节点忽略某些字段是一个好方法。例如，IMU消息的wiki.ros.org/sensor_msgs页面解释说，如果没有方向估计，那么应该将方向的协方差矩阵的第一个元素设置为−1。如果正在发布某个数据成员，但不知道它的协方差，那应该将协方差矩阵中的每个元素都设置为0。

IMU消息发布者的实施步骤如下:

1. 与ROS主节点握手。

2. 广播发布者。

3. 设置Pigpio daemon守护进程接口。

4. 初始化传感器:

① 启动I2C（或串行）连接（在代码中此步为4.1，下同）；

② 设置设备模式、所需单位和其他必要的参数（4.2）。

5. 初始化IMU消息中的固定数据。

6. 在程序运行期间持续循环:

① 读取原始数据（6.1）；

② 将原始数据单位转换为正确的单位（6.2）；

③ 按照指定的时间间隔发布IMU信息（6.3）。

IMU消息发布者的实施代码如下:

```
//include stuff
//declare global stuff
void get_accel()
{
step 6.1 - Read raw data
step 6.2 - Convert raw data to proper units
}
void accelerometer_setup()
{
step 4.1 - Initiate I2C connection
step 4.2 - Set device modes, desired units, etc.
}
int PigpioSetup()
{
step 3
}
int main(int argc, char **argv)
{
step 1 - Handshake with ROS master
step 2 - Advertise publishers
step 3 - Initialize pigpiod interface
step 4 - Initialize sensor
step 5 - Initialize fixed data in IMU message
step 6 - Loop through 6.1, 6.2, and 6.3 for life of program
step 6.3 - Publish IMU message
}
```

基本的IMU消息发布者不会订阅任何节点，且只会发布一个主题。上述代码仅展示了加速度计的方法，但你的IMU中很可能还有一个陀螺仪，加速度计和陀螺仪要么是一体化的，要么会安装在另一个模块上。但即使陀螺仪不在同一个小模块上，也应该使用这个节点来读取并将其数据发布到同一个消息中。我们只需添加gyro_setup()和get_gyro()这两个函数即可。

16.3.4 IMU消息发布者代码

在第一个代码块中，我们包含了所需的头文件并声明了一些全局变量。

```
#include "ros/ros.h"
#include "sensor_msgs/Imu.h"
#include <pigpiod_if2.h>
#include <iostream>
//RPi typical I2C bus is 1. Find yours with "ls /dev/*i2c* "
const int I2Cbus=1;
const int LSM303_accel=0x19; //accelerometer I2C address
const int L3GD20_gyro = 0x6b; //gyroscope I2C address
const int LSM303_mag =0x1e;
const float RAD_PER_DEG = 0.0174533;
const float TESLA_PER_GAUSS = .0001;
int pi = -1;
int ACCEL_HANDLE=-1;
int GYRO_HANDLE=-1;
sensor_msgs::Imu myImu;
```

即使它们都在一个芯片或模块上，陀螺仪、加速度计和磁力计都有各自的I2C地址，因此我们必须单独初始化每个接口。因此，加速度计和陀螺仪具有不同的句柄。将所有三个设备放在一个模块中可能会节省一些布线，但并不会影响你的程序代码。在这里我们将它们声明为全局变量，但它们会在setup（）函数中接收适当的值。此外，我们还声明了IMU消息。

```
void accel_setup()
{
ACCEL_HANDLE=i2c_open(pi,I2Cbus, LSM303_accel,0);
if (ACCEL_HANDLE>=0)
{
cout<<"Accelerometer found. Handle = "<<ACCEL_HANDLE<<endl;
}
else
{
cout<<"Unable to open I2C comms with Accelerometer"<<endl;
}
//set frequency
i2c_write_byte_data(pi, ACCEL_HANDLE, 0x20, 0x47);
time_sleep(.02);
//set config register to update continuously,
//LSB at lower addr, resolution at +- 2g, Hi-Res disable
i2c_write_byte_data(pi, ACCEL_HANDLE, 0x23, 0x09);
time_sleep(.02);
}
```

在accel_setup()中，我们得到了一个I2C句柄，并写入两个配置寄存器。这里请你参考你的设备数据手册，以确定要写入哪些寄存器以及对应的值。如果数据手册对你来说不太清楚，可以前往Practical Robotics的YouTube频道（www.youtube.com/practicalrobotics）观看视频教程。

```
void get_accel()
{
//read the data for x from the registers and combine.
```

```
int xLSB = (int)i2c_read_byte_data(pi, ACCEL_HANDLE, 0x28);
int xMSB = (int)i2c_read_byte_data(pi, ACCEL_HANDLE, 0x29);
//combine bytes and shift to remove trailing zeros
myImu.linear_acceleration.x=(float)((int16_t)(xLSB |
xMSB<<8)>>4)/1000*9.81;
//*if 16 bit value instead of 12, omit the >>4 shift. Ex:
// myImu.linear_acceleration.x
// =(float)((int16_t)(xLSB | xMSB<<8))/1000*9.81;
//repeat for y data and z data, changing only the address for
//the data registers
myImu.header.stamp = ros::Time::now();
}
```

在 get_accel() 中，它的目标是读取三个值，即x、y和z方向的加速度。每个值用两个字节进行编码，我们需要将其组合起来，就像我们在第5章“与传感器和其他设备通信”中简要讨论的那样。请记住，我使用的LSM303型号（LSM303DLHC）仅使用了两个字节16位中的12位，并且它们是左对齐的。在将两个字节合并成一个单一的数值后，我们必须向右后移4位才能得到一个合理的数字。有可能你的加速度计不是这样的，如果你对如何合并字节感到困惑，可以在www.youtube.com/practicalrobotics上查看更详细的视频教程。

在我们正确地组合了字节并进行了必要的移位后，我们首先通过除以1000将输出从mG转换为G；然后，我们将G的数值乘以9.81，将G转换为m/s^2。

```
int PigpioSetup()
{
char *addrStr = NULL;
char *portStr = NULL;
pi = pigpio_start(addrStr, portStr);
return pi;
}
```

在这里，函数PigpioSetup()比平时的代码更简易，因为我们只使用了I2C总线，而没有使用任何GPIO引脚。而且因为不需要设置模式或上拉操作，所以我们只需要与Pigpio daemon进行握手，然后返回句柄。

```
int main(int argc, char **argv)
{
ros::init(argc, argv, "imu_publisher");
ros::NodeHandle node;
ros::Publisher pub
= node.advertise<sensor_msgs::Imu>("imu/data_raw", 0);
//initialize pipiod interface
int pi = PigpioSetup();
accel_setup();
//set our range message fixed data
myImu.header.frame_id = "imu";
//set covariance of unused data members to "not used"
myImu.orientation_covariance[0] = -1;
//set accel covariance to unknown
for(int i = 0; i<9; i++)
{
myImu.linear_acceleration_covariance[i]=0;
```

```
}
ros::Rate loop_rate(10);
while(ros::ok)
{
get_accel();
pub.publish(myImu);
loop_rate.sleep();
}
//puts accelerometer into sleep mode
i2c_write_byte_data(pi, ACCEL_HANDLE, 0x20, 0x00);
//close I2C connection and disconnect from the daemon
i2c_close(pi, ACCEL_HANDLE);
pigpio_stop(pi);
return 0;
}
```

在main()函数中，我们除了需要确保填写orientation_covariance以表示忽略方向数据，并将acceleration_covariance设置为全零以表示协方差未知以外，其他不应该有什么新内容。如果你不打算发布陀螺仪数据，则还应该将angular_velocity_covariance[0]设置为−1。

如果你在使用catkin_make编译时遇到了问题，那请确保包的CMakeLists.txt文件具有以下内容：

1. 在find_package部分包含sensor_msgs。
2. add_compile_options(-std=c++11)是取消注释的。
3. 在文件的目标链接库中含有libpigpiod_if2.so。

请访问第9章“协调各个部件”复习一下CMakeLists.txt的知识，并在我的git存储库github.com/lbrombach中查看practical_sensors包中的工作示例，这些示例可以在practical_chapters或practical_robot中找到。同时请不要忘记在运行程序之前需要在命令行中启动PIGPIO daemon程序。

16.4 陀螺仪

与测量线性加速度不同，陀螺仪的作用是测量角速度，即设备转动的速率，以度每秒[(°)/s]或弧度每秒（rad/s）为单位。陀螺仪数据最主要的用途是跟踪机器人的方向，这是非常有用的，因为仅用轮式编码器的航向计算是非常糟糕的。图16.3显示了ROS约定下关于角速度值的方向。

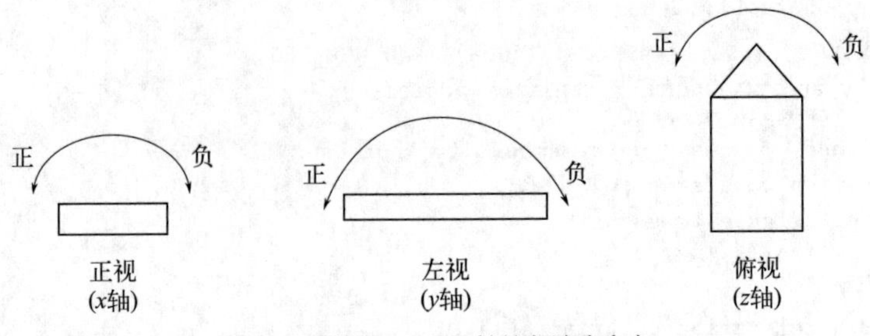

图16.3 关于x、y和z轴的角速度方向

图16.3中分别显示了在不同视角下关于x、y和z轴的角速度方向，从左到右分别为前视角下x轴的正反方向，左视角下y轴的正反方向，以及俯视视角下z轴的正反方向。对于陀螺仪测量每个轴的角速度时，ROS约定当从各轴的前向来看时，它们沿逆时针运动为正。

请确保你的传感器以弧度/秒（rad/s）为单位输出正确的符号（正或负）值，或者你将它们调整为与ROS约定相匹配的值。

16.4.1 陀螺仪的缺点

陀螺仪在测量方向快速变化方面是非常出色的，但随着时间的推移，读数会出现不可接受的漂移。因此，陀螺仪几乎从未被单独用于跟踪航向。

16.4.2 向IMU节点添加陀螺仪数据

无论陀螺仪是否在同一物理模块上，都没有影响，数据仍应发布在与加速度计数据相同的消息上。添加该数据（或在没有加速度计的情况下使用它）是非常简单的，我们都只需要简单地更改加速度计发布者。步骤都是一样的，但I2C地址、寄存器地址和转换值将有所不同。假设我们正在将陀螺仪发布到加速度计节点中，则只需添加陀螺仪的setup()和get()函数即可。

```
void gyro_setup()
{
GYRO_HANDLE=i2c_open(pi,I2Cbus, L3GD20_gyro,0);
time_sleep(.02);
//set frequency, power on and enable all 3 axes
i2c_write_byte_data(pi, GYRO_HANDLE, 0x20, 95);
time_sleep(.05);
}
```

在代码中除了地址不同外，唯一的区别是发送到地址为0x20的寄存器CTRL1的配置值不一样。L3GD20H数据手册表明，该寄存器的默认值是使设备处于关闭状态。而值95 (0b01011111)则表示设备处于正常的供电模式，并且将更新频率从默认的12.5Hz改变为25Hz。当然，还有很多其他的配置选项和功能可以使用，但采用上述代码块对我们来说就足够了。

```
void get_gyro()
{
//readings in default scale of 245 degrees per sec
//sensitivity at 245 deg/sec is .00875 degrees per digit
int xLSB = (int)i2c_read_byte_data(pi, GYRO_HANDLE, 0x28);
int xMSB = (int)i2c_read_byte_data(pi, GYRO_HANDLE, 0x29);
myImu.angular_velocity.x
=(float)((int16_t)(xLSB | xMSB<<8))*.00875*RAD_PER_DEG;
//repeat for y and z, changing register addresses
}
```

L3GD20H使用了两个字节的所有16位字节，因此我们只需将高位字节向左移动8位，就可以得到一个原始值。然后用原始值乘以0.00875，就可以得到每秒变化的度数。然后我们可以将其转换为rad/s，以遵循ROS的标准，RAD_PER_DEG是我声明的一个常浮点数，其值为0.0174533。

这就是陀螺仪测量的全部内容了。你显然需要调用 accel_setup() 函数和 get_accel() 函数，以及在 main() 函数中调用以上函数，并在与 acceleration_covariance [] 相同的 for 循环中将每个 angular_velocity_covariance [0-8] 设置为 0。

16.5 磁力计

磁力计是用来测量磁场强度的，其单位是高斯（Gs）或特斯拉（T）。由于磁场是一个矢量（具有强度和方向），因此磁力计可以测量该矢量的 x、y 和 z 分量。如果传感器位于一个具有稳定磁场的区域，则可用于确定方向。

ROS 中公认的磁力标准单位是 T。你的传感器可能可以配置为输出你选择的单位，或者你自己可能需要在发布之前在软件程序中进行转换。这种转换很简单，因为 1T=10000Gs。

磁力计有时会被错误地称为电子罗盘，如果你希望用磁力计来追踪磁航向，恐怕你要失望了。

我们需要了解的是，计算罗盘的航向前需要适当的校准，并且地球磁场的矢量不是直接向北和南，而是偏移了一个角度，这个角度在世界各地的不同地点都是不同的。磁场矢量还有一个垂直分量，如果设备从水平面倾斜超过 10°，就必须对其进行补偿，否则会对我们的计算造成误差。此外可以容忍的倾斜量不仅取决于倾斜的方向，而且取决于我们在地球上的位置，因为越接近两极，垂直分量就越大。

16.5.1 磁力计的缺点

依靠磁力计的问题在于，很多东西都会扭曲被测量的磁场向量，如机器人上的金属、来自电机的电磁噪声以及附近的金属物体。机器人本身的磁场失真可以（也必须）通过校准偏移量来测量和消除，但环境中的金属物体会很棘手，因为它们的磁场并不一样。

这个问题是非常严重的，以至于我已经放弃了在室内使用磁力计进行航向计算。即使经过仔细的校准并将其放置在远离电机的地方，当机器人驶过办公桌或金属柜时，读数也会出现错误。即使避开金属家具，但我们发现地下室的一些地方会有大型管道或建筑钢筋隐藏在混凝土中，因为这些地方的磁力计读数会突然变得不可靠。所以我会将磁力计应用于户外开放区域的机器人中。尽管我们只在户外使用磁力计，但在我依靠磁力计为一个在汽车附近工作的机器人提供数据之前，我仍需要进行大量的测试和调整。

16.5.2 向 IMU 节点添加磁力计数据

尽管磁力计（mag）数据是在单独的消息中发布的，但在 IMU 消息的同一节点中包含读取和发布磁力计数据并不罕见。因为磁力计数据是单独的消息，所以需要添加比添加陀螺仪数据时更多的代码行。我们在 github.com/lbrombach 的对应章节和机器人项目文件的下载链接中，包括了带磁力计和不带磁力计的 IMU 消息发布器的版本。

```
#include "sensor_msgs/MagneticField.h"
int MAG_HANDLE=-1;
sensor_msgs::MagneticField mag;
```

首先，我们必须包含sensor_msgs::MagneticField.h文件。然后，声明另一个句柄来处理磁力计，并创建一个类型为sensor_msgs::MagneticField的消息对象。

```
void mag_setup()
{
MAG_HANDLE=i2c_open(pi,I2Cbus, LSM303_mag,0);
time_sleep(.05);
//set sample frequency to 15hz
i2c_write_byte_data(pi, MAG_HANDLE, 0x00, 16);
time_sleep(.05);
//set scale to +- 1.3 gauss
i2c_write_byte_data(pi, MAG_HANDLE, 0x01, 32);
time_sleep(.05);
//set mode - 0 for continuous, 1 for single read, 3 for off
i2c_write_byte_data(pi, MAG_HANDLE, 0x02, 0);
time_sleep(.05);
}
```

在mag_setup（）函数中，我们有三个寄存器需要配置。在这里，我将地址为0x00的寄存器设置为16，这样磁力计的采样频率就比我打算运行节点的频率（10 Hz）快一点。我们还设置了磁场强度大小，并最终将模式设置为启动设备采样。

```
void get_mag()
{
//readings in default scale of +/- 1.3Gauss
// x,y gain at that scale ==1100, z gain = 980
int xLSB = (int)i2c_read_byte_data(pi, MAG_HANDLE, 0x04);
int xMSB = (int)i2c_read_byte_data(pi, MAG_HANDLE, 0x03);
mag.magnetic_field.x
=(float)((int16_t)(xLSB | xMSB<<8))/1100*TESLA_PER_GAUSS;
int yLSB = (int)i2c_read_byte_data(pi, MAG_HANDLE, 0x08);
int yMSB = (int)i2c_read_byte_data(pi, MAG_HANDLE, 0x07);
mag.magnetic_field.y
=(float)((int16_t)(yLSB | yMSB<<8))/1100*TESLA_PER_GAUSS;
int zLSB = (int)i2c_read_byte_data(pi, MAG_HANDLE, 0x06);
int zMSB = (int)i2c_read_byte_data(pi, MAG_HANDLE, 0x05);
mag.magnetic_field.z
=(float)((int16_t)(zLSB | zMSB<<8))/980*TESLA_PER_GAUSS;
}
```

上述代码中包括了所有（x,y和z）方向的get_mag()函数，而不仅仅是x的数据，因为其中有几个重要的细节需要你注意。你可能会注意到的第一件事是，从读取的数字到高斯的转换因子（也称为增益），对于z来说，与x和y不同。这并没有什么错误，你也可以在数据手册中找到关于寄存器CRB_REG的描述，该寄存器位于我们设置为1.3Gs比例尺的地址0x01处。一旦我们将原始值转换为高斯值，我们就可以将其转换为符合ROS标准的特斯拉值。

第二件需要注意的是，与我们采取的每一个x、y、z读数相比，y和z数据的寄存器地址顺序是不同的。一般来说，y一直是在x后面的两个寄存器位置处，而z是在y后面的两个寄存器位置处。但是在这个设备中，寄存器地址的顺序是x、z、y。一开始我甚至认为这是一个拼写错误，但经过一些测试表明它是准确的。我们使用的LSM303是DLHC变体之一，是少数几个将z放在y之前的LSM303变体之一。因此，你在使用这些传感器的时候，需要始终检查特定设备数据表中关于寄存器的描述，因为具有相同前缀的数据表可能会给你带来麻烦。

16.6 安装IMU

当在机器人上安装任何IMU传感器时，应该将其定向，使z轴读数大约为1000mG或+9.81m/s²（当静止和水平时），因为这是设备表示重力加速度的方式（或者更正确地说，这是重力对静止物体的影响，有点像一艘静止的船面对流动的河流。它只会记录自身的前进速度），而x和y轴的读数应该非常接近于0。如果你把机器人的前端直接抬起来，那么x轴的读数应该为+9.81m/s²。按照这种方向安装，机器人将在向前方向加速时读取正加速度。详情请见图16.4。

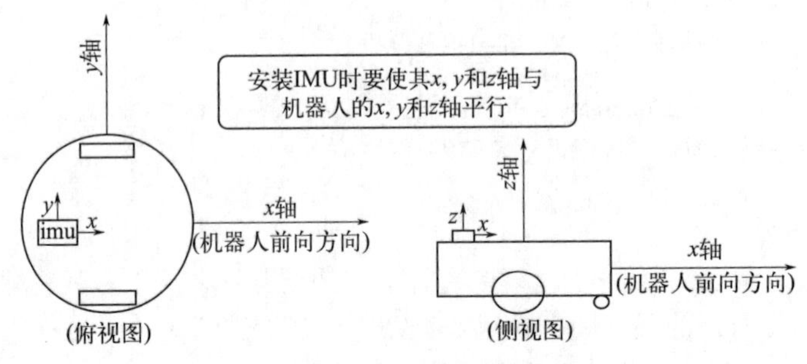

图16.4 安装IMU的正确方向

虽然可以在程序中重新映射数据并对其他方向的安装进行补偿，但通常一开始就按照图16.4所示的要求来安装会更加方便。

16.7 总结

在本章中，我们已经学会了如何从三个非常常见的IMU组件中读取传感器数据。我们希望在本章中展示的这些例子已经足够全面，以便即使你自己使用了不同的传感器，也可以通过这些例子和组件的数据手册对寄存器地址和值进行必要的修改。

有了能从任何传感器中读取IMU数据并发布数据的能力，这也说明你已经朝着提高机器人自主性方面迈出了一大步。随着积累经验并探索可用的ROS软件包，你会发现其中许多软件包都涉及数据。为了获得最大的精度（对磁力计来说尤其重要），你可以自己研究如何计算和应用校准的偏移数据。这些步骤可以从制造商网站上的数据手册或资源页面开始。

为了提升解决机器人“我在哪里”这一问题的能力，我们将在下一章深入探讨GPS/GNSS卫星定位设备。在某些情况下，这些设备是相当重要的，它们也是唯一能让我们的机器人在全球范围内从冷启动中定位自己的设备。

16.8 问题

1. 你在哪里可以找到关于ROS IMU相关协议的详细信息?

2. 真或假：将所有传感器集成在一个模块中可以使代码更加清晰，因为你只需要处理一个I2C地址。

3. 真或假：磁力计对室内机器人特别有用。

第17章 GPS和外部信标系统

17.1 简介

迄今为止，相信你已经认识到机器人定位是一个极具挑战性的任务。虽然惯性测量单元（IMU）可以在轮式里程计当中起到相当大的作用，但这种方法仍然会随着时间的推移导致误差的累积，并最终让里程计变得不准确甚至无法使用。为此，机器人系统需要使用其他方法来校准机器人的位置。幸运的是，基于陆基信标（land-based beacons）或卫星的定位系统已经变得越来越精确，并且也经济实惠。在本章中，我们将讨论其中的一些选择，学习如何使用GPS并为基于ROS的机器人发布其数据。

在本章中，我们将涉及以下内容：

- 信标系统是如何工作的
- GPS和GNSS基础知识
- 2cm精度级的GPS/GNSS-RTK
- GPS/GNSS的局限性
- GPS/GNSS数据格式
- 向ROS发布GPS数据

注：GPS（全球定位系统）是一种卫星导航系统，它可以提供全球性覆盖的精准定位。由于GPS定位是基于卫星的，因此精度非常高。在机器人领域，GPS被广泛应用于机器人的定位任务中。

17.2 目标

本章旨在让你了解信标系统的工作原理、优势以及局限性，并学习如何在ROS中获取、理解和发布GPS/GNSS数据。

17.3 信标系统是如何工作的

信标系统主要是通过三角（triangulation）或三边测量（trilateration）来完成定位工作的。三角测量主要依靠从被定位的设备到信标的角度。当确定两个或多个信标的位置后，从机器人到信标的连线就可以绘制出来。这些线相交就是机器人的位置。一般情况下，在机器人领域中，三边测量法比三角测量法更加常用，因此本节将重点讨论后者。

三边测量法主要测量信标到机器人接收器的距离。通过精确的同步时钟，接收器可以获得接收信号的时间戳。接收到信号的时间减去信号中的时间戳就可以得到信号传输的飞行时间（time of flight，表述物体在已知固定介质中飞行一定距离所消耗的时间长短）。通过将飞行时间乘以光速或声速（取决于所使用的系统），就可以计算出机器人与信标之间的距离。GPS和GNSS等系统使用的是无线电信号，其传播速度为光速（一般取300000km/s），而超声波信标信号的传播速度为声速（一般取340m/s）。现在想像一下，已知一些地标的具体位置，但是无法确定机器人自身所在的位置。图17.1显示了如何通过测量到这些地标或信标之间的距离，提高机器人位置的精度。这也是一个机器人在二维平面上的位置确定方法。

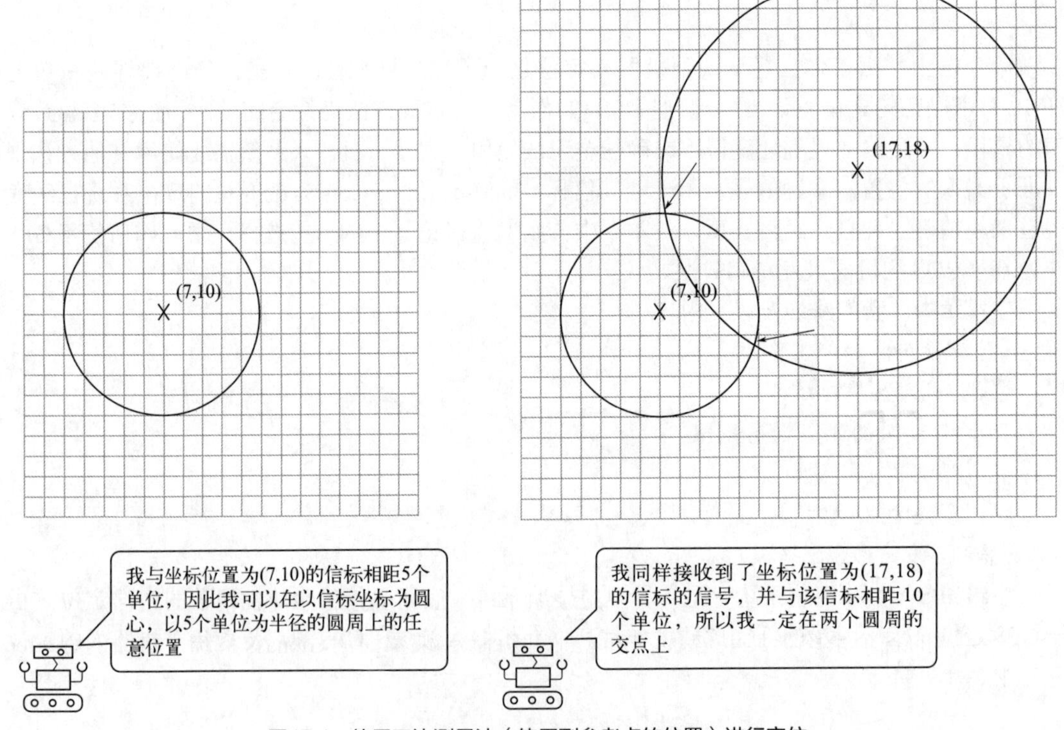

图17.1 使用三边测量法（使用到参考点的位置）进行定位

如图17.2左侧所示，通过使用距离数据绘制第三个参考圆，我们就可以在2D平面上（或地球表面）找到一个被三个参考点相交的交叉点，从而确定机器人的位置。如果参考点是在三维空间中的基准点，我们可以使用第四个信标来确定机器人的高度数据，如图17.2右侧所示。

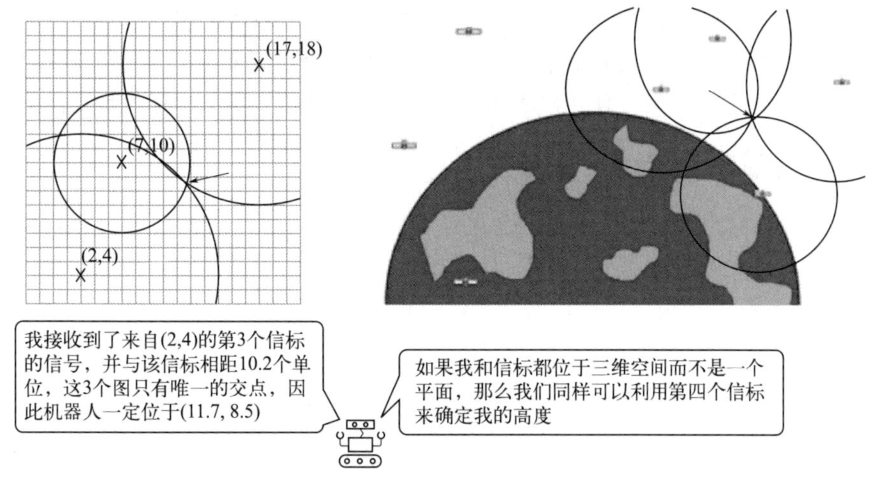

图17.2　二维平面的三边测量法（左图）和基于卫星系统的三维空间的三边测量法

三边测量法至少需要来自三到四个信标的信号。仅仅使用这种最小数量的信标是有误差的，因为即使出现一次小故障也可能导致定位偏离几公里之远。一般更好的系统可以同时监听十几个或者更多的信标，并且能够借此过滤掉那些不合理的信标信号，以达到定位的高精度（注：在定位系统中还需要考虑其他因素，如多径效应、噪声和遮挡等因素可能会对信号传播和接收造成影响。因此，在设计和实现定位系统时需要仔细考虑这些因素，并采取适当的措施来减少它们的影响，从而提高定位的精度和稳定性）。

17.4　GPS和GNSS基础知识

全球定位系统（global positioning system，GPS）和全球导航卫星系统（global navigation satellite system，GNSS）是可以在全球范围内使用的基于卫星的信标系统。其中GPS是最早的全球定位系统，该系统技术层面上只指代由美国运营的定位系统，而GNSS则包括了几个不同机构所运营的各个系统。其中包括了美国的GPS系统,俄罗斯的Glonass系统，欧盟的Galileo系统，中国的北斗系统等（注：这些系统在全球不同区域都有卫星信标提供定位服务。相比于只使用三个信标进行定位，使用卫星信标系统可以提供更高的定位精度和可靠性。同时，这些系统还可以提供时间同步等其他服务）。

如果你正在购买接收器，但其中的GPS设备并没有特别指出GNSS，那么一般来说该接收器可能只能使用美国的GPS卫星，而在三边测量定位方式中，接收器能接收到的卫星数量越多，那么定位的速度就越快，且定位的精度就越高（注：可接收的卫星的数量相当于三边测量法中可接收到的信标的数量）。此外，GPS/GNSS是一种视距通信系统（line of sight system，

LOS），这意味着接收器需要能直接看到卫星。在室内、山谷中或在茂密的树冠下使用时，会导致接收器获得的定位数据极其不准甚至无法获得定位数据。因此，需要将外部天线安装在机器人身上尽可能高的位置，并在使用过程中尽量远离其他物体，这可以极大地提高定位精度。

最便宜的GPS接收器（该接收器仅有GPS功能，一般价格低于10美元）的使用体验很差，速度很慢，时不时还会丢失信号。为了获得更好的使用体验，我们不建议购买这些便宜的设备，而是攒一些钱，比如说多花20美元去购买一个如图17.3中所示的自带天线且体积小巧的GPS/GNSS接收器（此接收器型号为GPSV5），这会在后续使用过程中省去你的许多烦恼。另外，我们建议你试着去购买一些可以输出I2C、GPIO UART串行数据或USB串行数据的GPS模块。

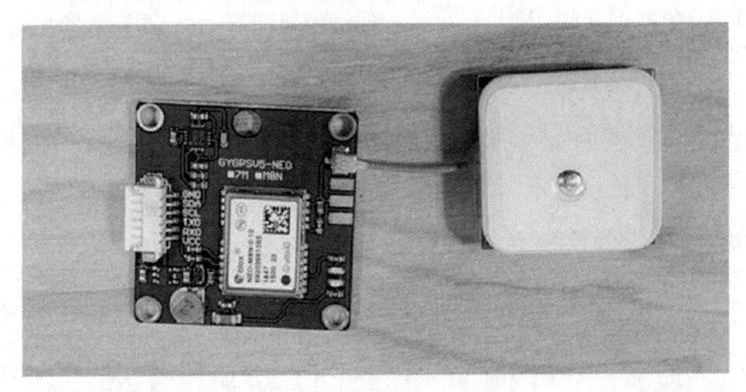

图17.3　带有I2C和USB串行数据的GPSV5 GPS/GNSS接收器

标准GPS/GNSS只能在几米范围内提供精确的定位信息，因此其只能作为一个机器人定位的有用线索，而不能直接用于机器人的精准定位。

造成这种不准确性的最重要因素是大气条件改变了从卫星到接收器的电波信号速度，而且这些条件随时随地都在发生变化。目前大多数设备已经具备了多种方法来改善或减小这种误差，其中比较成功的是一种实时动态差分法（real time kinematics，RTK），该方法可以提供精确到几厘米的位置数据！

> 在日常对话中，人们往往用GPS指代这两个系统。我自己可能也有这个问题。如果你和朋友聊天，这不是什么大问题，但在购买组件时要小心，不可以将GPS混淆为这两个系统。

17.5　2cm精度级的GPS/GNSS-RTK

实时动态差分法（RTK）是一种可用于纠正大气干扰误差的方法，该方法使用第二个接收器作为基站，该基站可以向机器人中的移动接收器广播校准数据。一般情况下，基站会被放置在一个已知位置，因此可以知道从卫星接收到信号数据的精确值，用该精确值就可以计算出信号的误差数据，从而纠正机器人中的定位误差。因为大气条件会因地点不同而出现差异，因此基站离机器人具体位置越远，其计算出来的校正数据精确性就越低，对移动接收器的作用就越小。一般来说，我们期望机器人离基站的距离不超过20英里（32公里），这样可以保证定位的一个精确性（注：我们也可以使用RTK接收器网络的数据来计算基站和机器人之间的虚拟基站数据，这也是一种RTK技术，虚拟基准站主要是在移动站附近虚拟出一个基准站，通过网络技术将多个参考站的数据传递给控制中心，控制中心通过一定的算法模拟虚拟站的观测值，最后将虚拟的观测值传给移动站实现差分定位）。

在过去，RTK基站都是私人拥有的，使用者必须支付高昂的费用来获取机器人的定位校准数据。

幸运的是，现在越来越多的政府计划只收取象征性的费用，甚至免费提供RTK服务。在美国，你可以与所在州的交通部门联系查询，以获取当地的RTK收费标准。另外，Leica和Trimble这两家私营公司（目前为大多数有RTK项目需求的州提供服务）已经涵盖了许多国家。最后，一个名为RTK 2 go的社区网络可能已经在你的附近设有一个基站点，使用者只需登录rtk2go.com就可以使用附近基站或者向社区网络贡献自己的基站。

如果你的附近没有可以使用的RTK站点或者使用费用太过昂贵，这并不意味着你没有任何机会，有些RTK GPS模块同样可以被配置成你的私人站点。目前，我找到最实惠的方法是使用Sparkfun GPS-RTK2板。注意，除非你有公共RTK数据可以使用，否则你需要两个Sparkfun GPS-RTK2板来进行定位校准。如果你需要了解更多关于RTK的工作原理或者如何设置一个RTK GPS，请登录www.sparkfun.com来寻找对应的教程。

17.6　GPS/GNSS的局限性

对于绝对定位来说，标准GPS的精度远远不能满足其要求，因此我们无法将其作为绝对定位的一个解决方案，并且信号的视距通信限制也意味着我们无法在室内使用GPS。除此以外，如果机器人处于建筑物之间、在山谷或洼地中，甚至在树木茂密的地区，GPS系统往往很难获取到足够的、精准的卫星信号。在开阔的区域中，GPS系统可以取得很高的精度，因为接收器可以获取到很多的卫星信号以提供更快的定位速度和更高的定位精度。图17.4所示的Sparkfun RTK-GPS模块的外部天线可以帮助接收器更好地接收卫星信号，并且使用外接天线可以让接收器安装在一个不易受外界影响的区域。但是该种方式仍然无法解决视距通信的限制。

为了解决视距通信的限制，可以构造自己的信标网络。然而，构造信标网络的成本过于昂贵，特别是当目标区域很大时，信标的价格可能会超过机器人和其他部分的成本。尽管如此，在多个机器人协同作业的应用领域中，信标网络仍然是一个绝佳的解决方案。Marvelmind公司

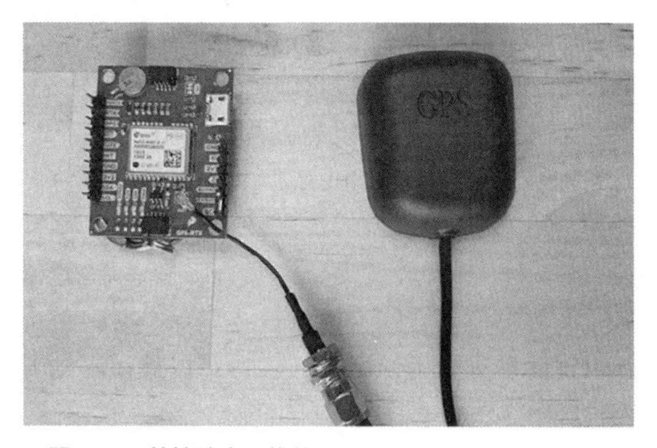

图17.4　外接防水天线的Sparkfun RTK-GPS模块

构建了一种相对实惠的室内信标系统，可以帮助机器人在室内精确定位。然而，我尚未对该系统进行过测试。（Marvelmind是一家自主机器人公司。主要为物流、工厂自动化、研究等诸多领域设计、制造和销售自主机器人和机器人系统。）

17.7 GPS/GNSS数据格式

希望你能够熟悉纬度/经度（lat/long）坐标系统，该坐标系统使用度、分和秒来表达地球上的位置。虽然还有其他坐标系统在大多数机器人项目中更实用，但我们将使用lat/long，因为：

1. 目前市面上大多数GPS/GNSS接收器默认使用的就是lat/long，并且很少提供其他选项。
2. 用于卫星定位校准修复的标准ROS消息使用的是纬度和经度的度数。

如果你不熟悉使用纬度和经度的度、分、秒表示位置，可以在Google或YouTube上快速查找教程。如果需要，请先暂停阅读本书，休息一下并查看一些对应的教程，以便更好地理解接下来的内容。准备好继续了吗？那我们开始吧！

17.7.1 NMEA数据字符串

大多数GPS/GNSS接收器模块的神奇之处在于，它们可以通过串行连接的方式自动获取数据，有时候甚至不需要装载驱动只需要插入USB线即可。迄今为止，我使用过的每个接收器都是这样。一旦GPS设备连接好并通上电，它会自动搜索卫星并进行串行数据传输。虽然通常有不同的模式和选项可供选择，但对于基本用途而言，我们不需要进行额外和麻烦的配置。另外需要注意的是，如果你想要使用I2C连接而不是串口连接，需要主动轮询寄存器，甚至有些时候还需要在获取到数据之前改变模式。出于上述原因，除非有必要，否则我们更倾向于使用串行模式。

> 你可以通过终端命令行使用cat命令来快速检查接收器是否正常工作，以及是否具有正确的权限和端口。如果上述一切正常，输入cat /dev/ttyACM0命令之后（如果端口不为ttyACM0，则可以换成它所连接到的任意端口），应该会显示所有的串流数据。

该设备传输的数据流是一串重复的数据，被称为NMEA字符串。美国国家海事电子协会（the National Maritime Electronics Association，NMEA）是为传输GPS/GNSS数据所创建标准格式的组织。虽然NMEA句子具有标准结构，但仍有几种不同的句子，并且解码过程可能会很烦琐。图17.5显示了从GPSV5接收器流向GPIO UART的NMEA句子的屏幕截图，以及一个GGA类型句子的分解——这是一个比较常见的句子。

幸运的是，句子的前几个字符中包含了一个消息标识符，借此软件就知道了如何进行解码。每种类型都会有一个标准的句子格式，这意味着我们不必要为每个来自不同制造商或不同型号的接收器去编写各自的软件。也就是说相同的软件可以适用于绝大多数的状况。如果想要了解关于GGA类型句子和其他NMEA句子（还有很多其他的NMEA句子）的更多信息，可以去查找Google NMEA 0183——这是官方的NMEA规范。

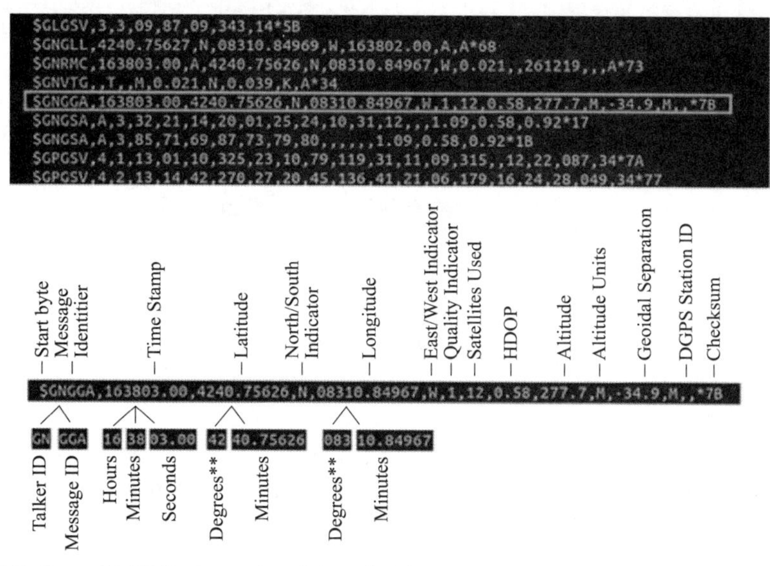

图17.5　一个常见的NMEA句子的解码（注意：每个字段间用‘,’（逗号）分隔符隔开；注意度数只占了纬度的前两位，但是占了经度的前三位）

17.7.2　一些关键的纬度/经度数据表示法

我们希望现在你已经熟悉了将地球划分为度、分和秒，以及用稍微不同的符号表示数据的经纬度约定。如果你有一个手持式GPS/GNSS，那么显示在屏幕上的数据很可能就是这样的。然而，在NMEA句子和我们即将使用的ROS消息中，数据都使用了一个看起来像是单一数值的十进制格式。除此以外，NMEA句子的格式与ROS NavSatFix消息格式也不同。图17.6中显示了从图像顶部的NMEA句子中抓取的同一数据的三种不同表示形式。

$GNGGA, 163805.00, 4240.75630,N,08310.84960,W,1,12,0.60,278.3,M,−34.9,M,,*7D
(最初的NMEA语句)

传统：	DD°MM′SS.SSSS″	例：42°40′45.3792″N	83°10′50.9772″W
NMEA GGA语句：	DDMM.MMMMM	例：4240.75630, N	08310.84960, W
ROS NavSatFix：	DD.DDDDDD	例：42.679272	−83.180827

图17.6　使用三种不同形式表示同一个经度/纬度数据

注意 

第二行的NMEA GGA类型句子并没有像传统格式那样直接列出秒数，而是将秒数作为分钟的小数部分包含在内。由于1min有60s：

$$60\text{s/min} \times 0.7563\text{min}=45.37\text{s}$$

还需要注意的是，在NMEA句中，需要传输的数据中包括了前导零，因此小数点前面接收到的字节数保持不变。纬度始终在小数点前四位，经度始终在小数点前五位（因为纬度只在90W到90E范围内，而经度在180S到180N范围内）。

下一行则是将同一个NMEA句子的数值转换为ROS sensor_msgs::NavSatFix消息。在该格式中，甚至连分钟都没有直接表示，因为整个数值就是度数（小数点后的部分表示为分数度）。因此：

$$60\text{min}/(^\circ)\times 0.679272=40.7563\text{min}$$

就像我们为NMEA句子所做的那样，秒被转化成了分钟的小数部分。

最后，你可能已经注意到，在ROS格式中，我们没有提及North、South、East或West这一概念。这需要占用另一个数据字段，因此开发者们决定使用一个单一的有符号值来代替，其中正值表示赤道北部或本初子午线东部，而负值表示赤道南部或本初子午线西部。

17.8 在ROS中发布GPS/GNSS数据

在前面有关不同传感器的章节中，我们已经学习了如何去编写整个ROS节点（也被称为程序）。该节的目的主要是确保你能够理解设备背后的原理以及如何用正确的格式将数据传输到ROS项目中。然而，同样重要的是，你需要知道如何去查找并实现由他人编写的ROS节点。通过这种方式，我们可以加速项目的开发进展，或者借鉴别人的项目并在自己的项目中添加难以编写的功能。

据我所知，GPS/GNSS模块都传输相同格式的NMEA句子，因此我们可以寻找一个通用的ROS软件包以接收、转换和发布数据。在本节中，我们将学习如何从互联网下载和安装ROS软件包，以及学习在必要时传递参数以自定义节点运行方式。我们的最终目标是发布ROS sensor_msgs :: NavSatFix消息。该消息包含着坐标的纬度、经度和高度的信息（如果有的话）。

如需要关于该消息的完整详细信息，请访问wiki.ros.org/sensor_msgs，并单击NavSatFix链接以进行查找。其中还会有用于航向和速度数据的NMEA句子，当接收器提供这些句子时，我们在下面学习的ROS节点也会在对应的话题上发布相关信息。

17.8.1 ROS软件包：nmea_navsat_driver

当你下载了一个ROS节点时，此节点经常会与其他相关的一系列节点放在同一个包里。虽然我们只打算使用nmea_navsat_driver包中其中一个节点，但是该包中所包含的三个节点都是值得去学习的：

- nmea_topic_serial_reader：如果你需要使用除nmea_topic_driver之外的NMEA句子，则可以使用该节点。该节点仅仅从指定的串口读取句子，并将它们转变成类型为sensor_msgs::Sentence的ROS消息发布。
- nmea_topic_driver：如果你的数据不是来自于USB或GPIO串口，则可以使用该节点。你可以在其他节点中将NMEA句子作为一个话题发布，该节点会将NMEA句子进行转换并发布NavSatFix消息。
- nmea_serial_driver：该节点结合了上述两个节点以实现所有的工作（除了发布原始的NMEA句子）。

我们将要使用的节点是nmea_serial_driver，但是，首先我们需要先进行下载和安装。

17.8.2　安装 nmea_navsat_driver包

有两种基本方法可以从互联网上安装ROS软件包。第一种方法适用于你所使用的ROS发行版已经拥有该软件包。此时，只需要像使用apt-get命令一样进行安装即可。

```
sudo apt-get install ros-kinetic-nmea-navsat-driver
```

或者使用下面的命令：

```
sudo apt-get install ros-melodic-nmea-navsat-driver
```

如果你需要的软件包不在ROS发行版的存储库中，或者因某些原因需要修改代码以适配你的应用程序，那么就可以使用第二种方法（这里建议先派生出一个新的软件包仓库，然后再将其复制到本地机器上进行修改）。

nmea_navsat_driver软件包的代码位于github.com/ros-drivers/nmea_navsat_driver中。通过以下三个简单的步骤就可以完成安装：

1. 进入你的工作目录catkin_ws/src文件夹中；
2. 将版本库复制到你的源文件夹；
3. 用catkin_make命令编译新包。

如果需要的话，可以参考第9章“协调各个部件”来回顾一下 ROS/Catkin工作空间的文件结构，然后输入以下命令：

```
cd /home/lloyd/catkin_ws/src
Git clone https://github.com/ros-drivers/nmea_navsat_driver.git
cd ..
catkin_make
```

值得一提的是，请不要忘记使用cd..命令，因为你需要在/src目录克隆，但是必须返回上一级目录后才能成功运行catkin_make命令进行编译。编译成功后（我希望你的编译不会报错），请安装GPS设备并确保天线位于一个开阔、平坦的地面上（地平面指的是像汽车车顶或是金属板这样的金属基底）。如果接口设备连接正常，只需插入USB线即可进行调试。如果无法连接，请参考第5章“与传感器和其他设备通信”中有关连接串行设备的内容，并确保你有适当的权限来访问该端口。

17.8.3　阅读ROS软件包说明

本节将介绍一些有关使用命令行启动节点的额外内容，主要是让你习惯阅读软件包文档并筛选参数，以便在默认参数不起作用时传递正确的参数。例如，这个节点默认尝试打开并读取位于/dev/ttyUSB0上的USB串行端口中的数据，但机器人上的GPS是与GPIO串行UART引脚相连的，并位于/dev/ttyAMA0地址上。所以，在继续下面的内容之前，你可以浏览一下官方文档wiki.ros.org/nmea_navsat_driver。

因为在这个网站中有一个非常典型的ROS软件包页面，你可以在任何ROS应用程序中找到它。在页面的顶部附近，你可以找到维护者的姓名和电子邮件地址，以及代码的GitHub页面链接。概述部分提供了有关节点能够和不能做什么、版本限制以及常见的已知错误或兼容性问题的有价值信息。稍微往下，列出了各个节点。

对于每个节点，都有一个该节点所订阅的话题列表。有时候，并不是所有订阅的话题都是必需的。还有一个话题列表，列出了该节点发布的话题。所有这些通常都是指向Wiki页面的链接，以便你了解节点的功能。最后，对于每个节点，都会列出参数清单。

参数是节点代码中的值，你可以根据应用程序和硬件的需求去进行定制。一般来说参数会被视为程序中的常量值，但是你可以对它们进行初始化。如果你什么都不传递，它们会选用默认的参数值，但是你必须小心地去使用这些默认参数，并知道这些默认值是否是可以接受的，否则最终结果可能是难以预测的。

下面来仔细看一下我们将要运行的nmea_serial_driver代码。你可以在主题发布的代码中看到它能够发布的主题，我们最感兴趣的是NavSatFix节点。在NavSatFix节点中，你看不到任何订阅的话题，因为它不会订阅任何话题，而是会从硬件层面直接获取输入的信息。为了确保该节点可以发现并解析硬件所发送的数据，我们需要检查并设置一些参数。下面我们来看一下代码中列出的每个参数：

- port：该参数是GPS/GNSS接收器连接的/dev位置，节点会默认你使用的是USB设备。如果GPS设备不是通过USB连接的，则可能需要将port端口指定为/dev/ttyAMA0、/dev/ttyACM0或其他几个位置。如果连接了多个USB串行设备，那么有可能就需要尝试/dev/ttyUSB1或/dev/ttyUSB2这些端口。有关查找端口的更多信息，请参见第5章“与传感器和其他设备通信”。
- baud（波特率）：该参数是数据的传输速度，默认为稍旧的标准，即4800。本章中显示的两个GPS设备的通信速率都为9600，这就需要你查看对应的规格说明并记录下它。
- frame_id：如果你正在使用一些经过校正的GPS/GNSS数据（例如RTK），则该参数就尤其重要。它默认值是GPS，但是要知道，当你最终设置变换时，GPS框架位于接收器天线处，而不是接收器本身。
- time_ref_source：我们一般会将其保留为默认值。
- useRMC：RMC是另一种NMEA语句，与我们在示例中使用的语句不同，它还包含了速度数据。你必须决定是否需要速度数据或协方差数据。现在，我们将保留其默认值为false（即不需要速度数据或协方差数据）。

以上就是NavSatFix节点的全部内容了。这个节点只有这几个参数，因此看起来很简单。然而其他节点则可能会有一长串的参数列表。我知道，阅读一长串的参数列表可能令人生畏或觉得烦琐，特别是当你只是想输入“rosrun”命令从而直接运行程序的时候。但请注意，由于没有花时间去阅读文档而急于求成的工作，通常会以额外的故障排除的形式回来困扰你。

17.8.4 运行带参数的nmea_serial_driver节点

你现在已经是启动非参数化节点的专家了，只需使用以下命令即可启动：

```
rosrun package_name node_name
```

但是，这可能会在运行nmea_serial_driver节点时返回一个错误。在我的例子中，接收器连接到了/dev/ttyAMA0，并以9600B/s运行，因此我们必须更改这两个参数。通过命令行传递参数与传递话题名称重映射形式非常相似，在这里我们建议你回到第9章“协调各个部件”中去回顾一下。总而言之，这两者最关键的区别是：传递参数时，必须在参数前加下画线，否则参数会被解释为重新映射。例如：

```
rosrun nmea_navsat_driver nmea_serial_driver
_port:="/dev/ttyACM0" _baud:=9600
```

该段命令意味着使用/dev/ttyACM0以9600波特率运行节点，但下面的命令则不是。

```
rosrun nmea_navsat_driver nmea_serial_driver
port:="/dev/ttyACM0" baud:=9600
```

该段命令意味着将所有名为port的话题名更改为/dev/ttyACM0，并将所有名为baud的话题更改为9600。很明显，这不是我们想要的结果，因此请记住，在通过命令行设置参数时需要添加下画线。

注意 

上述两个块中的命令都是单个命令，它们只是不能在一页上用一行表示出来。

> 虽然命令行在设置少量参数时很方便，但有些节点需要设置十几个参数，每次启动节点都要输入这么多参数是不现实的。对于这些节点，你则需要使用一个启动文件。详情请见 wiki.ros.org/roslaunch 获取更多信息，特别是嵌入在网页底部的视频。

17.9　总结

我们已经介绍了大量有关信标的信息以及它们如何帮助解决定位的问题，本章的重点主要放在GPS和GNSS这样的卫星系统上。本章中我们主要谈到了它们的用途和局限性，例如定位的不准确性，除非使用像RTK这样的方法来校正大气条件对GPS信号的扭曲（指 GPS 信号穿过大气层时因受到大气折射、散射等影响而发生的误差）。我们甚至讨论了一些可用于室内的定位系统，当然，这需要你拥有足够的预算去购买并配置你的信标网络。

在下一章中，我们将深入探讨激光雷达的细节。我们将学习一些理论和操作原理，并了解不同装置之间的区别，以及学习如何从中读取数据并发布对应格式的数据到ROS中去。

17.10　问题

1. 不考虑未知的高度数据，使用三边测量法需要的最少信标数量是多少?
2. 在没有RTK等校正数据的状况下，卫星导航系统可实现的精度是多少?
3. 通过rosrun命令从命令提示符启动ROS节点时，必须在参数名中加入什么来传递参数?

第18章 激光雷达设备和数据

18.1 简介

近年来，尽管传感器行业在毫米波雷达和计算机视觉技术方面取得了进展，但激光雷达（LIDAR）设备仍然是机器人行业中绘制地图最常用的手段。

在本章中，我们将学习选择、安装和运行激光雷达设备所需的所有基础知识。此外，我们还将讨论不同种类的设备，包括它们能做什么，不能做什么，并确保你理解如何去读取激光雷达的数据。最后，我们将详细介绍如何设置一种目前流行的激光雷达并用它在ROS中发布数据。

在本章中，我们将涵盖以下主题：

· 激光雷达的基础知识
· 激光雷达的局限性
· 激光雷达的不同种类
· 选择激光雷达的注意事项
· 激光雷达数据的消息格式——sensor_msgs::LaserScan
· 激光雷达的安装注意事项
· 如何去设置、运行和测试一个普通的激光雷达装置
· 使用Rviz将激光雷达数据可视化

18.2 目标

在本章中，我们需要了解激光雷达的工作原理以及用途和局限性，并学习如何解读激光雷达的数据和sensor_msgs::LaserScan消息类型。此外，我们还会学习如何配置流行的激光雷达并学会在ROS中去发布激光雷达数据。

18.3　激光雷达基础知识

激光雷达设备会测量激光脉冲到达一个物体并返回所需的时间，因为其使用的是紧密的激光束，所以扫描结果的分辨率是非常高的，该数据可以生成非常详细的环境地图。

激光雷达测距仪只会测量单个点，使用电机旋转反射镜或整个装置，可以在一个圆圈内进行多次测量，从而获得周围环境的二维（2D）数据。图 18.1 显示了一个机器人在模拟环境中的2D激光雷达数据。该模拟器使用的是Gazebo，激光雷达扫描的可视化工具使用的是Rviz。

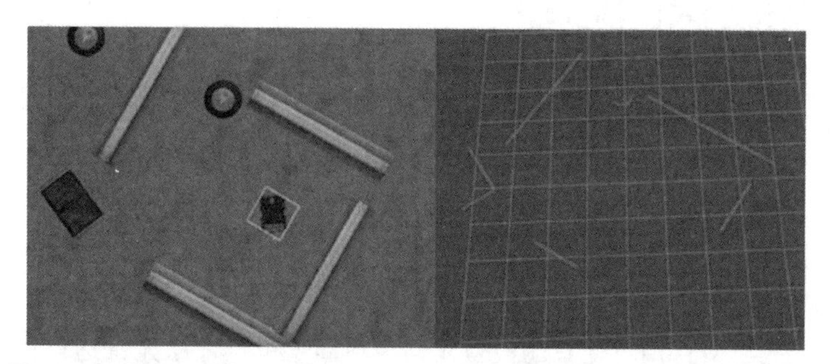

图18.1　在模拟环境中一个机器人（左图）和光雷达扫描数据的可视化（右图）

你需要注意的是激光雷达不能向我们显示障碍物的整个形状，它只能测量到最近物体的前缘。想要绘制出左边垃圾箱或顶部木桶的整个形状，我们需要保存这些数据并控制车辆从不同的位置进行扫描。

还需要注意的是，虽然激光雷达的数据在可视化中呈现为红线，但由激光扫描所提供的数据是一个个的点，只是这些点离得很近，因此在使用像Rviz这样的可视化工具绘制时，它们往往会呈现为线条或曲线。

> 有些人会争论技术层面上的差异，但事实上，激光雷达、激光扫描仪，有时会被统称为激光，这些术语通常可互换使用，用于指代任何使用激光光束以覆盖一个弧形或圆形的精确测距的设备。在这本书中，我也交替使用这些术语。

18.4　激光雷达的局限性

激光雷达精准的光束是一把双刃剑。这种高精度使我们得到了非常精细的地图，但这也意味着激光雷达无法检测到光束上方、下方或侧面哪怕是1cm以内的任何东西，具体示意如图18.2。一般来说，这类二维扫描仪会配有一个旋转组件，以消除左右方向的问题，但仍需要这些机器人配备其他辅助传感器。

激光雷达的另一个缺点是，某些深色的颜色和材料会吸收激光光线，因此激光雷达无法检测到具有这些特征的环境信息。我的团队在进行避障测试时就遇到了这个问题。当时一位队友正坐在椅子上，他非常相信机器人的避障程序，一开始一切都很顺利，直到我们的50千克的机器人从后面靠近并猛烈地撞到椅子的后背上。问题出在了椅子是黑色的，这对于雷达来说是不可见的。

图18.2 激光雷达不会探测到光束上方或下方的任何东西

18.5 激光雷达的种类

激光雷达测距设备在功能和价格方面的差异很大，价格从100美元到超过10000美元不等。下面让我们来讨论一些可选的激光雷达种类，这样便于你在准备购买时做出更好的选择。

18.5.1 单向（单点）激光雷达

这些通常是一些小型且相对便宜的设备，这种单向（单点）激光雷达只会返回一个单点的测量值，而不会通过扫描或多次扫描来获得多个点。这些设备在本书的地面机器人上并不常见，但是可能会在无人机或者某些其他特殊的应用中看到它们。图18.3就是这类设备的实物图。

图18.3 VL53xx系列的飞行时间距离传感器与微型SD卡和Hokuyo扫描激光测距仪（右侧）的大小对比

由于这种单点激光雷达成本低廉，所以我们有时会尝试添加一个伺服或步进电机，并将其制作成一个自扫描的激光雷达。这从原理上是完全可以做到的，但是需要大量的时间去开发，同时哪怕制作出来后，最终取得的分辨率和扫描速率也相对较低。为此，存在一个更好的选择，相较于前者，我们只需要花费等额的金钱和更少的工作量，我将在本节末告诉你这一更好的选择。

18.5.2 2D激光雷达

二维扫描式激光雷达通过电机来旋转反射镜或整个传感器组件，以提供一个可以覆盖弧形或完整360°圆形的扫描范围。相较于仅能探测离机器人中心几英寸（1英寸＝2.54cm）远物体的超声波传感器，具有精确测距功能的激光雷达更为有用。这些扫描式激光测距设备的成本比非扫描式激光测距设备要高一些，但除非你的应用程序需要更小的包，否则它们更加适合普通的开发者。图18.4是两个制造商的激光扫描仪的示例。

图18.4　主流的厂商所提供的几种型号的激光扫描仪（左图为Hokuyo，右图为RPLIDAR）

就像我们在图18.1中看到的二维激光扫描的数据一样，它非常适合构建精细的地图，并且有像图18.4中的Hokuyo这样的激光扫描仪提供数据。RPLIDAR也是一个非常出色的传感器，虽然相较于Hokuyo而言，其运行速度和分辨率只能达到前者的四分之一。但是，它可以扫描完整的360°且价格十分低廉，而图中的Hokuyo仅有270°的视场（FOV）。

二维激光雷达是目前最主流的类型，并且也是在本书中提到激光雷达数据时所讨论的类型。我们会在本章后面的部分中介绍如何设置并运行这种类型的LIDAR。

18.5.3　3D激光雷达

虽然二维激光雷达仍然是主流传感器，但是三维激光雷达已经有了一些显著的发展和进步。首先是3D激光雷达增加了一些令人兴奋的功能，即3D激光雷达不仅仅只局限于绘制设备所安装的高度，还能够检测物体并绘制地面以及其他更高高度的信息。以此类推，持续绘制每一个线束生成的平面地图，并将这些地图堆叠到一起，形成机器人能够理解的三维地图。这样我们就不会面临这样一个问题：在机器人的视线水平中，我们的路径是可通行的，但是在传感器下方的路障和狗却在机器人视线的盲区中。虽然三维激光雷达需要更强的编码和处理器性能，但对于机器人导航来说，这是一个非常重大的突破！

与2D激光雷达相比，3D激光雷达设备具有较窄的水平视野（有时为30°，而2D LIDAR可以达到270°或360°）。然而，3D激光雷达可以在不同的垂直角度上提供几次扫描，因此可以看到2D激光雷达扫描不到的事物，这些数据对于需要处理不平坦地形的地面机器人来说非常有用的，但它的成本会非常高。目前，3D激光雷达正在得到迅速普及，尤其是在自动驾驶开发者中；与此同时，有一些需要高性能的机器人公司和业余爱好者也加入了其中。

18.5.4　从机器人吸尘器中获得激光雷达

毫无疑问，对于很多人来说，激光雷达装置可能过于昂贵。即使是最便宜的激光雷达，成本也超过100美元（这已经非常棒了，考虑到几年前最便宜的也要800 ～ 1500美元），对于一个学习项目来说，这是相当大的投资。幸运的是，使用激光雷达和智能导航技术的机器人吸尘器的出现，导致了一些闲置和被拆解的激光雷达装置可供愿意进行一些额外工作的个人使用。图18.5展示了从Neato Botvac中拆解下来的激光雷达。

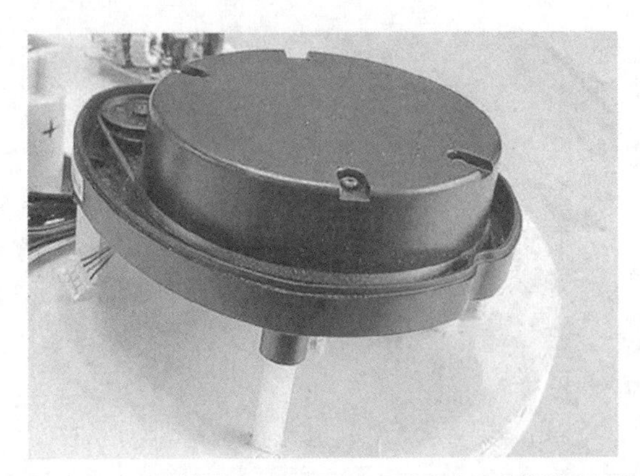

图18.5　从一个坏掉的Neato机器人吸尘器中取出的激光扫描仪

人们总是在不断地升级和更新他们的机器人吸尘器，你可能很幸运地找到一台老式机器人吸尘器并免费获得它。如果没有那么幸运，也可以像我们一样，在eBay上购买一个从机器人上被拆卸的LIDAR单元，这仅花费了35美元。不过，如果可能的话，我仍然建议购买专门用于2D扫描的激光雷达，即使是非常便宜的（据我所知，RPLIDAR A1就是最便宜的二维激光雷达），因为从机器人吸尘器中获得的免费或非常便宜的激光雷达存在以下几个缺点：

- 你必须为其制作连接器，而不能即插即用。
- 你必须自己去控制电机的速度，这意味着你需要编写额外的电路和软件。
- 这些设备确实可以提供完整的360°环形视场的数据，但扫描速度甚至比RPLIDAR还要慢很多。这在机器人制图或其他需要在行动中依赖数据的情况下可能会成为问题。
- 运行它们的软件必须由你亲自编写，或可以从我所知道的两个第三方开源网站中下载，但这些都不是官方的版本，因此你必须在没有制造商支持的情况下完成所有的操作。
- 如果你要通过USB接口进行操作，则仍然需要购买一个USB串行转TTL串行的转换器，例如FTDI。

18.6　选择激光雷达考虑的因素

我们在选择激光雷达时主要会考虑一些常用的激光雷达指标，其中主要包括：

- 视场角：有些激光雷达传感器可以提供360°的视场角，而有些激光雷达传感器只能提供270°甚至更小的视野。此外，3D激光雷达除了会告知用户水平的视场角以外，还会提供垂直的视场角参数。
- 分辨率：指的是设备在其视野范围内所能提供的最小的角度增量（以弧度为单位）。在室内项目中，我们通常会选择价格更便宜的激光雷达，虽然它们的测量范围较小且每度只会提供一个测量值，但是其性能完全能够满足室内定位的需求。那些高分辨率的激光雷达更适合商业用途、户外使用或需要大范围测量的任务中，高分辨率的激光雷达一般每度会提供四个测量值（即每¼度提供一个测量值）。
- 测量范围：对于大多数家庭和空间较小的办公室等应用场景，4m的测量范围是可以接受的，但是在户外、大型开放式办公室或商店等场景中，激光雷达需要能够探测到12m以内甚至更远距离的物体。

- 室内/室外评级：一般被评级为只用于室内使用的激光雷达设备往往对光照的干扰更加敏感，并且可能根本不具备耐候性（即该类激光雷达如果在室外使用很容易出现较大的误差）。
- 扫描速率：指的是激光雷达完成一次扫描所需的时间。对于速度较慢的机器人来说，该因素不那么重要。但对于那些快速机器人或者周边环境复杂、人流量较多的应用场景下，该因素将变得非常重要。
- 以太网与USB连接：我将该方面添加进考虑因素的原因是使用以太网连接的设备需要一些IP地址并处理可能出现的网络问题。虽然这些都不是什么太大的难题，但如果你不熟悉网络设置，那么该过程可能会很令你感到烦琐。与此相比，通过USB连接的设备则可以做到即插即用，使操作变得更加简单（注：使用USB连接方式时，需要将设备与主机之间的距离保持在合理范围内，以避免信号干扰和数据传输问题。因此，在选择连接方式时，需要根据具体场景和需求来做出决策）。

18.7　激光雷达数据消息格式sensor_msgs:: LaserScan

幸运的是，你所购买的激光雷达设备应该自带了由制造商编写的ROS驱动程序，因此你不必自己去编写激光数据的发布者节点。接下来，我想详细讲述一下LaserScan消息，这样你就可以在需要时进行故障排除，或者自己去编写一些专用节点来解码消息，甚至可以用其他传感器的测距数据来创建消息，将该消息“伪造”成一个激光雷达数据。图18.6是ROS文档中有关LaserScan消息的截图，你可以通过进入wiki.ros.org/sensor_msgs并单击LaserScan的对应链接来查看整个页面或者获取一些额外的信息。

File: sensor_msgs/LaserScan.msg

Raw Message Definition

```
# Single scan from a planar laser range-finder
#
# If you have another ranging device with different behavior (e.g. a sonar
# array), please find or create a different message, since applications
# will make fairly laser-specific assumptions about this data

Header header            # timestamp in the header is the acquisition time of
                         # the first ray in the scan.
                         #
                         # in frame frame_id, angles are measured around
                         # the positive Z axis (counterclockwise, if Z is up)
                         # with zero angle being forward along the x axis

float32 angle_min        # start angle of the scan [rad]
float32 angle_max        # end angle of the scan [rad]
float32 angle_increment  # angular distance between measurements [rad]

float32 time_increment   # time between measurements [seconds] - if your scanner
                         # is moving, this will be used in interpolating position
                         # of 3d points
float32 scan_time        # time between scans [seconds]

float32 range_min        # minimum range value [m]
float32 range_max        # maximum range value [m]

float32[] ranges         # range data [m] (Note: values < range_min or > range_max should be discarded)
float32[] intensities    # intensity data [device-specific units].  If your
                         # device does not provide intensities, please leave
                         # the array empty.
```

图18.6　ROS文档中有关LaserScan消息的截图（链接为wiki.ros.org/sensor_msgs）

LaserScan消息适用于单个2D激光扫描，但如果你有多个扫描仪，则可以将多个LaserScan消息合并为一个。一些单向激光测距仪（包括超声波测距仪）通常会使用Range消息作为数据消息格式（尽管从多个固定传感器的运行并配合整个机器人的旋转，可以将多个传感器数据组合成LaserScan消息），但该结果和直接通过2D激光扫描得出的结果是不一样的。另一方面，三维扫描仪使用了与二维激光雷达不同的消息格式，这些消息格式主要是以PointCloud或PointCloud2格式作为消息类型的。你可以在ROS传感器消息的wiki上找到有关Range消息和PointCloud消息数据的链接。

所有ROS消息都会存在一个头部信息。在头部信息中，你可以找到时间戳和帧ID的数据成员。除非你使用了多个扫描仪，否则帧ID一般都会是laser。时间戳一般由ROS系统的时钟节点来设置。例如：

```
scanMessageName.header.stamp = ros.Time.now();
```

接下来的三个元素非常关键，因为它们定义了每个数据元素所代表的航向角度。

- angle_min：最小测量角度，以弧度为单位。位于angle_min角度范围内的测量值会被写入laserMsg.ranges[]数组的第一个元素，即元素[0]。这个值应该是一个负数。
- angle_max：最大测量角度，以弧度为单位。位于angle_max角度范围内的测量值会被写入laserMsg.ranges[]数组的最后一个元素。ranges[]的大小随着视野和angle_increment而变化。
- angle_increment：每个相邻读数或相邻ranges[]元素之间所对应的角度增量。任何ranges[i]元素的角度，都可以通过公式angle = i * angle_increment + angle_min计算出。

出于某种原因，在规格说明书和销售手册中通常采用度数作为视野的单位，但angle_min、angle_max和angle_increment都是以弧度为单位来表示视野。熟悉这两个单位之间的变换会让你在使用这些消息有很大的便利。图18.7显示了具有不同分辨率和不同视野的（分别为360°视野和270°视野）激光雷达的angle_min、angle_max和angle_increment。

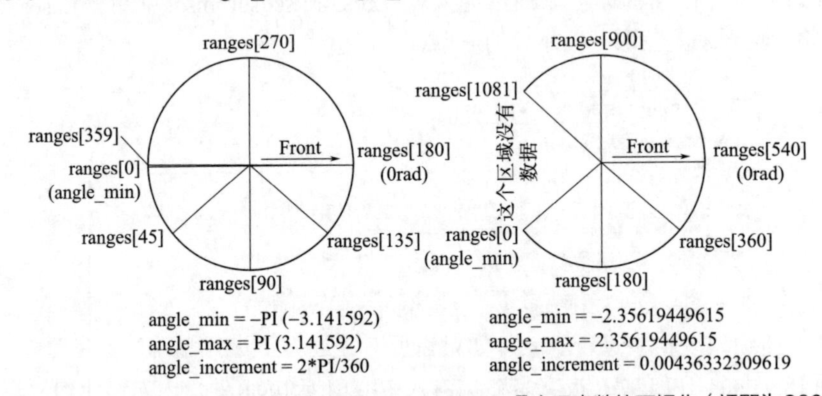

图18.7　angle_min, angle_max和angle_increment与ranges[]中元素数的可视化（视野为360°的激光雷达分辨率为1°，视野为270°的激光雷达分辨率为1/4度）

我们等会要设置的RPLIDAR A1的ranges[]元素排列方式与图18.7左侧所示的激光雷达类似，而右侧图像则是来自Hokuyo UST10lx的ranges[]元素排列方式。需要注意的是，360°视野的激光雷达的最高索引数值较小（注：如左图所示，其对应的索引数值为359，该索引数值与视野和角度增量都相关），因为它的angle_increment（也称为分辨率）较低。

在了解了angle_min、angle_max和angle_increment数据成员之后，我们还有两个与时间相关的数据成员和两个与range_min和range_max相关的数据成员。ROS文档中对时间成员的介绍已经非常详细了，所以这里不再赘述。range_min和 range_max值表示激光扫描仪的承载能力。你必须将这些值与ranges[]数组中的值进行比较，并且舍弃所有超出该范围的读数值。

最后，sensor_msgs::LaserScan消息包含了两个数组：ranges[]和intensities[]。intensities[]表示了读数（返回的信号）的强度，太弱的信号可能会被舍弃或在读取消息的程序中被谨慎考虑。对于给定索引的读数/角度，ranges[i]和intensities[i]所对应的索引是相同的。需要注意的是，为了方便起见，我在这里使用数组一词来表示ranges[]和intensities[]，并且我们发现在ROS文档中也是这么去表示它们的，但这些成员变量实际上是以向量的形式实现的，并且你可以使用.resize()来根据需要调整这些向量的大小。如果你正在读取消息，则这些操作就无关紧要，但如果你正在创建自定义的消息，则必须用到上述操作。

18.8 激光雷达安装注意事项

激光雷达方向的确定与我们为IMU确定方向的方式相同，即将机器人正对着的方向设为x轴方向。这种设定方式可以使激光雷达扫描的中央元素（位于数组中间的那些元素）直接测量机器人与前方事物之间的距离。图18.8说明了如何在360°视野中对激光雷达的ranges[]元素进行理想化排列，这里我们建议最好将ranges[min]和ranges[max]元素放在机器人的后方，并将ranges[]数组的中心元素直接放置在机器人前方。

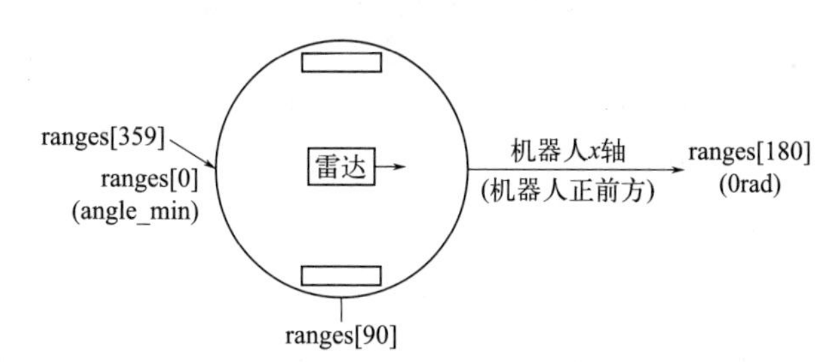

图18.8 一个360°视场(FOV)的激光雷达的ranges[]元素的理想化排列（每度都有一个测距的理想方向）

图18.8显示了一个以机器人旋转中心（也称为base_link）为中心并取得理想化方位的激光雷达。但是，通常来说它不会被安装得这么理想，它可以安装在任何地方——甚至可以被转动或倾斜，因此也会带来扫描结果的错位。这些偏移量可以通过广播一个变换消息或在激光数据的节点中通过硬编码变换来进行补偿。如果需要对上述方法进行温习，请参考第10章中的有关概念。图18.9中的RPLIDAR被安装在机器人中心前方10cm处，因为修正值应以米为单位，所以它的transformX值将是0.1。

最后，激光雷达一般被安装在机器人的最高点，但是一些仪器的天线或某些仪器的吊杆可能会高于激光雷达，因此会给激光雷达的视野带来一定的盲区。你可以通过将激光雷达放置在更贴近range_min的位置来减少该遮挡物的影响。但请记住，物体靠得越近，产生的视野盲区就越大。另一种选择是，如果扫描器本身就存在有盲点的话，将激光雷达放置在特定位置，并保证遮挡物处于盲区的位置上。如果上述选择都不可行，则可以修改扫描仪的驱动程序以将该区域的范围设置为界外的范围。任何接收扫描消息的节点都应该被设置为应该忽略的界外范围。

图18.9 一个安装在中央前方的RPLIDAR

18.9 配置、运行和测试一个普通的激光雷达装置

在本节中，我们将配置一个RPLIDAR A1激光雷达，运行节点，并检查它是否正确发布了一个LaserScan消息。这部分并没有太多的内容，主要内容就是一个USB串行通信的练习，我们在第5章“与传感器和其他设备通信”中已经介绍过了有关操作。任何使用USB连接的激光扫描仪的操作过程应该都是类似的。我们将安装由Slamtec/Robopeak团队开发的RPLIDAR的ROS包，你可以在该链接中看到该包的文档 wiki.ros.org/rplidar。

需要说明的是，我们的指令与Slamtec/Robopeak团队的官方wiki教程文档略微有些不同，因为我们想向你传授一些在机器人学习旅程中会很有用的额外细节。你可以在www.github.robopeak/rplidar_ros/wiki/How-to-use-rplidar中找到官方教程。

通过以下步骤设置一个RPLIDAR:

1. 运行以下命令将当前路径移动到catkin_ws/src文件夹下并对RPLIDAR软件库进行克隆。

```
git clone https://github.com/robopeak/rplidar_ros.git
```

2. 使用cd ..命令使得路径向后移动一个文件夹级别，并运行以下命令编译新的软件包。

```
catkin_make
```

3. 使用USB与RPLIDAR进行连接，找到RPLIDAR对应的连接端口并根据我们在第5章“与传感器和其他设备通信”中所学到的内容对其权限进行设置。

4. 启动roscore和RPLIDAR节点。在两个不同的终端窗口中运行以下命令。

```
roscore
rosrun rplidar_ros rplidarNode
--OR-- (if the port is different than /dev/ttyUSB0,
you have to pass a port parameter when you launch the node)
rosrun rplidar_ros rplidarNode _port:="dev/YOUR_PORT"
```

5. 此时，该激光雷达的旋转塔应该开始旋转，并且，RPLIDAR也应该正在传输数据。rplidarNode应该将数据转换为LaserScan消息，并且在话题scan上进行消息的发布。打开一个新的终端窗口并运行以下命令进行确认:

```
rostopic list
```

此时，你应该能够看到终端中列出来了所有已发布了的话题。/scan话题应该也在其中（如果你的扫描仪不是上述型号，其发布的话题应该与scan话题在形式上类似）。

6. 在终端中运行以下其中一个命令来查看LaserScan消息。第一个命令将开始连续扫描信息流，这将很难阅读（扫描出的信息会不断地在终端刷新）。第二个命令则添加了一个-n标记，该标记将显示相关消息的对应数量的消息结果。在此示例中，我请求了一条消息：

```
rostopic echo scan
--or--
rostopic echo -n1 scan
```

最终获得的信息会很长，但如果你自下向上滚动到顶部，你会看到信息中包含的每个字段的输出。图18.10就显示了一条LaserScan信息被回传到终端的界面。

```
lloyd@lloyd-GE63-Raider-RGB-8RE:~$ rostopic echo -n1 scan
header:
  seq: 271980
  stamp:
    secs: 1571275172
    nsecs: 245216727
  frame_id: "laser"
angle_min: -2.35619449615
angle_max: 2.35619449615
angle_increment: 0.00436332309619
time_increment: 1.73611151695e-05
scan_time: 0.0250000003725
range_min: 0.019999999553
range_max: 30.0
ranges: [2.131999969482422, 2.130000114440918, 2.13100004196167, 2.121999979019165, 2.112999160766
6, 2.0929999351501465, 2.0869998931884766, 2.072999954223633, 2.072999954223633, 2.062000036239624,
 2.0490000247955322, 2.0409998893737793, 2.0369999408721924, 2.0309998989105225, 2.0199999809265137
, 2.0139999389648438, 2.006999969482422, 2.003000020980835, 1.996000051498413, 1.9919999837875366,
1.9809999465942383, 1.975000023841858, 1.9709999561309814, 1.968999981880188, 1.9579999446868896, 1
.9520000219345093, 1.937000036239624, 1.9299999475479126, 1.9259999990463257, 1.9160000085830688, 1
.909000039100647, 1.909000039100647, 1.902999997138977, 1.8990000486373901, 1.8980000019073486, 1.8
919999599456787, 1.8839999437332153, 1.88100004196167, 1.8589999675750732, 1.8550000190734863, 1.85
50000190734863, 1.8530000448226929, 1.8530000448226929, 1.8530000448226929, 1.8350000381469727, 1.8
309999704360962, 1.8220000267028809, 1.8109999895095825, 1.8009999990463257, 1.7990000247955322, 1.
7970000505447388, 1.7979999780654907, 1.7949999570846558, 1.7949999570846558, 1.7869999408721924, 1
.7790000438690186, 1.7710000276565552, 1.7660000324249268, 1.7589999437332153, 1.7539999485015587, 1
.7510000467300415, 1.7519999742507935, 1.7489999532699585, 1.7339999675750732, 1.7380000352859497,
```

图18.10　用rostopic echo命令将LaserScan信息回传给终端

你可以在LaserScan的消息中看到时间戳、frame_id以及所有的角度、时间、范围的最小/最大数据（如果使用的是Hokuyo-RPLIDAR去扫描，那将会具有不同的值）。最后，你可以查看ranges[]数组中的数据——从元素0开始，按顺序持续到最后一个元素。在ranges[]数组之后，终端会以相同的方式将intensities[]数组打印到屏幕上。在进行下一步操作之前，请记住frame ID，因为我们一会儿就会用到它。

至此，基本的设置和测试就完成了。回顾一下，我们从第5章“与传感器和其他设备通信”中学习到的一个重要事项是，如果我们使用了多个USB设备，那么我们就无法保证哪个设备将会是ttyUSB0，哪个将会是ttyUSB1等。除非我们事先为它们设置好了udev规则。RPLIDAR软件包配备了一个巧妙的脚本，可以使上述过程变得简单。请查看RPLIDAR教程页面以获取有关脚本的更多信息。

18.10　LaserScan信息的可视化

在本章的最后，我们介绍的是一种名为Rviz的可视化工具。虽然rostopic echo命令也非常有用，但是仅通过查看数百个数字来检查所有数据确实非常烦琐。这当然不是完整的Rviz使用指南，因为我们不可能在本书中包含Rviz的全部内容，但它应该能够让读者入门。我会在我的 YouTube 频道 youtube.com/practicalrobotics 上不断添加内容，请留意里面的一些额外教程，以构建这些基础知识。在 roscore 和 rplidarNode 仍在运行的情况下，在另一个终端中启动 Rviz：

```
rosrun rviz rviz
```

该命令可能需要 1min 来执行，但弹出的 Rviz 主窗口应该和图 18.11 的截图类似。

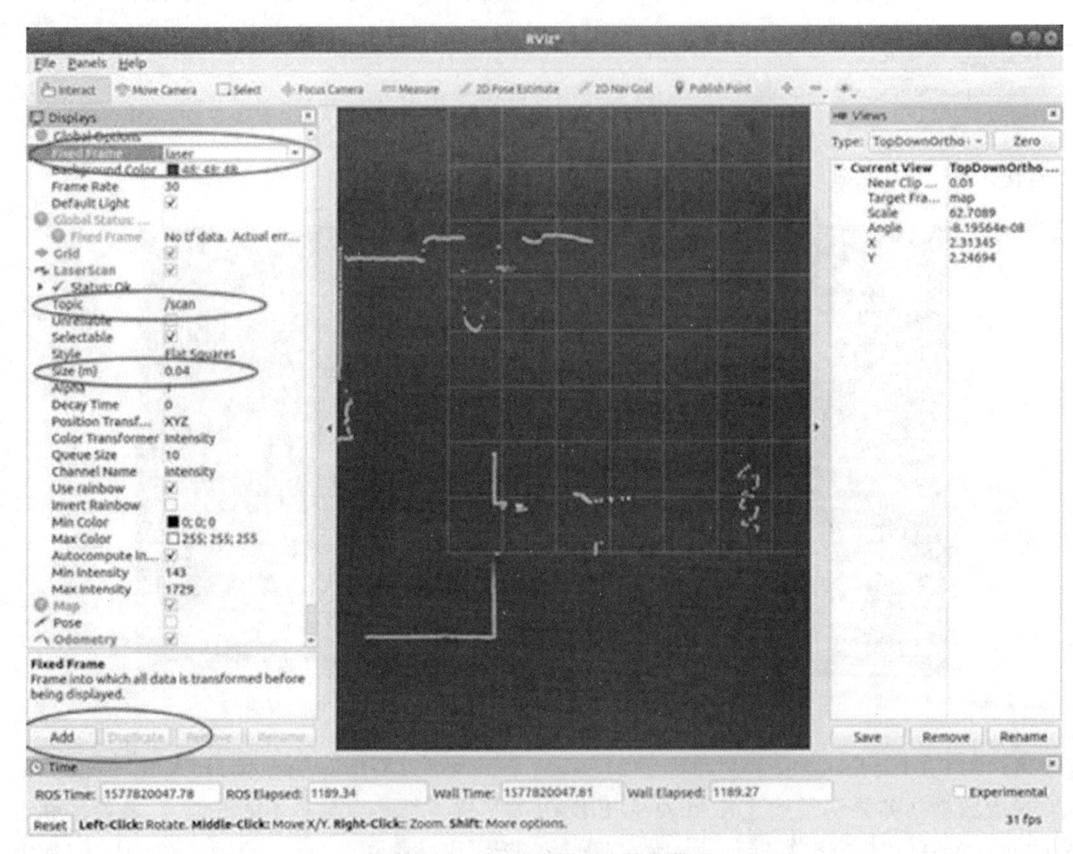

图18.11　Rviz 可视化工具的主窗口

你打开的主视窗可能会是空白的，但没关系。我一步步带你完成整个部分，而不是使用 RPLIDAR 启动文件，这样你就可以获得一些亲自设置这些视图的经验。Rviz 有许多比绘制激光数据更有用的可视化和工具，你可以在 Practical Robotics 的 YouTube 频道中找到一些设置地图、姿态、里程、路径等可视化的教程。

在左侧面板的“全局选项”（Global Options）和“全局状态”（Global Status）选项中列出了已设置的可视化内容。如果你没有看到其中的某些内容，那么可能是它们被关闭了，或者没有被发布，甚至有可能是因为某些配置错误造成的。你可以看到我设置的主题中有网格（Grid）、激光扫描（LaserScan）、地图（Map）、姿态（Pose）和里程（Odometry）等。

地图、姿态和里程计选项都已折叠，但我展开了 LaserScan 选项，这样你就可以看到两列参数和数值。其中左侧一栏是参数名称，右侧一栏是该参数的值。我圈出了我们在本书中需要特别关注的四个参数。

如果你的可视化列表中没有 LaserScan 选项，则需要添加它，如果已经有 LaserScan 选项，则跳过第一步并从第二步开始。

在 Rviz 中设置可视化的步骤如下：

1. 点击“Add”（添加）按钮，会弹出一个如图 18.12 所示的窗口。

① 确保“By display type”(待显示的可视化种类)处于前台，并查看可用的可视化列表。

② 单击LaserScan并输入显示名称，如果你希望使用除了默认LaserScan之外的其他名称，则可以使用自定义名称，特别是当你使用了多个激光扫描仪的时候。

③ 点击“OK”（确定）。

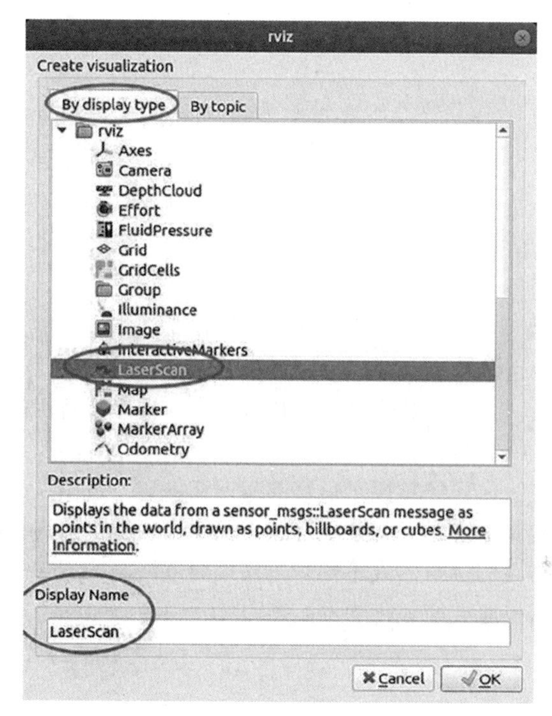

图18.12　向Rviz添加可视化的窗口

下面我们将设置可视化参数。首先，回到Rviz主窗口左侧的面板。

① 点击LaserScan旁边的箭头展开完整菜单。

② 在话题参数旁边，点击值字段下拉菜单，你应该看到所有正在发布LaserScans的话题名称。选择scan。如果不存在scan选项，使用rostopic list找到你需要的话题并输入它。

③ 对于尺寸（size）参数来说，它的默认值可能被设置得太小以至于看不到点。我个人认为0.01太小了——建议从0.04开始尝试，稍微调整一下这个值，直到你找到自己觉得合适的值为止。

2. 在“全局选项”（Global Options）下，点击“固定帧”（Fixed Frame）旁边的值字段。还记得你在上面对消息使用rostopic echo命令时获得的frame_id吗（参见图18.10）？在此处输入该值。它现在应该是laser，但也可能是其他值。

现在，你应该可以在主视窗中看到你的扫描图了。如果在步骤执行完毕后它仍然无法正常显示，请检查你的激光扫描仪和节点是否都在运行，并在必要时尝试对尺寸进行缩放。你可以在左侧面板的LaserScan部分找到更多关于故障排除的提示——如果显示的状态是warn或error，请点击箭头展开警告，它可能会显示类似“未收到消息（检查你的扫描仪和节点）”或“帧___到___的转换不存在［检查Global Fixed Frame field（全局固定帧字段）中的frame_id是否正确]”等信息。如果全局固定帧字段不同［例如，你想要在一张正在发布的地图上看到激光扫描，所以需要将固定帧（Fixed Frame）设置为Map］，则你必须在地图框架和扫描消息的frame_id之间发布变换消息。可以通过以下命令行完成。

```
rosrun tf static_transform_publisher 0 0 0 0 0 0 map laser 10
```

如有需要，请回顾第10章来复习一下变换的有关知识，或在wiki.ros.org/tf/Tutorials中进行更深入的学习与研究。

18.11 总结

低廉的激光雷达真正推动了机器人行业的发展，让现代机器人不再需要依靠绘制的线条来避免碰撞。低端激光雷达的成本从数千美元降至数百美元（全新的）或者可以从价格不到50美元的机器人吸尘器中获得。

在这一章中，我们学习了一些激光雷达的基本操作原理和局限性，了解了不同类型的激光雷达，以及关于sensor_msgs :: LaserScan消息的各个方面，并安装、配置和测试了一种常见的、价格实惠的激光雷达设备。最后，我们介绍了Rviz——一种非常有用的软件工具，可以可视化各种ROS消息。

从本书的开头到现在，你已经掌握了足够的知识和内容，可以从无到有地制作一个基本的智能机器人，但我们还没有让它学会新技巧！在下一章中，我们将让机器人尝试涉足不断发展的计算机视觉世界，这样我们的机器人不仅可以在地图上绘制障碍物并避开它，还可以识别某些物体或特征，以获得新技能或增强它的导航能力。

18.12 问题

1. 激光雷达的两个主要局限性是什么?
2. 为什么sensor_msgs::Range数据类型包括最小和最大传感器范围?
3. 列出所有正在ROS中发布的话题以及将ROS消息回传到屏幕上的命令是什么?

第19章 相机的实时视觉

19.1 简介

计算机视觉是一门庞大而快速发展的学科，它可以从图像(一般是通过安装在机器人上的相机拍摄所获得的图片)中提取有用信息并完成复杂且智能的操作。没有任何传感器能够像一个普通的相机那样，以非常低的成本向机器人提供周边环境的大量信息，并且根据这些数据，催生了许多不同的用于过滤和处理数据的方法。

毫无疑问，由于每幅图像携带的数据量是典型激光扫描信息的数千倍，因此将这些数据处理成计算机可以使用的形式充满了许多挑战。其中一些挑战，我们自己花一个晚上就可以解决（因为有软件库可用来快速处理一些最常见的方法)，而一些挑战可能需要一个开发团队花费几个月的时间。还有一些挑战非常复杂，以至于我们认为没有人类开发团队能够完成实现该功能的完整代码，在这种情况下，我们必须转向另一个特殊领域来解决这类问题，一般我们称它为机器学习。

我当然不是计算机视觉领域的专家，但我将利用本章向你介绍计算机视觉在机器人中的一些应用方式，并向你介绍其中最流行的一个计算机视觉库。我们会从基础知识开始讲起，毫无疑问这些基础知识在你继续学习该领域时无疑会很有用。

在本章中，我们将介绍以下内容:

- 读取图片或视频里的单帧数据
- 过滤掉图片上的视觉干扰，方便我们聚焦于目标
- 检测感兴趣的对象
- 将像素数据转换为对我们的机器人来说更有意义的形式

19.2 目标

在本章中，我们将安装并开始使用计算机视觉软件，学习图像数据格式的一些基本知识，以及如何在ROS节点中检测线条、基本形状和颜色。

19.3 图像是什么

简而言之，图像是像素的2D阵列（也称为矩阵）。像素就是一些可以改变自身颜色的微小点，并且有些时候这些点还可以改变自身的其他特性，以向我们呈现出不同的画面。请回想一下，在第10章中，我们创建了一个地图，将其矩阵元素设置成0或100来表示某个特定的方格是否被占用。当我们将地图保存到文件中时，map_saver节点将这些值保存为大多数图像程序都可以打开的像素数据，所以你可以把地图数据视作图像。

像素将信息存储在称为channels（通道）的数据成员中。灰度像素一般只会有一个通道（这是一种常见类型），但彩色像素一般会使用三个通道。在这三个通道中存储颜色信息有许多不同的格式，但最常见的（我认为也是最容易理解的一种）颜色模型之一被称为“红绿蓝”（RGB模型），其中每个通道的每个元素的值为0～255，表示要添加到总颜色中的颜色量。

我们使用颜色标量Scalar来代表像素值，例如将一个或多个像素设置为全红色的RGB标量为（255，0，0），因为此时只应该有红色通道处于开启状态，而绿色和蓝色通道应该完全关闭。不同的颜色是通过混合三种颜色的不同值来实现的，就像在美术课上混合颜料一样。黑色通过将所有通道都设置为0来表示，而白色通过将所有三个通道设置为255来表示。我们很快就会有足够的机会练习Scalars。

> 我们将使用的OpenCV库中的Scalars是一个四参数向量，但我们只需要三个通道来显示彩色图像像素，对于大多数灰度图像像素，我们只需要使用第一个。我们可以使用语句cv::Scalar(255)将灰度像素设置为白色。

我们将使用的其他像素/图像颜色模型为BGR、grayscale与HSV。

- BGR模型：与RGB相同，但顺序重新排列。如果想将BGR格式的像素设置为红色，可以使用cv::Scalar(0,0,255)语句实现。
- grayscale模型：上文已经提及。通常我们只需要在cv::Scalar中设置一个通道，但也会遇到三通道的灰度图的情况。
- HSV模型：它与BRG和RGB模型有点不同。虽然它仍然有三个通道，但分别代表的是色调（hue）、饱和度（saturation）和明度（value）。色调值范围为0～179，代表了所有颜色；饱和度值范围为0～255，表示像素中有多少色度，比如色调有多强烈；明度则反映像素辐射颜色的亮度。

19.3.1 图像属性

你需要注意的一些图像属性包括：

- 尺寸（size）——像素总数，也称为宽度×高度。
- 宽（width）——像素列数。
- 高（height）——像素行数。
- 通道（channels）——每个像素存储多少个信息通道。
- 像素深度（pixel depth）——每个通道存储的信息位数。有许多变体，但在这里我们将使用8位深度像素。这也解释了为什么我们的颜色标量值在0 ~ 255之间（$255=2^8-1$）。

19.3.2　像素坐标系

可单独寻址的像素是我们在制作图像、读取图像数据并对图像进行数学分析来寻找边界或形状时所使用的单位。这与使用栅格地图进行标记或查看一个特定的网格方块没有什么不同。然而，对图像像素的寻址和对占用网格的网格方格或单元格(cell)的寻址有一个显著的区别，如图19.1所示。

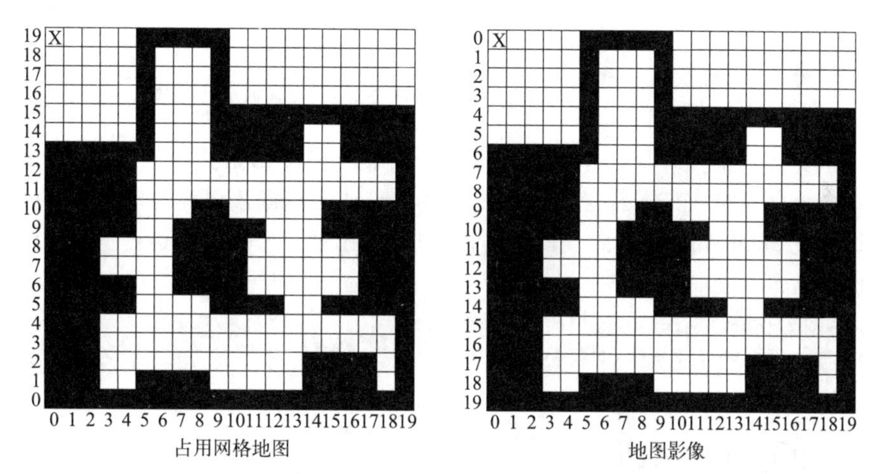

图19.1　对比地图和图像中的寻址单元格和像素（你看到区别了吗？）

虽然每个网格单元的信息可以直接复制到单个图像像素中（顺便说一下，实际上也就是这样做的），但必须注意两种类型的行的寻址的差异。图19.1中左上角标有X的像素在你的地图程序中会被寻址为(0,19)，但图像是自上而下渲染的，如果你是在图像上工作，左上角的像素应被寻址cv::Point(0,0)。

> 那怎么处理视频呢？
> 视频源（无论是实时源还是保存的视频文件）实际都只是一张张顺序播放的图像。当我们处理实时视频时，我们只需抓取其中一幅图像（或全部图像，一幅接着一幅）。这些单独的图像也称为帧。

关于坐标系排序的说明：我们将只使用(*x*,*y*)，也称为(列，行)惯用坐标系，就像cv::Point和.size()的顺序一样，但是由于cv::Mat是一个具有一些数学性质的矩阵，一些函数，特别是.at<type>类型的函数，使用的则是(行，列)坐标系。在你彻底掌握这些用法之前，这些定义可能会让你感觉相当混乱或产生误解。所以当你自己查函数定义时，一定要注意定义中的坐标系顺序。

19.3.3　检查并安装所需软件

在这一章中，我们将花大量的时间来安装和配置OpenCV图像处理库。在我们进行下一步操作之前，让我们确保你拥有下一步操作所需的软件。如果你将Ubiquity Robotics的镜像（是一种基于Ubuntu的树莓派镜像）安装到树莓派的话，那么你应该已经安装好了OpenCV，并拥有了在ROS中使用OpenCV的环境。如果是这种情况，那请跳到测试部分。否则，请按照下面的步骤来安装OpenCV和支持OpenCV操作所需的ROS软件包。

19.3.4 ROS Kinetic

即使你没有Ubiquity的树莓派镜像，但运行的ROS版本是ROS Kinetic，那么你仍然很幸运，因为该版本的ROS资源库已经为你预先打包了OpenCV。你只要更新你的库，然后用以下方法安装opencv。

```
sudo apt-get update
sudo apt-get install ros-kinetic-opencv3
```

没有比这更容易的操作了。但是我们还需要安装一些ROS工具用于桥接OpenCV和处理ROS中的图像，如果你安装了完整桌面版的ROS，这些工具应该已经自动安装。如果你在接下来的测试中在catkin_make编译过程或运行的过程中出现了报错，请运行下面的命令来重新安装这些软件包。

```
sudo apt-get install ros-kinetic-perception
sudo apt-get install ros-kinetic-vision-opencv
```

19.3.5 ROS Melodic

我真的非常希望维护者为Melodic版本的ROS保留一个易于安装的OpenCV的apt包，但目前为止，在Melodic版本中仍然需要一些额外的步骤。如果你想要获得最完整的信息，请转到opencv.org上并点击教程。第一个教程有一个安装说明的链接，你需要仔细阅读并操作。而下面我也会向你展示我的一些在Melodic环境中完成OpenCV安装的经验。

- 准备“Required Packages”（所需包）阶段：我建议你运行所有列出的三个命令，即使是被标记为可选的那个。虽然你可能不太喜欢使用Python编程语言，但在使用某些软件包时，你必须使用这些文件。我在图19.2中圈出了这三个命令。

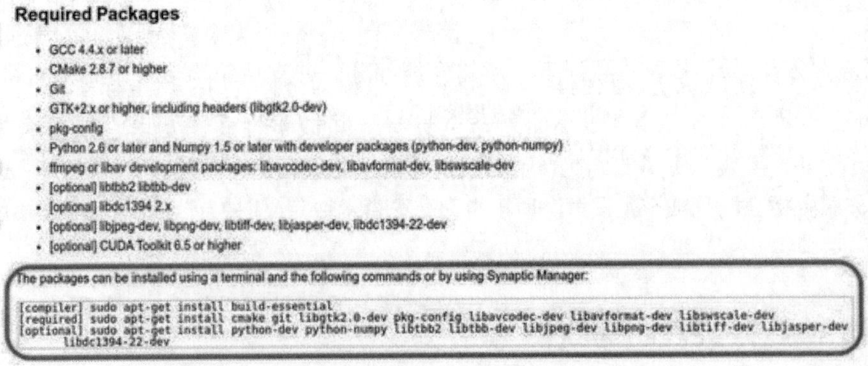

Required Packages

- GCC 4.4.x or later
- CMake 2.8.7 or higher
- Git
- GTK+2.x or higher, including headers (libgtk2.0-dev)
- pkg-config
- Python 2.6 or later and Numpy 1.5 or later with developer packages (python-dev, python-numpy)
- ffmpeg or libav development packages: libavcodec-dev, libavformat-dev, libswscale-dev
- [optional] libtbb2 libtbb-dev
- [optional] libdc1394 2.x
- [optional] libjpeg-dev, libpng-dev, libtiff-dev, libjasper-dev, libdc1394-22-dev
- [optional] CUDA Toolkit 6.5 or higher

The packages can be installed using a terminal and the following commands or by using Synaptic Manager:

```
[compiler] sudo apt-get install build-essential
[required] sudo apt-get install cmake git libgtk2.0-dev pkg-config libavcodec-dev libavformat-dev libswscale-dev
[optional] sudo apt-get install python-dev python-numpy libtbb2 libtbb-dev libjpeg-dev libpng-dev libtiff-dev libjasper-dev
      libdc1394-22-dev
```

图19.2　opencv.org推荐的安装命令

- 使用CMake从源代码构建OpenCV阶段：在你配置CMake时，你要添加一个可选的参数来包括你克隆的contrib模块，否则系统不一定会对opencv_contrib进行编译和构建。你可以在你的cmake命令中添加以下内容，注意使用你自己的目录路径而不是我的。

```
-D
OPENCV_EXTRA_MODULES_PATH=/home/lloyd/opencv/opencv_contrib
/
```

到此为止我们介绍了OpenCV的安装，但我们还需要安装一些ROS工具来桥接OpenCV和ROS，以便ROS的数据包可以传输到OpenCV中，并完成图像的处理。如果你安装了完整版的ROS，它们应该已经被自动安装了，但如果在下面的测试中，使用catkin_make或运行过程中报错，请运行以下程序来安装重要的依赖包。

```
sudo apt-get install ros-melodic-perception
sudo apt-get install ros-melodic-vision-opencv
```

19.3.6　在ROS中测试OpenCV

我已经生成了一个简单的ROS包，用于在ROS中测试OpenCV。它包含了三个简单的节点，可以作为学习OpenCV的一个很好的模板，稍后我会详细介绍它们。现在，你可以直接从命令行克隆并建立我的测试包。

```
cd ~/catkin_ws/src
git clone https://github.com/lbrombach/opencv_tests.git
cd ..
catkin_make
```

假设我们没有错误需要解决，现在运行第一个测试节点。首先你需要运行roscore，并在一个新终端中输入:

```
rosrun opencv_tests cv_test_node
```

如果一切按计划进行，终端中应该会打印出当前版本的OpenCV信息，并且会打开一个新的窗口，其中是一幅除了中间的蓝色方块外，其他地方都是空白的图像。该窗口将等待你按键，然后它将关闭该窗口并且自动退出节点。

到目前为止，这些操作测试了OpenCV的安装，但还没有测试ROS中用于处理图片的工具。请你在这里放个书签并翻到下一章的介绍部分，并完成第一步：发布ROS中的图像。然后回来运行第二个叫作cv_vridge_test的测试节点。为了测试剩余的ROS图片处理工具和OpenCV功能，请打开四个终端窗口并在每个终端里按顺序运行下列命令:

```
roscore
rosrun usb_cam usb_cam_node
rosrun opencv_tests cv_bridge_test
rosrun rqt_image_view rqt_image_view
```

cv_test_bridge节点会订阅由usb_cam_node发布的摄像机图像，在上面画一个蓝色的方块，然后将修改后的图像发布在名为image_output的话题上。请使用rqt_image_viewer工具来验证你是否可以看到/usb_cam/image_raw和image_output中的图像。我们通过这些步骤来验证cv_ bridge、image_transport等是否能很好地协同工作。

19.4 图像处理软件（OpenCV）和ROS

OpenCV或许是机器人领域甚至其他领域中使用最广泛的计算机视觉库。鉴于其是开源且免费的，所以多年来有很多比较知名的算法都是基于OpenCV实现的，其中也有很多书籍、教程和文档来介绍如何使用这些算法。这是幸运的，因为即使我是一个计算机视觉领域的专家（但可惜我不是），也需要耗费大量精力才能制作出完整的课程。

在阅读大多数OpenCV的资料时，你需要弄清楚一个重要的区别：我们并不是独立地运行OpenCV程序，而是在ROS节点中运行它们。这意味着我们的OpenCV程序不是直接访问摄像机的数据，而是由一个ROS节点访问摄像机的数据，并发布一个sensor_msgs::Image类型的由图像处理节点订阅的ROS消息。然后，在我们对其进行OpenCV算法处理之前，必须对图像进行转换。在ROS工作流程中，用OpenCV做计算机视觉操作的一般步骤如下。

1. 将来自相机的图像发布为sensor_msgs::Image类型的消息。
2. 在不同的节点上订阅和接收图像信息节点的图像信息。
3. 使用cv_bridge将ROS使用的RGB图像转换为OpenCV所需的BGR图像。
4. 在图像上执行所需的操作/检测。
5. 将任何非图像数据（如检测到的物体或线条的位置或大小）作为它们自己的ROS消息发布。
6. 将修改后的图像转换回RGB。
7. 在自己的话题下发布结果图像。

如果你独立开发过OpenCV项目，这看起来好像我们增加了不必要的步骤。为什么不直接在我们的节点中抓取图像，只发布非图像数据，跳过这些看似无用的转换操作呢？虽然这样也可以达成目标，但你会失去很多通过ROS处理图像带来的功能。比如，在ROS中存在一些实用的节点可以查看ROS的图像信息，像rqt_image_view工具。此外，将图像作为消息发布意味着任意数量的节点都可以接收到相同的图像帧，并执行完全不同的任务，甚至这些任务在几台不同的计算机上。

更重要的是，这些图像可以记录下来，并在以后通过包的形式与其他消息（如激光扫描数据）实现完全同步地播放。这对于弄清为什么有些东西没有像预期的那样工作有极大的帮助。相信我，花点时间多进行几步操作来获取图像和其他数据是非常值得的，因为它们可以让我们基于ROS实现更多的功能。

19.4.1 步骤1：在ROS上发布图片

我推荐的用于连接相机和发布图像的ROS节点叫作usb_cam_node，它来自usb_cam包。有些错误的信息声称这个节点只适用于USB摄像头，而不适用于使用特殊数据线连接到树莓派的raspicam摄像头，但其实并不是。据我们在Ubiquity Robotics的朋友所言，raspicam_node是一个很好的适用于raspicam摄像头的节点，但根据我的经验，usb_cam节点可以适用于任何一种类型的相机。而反过来，貌似在raspicam_node上运行USB摄像头不可靠，至少我没法用。

所以当一种节点方案好使，还去费劲地研究使用两个节点干什么？

19.4.2 安装usb_cam_node

usb_cam_node的文档可以在wiki.ros.org/usb_cam这里找到，由于它在两个官方ROS仓库ROS Kinetic和ROS Melodic中都有，因此只需在命令行中输入以下命令即可轻松安装：

```
sudo apt-get update
sudo apt-get install ros-kinetic-usb-cam

或者：

sudo apt-get update
sudo apt-get install ros-melodic-usb-cam
```

如果由于某些原因你的apt找不到，你可以按照维基文档中的链接转到对应的git仓库，确保下面的地址仍然是最新的，然后打开到你的catkin_ws/src目录。在该目录下，克隆仓库，然后运行catkin_make命令。

```
git clone https://github.com/ros-drivers/usb_cam.git
cd ..
catkin_make
```

19.4.3 运行usb_cam_node

在我们启动节点之前，请在你的浏览器上调出usb_cam的Wiki页面，跟我一起查看一些参数。许多参数暂时可以保持默认值，直到你有特定的需要，但有几个参数我们需要先弄清楚，否则无法正常工作。

- video_device——这是你的摄像头设备的/dev/location文件目录位置。在终端窗口中输入/dev/video*，可以列出所有可用视频设备的列表。如果有摄像头连接了，你应该看到它们从/dev/video0序号开始列出。如果你有一个内置的摄像头或已经连接了多个摄像头，你要读取的摄像头序号可能是/dev/video1或/dev/video2。如果你只有一个摄像机，它的序号通常是/dev/video0，这个不需要你手动指定它。
- pixel_format——这是另一个关键参数，也是许多人不知道的可以在raspicam上使用这个节点的原因。请注意，它的默认值是mjpeg，代表motion jpeg。如果你使用的是Logitech网络摄像机，你可以不用管它，因为mjpeg是这些摄像机的本地图像类型。如果你想使用raspicam摄像头，这些相机使用yuyv像素格式，所以你需要在启动节点时传递这个参数。
- framerate——这个参数是用来调整节点每秒尝试发布的图像数量的。你可以保持默认值，但如果你不需要那么多帧，可以通过减少发布频率来节省一点带宽。

如果你只有一个USB摄像头，你可能不需要传递任何参数，保持默认值应该就行。你可以用以下命令启动该节点：

```
rosrun usb_cam usb_cam_node
```

如果有错误，请在输出信息中寻找原因提示。如果节点没有关闭，那它可能仍然在发布并向外发出warning警告，虽然这警告可能不会干扰正常操作。曾经我运行该节点时，节点就警告说我的一个相机像素格式过时了，但所有的相机仍然都还能正常工作，所以我就没有深入研究该程序。

> 不要忘记，为了通过命令行传递参数，你必须在参数名称前面加上下画线 _，否则 ROS 会将你的命令解释为名称重映射。

如果你有一个raspicam摄像头和一个USB摄像头，并且想从raspicam摄像头开始发布节点信息，别忘了传递正确的pixel_format参数。

```
rosrun usb_cam usb_cam_node _pixel_format:="yuyv"
```

如果你有一个raspicam摄像头或内置摄像头和一个USB摄像头，并且想从USB摄像头开始发布节点信息，不要忘记传递正确的video_device参数。

```
rosrun usb_cam usb_cam_node _video_device:="/dev/video1"
或者:
rosrun usb_cam usb_cam_node _video_device:="/dev/video2"
```

19.4.4 测试相机输出

rostopic list是一个快速检查命令，该命令可以告诉你该节点正在发布的主题名称。默认情况下，输出应该是/usb_cam/image_raw和/usb_cam/image_raw/compressed。你可以用rostopic echo命令查看原始像素数据。

```
rostopic echo -n1 /usb_cam/image_raw
```

如果输出的都是零，要么图像本来就是全黑的，要么就是哪儿出了问题。输出一堆不是零的数字是个好兆头，但是为了确保图像的正确性，我们要使用一个叫rqt_image_view的工具来实时观察实际的输出图像。

```
rosrun rqt_image_view rqt_image_view
```

如果你使用的是树莓派这种比较慢的机器，这可能需要1min才能弹出结果，但应该能看到如图19.3所示的窗口。起初可能是空白的，但读者你先不要担心。

图19.3左上角有一个下拉菜单栏，我已经圈出来了。点击下拉菜单可以看到节点能够显示的消息列表。点击你想要查看的消息即可。

如果你在启动发布图片的节点之前就启动了图片查看器，那么可能找不到新创建的话题。在这种情况下，只需要关闭并重新启动图像查看器就行。

> 你可以运行多个图像查看器实例，这样你就可以同时看到可视化的输入和输出图像（或不同节点对同一图像的输出）。

图19.3　使用rqt_image_viewer观察ROS的sensor_msgs::Image信息

19.4.5　步骤2：在其他节点订阅图片

在ROS中，订阅和发布图像消息比其他消息类型更复杂一点，因为我们需要使用image_transport包（注：这是因为图像消息对数据传输速度和质量要求较高，而image_transport包则提供了一种优化的方式来处理这些消息）。更多的细节可以在wiki.ros.org/image_transport这里找到，但简而言之，它可以使图像数据的传输更加高效。我们将以使用opencv_tests包为例，引导你走完一个创建视觉包的整个流程。尽管有现成的代码可供参考，但我还是建议你尝试着自己完成这些步骤。

19.4.6　创建你的ROS视觉包

现在，让我们继续为我们的视觉项目创建自己的ROS包。如果你需要复习一下我们在这里需要做什么，那请参考第9章“协调各个部件”，并以我的包作为示例。下面我们开始创建ROS视觉包，首先在终端中将当前路径转移到你的catkin_ws/src文件夹中，并运行以下命令（都是一个命令）：

```
catkin_create_pkg cv_learning roscpp sensor_msgs
image_transport cv_bridge
```

然后打开刚刚创建的cv_learning文件夹中的CMakeLists.txt，在名为“Find catkin macros and libraries”部分的底部添加find_package(OpenCV REQUIRED)。如图19.4中的第17行所示。

```
opencv_tests > M CMakeLists.txt
1   cmake_minimum_required(VERSION 2.8.3)
2   project(opencv_tests)
3
4   ## Compile as C++11, supported in ROS Kinetic and newer
5   # add_compile_options(-std=c++11)
6
7   ## Find catkin macros and libraries
8   ## if COMPONENTS list like find_package(catkin REQUIRED COMPONENTS xyz)
9   ## is used, also find other catkin packages
10  find_package(catkin REQUIRED COMPONENTS
11    roscpp
12    cv_bridge
13    image_transport
14    roscpp
15    sensor_msgs
16  )
17  find_package(OpenCV REQUIRED)
18
```

图19.4　为OpenCV节点准备CMakeLists.txt包

然后在文件的底部添加你的第一个节点（可执行文件），你可以随意地对它进行命名。此外，除了通常的目标链接库，我们还必须确保用${OpenCV_LIBS}链接OpenCV库。图19.5显示了我是如何对opencv_tests包进行链接的。

```
213  add_executable(cv_test_node src/cv_test_node.cpp)
214  target_link_libraries(cv_test_node ${OpenCV_LIBS} ${catkin_LIBRARIES})
215
216  add_executable(cv_bridge_test src/cv_bridge_test.cpp)
217  target_link_libraries(cv_bridge_test ${OpenCV_LIBS} ${catkin_LIBRARIES})
218
219  add_executable(image_transport_test src/image_transport_test.cpp)
220  target_link_libraries(image_transport_test ${OpenCV_LIBS} ${catkin_LIBRARIES})
```

图19.5　在CmakeLists.txt中添加可执行文件和目标链接库必须包括${OpenCV_LIBS}

保存CMakeLists.txt文件，然后在你的cv_learning/src包文件夹下创建同名的.cpp文件。这样编程前期的准备工作就完成了。

19.4.7　编写图像消息订阅者

一个基础的图片消息订阅者需要包含以下头文件：

```
#include <ros/ros.h>
#include <image_transport/image_transport.h>
#include <cv_bridge/cv_bridge.h>
#include <sensor_msgs/image_encodings.h>
```

同时我们需要定义一个订阅者。我们用image_transport命名空间中的Subscriber类而不是ros::Subscriber。

```
image_transport::Subscriber image_sub;
```

在主函数中，我们用ROS主程序初始化我们的节点，并像往常一样，为自己创建一个节点句柄。此外，我们使用该节点句柄来创建一个ImageTransport对象。我的main()函数的前三行是这样的。

```
ros::init(argc, argv, "cv_bridge_test");
ros::NodeHandle nh;
image_transport::ImageTransport it_(nh);
```

现在我们可以订阅一个图像消息了。如下面示例所示，我们创建的image_sub使用了ImageTransport(别名为it_）来订阅在/usb_cam/image_raw话题上发布的图像，缓冲区大小为1。当收到一个图像时，它会把图像传递给handle_image()回调函数。

```
image_sub = it_.subscribe("/usb_cam/image_raw", 1,handle_image);
```

最后，我们需要通过常用的循环来检查订阅者。我在这里把循环设置为每秒30次，但如果你的节点在增加复杂性后不能每秒处理这么多帧，也不必感到惊讶，因为对图像处理还是比较费时的。

```
ros::Rate loop_rate(30);
while(ros::ok)
{
    ros::spinOnce();
```

```
    loop_rate.sleep();
}
```

完成了main()函数后，我们只需要写一个回调函数。这个函数会接收我们将要转换和处理的ROS图像消息。但到目前为止，我们只需要接收它而不需要对它做进一步处理。

```
void image_handler(const sensor_msgs::ImageConstPtr &img)
{
//process image here
}
```

在image_transport_test.cpp中，我也声明了一个sensor_msgs::Image变量，它仅用来从接收到的消息中复制每个数据字段，然后发布新消息。我们可以在rqt_image_view中看到这个节点中收到和发出的图像，它们看起来是完全一样的。这是因为我们还没有具体实现任何OpenCV函数。你可以在以下网站阅读更多关于sensor_msgs::Image的信息：wiki.ros.org/sensor_msgs。

19.4.8　步骤3：使用cv-bridge将ROS使用的RGB图像转化成OpenCV可处理的BGR图像

OpenCV使用的图像数据类型叫作cv::Mat（也就是cv命名空间中的Mat）。我们不妨把要使用的三个OpenCV库都包括进去，如我在opencv_tests包中的cv_bridge_test.cpp文件中写的那样。

```
#include <opencv2/core/core.hpp>
#include <opencv2/highgui.hpp>
#include <opencv2/imgproc.hpp>
```

现在回到handle_image()函数，我们可以创建一个Mat类型的对象image，并使用cv_bridge将ROS信息转换成Mat类型。

```
cv::Mat image;
image = cv_bridge::toCvShare(img,sensor_msgs::image_encodings::BGR8)->image;
```

现在，Mat类型的对象“image”就是一个经过转换的，能被OpenCV处理的ROS图片消息的格式。

19.4.9　步骤4：对图像实施希望的操作

OpenCV中有很多可以实现的操作，在此不好一一列举。就像在cv_bridge_test.cpp中一样，我们将通过在图像上画一个正方形来做一些简单的图像修改。我们将在本章后面介绍一些基本的OpenCV操作。

```
//declare Rect named rectangle that originates at (150,150)
//size is 100 x 100
cv::Rect rectangle(150, 150, 100, 100);
//set a Scalar for use later - initialized as blue
cv::Scalar color(255,0,0);
//draw rectangle on image, using the Rect and Scalar we declared
```

```
//the last argument is for line size. 1 means 1 pixel wide,
// while -1 means fill the rectangle
cv::rectangle(image,rectangle, color, -1);
```

在cv_bridge_test中，这些操作都在一行代码上完成，所以你可以体会到它非常节省代码空间。你可以尝试着分别声明这些自定义的OpenCV变量（矩形和颜色），并在程序的一开始就根据你的编程需求对自定义的变量进行一些改变，这些操作就像其他的变量一样，我们相信你很快就能适应（注：这里的改变主要是对图像的一些预处理，例如灰度化、二值化、去噪等）。

19.4.10 步骤5：发布任何非图像数据作为自身的ROS信息

我们的测试例程中并没有包含这部分内容，但实际上你可以将从图像中提取的数据发布出去，而不仅是为了改变图像——就像我们到目前止处理过的任何消息数据一样。这可能来自std_msgs，比如std_msgs::Int8中包含了程序所找到的红球的数量，一个包含物体分类消息的字符串，或者一些包含物体位置消息的自定义消息，这样你的机器人就可以转向或远离它。

我目前正在尝试去发布一个LaserScan消息，其内容来自图像数据而不是激光数据，这会被应用于一个特殊的场景下。总之在这里，我想提醒大家的是，我们对ROS图像信息的使用并不是仅局限于在图像上绘图而已。

19.4.11 步骤6：将处理后的图像转化回RGB格式

现在我们已经做了所有我们希望通过OpenCV处理的操作，接下来我们需要将图像转换回ROS可以处理的数据。

```
sensor_msgs::Image::Ptr output_img;
output_img =
cv_bridge::CVImage(img→header,"bgr8",image).toImageMsg();
```

代码的第一行创建了一个消息。第二行使用 cv_bridge来复制原始图像信息的标题。然后把我们一直在使用的BGR CV图像转换为RGB ROS格式，并把它也放在output_img变量中。

19.4.12 步骤7：在所属话题下发布结果图像

除了转换图像，发布消息之前我们还需要做三件事：

· 声明 image_transport::Publisher；
· 在ROS主程序中注册我们的发布者；
· 调用publish()函数。

就像我们只用image_transport::Subscriber而不是ros::Subscriber一样，我们使用image_transport中的发布者。

```
image_transport::Publisher image_pub;
```

你可以在cv_bridge_test.cpp中看到，我们在全局里声明了这个变量，并在main()中初始化了它，通常我们要在ROS主程序注册我们的发布者。下面一行位于main()函数中。

```
image_pub = it_.advertise("image_output", 1);
```

像往常一样，引号中的部分是节点将发布的话题名称，必要时可以改变这个名称。有时你可能会因为各种原因发布多张图片，它们都需要自己的话题名称。

我们需要做的最后一件事就是调用 publish() 函数。

```
image_pub.publish(output_image);
```

这应该是相当直截了当的——只要把你想发布的图片作为一个参数传过去。

这就完成了一个你可以反复使用的基本框架。在有些时候，你可能不需要重新发布图片，而在其他时候，你可能只需要创建一个图片而不需要订阅任何其他的话题。更多细节请参考 wiki.ros.org/vision_opencv/Tutorials。

19.4.13　更多图片处理基础

在我向你抛出更多的函数之前，让我们讨论一些接下来会碰到的重要问题。

19.4.14　核算子、孔径与块

图像处理上的许多操作都需要逐个像素地迭代图像矩阵。在计算任何一个像素应该采用什么操作时，都要考虑到相邻像素的值。相邻像素的数量被定义为一个矩阵，通常被称为孔径 (aperture)、核算子 (kernel) 或块 (block)。这个矩阵通常是一个正方形，但有时也可以是非正方形。图 19.6 展示了一些非常小的图片上的核算子。

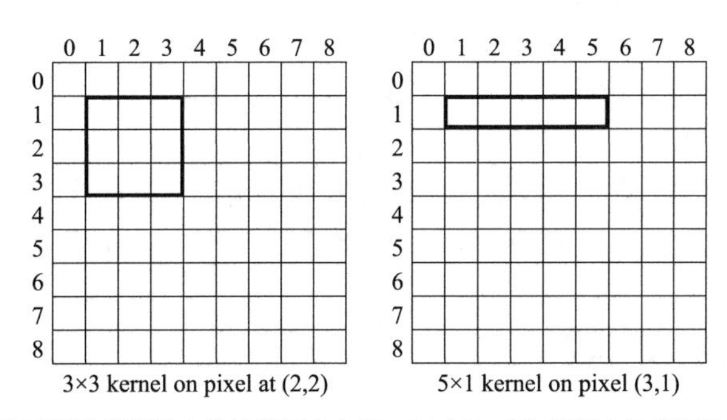

图19.6　在一个小得离谱的示例图像矩阵上的核算子［左侧：对（2，2）位置上的像素做卷积操作，核算子为3×3；右侧：对（3,1）位置上的像素做卷积操作，核算子为5×1］

如果图 19.6 左边的例子是做模糊操作，则位于 (2,2) 的像素将被设置为核算子中所有像素的平均值。然后，核算子将在图像中的每个像素上进行迭代，并重复计算平均值。一些函数允许你定义一个形状，当你调用一个带有 Size Ksize 参数的函数时，你可以为该参数选择两个不同的尺寸，如下所示。

```
cv::Size(width, height)。
```

一些其他操作函数会要求输入整型的块大小 (block_size)。在这种情况下，只需传递一个整数，就会在图像上传递一个正方形的小矩阵。例如，与其使用 cv::Size(3,3)，不如直接传递数值3。从技术上讲，块和核是有区别的，但实际都是事关那些邻域影响处理结果的问题。进一步阅读索贝尔算子(Sobel operator)可以帮助你弄清楚这个问题。

19.5 使用图片副本而不是原图像的重要性

很多OpenCV的函数调用都需要一个输入图像和一个输出图像作为参数（你会在函数定义中看到这些参数为InputArray src和OutputArray Dst）。虽然理论上可以将原始图像用作源图像和目标图像，但在许多情况下，这将改变函数算法的输出。例如，blur()函数将内核中所有像素的平均值分配给一个像素，然后再转到下一个像素。如果操作的输出是在与输入相同的图像上，当内核移动到下一个像素时，该像素的一些邻居像素已经被改变了，所以计算出的平均数将与我们从未被改变的原始图像中读取的不同。图19.7说明了这个问题。

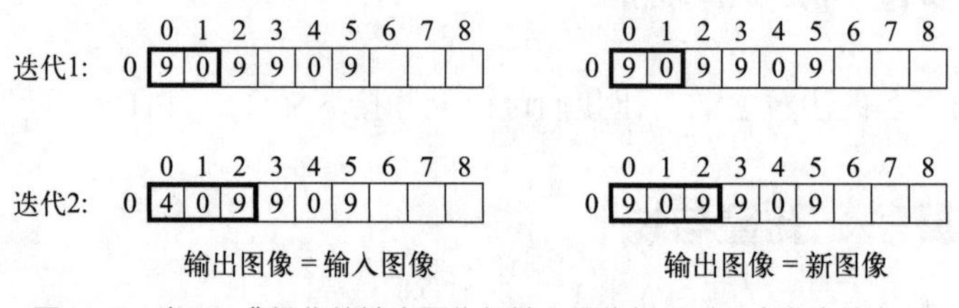

图19.7 当blur()操作的输出图像与输入图像相同时，会发生什么？

我们仅仅对单行进行两次迭代就足以说明问题了。示例中在输入值上设置了大小为3×1的内核。第一次迭代忽略了界外像素，平均化操作的输出将像素0设置为4。对于第二次迭代，使用图像进行输入和输出的线程对4、0和9的值进行平均，而不是9、0和9。

使用副本而不是在原图上操作的另一个原因是，有时需要在原始图像上叠加一些新的信息，如绘制检测线或圈出检测到的物体。我们所做的一些操作不仅会使图像变得模糊，而且有可能会完全改变图片信息。

随着时间的推移，你将学会哪些操作可以安全地使用同一图像作为输入和输出，但在此之前，要养成制作和使用副本的习惯。在接下来的内容中，你会看到这一要求被落实到实践中。

19.5.1 关于光照的问题

在计算机视觉中，光照变化是最常见且最具挑战性的问题之一。照明的反射可以完全冲淡图像中应该被检测到的颜色部分。有时我们可以对此进行补偿，但在角度改变或光源移动的场景下就不太行了。这也是机器学习在计算机视觉领域得到广泛应用的原因之一。因此，我们需要注意照明条件的影响。如果你能在相当稳定的照明条件下进行操作（注：这里的操作指的是获取图像和视频），那么将有助于你的学习。

19.5.2 重新审视步骤4——更多可能的OpenCV操作

虽然本书并不是一份OpenCV算法的全面介绍或高级教程，但介绍的内容都是非常常见且经过实践验证的操作。这些技巧在进一步的学习和研究中都非常有用。

19.5.3 图片色彩格式转换函数：cvtColor()

很多时候你需要将图像从一种颜色格式转换为另一种。例如，灰度图像在检测某些信息时更容易，而且肯定会减少后续算法的工作量，因为它是一种更简单的图像类型。而HSV图像类型在分割特定的颜色时会更友好。假设我们有一个原始图像的Mat类型对象，我们可以用以下代码将其转换为灰度和HSV格式：

```
cv::Mat gray, hsv;
cv::cvtColor(image, gray, CV_BGR2GRAY);
cv::cvtColor(image, hsv, CV_BGR2HSV);
```

第一行创建了两个空的Mat对象，命名为gray和hsv。cv::cvtColor(InputArray src, OutputArray dst, int code)函数并不处理源图像，而是将结果放到目标图像中，因此如果有需要的话我们可以根据需要调整大小并配置它。代码参数来自一个枚举列表。该枚举列表还有另一个版本，所以在一些教程中，同样的转换可能使用COLOR_BGR2GRAY和COLOR_BGR2HSV这两个枚举元素。

19.5.4 图片滤波函数：blur(),medianBlur(),GaussianBlur()

我们往往会忽略图像中的瑕疵，因此，当开始在计算机中处理图像之前，我们可能不会想到，我们认为是纯色的东西实际上充满了几种颜色的微小斑点，只是我们的大脑直观地将其解释为一种平均颜色，而忽略了细节的变化。

这些瑕疵有时是材料的制作工艺引起的，而有时是因为物体的纹理或者微小的阴影和反射等因素引起的。这些因素会改变像素数据中所记录的内容，给图像处理带来挑战。

我们的大脑会自然过滤和忽略这些和其他瑕疵，但我们的程序却会因此错误地确定物体的边界，或者根本无法检测到它正在寻找的物体。这里有几个常见的模糊函数可以用来平滑这些不完美的地方，以便程序检测算法在其核算子上有更少的噪点。

图19.7展示了一个简单的均值滤波处理，当然通常情况下我们会用一个3×3或5×5甚至更大的方形窗口，利用核算子中所有像素的中值（而不是平均值）进行滤波也可实现图像的降噪（一般被称为中值滤波），还有一种特殊类型的滤波被称为高斯滤波。在高斯滤波中，每个像素的权重取决于它与中心像素的距离，中心像素的权重最大，最远的像素的权重最小。下面是一个分别调用每个滤波函数的例子，这里假设原始图像为image。

```
cv::Mat blur, med_blur, gaus_blur;
cv::blur(image, blur, Size(5,5));
cv::medianBlur(image, med_blur, Size(5,5));
cv::GaussianBlur(image, gaus_blur, Size(3,3), 0);
```

在调用GaussianBlur()时，你需要注意它在最后有一个额外的参数。这是一个叫作sigmaX的双精度浮点参数，它用来改变高斯核的权重标准差。如果把它设置为0则表示让算法根据设置的核的大小来计算。这些函数的定义如下：

```
void blur(InputArray src, OutputArray dst, Size ksize)
void medianBlur(InputArray src, OutputArray dst, Size ksize)
```

```
void GaussianBlur(InputArray src, OutputArray dst, Size ksize, double sigmaX, double
sigmaY=0, int borderType =BORDER_DEFAULT)
```

19.5.5 图片边缘检测函数：Canny()

检测边缘是检测各种事物的一个重要步骤，从画线到物体的轮廓的绘制，通过这样的方式可以有助于确定物体是什么。边缘检测问题实际上是一个在图像内核中寻找梯度的问题，一般来说像素值快速变化的区域（超过我们设定的某个阈值）会被认为是边缘。因此，边缘检测对图像中的噪声非常敏感，在大多数情况下需要对图片进行滤波处理以获得合理结果。而且边缘检测通常在灰度图像上用效果最好。请看下面的代码，它从一个叫作image的原始图像开始。

```
cv::Mat gray, blur, canny;
cv::cvtColor(image, gray, CV_BGR2GRAY);
cv::GaussianBlur(gray, blur, Size(3,3), 0);
cv::Canny(blur, canny, 100, 200, 3);
```

上面的代码首先创建了三个图像对象，将原始图像传给cvtColor()函数，将得到的灰色图像传给GaussianBlur()函数进行滤波，最后，将得到的滤波后图像传给Canny()函数。Canny边缘检测函数将每个不属于边缘的像素设置为零，将每个属于边缘的像素设置为白色。最终结果是一个黑白的图像，你可以在图19.8中看到。

图19.8　一张经过各种CV变换的图像

cv::Canny()函数的完整定义如下：

```
void Canny(InputArray src, OutputArray dst, double threshold1,
double threshold2, int aperatureSize=3, bool L2gradient = false)
```

Canny算子使用双阈值法来确定边缘：

- 任何发现的高于高阈值threshold2的梯度被视为边缘。
- 在两个阈值之间发现的任何梯度都可能是边缘，因此仅在它与另一个边缘相接触时才包括它。

· 任何发现的低于较低阈值 threshold1 的梯度都肯定不是边缘。

整型参数 aperatureSize 是一个类似于可以控制内核或块形状的参数，它可以留空，或保持默认值为 3，也可以根据需要调整。布尔类型的参数 L2gradient 可以用来设置使用哪个方程来求梯度大小，改变这个参数有时会产生一个更好的结果。你可以用它来做实验，但在你掌握其他变量之前，我会忽略这两个变量，让它们保持默认状态。不过，我们建议你一定要试验一下阈值，并注意它们对输出图像的影响有多大。

19.6 将图像上的边缘变为数字线条：HoughLinesP()

在某些时候，我们需要将对人类眼睛有意义的图像转换成机器人可以理解的数字集合，当然这么做也是为了机器人可以将其添加到地图或路径规划算法中。我们将用 HoughLinesP 霍夫直线变换函数来实现，这种算法使用经过 Canny() 处理后的二进制（黑白）图像，并检测出黑白图像上的直线。HoughLinesP() 函数不仅可以找到直线，还可以将断裂的线连接成一条实线。让我们看看把它应用于我在公路旅行中拍摄的图像上的效果。图 19.9 是原始高速公路图像以及我们采取 Canny() 步骤后的结果。

图19.9 原始高速路图像（左边）与Canny()函数处理后的准备提供给HoughLinesP()检测函数的黑白图像（右边）

下面的代码将 Canny() 的结果作为一个参数，但并不直接输出图像。相反，它接收一个我们需要创建的向量，并使用直线的起点和终点作为向量的线条数据。

```
//create container for line data
cv::vector<Vec4i> lines;
//find lines in canny image and output them to lines vector
cv::HoughLinesP(canny, lines, 2, CV_PI/180, 50, 50, 100);
```

Vec4i 是一个容器，它持有四个整数，可以像普通数组一样用 [] 操作符寻址。线条以 x1, y1, x2, y2 的形式存储在其中。HoughLinesP() 会为找到的每一条线在名为 lines 的向量中添加一个 Vec4i 类型的元素。

HoughLinesP() 的函数定义如下：

```
void HoughLinesP(InputArray src, OutputArray lines, double rho,
double theta, int threshold,
double minLineLength=0, double maxLineGap=0)
```

我们这里不深入研究霍夫空间和霍夫线检测的内部工作原理（但是我强烈建议能更进一步研究，以便你能充分利用这个函数），HoughLinesP函数首先找到图片上所有可能存在的线条，然后分别确定每个可能的线条是一个全新的线还是属于现有线的一部分。参数rho是一个距离分辨率参数，它影响着算法对一条新出现的线条的判定，即影响是一条新线还是现有线的一部分的判定。由于霍夫函数首先找到了所有可能的线条，然后通过累积投票来判定是否为线条（只有累积了足够投票的可能线条才会被最终判定为线），所以较小的rho将导致在选线的时候将更多的可能的线判定为线。这些可能的线条中的每一条，获得的投票比它们被视为一条大线条的投票要少，所以较小rho的最终结果是输出更少的线条。

综上所述：较小的rho=发现较少的线条。

参数theta和参数threshold相比rho要简单得多。theta是一个角度（弧度）值，在这个角度范围内的线条被认为是一条直线而不是两条不同角度的线。CV_PI只是pi的一个常数，所以我为theta传递了相当于一度的分辨率。阈值参数threshold是指一条线可能是线必须达到的票数，以便最终被视为一条线并添加到输出向量中。

最后两个参数是线条过滤器。任何长度小于minLineLength值的线条都将被丢弃，而maxLineGap参数定义了两条线之间允许的空间大小，以用于判定是否将它们视为同一条线，而不是两条独立的线（这只适用于可能被分割的同一条线，如道路上的虚线）。因为图片的拍摄角度问题，我设置了一个适度的minLineLength和一个相当宽松的maxLineGap。

现在我们有了线条的向量。我们可以访问它们，并把它们作为数字数据发布或者把它们画在图像上。调用.size()可以返回输出向量中存储线条数量，对于其中的每一条线，都存储了一对点（x1,y1）和（x2,y2）来表示线的起始点和终止点。

```
//copy original image for drawing on
cv::Mat imcopy = image.clone();
//make blank image of the same size for drawing on
cv::Mat drawing = Mat::zeros(canny.size(), CV_8UC3);
//iterate over output vector lines, drawing the lines
for(int i=0; i<lines.size(); i++)
{
cv::Vec4i line = lines[i];
int x1 = line[0];
int y1 = line[1];
int x2 = line[2];
int y2 = line[3];
cv::line(drawing, cv::Point(x1, y1), cv::Point(x2, y2),
cv::Scalar(255,0,0), 2);
}
```

上述代码创建了一个原始图像的副本（称为imcopy）和一个相同大小的空白图像（称为drawing）。我们可以将HoughLinesP()检测到的线条画在这些图像中的任意一个上，或两个都画上。这里，我们通过迭代名为lines的输出向量来做到这一点，并将每个元素读入自己对应i的Vec4i变量中。这是可选的，就像将line的每个元素读取到一个整数一样，但我这样做是为了更清晰地展示如何访问对应值。

我用来在图像上绘制线条的函数叫作line()，它的参数分别是：

- 一个要画的Mat类型的图像对象；
- 一个点（一对像素的x，y坐标）；
- 另一个点；
- 一个标量（用于画线的颜色）；
- 画线的宽度。

以下是上述代码的输出，使用我们在图19.10的原始图像上检测到的线条。

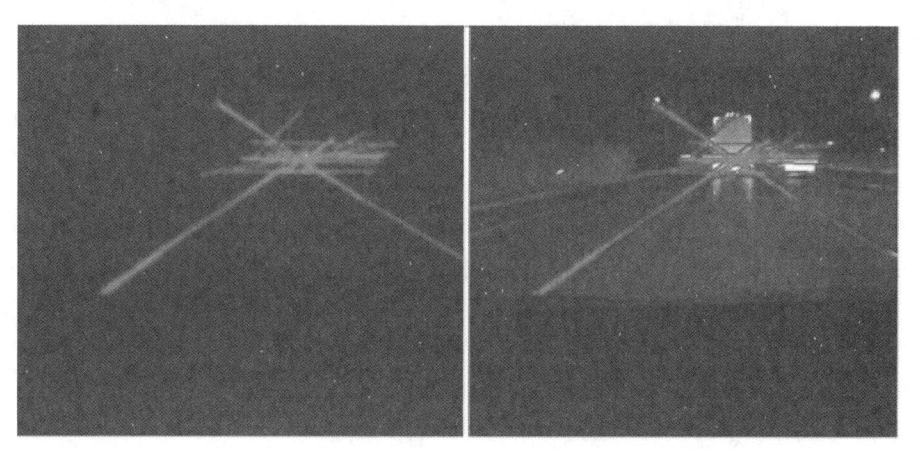

图19.10　用HoughLinesP()检测到的线条画在空白图像上，并叠加在原始图像上

如果你回头看一下原始图像，你可以看到需要仔细设置minLineLength和maxLineGap参数才能够将检测到的明显短的虚线路标连接起来。不幸的是，HoughLines经常会检出我们不希望有的线条，比如所有的水平线。

处理不需要的水平线的第一个方法是在上面的代码片段中添加一个简单的if()语句，以过滤我们觉得太过水平的线条。我们可以用前几章中使用过的atan2()和abs()函数轻松获得线条的角度(需要#include<cmath>)。

```
double lineTheta = abs(atan2(y1,y1, x1, x2));
double maxtheta = 2.65;
double minTheta = .5;
if(lineTheta < maxTheta && lineTheta > minTheta)
{
//draw or add line to output here
}
```

由于相机视角的原因，我想检测的道路线出现在35°～40°左右，所以我在if()过滤器中设置过滤掉了所有较缓及更陡峭的线条，并设置了minTheta和maxTheta参数（atan2返回弧度的theta，所以我的min和max也是以弧度为单位的）。我们还应用了abs()函数，这样我们就不用处理负的角度了。处理后的输出图片如图19.11所示。

可以看到虽然有了很大的改进，但仍有一些我们想去除的错误的线。事实上，一些我们保留下来的线条比我们期望的要长，并在它们交叉的地方产生了错误的数据。此时，我们可以使用图像掩膜来确保我们只标记出图像中我们希望存在的部分线条。

下面进行图片掩膜处理：bitwise_and()。

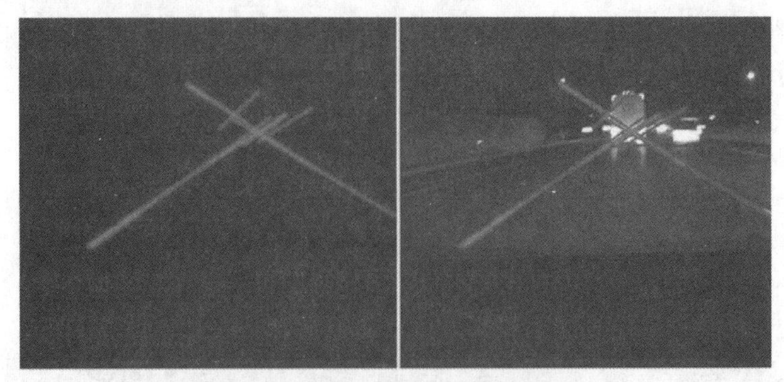
图19.11 滤除水平线后绘制的霍夫线

所谓掩膜是一个与你感兴趣的图像相同大小的黑白图像，你感兴趣的区域被设置为白色，你想忽略的区域被设置为黑色。cv::bitwise_and()函数会逐个比较一或两张待处理图像与你的掩膜的像素数据，如果对应掩膜的像素为黑色的，则通过与操作AND后会返回false，输出的像素被设置为0（黑色），如果掩膜的像素是白色的，输出像素就是另外图片上的像素值。

要创建一个掩膜，我们需要从一个空白图像开始，就像我们之前创建的那样。它必须与输入和输出图像的大小相同，而且必须是单通道的（最后一个参数CV_8U）。然后我们在该空白图像上画出我们想要的任何形状，并用白色填充。下面的代码片段创建了两个掩膜——一个简单地遮住了图像的2/5上部，另一个是一个更优雅的多边形。

```
cv::Mat mask1 = Mat::zeros(canny.size(), CV_8U);
cv::rectangle(mask1, cv::Rect(0, image.size().height*2/5,
image.size().width, image.size().height*3/5),
cv::Scalar(255,255,255), -1);
//create polygon-shaped mask
//create blank drawing
cv::Mat mask2 = Mat::zeros(canny.size(), CV_8U);
//create vector of points to hold polygon vertices
vector<cv::Point> poly(4);
//create trapezoid-shaped polygon in poly
poly[0]=cv::Point(0, image.size().height);
poly[1]=cv::Point(image.size().width/3,
image.size().height*2/5);
poly[2]=cv::Point(image.size().width*2/3,
image.size().height*3/5);
poly[3]=cv::Point(image.size().width, image.size().height);
//fill the area in mask2 defined by poly with white
cv::fillConvexPoly(mask2, poly, Scalar(255));
```

由例程可见，创建一个矩形掩膜相较更容易（只有两行代码），而多边形掩膜则让你可以根据感兴趣的区域进行任意裁剪。你可以做任何你想做的多边形，只需要加大矢量值并添加更多的点即可。

cv::rectangle()函数可以像lines()函数一样直接在图像上作画。需要的参数是：

- cv::Mat需要处理的图像；
- cv::Rect（原始*x*,原始*y*,高，宽）；
- cv::Scalar（用于颜色）；
- int类型参数，用于设定线条厚度（设置厚度为-1时，用标量颜色填充矩形的标量颜色）。

cv::fillPolyConvex()函数看起来很简单，因为你已经在一个点的向量中提前定义所有的坐标。fillPolyConvex()所需参数如下：

- cv::Mat需要处理的图像；
- cv::Points向量；
- 一个颜色的标量（单通道只需要一个参数——我们在这里用255表示白色）。

两张生成的掩膜图像如图19.12所示。

图19.12　矩形掩膜与梯形掩膜

想将这些掩膜应用到图像上，需要用到前文提到过的cv::bitwise_and()函数。

```
cv::bitwise_and(canny, canny, masked, mask1);
```

这个cv::bitwise_and()函数需要如下参数：

- cv::Mat类型的输入图像1；
- cv::Mat类型的输入图像2（如果只有1就只使用1）；
- cv::Mat类型的输出图像（和输入图尺寸相同）；
- （可选）一个掩膜图像（类型为cv::Mat——和输入图尺寸相同）。

在使用多边形掩膜时要注意一点，有时，HoughLinesP函数会将掩膜的边缘检测为一个线，因此让多边形掩膜的上层线条斜率比我们在过滤掉水平线时使用的minTheta值更小或许会比较好。在这个例子中（可能是因为背景很暗），并没有太大影响，应用两种遮罩后的输出是一样的。结果如图19.13所示。

图19.13　掩膜处理后的Canny()的图像经过HoughLinesP()处理后的输出结果

在屏蔽了不需要的区域和过滤了方向错误的线条后，我们就可以实现只保留重要的线条的效果。但有时我们并不想通过形状或边缘来过滤——如果我们想找到某种颜色的物体呢？为此，我们需要转换我们的图像并应用另一种过滤功能。

19.7 图片颜色空间转换函数：cvtColor()与inRange()

想像一下，我们现在想编写一个检测停车标志的机器人程序，但是我们发现即使停车标志有明显的八角形形状，但机器人仍有很大概率在繁忙的城市环境中检测出错。我们还可以想像一种常见的情况，如我们想让机器人从树上找到要采摘的成熟水果，或者在田里找到一个球。此时从图像中清除轮廓的工作就可以通过消除图像中所有不正确的颜色来帮助完成。然后，只剩下那些围绕着正确颜色的物体的轮廓线。

> 轮廓线就是我们所说的连续的边缘。虽然线条必须是直线才能被定义，但轮廓可以是任何曲线，甚至是整个物体的轮廓。

图片颜色空间转换的一般步骤是：

1. 对图像的一个副本进行滤波。
2. 将滤波后的副本从BGR格式转换为HSV。
3. 应用inRange()来寻找某一颜色范围内的像素。
4. 将inRange的输出作为原始图像的掩膜图像。

步骤1：对图像副本进行滤波。

消除图像中所有不正确的颜色的第一步是对图像进行滤波处理。你会惊讶地发现，在某一区域内，看似均匀的像素实际上存在着白色、黑色或其他颜色。选择何种类型的滤波以及使用何种内核大小，很大程度上取决于照明条件、图像分辨率、背景类型和你想找到的物体的纹理。在选择这些值时，需要进行相当多的实验以获得选择这些值的经验。

步骤2：将滤波后的副本图像格式从BGR转换到HSV。

像BGR和RGB这样的三色通道图像是很难过滤的，因为每一种颜色都是三个独立数值的混合物。正如本章一开始提到的，HSV图像仍然是三个信息通道，但只有第一个通道包含颜色值——称为色调(hue)(其余两个通道是指像素的颜色饱和度和像素的强度或亮度)。这意味着所有的颜色都落在OpenCV中0 ～ 179的单一整数值范围内，如图19.14所示（传统的HSV是一个360°的圆，所以传统的HSV颜色值正好是OpenCV值的2倍。）这是因为我们将每个通道的数据存储为8位，而8位整数的最大值是255——整个范围都不适合，除非我们将其缩小。

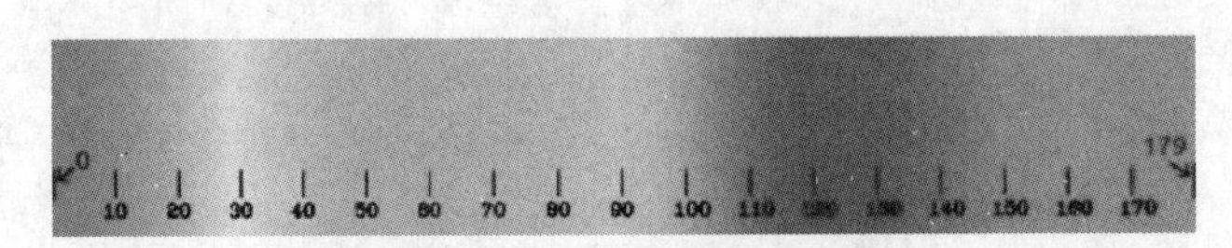

图19.14 OpenCV中的HSV色谱

这个图像最好在你自己的电脑屏幕上观看，所以我在可以下载的opencv_tests包中（网址如下：github.com/lbrombach）添加了一个ROS节点。在打开的另一个终端中运行roscore，用以下方式运行hsv_colors节点：

```
rosrun opencv_tests hsv_colors
```

该节点从屏幕上弹出的全红色图像开始，然后从左到右填入OpenCV HSV色调的全光谱（0 ～ 179）。此外我们还在图像中添加了一个数字刻度，这样你就可以看到哪些颜色是在哪个色调值附近(饱和度和价值通道被设置为最大的255)。当你按下任意一个键时，节点将会关闭。

步骤3：使用inRange()过滤器寻找特定颜色的像素。

注意

红色存在于HSV色调光谱的两端。虽然像蓝色这样的颜色完全属于100 ~ 130的单一范围，但对于红色，我们可能不仅要检查0 ~ 10的颜色，还要检查170 ~ 179的颜色。根据我们具体寻找的东西和环境，我们很可能要进一步减少这些过滤器中的一个或两个，以消除更多不必要的杂乱。

inRange()函数在你指定的范围内寻找所有的像素，并返回一个黑白图像（本质上是一个掩膜），其中在范围内的像素标记为白色，其余为黑色。由于某单一的颜色值对应的像素会很少，因此我们一般定义一个范围来寻找。对于其他颜色，你只需调用一次inRange()，但我选择了寻找一个红色的停车标志的例子来向你展示如何将两个掩膜合并成一个。下面的代码结合步骤1～3分别执行原始图像的滤波操作，格式转换为HSV，并创建两个掩膜。

```
using namespace cv;
Mat blurred, hsv, mask1, mask2;
blur(image, blurred, Size(3,3), Point(0,0));
cvtColor(blurred, hsv, CV_BGR2HSV);
inRange(hsv,Scalar(0, 40, 100), Scalar(2, 255, 255), mask1);
inRange(hsv, Scalar(176, 40, 100), Scalar(179, 40, 255),mask2);
```

当然，我们必须创建空的Mat对象来保存函数的输出。然后，我们用原始图像和cvtColor()函数调用blur()函数，以获得我们将发送给inRange()颜色滤波器的滤波后的HSV图像，图19.15显示了原始图像和滤波后HSV图像。

图19.15　繁忙城市中的停车标志图像［原始图像（左）和转换为HSV图像（右）］

HSV图像的视觉表现有些误导性，因为图像使用BGR图像的格式并通过HSV的三个通道进行处理来展示。不过，我们还是可以看到它已经被转换了。

上述代码中的下两行创建了两个掩膜。inRange()函数需要以下参数。

- 一个输入的Mat图像对象；
- 一个下边界的cv::Scalar；
- 一个上边界的cv::Scalar；
- 一个输出的Mat图像对象。

我们现在已经习惯了输入和输出的图像。我们必须记住边界标量是HSV标量，而不是BGR标量。这三个元素对应了色调、饱和度、值这三个标量，inRange()函数会遍历每个元素，所以如果它们中的任何一个超出了指定范围，这个像素就会被剔除。你可以看到，我的色调范围很窄，但饱和度和数值都很宽泛，尽管有时收紧这些范围也会有帮助，但我们这里不做考虑。前面的代码所创建的两个掩膜如图19.16所示。

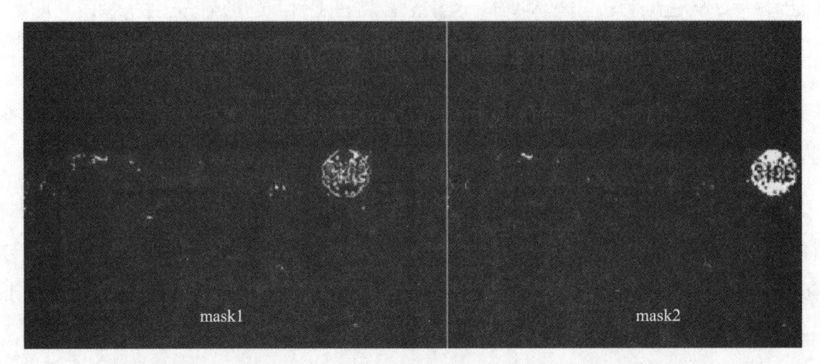

图19.16　两个inRange()的结果在寻找同一个红色停车标志

虽然上述的两张图片中一个结果比另一个好得多，但它仍然会相当难以识别。我们怎样才能把这两个掩膜图像合并成一个更好的掩膜呢？你还记得可以剔除任何不属于两张图片像素的bitwise_and()函数吗？还有一个bitwise_or()函数，它将包含任何同属于两幅图像的像素。

```
Mat mask3;
bitwise_or(mask1, mask2, mask3);
imshow("combined_mask", mask3);
```

bitwise_or()函数所需的参数列表与上文提到的bitwise_and()函数相同：

- cv::Mat类型的输入图像1；
- cv::Mat类型的输入图像2（如果只有1就只使用1）；
- cv::Mat类型的输出图像（和输入图尺寸相同）；
- （可选）一个掩膜图像（类型为cv::Mat——和输入图尺寸相同）。

这一次我们没有使用掩膜参数，而是获取了最大轮廓作为感兴趣区域，然后在该区域周围创建了一个掩膜，以进一步消除杂乱像素。图19.17展示了两个掩膜的组合结果。

图19.17　将图19.16中的两个inRange()结果结合起来的结果

如果把它扔给一个模板或文字识别算法，字母甚至标志的边缘会更清晰，更容易被识别。但是我想，恐怕这些内容超出了本书的范围，不过你自己研究一下也不难。

19.8　各式各样有用的ROS工具

虽然你不必为OpenCV实验寻找如何从文件中读取图像或视频的示例，但你会发现在你从事的机器人行业中有个很有用的叫作rosbag的东西。

rosbag是一个ROS包，它有记录和回放所有ROS信息流的工具。能够从.mp4文件中读取视频是很好的，但如果能够将ROS图像信息与激光、IMU和任何其他ROS信息流一起播放，就像你在实时操作机器人一样，岂不是更有用？记录每一条信息或几个特定的主题是非常容易的。使用命令行命令来记录所有的信息流：

```
rosbag record -a
```

这将记录到当前目录中，默认文件名以.bag结尾。当你想回放bag文件时：

```
rosbag play nameOfFile.bag
```

还有更多的工具和选项可用。查看它们，请访问wiki.ros.org/rosbag/Commandline。

19.9　高级OpenCV与进阶

虽然我们已经初步了解了一些常见、简单且有用的工具，但计算机视觉是一个广泛而不断扩展的领域。OpenCV是一个很好的平台，可用于设计许多先进的物体检测和识别程序。以下是其中的一些例子：

- OpenCV光学字符识别（OCR）使用一个非常强大的深度学习引擎，可以从图像中读取文本。
- Darknet是一个令人印象深刻的先进的神经网络框架，可以让计算机视觉领域的初学者使用一些最先进的、开源的物体识别模型，例如YOLO3。

关于Darknet的一些额外建议：你可以访问pjreddie.com/darknet，以了解大量关于Joseph Redmon的工作和教程，或访问github.com/leggedrobotics/darknet，了解ROS软件包的版本。值得一提的是，我无法在树莓派3上运行它，只有在树莓派4上可以成功运行（这是我在机器人上使用树莓派4的唯一原因，虽然Nvidia Jetson Nano也是一个不错的选择）。Darknet ROS软件包输出的图像信息如图19.18所示。

图19.18　Darknet物体分类发布的边界框

输出的图像对人类来说是很整洁的，但对机器人来说就不那么有用了。幸运的是，Darknet ROS还可以发布边界框的信息，当中涵盖了框在帧中的坐标以及它们的内容。

19.10 基于云的图像识别

随着可靠的图像识别用例的增加，谷歌、亚马逊和微软等科技公司已经开始寻求从中获利。这是一件好事，因为他们能够投入训练模型的资源数量和数据库的规模远远超过了我们个人所能想像的。当然，缺点是这些都不是免费的。虽然这些服务的价格相当实惠，但如果你尝试全天候使用它们的流媒体服务，这可能会变得昂贵。此外，这些服务也需要一个可靠、快速的互联网连接。以上所有这些都有友好的入门网页，只要在谷歌上快速搜索就能找到。

19.11 结论

在这一章中，我们已经涵盖了相当多全新的主题。我们学习了什么构成了计算机图像，如何在ROS中传递它们，以及如何操作它们来寻找线条和特定的颜色。当然还有很多东西需要学习，所以当你完成本书的最后一个项目后，请继续努力学习，现在我们就快到最后一个项目了！

在我们从头开始构建和编程整个机器人之前，应该学习如何将我们所学到的一些材料集中起来单独使用。我们已经探讨了几种跟踪机器人的工具，为什么准确的姿势估计至关重要，以及每种跟踪方法的一些不足之处。在下一章中，我们将学习如何将几种方法结合起来，以提供一个大大改进的姿势估计：多传感器融合算法。

19.12 问题

1. 像素坐标与占用网格图的坐标有什么不同?

2. 在ROS中启动usb_cam usb_cam_node来发布相机图像时，如果你使用的是树莓派的Raspicam，你必须传递什么参数?

3. 为什么在调用Canny()或inRange()等检测函数之前，通常要对图像进行滤波处理?

4. 两个阈值对Canny()函数意味着什么?

5. 我们必须创建什么来存储HoughLinesP()函数的输出?

6. 在应用inRange()滤波函数之前，我们必须将BGR图像转换成什么？

第20章 传感器融合

20.1 简介

我们终于到了实物机器人搭建这一阶段，我们非常清楚地认识到，单一的传感器是无法为机器人提供准确的环境感知和导航所需的所有数据的。有的传感器的分辨率不够高，无法有效地完成检测；而有的传感器则分辨率过高，需要大量的数据处理。传感器有时候会产生噪声，从而带来了读数误差；相关的推断数据的数学模型无法百分百模拟真实情况，也可能会带来计算误差。上述的这些误差会随着时间的推移而不断增加。因此，我们需要通过将多个传感器的数据结合在一起，以获得更准确的信息，以实现对机器人环境的有效感知和导航。

上述的这些问题导致了传感器的读数不可避免地带有一定的不确定性，我们必须怀疑我们的算法能在多大程度上滤除或者相信这些读数或感知。基于上述以及其他的一些原因，我们会使用传感器融合算法来考虑来自多个来源的数据，并得出对机器人的位姿估计，其不确定性会远低于任何单一传感器所带来不确定性。

姿势估计是传感器融合在移动机器人中应用的第一个领域，同时也是本章的重点。准确的姿态估计对于机器人的智能导航以及建立准确的地图至关重要。

在本章中，我们将着重介绍以下内容。

- 传感器融合变得简单：使用绝对方向传感器来提高方向测量的准确性
- 使用卡尔曼滤波器来对传感器数据进行更全面的处理
- 介绍使用robot_pose_ekf ROS节点的方法

20.2 目标

在本章中，我们将学习关于传感器融合的更多知识，这可以让我们更好地感知和导航机器人环境。其中包括使用绝对方向传感器来改进测向和测距的方法，这可以使传感器融合更加简单。我们还将学习使用卡尔曼滤波器，并在最后介绍使用robot_pose_ekf这个ROS节点。

20.3 如何让传感器融合变得简单

我们认为机器人领域发展离不开制造商的决策，制造商认为机器人出厂时需要有大量预装模块的需求，而不仅是单独的模块。即使是简单的模块，比如继电器模块，过去需要花费数小时来蚀刻、布线和焊接一些元件，而现在机器人厂商提供了预装模块选择，只需花费几美元就能订购，这大大节省了时间，从而让人们可以将更多的时间花在学习上。同时也使得机器人技术变得更容易上手，并可以让初学者更容易了解、学习和应用机器人技术，而不必亲自完成所有组装工作。因此，这种预装模块的大量需求促进了机器人技术的发展和创新，使其更易于实现和推广，从而有助于推动整个机器人领域的发展。

目前，制造商们已经不仅仅满足于预先制造简单的模块，而是开始制造一些集成了多个传感器的复杂模块。有些模块只是由几个传感器构成，也有一些模块安装了具有先进传感器融合算法的微控制器。这样的话，你不必再进行复杂的操作，只需要阅读传感器融合后的数据即可。这种发展趋势超越了简单的模块，让机器人开发人员能够更加专注于机器人的应用程序和算法的开发，而不必过多地考虑硬件设计和实现。

20.4 博世BN0055绝对方向传感器

这里，我并没有为特定的产品去做广告，只是单纯地为你介绍一个优秀的产品（我与本书中提及的任何产品的任何制造商或销售商没有任何赞助或从属关系）。如果我不向你介绍这个产品，那么也许你就会失去一次了解新技术的机会，这可能会对你的研究和工作造成不必要的限制。因此，我想向你介绍这个传感器，希望它能对你有所帮助。

到目前为止，我们已经讨论了惯性测量单元（IMU）提供的原始数据，这些数据包括加速度、速度和磁场强度。之前我们为了确定机器人的朝向，需要对这些原始数据进行各种数学运算。即便如此，我们得到的机器人朝向的估计仍然存在较大的不确定性，这时我们就需要使用更复杂的过滤技术来完成机器人朝向的计算，接下来我们将重点讨论这部分内容。然而，如果你使用的是博世BN0055 IMU（如图20.1所示），那么上述的所有这些工作已经在芯片内部完成了。

图20.1 博世BN0055绝对定向IMU示意图

在开始写这本书时，我认为这一节会讲述如果你想从IMU模块中获得准确的、融合的方位估计，就必须花费数百美元。然而，博世BN0055模块（图20.1）的出现改变了我的这一观点。除了卓越的性能，这款模块的尺寸和价格也是其主要优势。尽管它不是第一个准确输出融合航向估计的模块，但博世BN0055模块是我们见过的第一个可以不用树莓派或其他大型嵌入式开发板就能实现这一功能的模块。这也是我看到的第一个成本低于树莓派的模块。Adafruit公司也有类似名为BN0055-USB-Stick的模块，这个模块可以直接插入USB接口，而无须使用I2C或FTDI通信方式。

这里再补充一点，在我写完这一章之后，我还发现并测试了Devantech的另一个基于BN0055的模块，这个模块和Adafruit的模块在相同的软件环境下表现一致。

BN0055是一种IMU模块，它包含加速度计、陀螺仪和磁力计，用户可以像使用其他IMU一样读取所有的原始数据。此外，它还可以为用户提供去除重力成分的加速度矢量。然而，真正吸引人的是它提供的绝对方向数据，以四元数和欧拉角的形式呈现。因此，只需要查询模块并读取模块输出的绝对方向数据，就可以知道你的机器人朝向哪个方向，这对于使用IMU进行导航的用户来说非常方便。

20.5 改进后的测距仪

一般来说，我们很少会在里程计测距发布者的代码内部去添加IMU信息来实现融合传感。这里，我为了方便就粗略地加入并进行了一次实验，效果好到令人惊讶。我们的实验方法是使用第11章“机器人跟踪和定位”中编写的里程计节点，只是额外地加入了IMU话题，并订阅了一个BN0055订阅者。如果收到了带有有效方向数据的IMU消息，它就会从四元数转换为欧拉角，Odom的航向估计也会简单地用IMU的z轴（偏航）角来作为里程计偏航角的更新。当然，这样做具有一定的危险性，因为如果偏航角发生比较大的抖动，就会对驱动控制器造成一定程度的破坏。不过这不是我们目前需要关心的问题，因为我们每秒读取IMU数据10次。只有当IMU信息丢失的时候才会产生比较大的抖动，而这个可以通过其他方法滤除。图20.2显示了一个短期实验前后的情况。

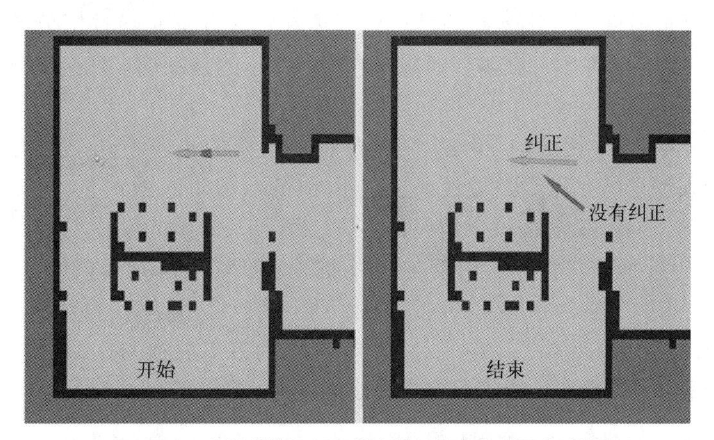

图20.2 有航向校正和无航向校正的方向测量估计值

由于绝大多数里程计的不确定性都是在转弯时造成的，所以我们尝试在室内机器人上进行了测试，并使用IMU系统来改进小型室内机器人的运动表现，尤其是在转弯时的表现（也就是你在第21章“构建并完成一个自主的机器人的编程”中所搭建的机器人）。测试添加了IMU

的姿态估计与使用更复杂的robot_pose_ekf节点（扩展卡尔曼滤波器）的姿态估计，结果发现这两个系统的准确性基本一致。在本章后面，我们会着重向你介绍这个节点。

在图20.2中，你可以看到机器人建出的餐厅栅格地图，栅格地图中间是桌子和椅子。图中还有两个箭头，它们代表了同一时间机器人上odom节点的位置估计。在左侧的图片中，由于机器人还没有移动，估计值是相同的，所以两个箭头重合在一起很难看到。而右侧的图片则清楚地显示了两个估计值发生分歧后的情况。在绕着建好地图的餐厅转了几圈之后，机器人被命令返回起点，未修正的估计值已经偏离得很远了，以至于它无法单独用于自主导航，而修正后的估计值（通过输入路径规划器和驱动控制器来完成修正）使机器人几乎精确地回到了起始位置（我们在驱动控制器中设置了10cm的合理误差范围）。这就是测向仪给我们做出的贡献，大大提高了定位的稳定性。

20.6 集成BN0055——硬件和ROS发布者

传感器本身可以通过串行或I2C进行通信，而我们手头的Adafruit模块也可以使用这两种通信方式，因此下面我们将会介绍如何使用Adafruit模块来连接博世BN0055。不过，需要特别注意的是，BN0055在I2C通信中使用了一种被称为“时钟拉伸”（clock stretching是I2C总线通信协议中的一种技术。在I2C总线上，主设备通过发送时钟信号控制总线上的所有从设备进行通信。从设备通过在接收数据时拉低时钟信号来指示主设备停止发送数据。这种由从设备控制时钟信号的情况就是时钟拉伸）的特殊技术。这是树莓派的I2C接口无法做到的，因此必须使用串行模式才能让BN0055与树莓派兼容。串行模式可以通过GPIO UART或FTDI和USB端口进行通信。据我所知，BN0055在Arduinos和Nvidia Jetson Nanos上运行良好。对于博世BN0055的USB - Stick版本，由于其通过USB进行通信，所以需要使用串行通信方式来完成链接。

博世BN0055发布信息的方式与其他惯性测量单元相同，只是BN0055还填充了方向信息，而不是标记为未使用。随之带来的是从BN0055获取信息比从其他IMU获取信息要复杂一些，因为融合算法需要进行数据校准，这意味着你需要在每次开机时就对BN0055模块进行校准，或者将校准数据存储在文件中，在需要时重新加载。幸运的是，现在已经有一些软件可以帮你处理这个问题。

这两个版本（Adafruit和USB-Stick）的传感器所需要的语言不同，因此每个版本都有自己的ROS包。令人惊讶的是，我发现没有适用于Adafruit版本的ROS包，并能让Adafruit可以在串行模式下运行。因此我发布了一个包，其中包括一个简单的设置工具，可以让你对博世BN0055传感器进行校准，并将配置和校准数据保存到文件，在需要时重新加载。此外还有另一个节点来作为发布者节点，它在需要时可以读取校准文件，这里我们设置为每次上电都会读取。然后将设备设置为融合模式，并开始发布带有融合方向数据的IMU信息。你可以克隆该包并在命令行中编译并使用它（请确保你在catkin_ws/src目录下）。

```
git clone https://github.com/lbrombach/bn0055_fusion_imu.git
cd ..
catkin_make
```

至此，该程序已经编译结束，你可以运行该设置节点。如果你不想运行该设置节点，那它将从设备上加载默认的配置和校准参数，这很有可能会导致数据不准确。

由于我没有使用过USB-Stick软件，因此我无法提供关于该软件的任何细节。博世倒是提供了一些用于配置和校准的Windows软件。具体的软件可以从https://github.com/mdrwiega/bosch_imu_driver.git获取。

20.7 整合BN0055——测距节点

无论你得到哪个版本的IMU（或任何其他能输出准确航向数据的IMU），一旦它在ROS中发布，测距节点使用IMU数据修正航向的步骤非常简单。只需要在ROS节点中订阅IMU话题并接收IMU数据，然后对测距仪器的方向进行修正。具体来说，可以通过以下步骤实现:

1. 首先，订阅IMU的消息。

2. 然后，确认方向字段没有被标记为不使用。

3. 接下来，将方向域中的四元数信息转换为欧拉角。

4. 如果这是第一次从IMU收到的航向更新，则将当前航向和IMU航向之间的偏移存储起来，而不是更新航向。

5. 对于所有随后收到的IMU信息，使用记录的偏移量加上IMU的数据来更新航向。

① 更新存储IMU航向的变量，并标记标志，告诉测距计算节点使用IMU航向（在代码中，用5.1表示）。

② 最后，在测距计算中应用IMU航向功能，以更准确地计算航向相关的里程计信息（5.2）。

20.7.1 第1步：订阅IMU信息

到目前为止，你应该很清楚ROS订阅的相关知识了。

```
#include <sensor_msgs/Imu.h>
int main(… )
{
    ros::Subscriber subImu;
    subImu = node.subscribe("imu", 100, update_heading);
}
```

在我们的代码中，已经给ROS的订阅者预留了100个大小的消息队列空间，虽然我们认为实际使用时不太可能接近这个数字，除非传感器遇到其他严重的问题（比如消息堵塞）。这里我们将回调函数命名为update_heading。

20.7.2 第2步：确认方向没有被标记为不使用

步骤2、3、4和步骤5的一部分都在回调函数中被处理了。第2步是通过一个简单的if()语句来检查处理。根据sensor_msgs::Imu的文档说明，当拿到IMU信息时，如果对应的协方差矩阵的第一个元素为−1，那则代表该协方差矩阵不被使用。以下是步骤2的相关代码:

```
void update_heading(const sensor_msgs::Imu &imuMsg)
{
```

```
    //step 2
    if(imuMsg.orientation_covariance[0] != -1)
    {
        step 3 - Convert quaternion to Euler
        if(this is first message received from IMU)
        {
            step 4 - calculate and save offset
        }
        else
        {
            step 5.1 - Apply the saved offset and save the heading
        }
    }
}
```

20.7.3 第3步：将四元数转换成欧拉角

这个转换将会调用tf/transform_broadcaster.h文件，所以我们需要在文件的头部包含该文件。剩下的步骤则在我们的回调函数中进行。

```
#include <tf/transform_broadcaster.h>
void update_heading(const sensor_msgs::Imu &imuMsg)
{
…
tf::Quaternion q(imuMsg.orientation.x, imuMsg.orientation.y,
imuMsg.orientation.z, imuMsg.orientation.w);
tf::Matrix3x3 m(q);
double roll, pitch, yaw;
m.getRPY(roll, pitch, yaw);
}
```

20.7.4 第4步：如果是第一个IMU信息，则保存偏移信息

为了解决IMU无法知道机器人初始航向的问题，我们需要在收到第一条IMU消息时记录当前的航向与IMU估计航向的差异，以此来确定机器人的初始方向。首先我们会将IMU的航向设置为0，并等待博世BN0055传感器发送信息，同时为了防止BN0055用0覆盖任何当前估计值，我们用第一个消息将当前绝对航向与IMU的航向进行比较，并记录下差值。同时，为了跟踪这是否是第一个IMU消息，我们可以使用一些全局变量，并存储是否为第一条信息的标志和计算出的偏移量，等待第一个消息计算出差值后就将imuHeadingInitialized值置true。和先前一样，这需要你有过硬的编程技术来实现该步骤。

```
bool imuHeadingInitialized = false;
double headingOffset = 0;
void update_heading(const sensor_msgs::Imu &imuMsg)
{
    …
    if(imuHeadingInitialized == false)
    {
```

```
        headingOffset = oldOdom.pose.pose.orientation.z - yaw;
        imuHeadingInitialized = true;
    }
    else
    {…}
}
```

20.7.5 第5.1步：如果不是第一条IMU信息，则保存IMU航向

我们使用一个全局变量来存储航向值。为了让函数知道imuHeading是新的，我们还使用了一个全局布尔标志。我们使用以下计算方法来计算航向：将之前记录的偏移量加回去，即imuHeading = yaw + headingOffsett。这样我们就可以在函数中使用航向值，并且在接收到新的IMU消息时，更新偏移量并将标志设置为true。这样，我们就可以避免使用不准确的初始航向值，并且在机器人移动时可以得到更准确的航向估计。

```
bool haveNewImuHeading = false;
double imuHeading = 0;
void update_heading(const sensor_msgs::Imu &imuMsg)
{
    …
    else
    {
    imuHeading = yaw + headingOffset;
    haveNewImuHeading = true;
    }
}
```

20.7.6 第5.2步：将新的航向应用于里程计中

在更新的测距信息复制到oldOdom并发布新信息之前，我会在测距计算节点的最后调用void update_odom()，并在该函数中使用IMU航向信息。同时，我们需要将标志位设置为false，以避免在下一个周期之前重复使用同一个IMU航向。

```
void update_odom()
{
…
if(haveNewHeading == true)
{
newOdom.pose.pose.orientation.z = imuHeading;
haveNewImueHeading = false;
}
oldOdom… = newOdom… ;
odom_pub.publish(newOdom);
}
```

这就是测距节点的全部内容了。我敢肯定，有很多机器人领域的专家不会赞同我们上述的方法，认为这种简单的实现可能有局限性。但是，我们也相信更多实用机器人专家会看到这种

方法的巨大潜力，虽然我们目前的实验仍然在一个相对简单的场景中。我们认为，这实际上是一个或多或少局限于远程控制机器人和一个能够真正独立导航机器人之间的区别。如果在机器人周围放置一些靶标或其他信标，机器人可以定期访问这些信标，并最终实现无限期的导航。

20.8 第二代传感器融合——一种更全面的方法

虽然上述直接的方法可以显著提高里程计测量系统的可靠性，但它并不是一个完整的解决方案，里程计测量仍然会存在测量误差，同时也无法判断机器人是否被卡住了，即车轮在转动但没有移动这类情况。如果我们能够利用IMU提供的所有数据，而不仅仅是航向数据，我们将会拥有一个更强大且鲁棒的系统。此外，如果我们能将其他数据源纳入考虑，如GPS数据、基于激光的定位或视觉定位，那我们就能拿到一个能够在大多数条件下仍然保持可靠的系统。当然，问题是如果这些传感器中的每一个在某些时候都是完全不可靠的，那我们应该相信哪一个？这时，卡尔曼滤波器就派上用场了。

卡尔曼滤波器是融合多个传感器数据的算法的核心，它可以结合多个测量值、预测值和不确定性矩阵，并可以更准确地估计我们正在测量的事物的实际状态。在这里，我并不会深入讨论具体的数学实现，但是你需要对其基本工作原理有一定的理解，并能够成功使用ROS中有关卡尔曼滤波的相关节点。现在我们先来考虑一下只有速度这个单一变量的卡尔曼滤波。

我们可以从多个传感器来获得机器人速度信息，其中包括编码器、加速度计和GPS等传感器。编码器可以计算出机器人每秒行进的距离，加速度计可以通过积分来提供速度信息。如果我们有GPS，我们还可以像里程计一样通过两帧之间的距离差来计算出两帧之间的平均速度，或者使用特定的GPS模型来计算出速度。除了瞬时速度外，我们还可以根据以上所有信息来预测未来的速度信息，因为在真实场景下，机器人速度的变化通常是平滑的。

卡尔曼滤波器中有假设不确定性这一概念。这就意味着不能期望我们的测量值和预测值是完全相符的，因为实际情况可能会出现偏差。例如，如果我们使用加速度计数据来计算速度时，从已知速度开始，并在测量时间内加速一段时间，然后通过积分来计算最终速度。虽然我们通过这样的方法可以计算出类似精确的数值，但是不能期望这个结果是完全准确的，而是必须认识到现实中可能存在误差，这个误差的大小取决于方差，也就是说这个误差会在一个范围内。图20.3说明了这一点，图中纵坐标显示了速度，横坐标则表示了时间。

在经过6s的加速后，我们可以根据加速度计的积分计算出在时间点t=6时的机器人速度为1m/s，这个结果并不是完全准确的，因为测量过程中会存在着一些误差。图20.4展示了机器人在实际运动6s后，我们可以接受的实际速度在1m/s时，速度存在±0.05m/s的误差。因为在真实场景中确实无法满足准确的测量，如果我们只能接受完全准确的测量结果，那这就是一个错误的接受设定。如果我们有多个传感器的数据，我们就可以进一步地去比较它们的范围，并尽可能地去排除一些可能的值。图20.4显示了一个图20.3的放大的视角图，并增加了一个由编码器里程计算出的可能速度范围。

图20.4左图右边的范围是由里程计算得出的，与由加速度计数据计算的范围大小相似，但比用加速度计数据计算的范围略低。我们无法确定真实值位于这两个范围内的哪个位置，但我们知道它最有可能位于两个范围交集内的某个位置。因此，我们可以删除两个测量范围不重叠的部分，从而留下一个较小的范围，如图20.4右侧所示。

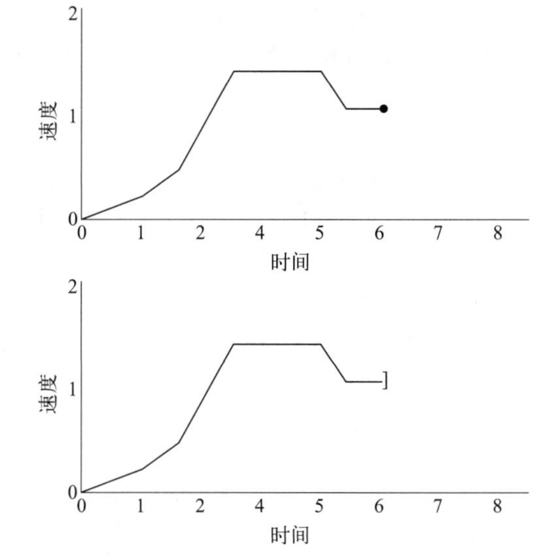

图20.3　速度的精确计算（上）与我们只能在一定范围内精确的现实（下）

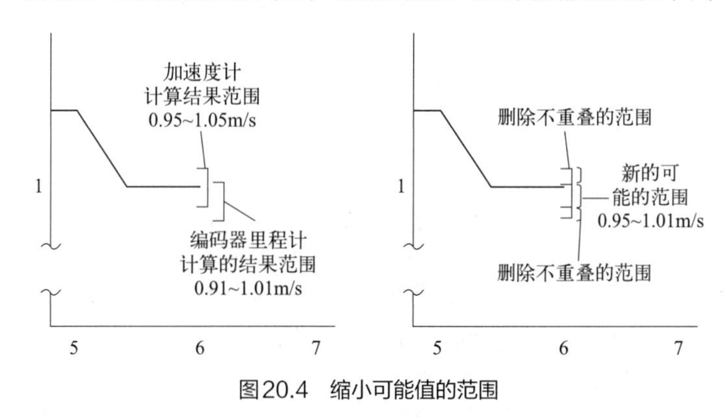

图20.4　缩小可能值的范围

经过上述应用从而缩小置信区域范围，并结合其他传感器的数据和预测，我们可以获得一个比其他任何单独传感器更准确的速度估计。我们不仅仅是简单地砍掉不重叠的部分，还可以考虑每个范围的确定性或不确定性，并将我们更信任的范围加权到具有显著不确定性的范围中。这样做可以提高整个速度估计的准确性，使我们更接近真实值。然而，这也带来了一个新的问题：我们如何确定哪些数据是最可靠的，如何决定哪些数据应该被更高权重地考虑？这需要进一步地分析和判断，可能需要结合专业知识和经验，以及对数据来源和传感器的理解。

20.9　协方差矩阵

为了更好地理解卡尔曼滤波器，我们在上面画了一个比较简单的示意图。但是需要说明的是，卡尔曼滤波器对每个范围内的每个位置的权重设置并不相同。相反，它会利用每个传感器输出的观测值（尽管我们不会全盘接受这些值）以及一些协方差值来计算出真值的范围，同时，我们这里还假设范围内可能的值都是呈高斯分布的。如果传感器没有提供方差值，那么要发布这些值将会很麻烦，但协方差值的获取对算出良好的结果来说是必不可少的。因为如果我们自己搭建机器人，那这些机器人都是非标的，所以从另一个机器人那里复制协方差值到这台机器人上，效果肯定是不理想的，尤其是在使用这种编码器来完成里程计计算的情况下。

在之前的ROS消息类型中，我们曾经提到了协方差字段，但没有深入探讨其含义。但在本章中，我们不得不关注它。如果你曾经学过统计学，你会更容易理解协方差矩阵的含义，因为作者在这里会直接提供如何快速理解协方差矩阵以及robot_pose_ekf节点的使用说明。

如果我们有一组单轴（x轴）的速度估计值，那么这些估计值的平均值被称为平均数。如果我们将每个估计值与平均值进行单独比较，数据与平均值的差值就是那个单独估计值的偏差。最后，通过对每个偏差进行平方，然后对结果进行平均，就可以找到那组特定数据的方差。图20.5显示了如何计算一个小数据集的方差值。

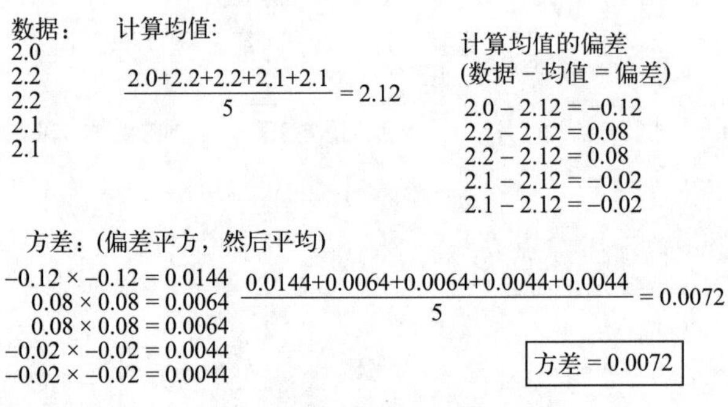

图20.5 计算协方差

为了更好地理解，让我们先讲述清楚方差和协方差的概念。简单来说，协方差矩阵是用来描述多个变量之间相关性的矩阵。如果我们有多个变量，我们需要知道它们之间的关系，这时候就需要使用协方差矩阵了。协方差矩阵的对角线上是每个变量的方差，而其他位置则是两个变量之间的协方差。图20.6展示了一个协方差矩阵的例子，其中每个对角线上的值表示一个变量的方差，其他位置的值表示两个变量之间的协方差。

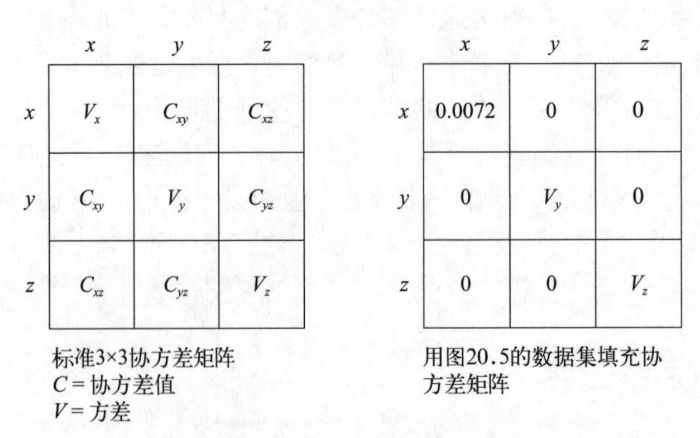

图20.6 一个3x3的协方差矩阵

方差是用来衡量单个变量偏离平均值的程度的。在图20.6的左图中，我们可以看到标有V的单元格，这个值是用来将一个元素与其自身进行比较的地方，也就是方差的位置。方差在通常所说的对角线上进行。方差是一组数据中每个数据与该组数据平均值之间差的平方和的平均值，可以用来度量一组数据的离散程度。而协方差是用来度量两组数据之间的相关性的，即当一个变量增加时，另一个变量是否会增加或减小。如果两组数据的协方差为正数，则说明它们之间存在正相关性；如果协方差为负数，则说明它们之间存在负相关性；如果协方差为0，则说明它们之间不存在线性相关性。在右图中，我们在V_x的字段中输入了我们之前计算出的方差。尽管我们还没有计算出V_y和V_z，但由于我们所讨论的机器人只能沿着其x轴移动，因此我们不需要计算它们。根据robot_pose_ekf软件包的说明文件（可在wiki.ros.org/robot_pose_ekf找到），我们可以在不相关的元素上输入一个极大值，这样它们就可以被忽略。这里你可以输入999999这种极大值来不使用这个方向。不同的软件包可能有不同的使用规则，因此在尝试新软件包时，请务必阅读相关文档。

协方差是用来衡量两个变量之间如何相互变化的一个指标。在协方差矩阵中，除了对角线上表示方差的单元格之外，其他单元格则用来表示不同变量之间的协方差值。对于我们的机器人来说，由于它在y方向的速度与x方向的速度没有特别的关系，因此我们可以认为它们是不相关的，所以只需在对应的位置上输入0。

20.10 ROS信息中的协方差矩阵

据我所知，在ROS中，有两种预定义的协方差矩阵类型，分别是3×3和6×6的协方差矩阵。这些类型的协方差矩阵被广泛用于姿态、IMU和扭曲信息等消息中。但是，当我们查看这些消息类型的定义时，我们会发现它们都包含了一个float64[]数组类型的字段，用于存储协方差矩阵的值。图20.7所示是两个消息类型sensor_msgs::Imu和geometry_msgs::PoseWithCovariance的定义截图。

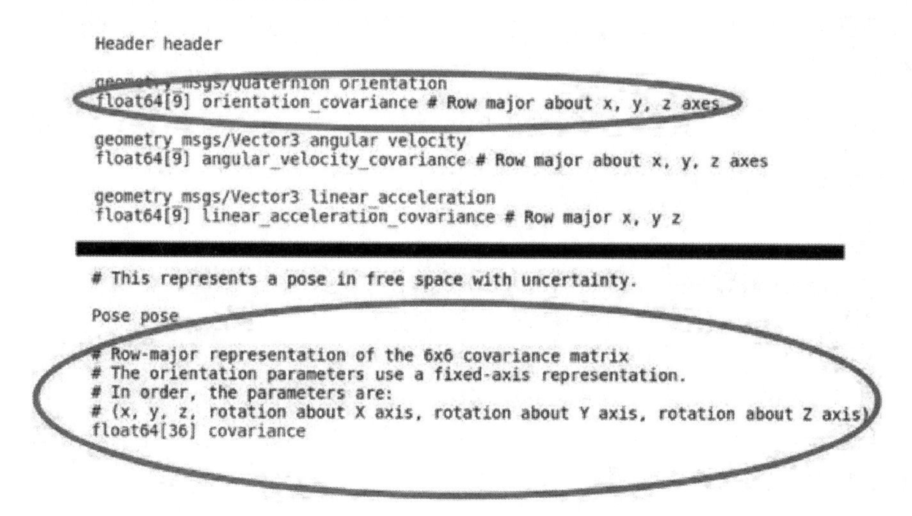

图20.7 ROS消息文件中如何表示协方差矩阵

图20.7中，我们圈出了协方差字段。注意到3×3矩阵的协方差字段有一个大小为9的数组，而6×6矩阵有一个大小为36的数组。现在你可能已经看出来了，我们用一个一维数组来保存矩阵数据，就像我们对占用栅格地图所做的一样。幸运的是，消息文档中有注释来指定顺序。图20.8是我们制作的一个3×3协方差矩阵。

```
        [Vx, Cxy, Cxz, Cxy,        Vy, Cyz, Cxz, Cyz,       Vz]
        [0.0072, 0,   0,   0, 999999,   0,   0,   0, 999999]
index =    [0]  [1]  [2]  [3]      [4]  [5]  [6]  [7]      [8]
```

图20.8 3×3协方差矩阵的阵列形式

在我们讲述robot_pose_ekf节点之前，还需要提醒你一个关于ROS中的矩阵的注意事项。我们基于图20.8做的线性速度协方差矩阵是属于6×6转动协方差矩阵的一部分，这个矩阵中的其他元素会被用于x、y和z轴上的旋转速度。对于我们的地面机器人，我们其实只需要测量z轴上的旋转速度，而不需要测量V_x和V_y的旋转速度。因此，我们可以在旋转速度V_x和旋转速度V_y的位置上输入一个极大值，从而只需要估算出旋转速度V_z的方差即可。

20.11 robot_pose_ekf节点

robot_pose_ekf是一个使用扩展卡尔曼滤波器来估计机器人姿态的ROS节点，它可以订阅三个ROS话题以获取输入信息，这三个话题分别是两个里程计话题和一个IMU话题。在ROS的wiki页面上提供了许多关于如何使用这些主题的详细信息，例如需要哪些信息、忽略哪些信息、如何进行配置，以及如何将其中一个里程计话题订阅为GPS数据话题。当然，如果你足够聪明，还可以使用另一个话题来进行其他形式的里程计信息订阅，例如基于激光的里程计等。为此，我们建议你多花些时间在wiki.ros.org/robot_pose_ekf上，并了解详细的信息。

20.11.1 安装robot_pose_ekf

你可以在Kinetic和Melodic的ROS仓库中找到该软件包，因此可以使用apt-get这类简单的程序进行安装。

```
sudo apt-get install ros-kinetic-robot-pose-ekf
cd ~/catkin_ws
catkin_make
```

或者:

```
sudo apt-get install ros-melodic-robot-pose-ekf
cd ~/catkin_ws
catkin_make
```

另外，你也可以将资源库（指Wiki页面提供的链接）克隆到catkin_ws/src目录下，然后通过执行catkin_make来编译。不过，如果你并没有打算修改代码，那我们建议不要这样做，因为这会让我们的工作空间更加混乱。

20.11.2 运行robot_pose_ekf

要让robot_pose_ekf正常运行，你需要准备一些东西:

- 首先，你需要在终端运行roscore命令，这将启动ROS的核心组件。
- 其次，你需要至少有一个odometry话题发布。这个话题必须包含带有协方差的数据，以便robot_pose_ekf节点使用这些信息来估计机器人的姿态。

- 此外，你需要有IMU数据的发布。这个话题也必须包含带有协方差的数据，或者你可以提供第二个带有协方差的里程计信息。
- 带有协方差的IMU数据发布在imu_data话题上，或者将第二个带有协方差的里程计信息发布到robot_pose_ekf上。
- 最后，你需要一个静态转换发布器，它可以将base_link与imu框架对齐。这样，robot_pose_ekf节点才能正确地获得来自IMU传感器的信息，并将其与odometry话题中的数据进行融合。

除了之前提到的运行要求之外，robot_pose_ekf节点还需要配置几个参数，以便知道要使用哪些传感器和其他一些信息。配置这些参数的最简单方法是在终端中使用ROS参数服务器。robot_pose_ekf节点会在robot_pose_ekf/odom_combined话题上发布一个geometry_msgs::PoseWithCovarianceStamped消息，当中包含机器人当前的姿态信息。这个消息包括位置和方向以及每个值的协方差矩阵，可以用于将机器人的姿态信息传递给其他节点或保存到文件中进行后续分析。

为了避免通过命令行传递大量话题名称重映射和参数，使用启动文件来启动节点是一个很好的选择。在robot_pose_ekf软件包中，有一些示例启动文件可供使用，你需要做的第一件事就是为你正在构建的ROS包创建一个启动文件。

下面是一些步骤，可以帮助你创建一个启动文件：

1. 在ROS包的基础目录中创建一个名为“launch”的文件夹。
2. 创建一个名为“ekf_launch.launch”的文件。
3. 复制robot_pose_ekf维基页面中的示例启动文件的内容(如图20.9所示)。
4. 编辑所示的参数，以避免节点寻找不需要的话题。
5. 保存该文件。

```
<launch>
 <node pkg="robot_pose_ekf" type="robot_pose_ekf" name="robot_pose_ekf">
   <param name="output_frame" value="odom"/>
   <param name="freq" value="30.0"/>
   <param name="sensor_timeout" value="1.0"/>
   <param name="odom_used" value="true"/>
   <param name="imu_used" value="true"/>
   <param name="vo_used" value="true"/>* 改为 false *
   <param name="debug" value="false"/>
   <param name="self_diagnose" value="false"/>
 </node>
</launch>
```

图20.9　robot_pose_ekf 示例启动文件

要运行robot_pose_ekf节点，请先确保前提条件已经在运行（或在启动文件中被添加）。除此之外，你还可以添加一个tf发布器，或从命令行中运行该节点。在运行启动文件之前，请确保你已经将所有的必要参数进行了编辑，以确保节点能够正确地找到所需的话题。

```
rosrun tf static_transform_publisher 0 0 0 0 0 0 base_link imu 20
```

然后你可以用以下方法运行启动文件：

```
roslaunch name_of_your_package ekf_launch.launch
```

要看它是否在运行，读者可以用下面的指令：

```
rostopic echo robot_pose_ekf/odom_combined
```

要查看话题信息和快速自我诊断/状态报告，就需要下述指令：

```
rosrun robot_pose_ekf wtf.py
```

20.12 关于变换和roslaunch的最后说明

由于时间和篇幅的限制，我们没有能够在这些话题上花费太多的时间，但现在你应该已经深刻地在每一章节中了解并巩固了，并达到了进一步提升自己的程度，尤其是变换这一部分。

到目前为止，我们已经尽最大努力调整里程计并运行节点，以便在一个统一的框架内操作，而不是每一步都需要从世界坐标系到OGM，再从OGM到base_link这样进行烦琐的变换。因为在没有使用变换的情况下，机器人的性能是有上限的，因为坐标系的不同，所以不太可能使用不同的ROS传感器数据包进行融合。

至于使用roslaunch这种启动文件，虽然说它不是必要的，因为你仍可以手动打开十几个窗口并分别启动十几个节点，但是会在每次启动项目时浪费很多时间，这样实际上是不可取的。所以尝试着使用roslaunch，编写一个roslaunch其实不难，用习惯了你就会发现非常好用。

20.13 结论

在本章中，我们一直在致力于提高机器人跟踪和定位的能力，这点对于机器人能够在无人监督的情况下实现真正自主的工作至关重要。通过使用内置传感器融合算法的传感器，我们学会了如何快速获得比普通的、仅有轮式编码器的里程计方法更加精准的方法。此外，我们还学会了如何使用卡尔曼滤波节点将这种改进与其他姿势估计相融合，以获得更稳健的结果。这些技术是实现自主机器人的重要步骤，并使得机器人可以在各种环境中自主地完成任务。

接下来的第21章也是最后一章，它会将前面二十章的内容汇集起来，结合我们学到的一切，构建一个完整的自主机器人以供读者学习和实验。从在裸机上加载软件、选择和布线电子元件，到建立环境地图和实现从一个地方到另一个地方的导航，最后一章将涵盖上述的所有方面。

20.14 问题

1. 当使用像BN0055这样的方向传感器来更新里程表发布的节点中的航向时，必须做什么？当收到第一个信息时，必须做什么？

2. 什么是方差？

3. 在协方差矩阵中，我们把方差放在哪里？

第21章 构建并完成一个自主的机器人的编程

21.1 简介

在前面20个章节中，我们学习了制作自主机器人所需的许多个科目的基础知识。从第一次闪烁LED灯到读取并处理各种传感器的数据，再到向电机驱动器发送信号以控制车轮速度，最终到编写一个可以为我们的机器人绘制一系列路标点的程序，使其能够从一个地方导航到另一个地方。你可以花一点时间复习一下之前的章节，回顾在前20章的学习旅程中自己学到了多少知识，这里我们准备将所有部分放在一起，开始制作一个真正的自主移动机器人。如果你还有不明白的地方，也不要着急。我相信在广阔的机器人领域中，总会遇到问题，总会有需要改进的地方。我自己也是这样一步步走过来的。

在最后一章中，我们将把前面二十章所学的所有知识融合起来，并制作一个能够自主导航和驾驶的机器人，让它能够从一个地方自主驾驶到另一个地方。我们将尽我们所能来详细地介绍这章，以便你能够按照我们的思路构建一个机器人，并保证其和我们在所有示例和代码测试中使用的机器人一模一样。此外，你还可以将这一章作为模板，并按照大致思路构建，每一步按照自己的方式实现，最终得到一个自己设计的独一无二的机器人。这正是学习前面章节介绍的工作原理的好处，而不仅仅是去告诉你复制和粘贴代码。通过自己去实践，你可以更好地掌握这些技术，并建造一个符合自身需求和想法的机器人。

在这一章中，我们的目的不仅仅是提供一份简单的检索表单，也不是一份详细的操作指南。这章更像是一份指导性的清单，来帮助你回顾在前面章节中所学到的所有内容。搭建自主机器人是一个庞大的项目，不太可能完全详细地介绍所有的细节，所以更多的时候我们只需要一些提示，并告诉我们下一步该怎么做。因此，在这一章中，我将尽力提供这样的指导，并在沿途各处进行额外的说明，以及进行大量的提醒(比如说你需要参考哪一章的内容)。

本章分为两个大的部分:

1. 构建机器人平台。
2. 为你的机器人编程。

在第一部分中，我们将对机器人实体进行组装。比如说，我们需要组装机器人的身体、电机、传感器和计算机，并将它们全部连接起来。尽管这部分不涉及软件，但我们会测试每个组件以确保它们可以正常工作。即使你已经购买了一个机器人平台，也希望继续阅读本部分，以确保机器人搭载的组件（例如传感器）已正确连接，并为接下来的编程部分做好准备。

在第二部分，我们将软件包和启动文件放在一起，这样就可以用一个方便的命令来启动所有我们想要运行的程序和行为。接下来，我们将创建一个机器人的环境地图，并保存一系列位置列表，你只需输入数字就能服务的位置列表。最后，我们将讨论如何编写程序来扩展这些基本行为。虽然我这里建议整本书都要阅读，但如果你已经在本章的第一部分中组装好了机器人，那就可以在本章的第二部分回过头来更彻底地了解与你所处步骤相关的每一章节的内容。

在本章中，我们将主要介绍以下内容：

· 机器人平台——总体概览和零件清单
· 组装机器人平台
· 编程——总览
· 为你的机器人编程——详细步骤
· 运行你的自主机器人！
· 下一步是什么？

21.2 目标

最终目标：一个可以工作的、能够自主定位移动的机器人！

21.3 第1部分——构建物理机器人平台

我们考虑了很久，到底要建造什么样的机器人来作为我们最终章的内容。我们不得不承认，我们很想去建造一个大的并且四轮驱动的机器人，就像我们的团队为机器人比赛建造的一个重达50kg的机器人一样。然而，最终我们认为一个能够让更多的人使用的机器人平台远比一个华丽的机器人平台更重要。因此，我选择了一种简单的小型机器人平台，这种机器人易于组装和使用，但同时也有足够的能力来展现我们这本书里面的所有概念。我们希望这个机器人不需要使用很多昂贵的传感器以及实现很高的精度，你完全可以在家中组装它，而且它成本低廉，因此任何人都可以以此作为练手，并加入这个项目中。

基于这些要求，我决定不使用任何特殊工具。所有的工作都可以使用普通的工具和电烙铁完成。我们完全可以不借助3D打印机制作支架和安装部件，仅仅使用了从亚马逊或eBay购买的电子元件，剩下的其他部件都可以在五金店购买。

我决定建造一个与机器人吸尘器差不多大小和形状的机器人，因为它比大型机器人更加方便，而且价格也更加实惠。这个机器人可以轻松地被带在身边，并可以在旅馆或露营车里继续使用它。即使在外部环境下，它也能够很好地发挥作用。虽然我也考虑过用3D打印机制作一些机器人外壳，但如果仅仅是为了好看，我认为是没有必要的。因为目前我们设计的只是原型机，同时所有的电线和传感器都暴露在机器人外面，这就使得检查电线或更换传感器变得非常容易，也就导致我们的机器人外壳并无太大的作用。我认为这个机器人由于其强大的扩展性，它可以随着机器人开发者技能的不断成长而得到不断更新，并能够让你使用它很长时间。

21.3.1　机器人平台——总体概览和零件清单

根据上述要求，我们需要建造一个有两个驱动轮并配有一个脚轮或尾轮的机器人。当然，如果你想要不同的尺寸或结构，也是可以的，但需要进行更多的调整和自己的设计。为此我们需要以下基本部件：

- 轮子/电机模块，由车轮、电机和齿轮箱（wheel, motors, gearboxes）构成，它们可以一起买，也可以分开买。
- 电机驱动器［motor driver(s)］。
- 脚轮（caster wheel）。
- 电池和充电器（battery and charger）。
- 底座/底盘（base/chassis）。

为了把平台变成一个机器人，我们需要一些电子设备，包括：

- 计算机（computer）。
- 激光雷达（或其他测距装置）。
- 轮式编码器（wheel encoders）。
- IMU（惯性测量单元）。
- 计算机的电压转换器（voltage converter for computer）。
- GPIO集线器分线板（GPIO header breakout board）。
- 摄像头（camera）。
- 电压表/显示器（可选）。
- 模拟到数字转换器（可选）。

具体的配件可以参考图21.1。

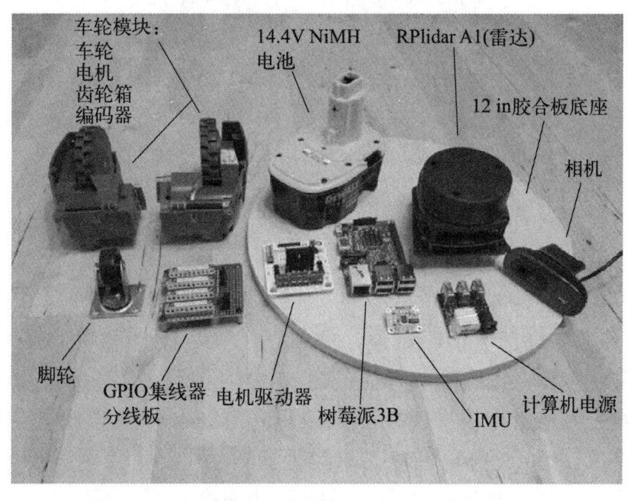

图21.1　这个机器人项目选择的主要零件与传感器

此外，还需要一些工具来帮助你建造机器人。

1. 钻头——可以使用手动或电动的，用来钻孔和加工。
2. 电烙铁——用于焊接和连接电路板。
3. 螺丝刀（螺钉旋具）——需要普通尺寸和小尺寸的，用来拆卸和安装螺钉。
4. 针鼻钳——小型的钳子，用来夹住和修剪小的电线和元件。
5. 电线连接器压接器——用来连接电线和插头，确保连接牢固。

这两个清单是搭建机器人所需的全部零件与工具，我们可以看到所需要的东西并不多。同时你可以根据自己的需求随时添加你想要的额外部件，比如使用伺服电机来移动摄像头，或者在激光雷达下方添加超声波传感器以增加防撞功能。下面，让我们简单地看一下每个传感器的安装与使用。

21.3.2 车轮/电机模块

我将车轮和电机模块放在一起来介绍，因为在预装模块中车轮和电机这两个模块通常是一起售卖的。当然，我们不会直接把车轮连接到电机上，否则机器人将面临无法控制的混乱局面。因此，我们需要一个带有齿轮箱的电机。通过一些简单的计算，我们可以选择适合的车轮、电机和齿轮箱组合。理论上，最大速度将接近于电机的转速除以齿轮比再乘以车轮的周长（motor_rpm/gear_ratio*wheel_circumference）。但在现实中，你可能会发现最大速度是低于计算公式的，其原因在于机器人的重量（以及其他形式的阻力）会使电机减速。举个例子，如果你要求电机带动我们的机器人，如果使用一个用于玩具车的小电机，那显然无法保持其额定的速度来控制机器人行走。对应的机器人齿轮和电机的售卖商店通常会提供相应教程或工具来帮助你选择合适的电机型号。图21.2展示了我们在这个小车中选用的车轮模块。

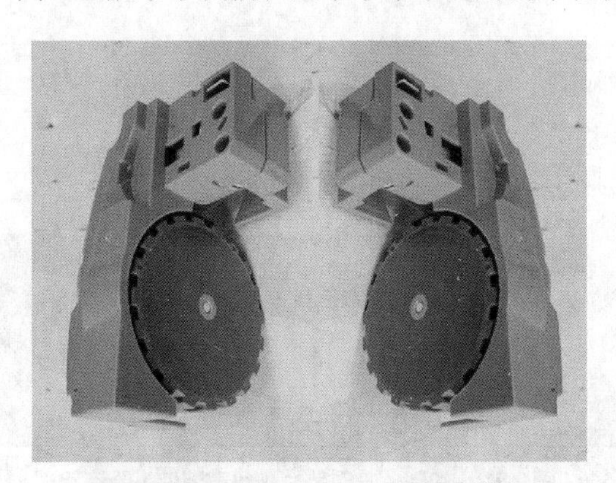

图21.2 iRobot Roomba的轮子模块

我的选择是iRobot Roomba的轮子模块。在这个项目中，我们将使用iRobot Roomba的车轮/电机模块。这不仅是最具性价比的选择，而且这个模块的性能也很优秀，耐用性好，还将电机、齿轮箱、车轮、编码器和弹簧下降开关［弹簧下降开关（spring-loaded contact switch）是一种电子开关，当受到外力作用（比如压力或重力）时，开关的弹簧会下降，使开关闭合，从而触发电路］集成在一起，这样我们在搭建机器人的时候就会更加简单。该传感器模块被设计为可以长期使用，并且适合我们这个项目的设计速度，同时可以在12V或14.4V的电压下良好工作。Roomba系列的500、600、700、800或900型号都使用了相同型号的轮子，因此很容易在网上找到新的或二手的商品。读者可以像我一样在eBay上以每对仅40美元的价格购买

（当然国内也有替代品）。我们在YouTube频道（网址为www.youtube.com/practicalrobotics）上提供了Roomba的相关教程，其中包括从Roomba上拆下轮子的详细说明以及Roomba与轮子的连接图和内部原理图。

21.3.3　电机驱动器

当然，在选择电机驱动器时，并不限于使用我们在第4章“机器人电机类型和电机控制”中讨论的电机驱动器。不过在做出选择之前，回顾一下该章是一个不错的选择。你需要注意的是，有些电机驱动器只能驱动一个电机，而另一些可以驱动两个。在选择时需要考虑能够驱动两个电机的电机驱动器对应的额定电压和电流要求。

我选择了L298N双H桥电机驱动器。我所使用的电机驱动器是第4章“机器人电机类型和电机控制”中讲述的Velleman VMA409这一版本。当然还有其他价格较低的L298N模块，接线方式也是基本相同的，只需要确保你购买的是L298N模块而不是L298N芯片即可。

21.3.4　轮毂

这是一个可以自由旋转的车轮，可以在大多数硬件或家庭装修商店中购买到，无论它被拖动到哪个方向。我这里错误地购买了一个太小的车轮，所以不得不做了一个垫片来保持机器人水平。但是不得不说，这个垫片非常成功，因为它为我提供了一个合适的空间来安装超声波传感器（如图21.3），但如果我一开始就买了一个高度为7.51cm（3in）的车轮，就省下这部分时间了。所以说机器人的选型也非常重要。

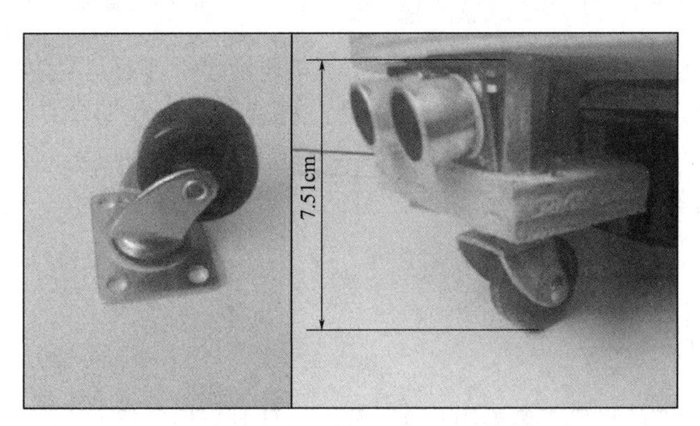

图21.3　轮毂、临时垫片和超声波传感器支架

21.3.5　电池和充电器

我们不希望机器人受限于插座，因此需要一块电池。对于机器人来说，需要选择一种可充电的电池，因为使用AA或者D型电池的小电池组很快就会失效，而且使用几次之后的成本也会比可充电电池高得多。选择电池时，需要注意不同种类的电池有不同的充电特性，例如锂离子、锂聚合物、镍氢（NiMH）、密封铅酸和吸收式玻璃垫电池等。所以，不管你选择哪种电池，都需要为该特定类型的电池配备一个合适的充电器。

电池的额定电压是指电池可以提供的电压。安培小时（Ah）是指电池存储电荷的能力，也就是电池可以在多长时间内提供一定电流的能力。例如，2.5Ah的电池可以在1个小时内提供2.5A的电流。如果我们比较两个电池，一个电池容量为1250mAh，另一个电池容量为2500mAh，那么后者的寿命是前者的2倍。回顾一下第2章“GPIO硬件接口引脚的概述及使用”，我们知道功率等于电压乘以电流。因此，一个12V2.5Ah的电池，它的可用功率是6V2.5Ah电池的2倍，而且可以工作更长时间。没有什么比机器人工作20min后就不得不停止工作，并且充电长达几个小时这种情况更糟糕的了，所以不必吝啬，根据自己的需求来买大容量的电池吧。我在这里建议，在机器人项目中至少使用12V或14.4V的电池，容量至少为2.5A。这将确保机器人可以持续更长时间，避免在短时间内频繁充电。如果你需要更大的电池容量，可以考虑使用电动工具电池或电动滑板车电池。但是对于较大的机器人，电脑电源箱可能是更好的选择，因为它们存储了大量的电能，虽然价格昂贵，但较轻便，容易安装，但需要注意它们有自己的电子装置，在电量缺乏等情况下会自动断电。

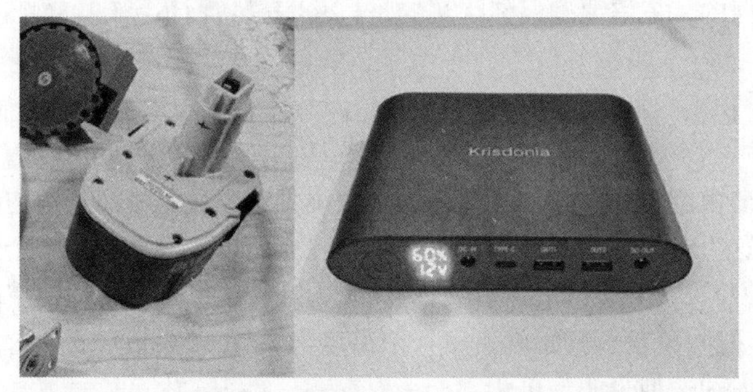

图21.4　一个2.4Ah,14.4V的电动工具电池（左）和一个多电压的笔记本电源箱（右）

从众多的电池类型中选择一款适合自己机器人的电池是一项艰巨的任务。我个人的选择是一个14.4V的镍氢动力工具电池（如图21.4左图）。这款电池不仅简单易用，而且非常耐用和经济实惠，容易在市场上找到替换品。此外，由于我已经拥有充电器，这样的选择也非常方便。无论你最终选择哪种电池，一定要记得为它买一个适当的充电器，以确保电池的安全充电和延长使用寿命。

21.3.6　底盘/底座

当然，为了将所有的机器人组件固定在一起并且使其运行，我们需要一些固定工具。由于你的第一个机器人（也许是所有机器人，但尤其是第一个机器人）会经历很多调整和变化，因此我们在这建议你在第一次尝试就花费大量的时间和金钱可能不是很好的主意。相反，我们建议你坚持使用一些基本的、易于操作的工具，并花费额外的时间和金钱来学习和实验不同的传感器和组件，而不是花费在一个更高级的外壳上。当你已经足够成熟，并掌握更多的知识后，你可能需要对你的机器人做一些新的尝试，此时你再进一步地去打造出完美的机器人。

我的选择是一个简单的桦木胶合板圆环，大小为30cm×1.2cm（12in×1/2in）。这个可以预先在家庭装修商店切割好，成本只需要几美元。以前，我曾经对使用木材来制作机器人有所犹豫，但是尝试过用金属去制作一些机器人外壳后，我意识到安装或移动传感器是多么的痛苦，因为我们无法快速地对金属去完成钻孔这类操作，因此我认为木制底盘是最实用的原型机器人制作材料。使用木材可以更快地完成机器人的组装，并且在整个过程中不会像使用金属时那样担心脚底被尖锐的金属碎片划伤。

21.3.7 计算机

根据第1章“选择并构建一个机器人计算机”中的详细说明，我们知道电机在很多情况下都不需要旋转，因此计算机可能算得上是机器人上的头号用电大户。如果你不需要计算速度很快且耗电量很大的计算机，那么就不需要购买它们。在选择计算机时，我们建议最好根据机器人的需求和预算来选择适当的计算机。

我的选择是树莓派3B型，也就是 Raspberry Pi 3 Model B。我们这里重申一下我们第1章中提到的观点：我们不使用树莓派3B+的原因是它的改进并不值得我们去消耗额外的能源，同时跳过树莓派4，除非你非常熟悉Linux并能够手动安装软件和依赖项，因为树莓派4仍然有很多未知的问题。在我写完这一章后，我了解到Ubiquity Robotics（我在第9章“协调各个部件”中介绍过它的Linux+ROS镜像）有一个新的镜像，可以与树莓派4一起使用。我并没有测试过，有兴趣的读者可以去尝试这个新的镜像。我们在这里建议，如果你还在学习电脑和Linux系统，就坚持使用树莓派3B，因为3B的性能已经远远足够。不要用3B+或者4B这种更快的处理器来加速机器人的处理和计算，因为这样会需要更多的能源消耗。

21.3.8 激光雷达或其他测距传感器

在建立机器人的地图时，我们需要使用到测距传感器返回的数据来识别障碍物。测距传感器可能是我们的机器人上最昂贵的设备之一了，我理解这种价格对于学生来说还是比较昂贵的一笔支出。我们在前面也提到了可以使用声呐来代替部分测距传感器的功能，但是使用声呐数据来建立地图存在一些缺点，我们已经在前面提到过。如果你要构建一个户外机器人，最好选择专门的户外级激光雷达装置，这种装置会具有更强大的激光器，能够减少阳光对结果的影响。如果你不想花太多的钱，也可以选择一些较便宜的测距设备，但需要注意它们的准确性和精度可能不如更昂贵的设备。

目前来说，最昂贵的设备可能是三维激光器，有距离数据的立体相机系统或毫米波雷达设备。然而，我们建议从基础的传感器开始，如果不想翻阅ROS的信息文档，就可以去购买一个有ROS示例的2D激光扫描仪。这可以省下一大笔开支，并且对于构建我们这种基础的机器人来说已经足够了。

我的选择是将Slamtec RPLidar A1作为机器人的激光雷达设备，因为它价格实惠（约100美元）并且安装简便。在我们的第18章“激光雷达设备和数据”中就提到了这个传感器，并介绍了它的原理以及安装方法。如果你的预算不够，或者想自己DIY一下，那可以在eBay上找到Neato机器人吸尘器的激光扫描仪，它的价格低于40美元。虽然这个设备的分辨率与RPLidar A1相同，但它的范围和扫描速度会受到一定的影响，导致地图质量有所降低，这里面的数据也需要自己去读取。不过，如果你想要像黑客一样尝试着去破解这里面的数据，并转化成ROS信息，这个设备也是一个不错的选择。你如果感兴趣，可以在实用机器人这一YouTube频道上找到一个完整的教程，以破解这些设备，网址是www.youtube.com/practicalrobotics。

21.3.9 轮式编码器

霍尔效应型编码器是一种测量车轮旋转的设备，它们使用霍尔传感器检测磁场变化，并将其转换为电信号，以测量车轮的旋转和移动。在第14章中，我们提到了一些不同类型的编码器，但我们的原型车相对来说比较简单，所以基本的霍尔效应型编码器就是一种经济实用的选择。

我的选择是使用Roomba车轮模块中内置的霍尔效应型编码器。这些编码器是经过精心设计的，非常可靠，并且可以提供准确的车轮旋转测量。因此，如果你想要一种简单而有效的编码器来测量车轮的旋转，Roomba车轮模块中的霍尔效应型编码器可能是一个不错的选择。

21.3.10 IMU

IMU（惯性测量单元）是机器人中非常重要的组件之一，可以测量加速度、角速度和磁场等参数，从而提供关于机器人姿态和运动的信息。你可以使用你能找到的任何型号的IMU，并为其编写一个ROS发布者节点。详细内容可以参考第16章以及第20章。

我这里选择的是BN0055绝对方向传感器，这个传感器在第20章中被介绍过。我们拥有的BN0055绝对方向传感器是Adafruit的产品，但是最近我们也发现并尝试了Devantech公司的产品，因为它的价格更便宜，并且它的操作与第20章中安装的ROS节点一样，你可以自己去了解并选择这类传感器。

21.3.11 计算机的电压转换器

在将主电池的电压转换为电脑可以使用的电压之前，需要先确认电脑所需的电压。通常情况下，电脑需要的电压是5V。此外，还需要考虑到电脑和其他传感器需要的电流，因为主电池的电流可能不足以满足它们的需求。在这种情况下，可以参考第6章“其他有用的硬件”来解决这个问题。

我们选择了DROK品牌的USB降压转换器，因为它在亚马逊上的价格便宜，而且额定功率为24W，在5V时应该可以达到4A以上，可以提供足够的电流给计算机和其他附件/传感器使用。如图21.5所示，尽管目前只需要一个降压转换器来处理树莓派3B、激光雷达和所有其他传感器，但是我还安装了额外的降压转换器作为备用。

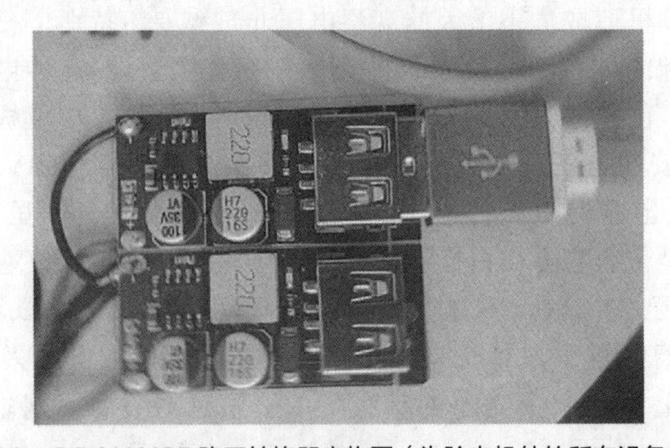

图21.5　DROK USB降压转换器实物图（为除电机外的所有设备供电）

21.3.12 GPIO集线器分线板

分线板可以将多个电源和信号线连接到单个点上，让电路板更加整洁和易于管理。如同在第2章“GPIO硬件接口引脚的概述和使用”中提到的，分线板在技术上并不是必需的，但如果没有它们，很容易将线插错位置。为了方便操作和防止出错，我们可以选择带有标签和螺钉的板子。在选择分线板时，我们可以寻找那些适合自己需求的板子。

在本例中，我们选择了一款由CZH-Labs制造的分线板，它具有以下特点：可以直接放在树莓派上，同时有清晰的标记端子，可以焊接一些连接器，既方便又省空间。如果你需要购买分线板，可以浏览一些图片，找到自己喜欢的功能，并选择适合自己需求的板子。我们的CZH-Labs分线板见图21.6。

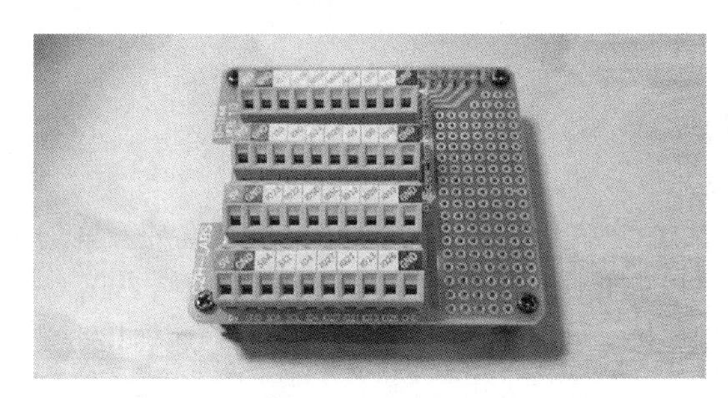

图21.6 CZH-Labs的GPIO接头分线板

21.3.13 相机

相机的选择涉及个人偏好。有些人可能更关心照片的清晰度和像素，而对于我们来说，只想知道机器人看到的是狗还是浣熊。清晰度和像素并不是技术上所必需的，因为我们的机器人可以随时更换摄像头。不过，我们认为你应该会很希望能够看到机器人所看到的东西，并使用我们在第19章中讨论的计算机视觉技术。为此我选择了Logitech C270 USB网络摄像头，因为它能满足我所有的需求，并且价格也足够便宜。

21.3.14 电压表

低电压可能对计算机造成危害，因此观察电压非常重要，特别是在不使用万用表的情况下。为了解决这个问题，可以使用一个小的电压表来观察电压。这种电压表一般只需要几美元，而且不需要很多电力。在亚马逊上，你可以搜索到图21.7中的小电压表。虽然它们很方便，但我添加了一个小按钮开关，以便在我不需要使用时关闭它，以节省电力并延长使用寿命。这些小电压表可以让你在使用树莓派的过程中更加安心。

模数转换器是一种将模拟信号转换为数字信号的设备，可以用于将电压读入计算机。将电池电量监测作为ROS消息进行发布，可以通过编写一个节点来实现。对于电池状态的监测，可以使用ROS消息类型sensor_messages::BatteryState来发布电池电量的状态。通过这种方式，可以监测电池电量并在电量低时发出信号，或将机器人送到充电站进行充电。这是一种很好的选择，因为它可以让你实时地了解机器人的电池状态，帮助你做出更明智的决策，避免因电量不足而导致机器人失去动力。

图21.7 一个LED电压表/显示器

21.3.15 其他材料

在上述内容中，我们已经介绍了大多数主要部件，但仍需要一些东西来将它们连接在一起。

首先是电线，我在这里主要使用跳线（国内一般叫作杜邦线），并根据需要对所有非USB的传感器连接进行剥线和焊接。对于从电池到电机和5V降压转换器的电源，我使用了18号绞合线。这是因为跳线太细了，在通过大电流的时候可能会熔化甚至引起火灾。

其次是接线板，它用于连接5V和12V电源以及地线，以便连接各种设备。选择一个带有导轨的接线板可以避免意外的短路。

还需要一些尼龙螺钉和支架，机器人上需要的孔径大小各不相同，但是主要为2.5mm和3mm的孔径。我们为了避免打的洞过大或者过小，通常会在木板上先钻一个小的导孔，然后拧上一个金属2.5mm或3mm的螺钉。然后将其拆下来，然后将尼龙螺钉或支架直接拧在木制底盘上。这样做非常方便。

最后，可以选择添加一两个开关，这不是必要的，但比拔掉电脑插头更方便快捷。如果你不想频繁地插拔电脑插头，可以考虑添加一个开关来控制电路的通断。

21.3.16 安装机器人平台

如果你已经准备好所有所需的零件和材料，那么你可以开始组装机器人平台了。由于你有可能使用了与本章不同的传感器或者零部件，因此在这个过程中你可能需要根据自己的需要进行一些调整。当然，你也有可能会想要增加一些传感器或者零部件，例如将零部件隐藏在底座或盖子下面，这完全取决于你自己的想法。下面是组装机器人平台的一些通用的步骤:

- 准备好电脑。
- 准备好轮子模块。
- 规划布局，确定每个组件应该放在哪个位置。
- 准备好底盘，这可能需要进行一些定制化的加工。
- 安装车轮模块和脚轮，这是机器人移动的核心部分。
- 安装电机驱动器、端子排和计算机电源，这些都是机器人控制的重要组成部分。
- 准备好GPIO分线板，以便将所有传感器连接到计算机上。

· 安装计算机、GPIO分线板和IMU，IMU是机器人定位的核心设备。
· 完成布线并安装电池，确保所有部件正确地连接到计算机和电源上。
· 安装激光雷达和摄像头，这些是机器人感知环境的关键部分。

在组装过程中，你可能需要发挥一些聪明才智，特别是在解决某些困难或不寻常的安装问题时。但是，如果你遵循以上的步骤，就可以组装出一个高效、可靠的机器人平台。

（1）准备好电脑

在第1章中，你可能已经处理过这个问题。你需要确保自己的计算机中运行适当的Linux版本（一般我们选用Ubuntu）并安装了ROS。如果你打算进行计算机视觉的相关工作，你还可以选择像Codeblocks这样的集成开发环境(IDE)和OpenCV。如果你使用本书推荐的树莓派，在第9章我们就推荐了一个非常好用的时间节省工具——Ubiquity Robotics。因为在Ubiquity Robotics中ROS和OpenCV已经预先安装好了。

（2）准备好轮子模块

在这一步中，如果电机、变速箱和轮子还没有组装在一起，那么你需要将它们组装起来。同时你也需要组装轮式编码器，并通过飞线将这些驱动器和传感器连接起来。其中电机需要两根引线，编码器需要大概3到4根引线。我们这里建议你使用一小块PCB板和一些螺钉端子来制作连接器。对于我们的车轮模块，总共需要5个连接线接到连接器上。你可在图21.8中查看具体的图片。

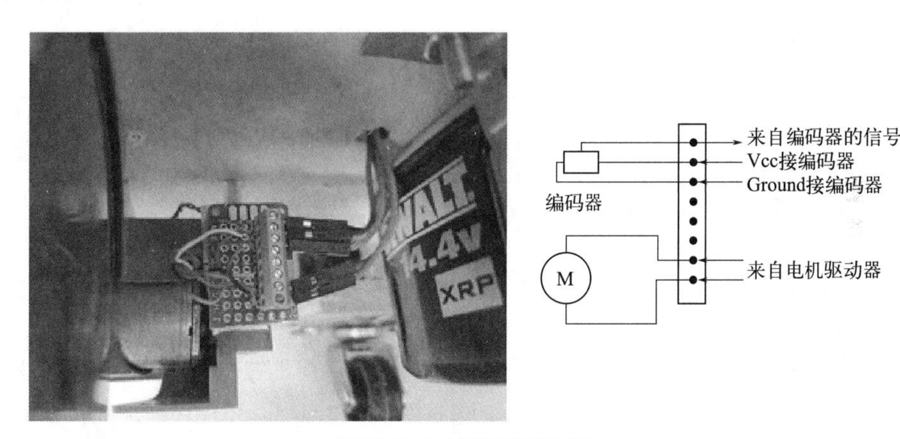

图21.8 车轮模块的连接器

（3）规划布局

在你开始安装任何零件之前，我们建议你多花些时间思考将它们安装在哪里会更好。这要考虑到由于这是原型机，我们有可能需要经常接触连接器和电气测试点，通过不断地排查才能排除故障，所以应该把它们放在易于拆装的位置。虽然你可能不会在机器人上安装显示器，但在某些情况下插入显示器比通过SSH或VNC工作更容易。为树莓派上的视频、电源和USB插头留出空间。在布线前，你要标出任何你想切割的孔或凹槽，以方便日后操作。此外，还要注意组装过程中所需的任何固定孔，你可以用铅笔在表面描画它们，以便进行更准确的组装。如图21.9所示。

本节中的其他内容可能会影响你决定将组件安装在哪里，因此在进行第四步——钻孔之前，请务必阅读完这些步骤的其余部分。在阅读完所有相关内容后，你可能会决定将一些组件移动到不同的位置，或者更改机器人的布局。

（4）准备好底盘

在实际切割或钻之前，你应该仔细考虑，以确保在正确的位置切割或钻孔。特别是对于中间的大孔，如果钻错了将会让机器人的底盘报废。同时也应该尽量在车轮模块安装前去钻这个孔，以免损坏你的机器人（图21.10）。

图21.9　在底座上做标记以便钻孔

图21.10　安装轮毂模块前的钻孔和切割

21.3.17　安装轮毂模块和脚轮

在选择车轮的安装位置时，需要考虑到主轮与中心线的距离。主轮与中心线距离越近，转弯时撞到障碍物或被卡住的风险就越小。但是这种做法的代价是机器人更容易打滑，因此需要在轮轴前方加入一些重物，例如一般会将电池等比较重的物体装在前面来增加重量。

当然，如何安装将取决于你自己，你可以选择安装支架或夹子来辅助你去完成安装。但是无论如何，你都需要尽可能地确保车轮平行并且瞄准前方。在安装之前需要认真考虑这些因素，以确保机器人的性能和安全。

Roomba这款轮子模块有足够的平面区域用来安装，我们可以直接将轮子与底盘连接，但在连接处有一个弯曲的地方，因此我们使用尼龙支架作为垫片，来确保两者之间的固定。同时你需要确保钻孔时不要钻过塑料太远，因为里面存在着一些电机等控制器，如果钻得太深轮子模块也会受到更大的损坏。因此你需要像图21.11中所做的一样，在连接处加上带垫圈和螺母的螺钉，并将其与底盘连接，完成固定。

图21.11　用一些支架来完成Roomba轮子模块的水平安装

21.3.18　安装电机驱动器、端子排和计算机电源

安装电机驱动器、端子排和计算机电源这些设备的时候，钻孔时一定要小心。因为现在底盘上已经安装Roomba轮子模块了。我们在安装这些部件时，选用的是3mm的螺钉和支架。为此，我们使用2.5mm或7/64"的钻头来完成钻孔，然后使用金属螺钉或3mm的丝锥制造出相应的螺纹。这样即使是塑料螺钉或支架也能够直接拧进底盘中，并能有良好的固定。对于那些2.5mm的螺钉和支架，我们会使用2mm或3/32的钻头。在钻孔之前，要确保放置好所有物品，以避免对它们造成损坏，详情可以参考图21.12。

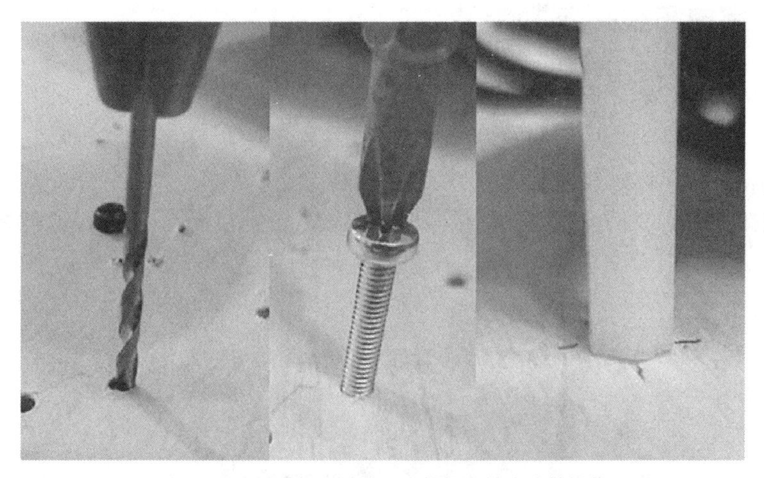

图21.12　胶合板上钻孔，上螺钉和拧支座等操作

21.3.19　准备好GPIO分线板

这部分是可选的，但是在电路板上留出一些空白区域用于焊接元件是一种不错的方法。特别是对于拥有串行和I2C的设备，你可以用GPIO分线板做一个快速连接的装置。这样做有许多好处，例如，如果你需要添加或删除一个设备，或只测试一个与你的机器人无关的设备，就可以在不干扰其他线路的情况下插入它。同时，这也可以减少来自分线板的电线数量，使得电路板更加简洁。在图21.13中，你可以看到我们最小的串行连接（插入IMU）和I2C总线的布线方式。

图21.13　一个I2C总线的GPIO分线板，以便于添加和删除I2C设备

21.3.20 安装计算机、GPIO分线板和IMU

在设计布局时，我们曾经犯过一个错误，在设备上只留出了设备和插头所需要的空间，但并没有考虑到插入和拔出插头所需要的额外的空间。因此，建议你在规划布局时考虑到这一点，并为设备和插头留出充足的空间。此外，计算机的散热也需要额外的空间来通风，以便有效散热，否则就需要通过安装风扇来对计算机提供冷却。最后，如果你打算使用磁力计，建议将其安置在距离电机、电池和线路尽可能远的地方。

21.3.21 完成布线并安装电池

在本书第7章中，有一个完整的机器人版本的布线示意图。在这个示意图中，使用了与本书中每个示例程序引脚编号相匹配的设置。此外，在本章中使用的完整的机器人代码包也沿用了这个引脚设置，如果你感兴趣可以回到第7章查找。

此外，在布线时，我们应避免使用相同颜色的线，否则当需要进行故障排除时，只能看到相同的线，这会导致排查变得异常混乱。图21.14中列出了一些额外的提示，这可以帮助你更好地了解布线。

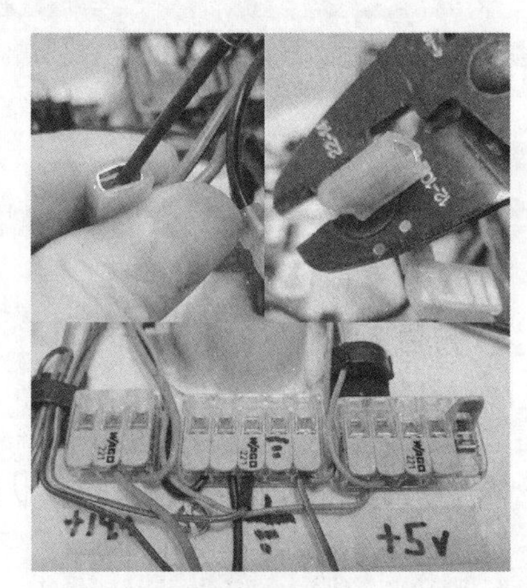

图21.14 松开和压紧一个鹰嘴接头以制作电池连接（左上和右上）并将杠杆式连接器用作端子

在图21.14上面的图片中，我使用了普通的鹰嘴接头与电池连接，并且只是轻轻地撬开了一点点，就可以让电池连线和接头紧密地贴合在一起，对于本章设计的这样一个小型机器人来说，这已经足够了。不要使用钳子再来压接它们，而是可以选择适当的电线压接器。在图21.14下面的图片中，我发现Wago的杠杆式连接器可以很好地代替螺旋式的接线板。我们只需抬起杠杆并插入电线，然后将杠杆压下即可完成线之间的连接。

21.3.22 安装激光雷达和摄像头

在第18章“激光雷达设备和数据”中，我们介绍了安装激光雷达时的一些常规注意事项。为了确保激光雷达塔不受其他机器人传感器的遮挡，我们使用了尼龙支架和从旧项目中的盖子上剪下的塑料碎片来制作一个高架平台。这个平台上还设置了相机的安装位置，如图21.15所示。

图21.15　激光雷达和摄像头的安装

21.4　第1部分——结论

如果上述的所有步骤都是正确的，那么现在你应该已经搭建成功了这个机器人，此时只需要有一些代码来让机器人动起来。我们相信你肯定很着急，想要让机器人立刻执行起来。但我们这里建议你放慢脚步，仔细并反复检查你的接线，因为只有这样，才能避免传感器等设备被烧毁。看到这里，如果你感到了疲劳，那么就休息一下吧，因为我们最后一章的内容确实有点多，我希望你能够以一个清醒的头脑去学习第21章剩下的部分。

如果机器人的接线看起来很混乱，并且难以厘清那些线的作用分别是什么，那请尝试整理一下，让电线尽可能地保持适当的长度，并把它们整齐地捆扎在一起，使其有条理，这样可以方便后续问题的快速定位与排查。例如将所有轮子模块的电线整合在一起，依此类推。并将它们固定在底座上，使其不会妨碍我们接下来的操作。此外，我们在连接导线的接头时也要注意。如图21.16所示，该图省略了I2C和串口的导线。

图21.16　搭建好的机器人，下面将会用来测试本书中所有的代码

如果你在任何时候发现机器人的某些部分不起作用，那么就需要回到电路中检查问题。如果电路看起来很复杂，而你感到不知所措，那就试着一次只关注一个问题，而忽略其他问题。

我们只要问自己以下几个问题，就能明白如何让机器人正常运行：

1. 是什么让这个东西运转?
2. 那个东西是否连接到正确的地方?
3. 正确的信号是否从那个地方发出?
4. 那个设备是否得到了正确的信号和电源?
5. GPIO 引脚是否执行正确的任务?
6. 代码中的引脚编号是否正确?

只要认真思考这些问题，你就能找到问题所在并解决它们。

到此为止，你已经成功地建立了一个非常有用并高效的机器和学习工具。哪怕这里有几十条电线、组件和连接，以及几千行代码。如果出现错误或挫折，也不必担心，相信你可以按照上面的步骤一步步修复它。

如果上述方法并不能解决你的问题。那么我们需要注意解决问题的方式，比如你正在为解决轮子的正确输出而做尝试，而不是去解决IMU的问题，那么就不必考虑IMU上出现的问题。我们需要确保我们一次只需要针对一个问题，然后你在解决好这个问题后再去修复另一个问题。当然必要时，你也可以一次性解决多个问题。这就是你需要完成的所有工作。

有了这些步骤后，现在是时候给这个机器人输入代码并让它活过来了。先休息一下，给电池充电，然后回来看第2部分——为机器人编程。

21.5 第2部分——为机器人编程

到现在为止，我们已经迈出了很大的一步，现在是时候为我们的机器人注入“生命”（代码）了。实际上，你可能已经完成了很多工作，或者至少在以前的章节中研究了我们这一小节中讲解的大部分内容，因此下面的内容更像是一个关于协调所有程序的指南。首先，我们将整理所有编写过或下载到的软件，并确保每个步骤都能正常运行，然后我们将简化许多组件。随后我们将制作并保存一张栅格地图，并确保你可以通过一个命令启动机器人并完成加载新地图的准备工作。最后，我们将探讨接下来的工作。

21.5.1 程序设计——总览

首先，你需要了解的是，就像你可以根据自己的需求定制机器人的硬件一样，你也可以用多种方式定制机器人的软件。幸运的是，ROS让编写或下载一个新节点并测试其功能的过程变得容易，并且在此过程中你无须删除现有的节点。本节将介绍如何运行一个基本的设置，但如果你感兴趣，可以按照自己的需求和兴趣程度深入研究更多的高级功能。假设已经在Linux系统和ROS上设置好了你的电脑，并且对SSH有一定的了解。如果你使用的是树莓派（Raspberry Pi），那么我建议你在Codeblocks IDE中编写ROS包的代码，但是只需使用普通的文件而不是Codeblocks项目工作。这些代码可以使用catkin编译，因此Codeblocks只用于编辑和保存即可。

首先，你可以考虑下载我在本章第一部分中使用的代码库，其中包含了一个可以使用的机器人代码。如果你在某个程序卡住或者整个项目不能很好地协同工作，那这个代码库可能会是一个非常有用的功能。如果你只是想参考一下该代码，建议将它克隆到一个方便的位置上：

```
git clone https://github.com/lbrombach/practical_robot.git
```

如果你想使用这个软件包来运行你的机器人，请将其克隆到你的catkin src文件夹中。进入你的catkin src文件夹中，然后使用以下命令编译它：

```
cd ~/catkin_ws/src
git clone https://github.com/lbrombach/practical_robot.git
cd ..
catkin_make
```

如果你遇到了有关重复名称的错误，那是因为你不能在同一个工作空间下存有两个相同名称的包或节点。如果出现这种情况，你需要对其中一个节点或包重新命名或暂时将你的包移出catkin工作区。

运行本章中提到的代码库需要你运行许多程序，就像你自己编写代码一样，因为它包含一些特殊的配置项，例如轮距和编码器每米报告多少个刻度，以及为你的电机和电池设置最小和最大的PWM值等。这个代码库的真正目的是帮助你更加充分地整合本书的所有课程，同时你可以实验并尝试一些自己的方法，如果出现了问题，你可以删除整个文件夹并重新下载它。

21.5.2 为你的机器人编程——详细步骤

首先，让我们从头开始构建机器人的程序。虽然我们可以直接下载并使用 practical_robot 库即可完成编译，但是我们这里建议可以稍稍修改引用包和节点，这样你就可以自行搭建一个相似的代码库，而不会受到practical_robot的影响了。

以下是为你的机器人编程的一般步骤。

1. 创建项目文件夹。

2. 获取传感器发布的数据。

① 为传感器数据发布者创建一个包；

② 添加轮式编码器发布者；

③ 添加 IMU 数据发布者；

④ 安装激光雷达驱动程序；

⑤ 安装相机图像发布器。

3. 在远程控制下驱动机器人运动。

① 为导航和运动节点创建一个包；

② 添加电机驱动控制器；

③ 检查RQT图；

④ 手动驱动启动文件。

4. 获取机器人跟踪和发布位置。

① 创建一个用于本地化的软件包；

② 添加里程计节点发布器；

③ 手动姿态和目标发布器。

5. 让机器人驶向路标点（无障碍物避开）。

① 添加驱动控制器；

② 手动路标点启动文件。

6. 绘制机器人的环境图。

① 更新手动驱动launch文件；

② 生成并保存你的地图。

7. 通过launch文件将保存的地图加载到程序中。

8. 让机器人在有栅格地图的环境中自主导航。

① 添加路径规划器；

② 完整的launch文件。

以上步骤是一个基本的指南，它可以帮助你开始编写机器人的程序。记住，这只是一个起点，你可以在此基础上添加更多的功能，例如目标检测、语音识别等。

（1）创建项目文件夹

这个文件夹位于catkin_ws/src目录下，用于组织我们要创建的三个ROS包。这部分参考了我们的第9章，并复习了一下文件结构的工作方式。这只是一个文件夹，还不是一个包，因此我们不需要使用catkin指令。

```
cd ~/catkin_ws/src
mkdir practical_robot
```

（2）获取传感器发布的数据

在机器人开始执行任务之前，它需要收集有关自身和周围环境的信息。这个过程需要安装和配置传感器。即使我们没有完全安装好所有的传感器，那也不必担心。我们只需要至少一个编码器用于发布数据即可，剩下的稍后回来继续完成安装和配置即可。

1. 为传感器数据发布者创建一个包。这个包是用来组织我们编写的传感器数据节点的。你可以在这个包中编写节点程序，并通过该节点来接收和处理传感器发布的数据。但这个包和我们刚刚下载的那些节点不同，那些节点会直接被下载到catkin_ws/src文件夹中。而这里我们需要从刚刚创建的practical_robot文件夹中自己创建该包。

```
cd ~/catkin_ws/src/practical_robot
catkin_create_pkg practical_sensors roscpp std_msgs
sensor_msgs
```

这里将会创建一个名为practical_sensors的新文件夹，同时也会创建其他所有ROS包所必需的内容。此时，我们建议你回到第9章，了解有关CMakeLists.txt文件的详细信息。比如说，需要启用C++ 11编译选项，还需要包括PIGPIOD库文件（libpigiod_if2.so）所在的目录。当然你可以直接参考下载下来的代码，并找到一个示例进行了解，以便更好地理解所需的操作。

2. 添加轮式编码器发布者。这一步需要在practical_sensors（或其他刚刚命名的文件夹）文件夹的src文件夹中创建一个.cpp文件，并写入轮式编码器发布者节点（就像第14章“里程计的轮式编码器”中的节点一样）。例如，我的完整文件路径是：

```
~/catkin_ws/src/practical_robot/practical_sensors/src/tick_publisher.cpp
```

然后就需要保存文件并更新practical_sensors包的CMakeLists.txt文件，这样catkin就可以找到并编译你的节点。详情请参考第9章“协调各个部件”中的内容，并了解如何协调组件以及下载的内容。

完成后，我们转到之前设置的catkin_ws根文件夹并进行编译，以确保一切正常。

```
cd ~/catkin_ws
catkin_make
```

在测试你的轮式编码器节点之前，希望一切都已经顺利编译。如果编译失败，请尝试找出错误并解决。在谷歌上搜索错误可能会有所帮助，最常见的错误通常可以追溯到CMakeLists.txt中去查看是否缺少内容或存在不正确的内容。

一旦你成功编译，就可以开始测试你的编码器节点了。你将需要四个终端窗口，分别输入以下命令（记得要根据你的文件名进行替换）：

```
roscore
rosrun practical_sensors tick_publisher
rostopic echo leftWheel
rostopic echo rightWheel
```

如果你还记得第9章“协调各个部件”中的相关内容，那么你应该知道启动roscore将启动ROS主程序，第二行将启动tick_publisher节点，该节点用于发布每个轮子累积的刻度数。不过，由于它监测电机驱动器的方向引脚，而这些引脚此时还没有供电，因此它不会同时增加和减少。你可以手动转动轮子，看看数字是否增加。如果你没有看到任何变化，或者收到消息说该话题尚未发布，请使用Ctrl + C或Ctrl + Z停止节点，并使用rostopic list命令查看可用话题的列表。请注意，我们的拼写错误可能导致一系列未知的问题。在继续下面的步骤之前，请确保每个步骤都已成功完成。

3. 添加IMU数据发布者。为了完成这一步，我们需要确保有适合IMU的驱动程序。如果你有BN0055或其他IMU的驱动包需要下载，可以在catkin_ws/src文件夹中先下载并编译它们。如果你像我们在第16章中所做的那样，自己编写了加速度计、陀螺仪和磁力计的.cpp文件，那就需要将这些文件与tick_publisher.cpp文件放在同一个practical_sensors/src文件夹中。然后更新CMakeLists.txt并再次使用catkin_make进行编译。当一切编译完成后，使用rosrun命令测试你的IMU节点，并使用rostopic echo imu命令查看数据。

4. 安装激光雷达驱动程序。如果你还没有为激光扫描仪安装适当的驱动程序，那也请先安装。在roscore运行的情况下，启动你的激光扫描仪，并使用Rviz或者其他可视化工具查看扫描结果，以确保一切正常。如果你需要更详细的信息，请参考第18章。

5. 安装相机图像发布器。关于安装和测试usb_cam节点的说明，则请参考第19章“相机的实时视觉”。

（3）在远程控制下驱动机器人运动

我们现在已经添加了一个电机控制节点，该节点可以直接接收我们发出的速度指令，并将其转换为电机驱动器的PWM信号以远程控制机器人。由于我们已经获取了轮式编码器数据，因此可以进一步实现机器人的运动控制。

1. 为导航和运动节点创建一个包。为了让移动机器人执行导航和运动，我们需要再创建一个包来编写节点，这个包可以将路径规划器、驱动控制器和电机控制器都包含进去。你可以在practical_robot文件夹中创建这个包。首先，打开终端，进入practical_robot目录并输入以下指令：

```
cd ~/catkin_ws/src/practical_robot
#below is a single command
catkin_create_pkg practical_nav roscpp std_msgs
sensor_msgs geometry_msgs tf
```

接下来，准备好CMakeLists.txt文件。与practical_sensors的CMakeLists.txt类似，需要启用C++11编译选项，并包括PIGPIOD库文件（libpigiod_if2.so）所在的目录。

2. 添加电机驱动控制器。在新建的practical_nav/src文件夹中，你需要创建一个名为“motor_controller.cpp”的文件来实现电机控制器功能。如果你需要更多的电机控制信息，可以参考第4章“机器人电机类型和电机控制”和第12章“自主运动”。你可以参考下载的例子中的电机驱动控制器（文件名为practical_nav/src/simple_diff_drive.cpp），其中还包括一些补充内容，这些内容可以用于提高性能。虽然为了简单起见，在第12章教程中没有提到这些内容，但你可以自行尝试探索这些内容，以提高电机控制器的性能，而不是拿到代码就去直接使用一个完整的PID控制器。在将节点添加到practical_nav包的Cmakelists.txt文件中之后，我们可以使用catkin_make命令来编译节点。完成编译后，你可以在三个窗口中运行以下命令来测试节点。

```
roscore
rosrun practical_sensors tick_publisher
rosrun practical_nav simple_diff_drive
rosrun rqt_robot_steering rqt_robot_steering
```

假设我们的tick_publisher节点已经正常运行，此时就应该能够通过命令来让你的机器人前进、后退和转向。当然你也可以在终端中输入simple_diff_drive节点正在监听的话题，一般为cmd_vel这个话题。

如果机器人有反应，但不是按照预期的方式移动，那么你可能需要检查电机的方向信号线是否正确，是否需要反转一个或两个轮子，或者通过其他方式确认硬件是否工作正常。此外，你还需要检查代码逻辑是否存在错误，并进行修复。

如果机器人根本没有反应，那么可能是上述问题中的某一个，但首先需要检查的是话题名称是否正确。实际上，你可以直接跳到下一步，查看如何检查话题名称是否正确。

3. 检查RQT图。无论你是否遇到了以上提到的问题，现在都是了解rqt_graph的最佳时机。rqt_graph的作用是在一个可视化的图表中显示所有正在运行的节点以及它们发布和订阅的话题，并表示出它们之间的连接关系。你可以使用下面的命令来启动rqt_graph：

```
rosrun rqt_graph rqt_graph
```

运行命令后，将弹出一个窗口，其中包含一个类似于图21.17的可视化图表。通过rqt_graph，你可以更好地了解你的机器人的结构和运行方式，并帮助你快速定位问题所在。

rqt_graph是ROS中一个很有用的可视化工具，可以在图表中显示所有正在运行的节点以及它们发布和订阅的话题及其连接。通过运行命令“rosrun rqt_graph rqt_graph”，可以打开rqt_graph窗口。在rqt_graph窗口中，椭圆形代表节点，矩形代表消息话题。我们可以清晰地看到，tick_publisher发布了rightWheel和leftWheel话题，而simple_diff_drive节点订阅了这两个话题。如果节点拼错了话题名称，那么拼错的话题会被显示出来，但不会连接到任何节点上。在rqt_graph窗口中，还有一些复选框选项，可以根据需要进行选择，以使图形变得更加清晰。当图形变得很复杂的时候，可以使用这些复选框来整理rqt_graph。

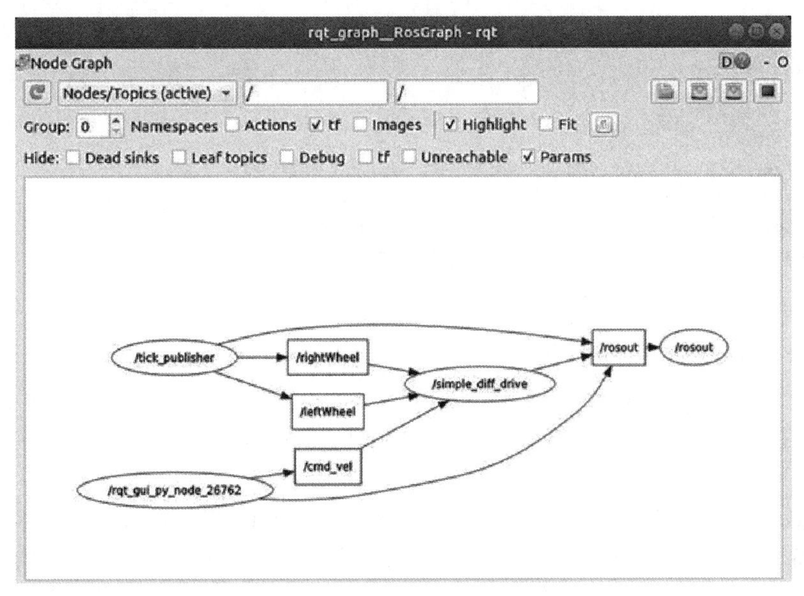

图21.17　rqt_graph节点的输出

4. 手动驱动启动文件。我们建议，你下一步应该想办法让你的ROS节点和包使用起来更加便利，并尽量避免手动打开多个终端窗口和手动启动多个节点的烦琐操作。为此，我们建议你进入practical_nav包的根目录，并在其中创建一个名为“launch”的文件夹。该文件夹将用于存储所有的launch文件，这些文件可以通过一个简单的命令启动一组节点。在ROS中，launch文件用于启动和配置多个节点，以及它们之间的关系。这样一来，你就可以通过一条简单的命令启动所有需要的节点，而不必手动逐一打开多个终端窗口并运行每个节点。

```
cd ~/catkin_ws/src/practical_robot/practical_nav
mkdir launch
```

在这个launch启动文件夹中，我们会创建一个名为minimal_manual. launch或类似的空文件。下面以下载示例包中的minimal_manual.launch为模板，在启动文件中添加以下节点。

- 编码器刻度线发布器；
- 电机驱动控制器；
- 机器人转向的RQT可视化。

这里不要忘记，带!--的行是注释，所以整个启动文件真实运行的代码只有三行。加上表示文件开始和结束的<launch>和</launch>符号，组成了我们这个launch文件中所有的信息。如果你想一次性启动所有三个节点，可以使用以下命令：

```
roslaunch practical_nav minimal_manual.launch
```

这样非常方便。你还可以使用这个启动文件来启动usb_cam和rqt_image_view节点，这样就可以在另一个房间里完成机器人的自主跟踪与运动了。

（4）获取机器人跟踪和发布位置

我们知道你追求的是想让机器人自动完成定位导航，虽然远程控制机器人也是一种很有趣的体验，但是这远远没有达到我们的目标。实现自主驾驶之前，我们需要让机器人具备基础定位能力。现在让我们开始添加这些功能吧！

1. 创建一个用于本地化的软件包。这个软件包是用来组织我们所编写的节点程序，以实现对机器人的定位追踪的。由于它依赖于其他一些包，因此创建命令比较冗长，但总体上与之前创建前两个包的思路相同。

```
cd ~/catkin_ws/src/practical_robot
#below is a single command
catkin_create_pkg practical_localization roscpp std_msgs
tf tf2_ros geometry_msgs sensor_msgs nav_msgs
```

然后像以前一样，准备好CMakeLists.txt文件。尽管我认为这个包不需要PIGPIOD库，但把路径放在那里也无妨，以防你以后添加一个需要的节点。

2. 添加里程计节点发布器。我们进入src文件夹，并在其中添加测距发布器的.cpp文件。如果你选择的是例子中的简单节点，那该文件只会包含odom信息。如果你选择的是使用IMU数据的节点，则需要更新航向信息。这将有助于机器人更准确地定位自己的位置。接下来，需要更新CMakeLists.txt，以确保新节点能编译成功。你需要在该文件中添加新节点的名称和其他相关信息。然后，在终端中运行catkin_make进行编译。如果没有错误，你的节点就会成功编译并准备运行了。

3. 手动姿态和目标发布器。正如我们在第11章“机器人跟踪和定位”中讨论的那样，我们通常希望在不改变代码或不在操作过程中纠正其姿态的情况下，设置机器人的初始姿态。这是我们在使用机器人时需要考虑的一个方面。因此我们参照第11章，在新包中添加一个.cpp文件，用于发布手动姿势估计，我们可以使用与发布目标信息相同的节点，按照本书一直使用的易读方法（欧拉角而不是四元数）和全四元数消息的形式发布这两个消息，以符合标准的操作，这样的好处就是适用于Rviz中的点击定位操作。可以参考名为manual_pose_and_goal_pub.cpp的示例代码完成代码的编写。在编写完代码后，尝试着更新CMakeLists.txt并进行编译。

在进入下一步之前，可以尝试着使用rostopic echo命令来监测输出，从而确保两个节点的输出无异常。此外需要注意的是，根据你的里程表发布器的编写方式，它可能需要在接收到初始姿势信息之后才开始发布。

（5）让机器人驶向路标点（无障碍物避开）

在你解决了电机驱动控制器和里程计节点的问题之后［当给定 cmd_vel 消息时，你的机器人应该表现得相当不错，并且报告可接收的（格式正确）里程计数据］，你可以让它具备从当前位置直线行驶至由航点消息指定的某个点的能力。虽然现阶段还没有避障功能，但稍后我们的路径规划器将自动发布这些航点。目前，这些航点将由我们刚刚添加的手动发布器或者我在示例下载中的rviz_click_to_2d.cpp节点发布。

1. 添加驱动控制器。将我们的驱动控制器的.cpp文件添加到 practical_nav 包的 src 文件夹中，然后更新 CMakeLists.txt 文件并使用 catkin_make 命令进行编译。这个驱动控制器是我们在第12章“自主运动”中编写的第二个程序——simple_drive_controller（不要与 simple_diff_drive 混淆）。simple_diff_drive.cpp 是一个电机控制器，它通过接收 cmd_vel 信息并输出 PWM 信号来控制电机，而 simple_drive_controller 则是接收位置信息（即航线路标点），并输出 cmd_vel 信息来控制机器人移动到目标位置。在完成编译并保证其正常工作后，我们将编写一个新的启动文件来测试这一部分。

2. 手动路标点启动文件。这部分可以参考下载的示例代码中的basic_manual_waypoint.launch启动文件，当然其中包含许多不必要的内容，你只需关注这里提到的部分。其余的内容对于现在都是可有可无的内容，后面你可以根据自己的想法增加或者删除，但至少现在不需要加这么多内容。

我们现在在practical_nav/src文件夹中创建一个名为basic_manual_waypoint.launch的启动文件，并复制粘贴minimal_manual.launch中的所有内容，然后添加以下节点以启动：

· IMU发布器节点；
· 里程计发布器；
· manual_pose_and_goal_pub；
· simple_drive_controller。

为了在simple_drive_controller中监听goal_2d主题，我们需要在basic_manual_waypoint.launch中添加一个新的参数remap，然后将goal_2d话题映射到waypoint_2d话题。在第12章“自主运动”中，我们编写的节点监听的是waypoint_2d话题，但这是因为path_planner发布的话题是goal_2d。具体来说，我们会使用roslaunch的remap参数，将goal_2d话题重命名为waypoint_2d话题，让simple_drive_controller节点能够正常监听。

而其余的节点启动launch文件部分内容如下：

```
<node pkg="pkg_name" type="node_name" name="node name"
/>
```

举个例子，启动驱动器控制节点的launch文件部分内容如下：

```
<node pkg="pkg_name" type="node_name" name="node name">
<remap from="waypoint_2d" to="goal_2d" />
</node>
```

完成上述步骤后，你可能需要注释或删除rqt_robot_steering节点，因为两个发布cmd_vel消息的节点可能会相互干扰，从而使电机控制器混淆。你在完成注释后，可以按照以下方式再次运行启动文件：

```
roslaunch practical_nav basic_manual_waypoint.launch
```

如果一切正常，那我们应该可以使用manual_pose_and_goal_pub节点发布一个目标位置了。当驱动控制器接收到目标位置时，机器人应该开始转向并前进。如果你需要了解更多关于坐标的信息，可以参考第10章“用于机器人导航的地图构建”和第11章“机器人跟踪和定位”。如果想要复习一下电机控制器和驱动控制器的工作原理，可以参考第12章“自主运动”的相关内容。

在对代码进行更改之前，一定要备份代码和配置文件（通过gitlab或者github管理当然是更好的），以便在需要时可以恢复到先前的状态。你可以每次只更改一个参数或代码行，并在每次更改之后测试代码以确保一切正常工作。尽管调试代码可能需要一些耐心和时间，但正确地让驱动控制器和电机控制器与机器人平台协同工作非常重要，这将使机器人能够准确、稳定地移动。

（6）绘制机器人的环境图

一旦完成了上述工作，我们的机器人就接近自主了！现在，让我们来控制机器人绘制工作区域的栅格地图，这样路径规划器将可以根据占用栅格的信息进行绘图。

1. 更新手动驱动launch文件。为了让机器人能够更精确地定位和绘制地图，我们希望在进行地图生成的同时手动控制机器人行驶。这样可以让机器人慢慢地加速和转弯，从而可以最大程度地减少轮子打滑的情况，使得机器人的里程计更加准确，从而使得地图也更加精确。此外，在移动过程中，激光扫描可能会产生模糊的情况。虽然gmapping软件包可以尝试进行补偿，但是最好的方法还是从一开始就尽量减少模糊。因此，我们将不使用驱动控制器，而是使用rqt_robot_steering来手动控制机器人。要实现这个目标，我们需要编辑minimal_manual.launch文件，或创建一个新文件并将minimal_manual.launch的内容复制到其中开始。在本节的下载代码中，可以使用文件basic_manual_steer.launch，首先忽略标有arguments和map_server的部分，然后在启动文件中添加以下内容：

- 将base_link连接到激光静态变换发布器。
- 测距变换发布器，可以在第11章“机器人跟踪和定位”中找到。
- IMU发布器。
- 激光雷达驱动节点。如果设备默认的frame_id不是激光，则需要设置参数。另外，如果设备驱动默认的参数不是scan，则需要重新映射话题。
- 测绘发布节点。
- 手动姿势和目标发布器。

RPLidar A1激光雷达的坐标系与机器人自身的坐标系不同，但是不必担心，你只需要按照我们第一部分的安装方式安装即可，下面我们来对激光雷达进行一些变换，将其围绕不同的轴进行旋转和平移，以便正确地映射机器人的环境。具体来说，我将激光雷达在x轴方向上平移了0.1m，在y轴上进行了180°的翻转（即PI弧度），并绕z轴（yaw）旋转了180°。最终我们得到的机器人base_link到激光雷达的变换是[0.1 0 0 0 3.1415 3.1415]，然后可以通过参数x、y、z、roll、pitch和yaw这样的顺序来发布静态变换。

由于gmapping软件包将提供地图到ogm的变换，因此如果在下载的代码中看到地图到ogm发布器，请忽略或者注释掉它。如果以后你运行此启动文件但不运行gmapping，那就需要这个发布器来完成ogm地图的生成和发布。

接下来，我们将在一个单独的启动文件中运行gmapping，因为gmapping比较大，所以最好这个节点是独立运行的。在这个新的启动文件中，我们将在地图和机器人之间建立正确的坐标系变换。如果你不熟悉如何创建这个文件，请参考第10章“用于机器人导航的地图构建”的内容。

2. 生成并保存你的地图。下面我们将使用刚刚创建的启动文件来启动系统，并使用手动姿态发布器来设置机器人的初始姿态。在启动gmapping之前，请确保激光雷达发布器和激光雷达到base_link的变换消息是正确的（这两个值应该是相同的）。你可以在Rviz中检查激光雷达扫描和转换是否正确显示。如果一切正常，你可以继续启动gmapping并开始构建地图。

接着，运行你的gmapping启动文件（例如，我们的启动文件名为gmapping_only.launch），按照第10章“用于机器人导航的地图构建”的步骤来创建和查看地图。需要注意的是，在绘制地图时，需要慢速驾驶以减少打滑，以使得测距仪测量更加准确，从而获得更精确的地图。在地图绘制完成后，你需要在practical_nav软件包中创建一个名为maps的文件夹，然后通过命令行使用map_server（也在第10章中讲过）将地图保存到该文件夹中。

```
cd ~/catkin_ws/src/practical_robot/practical_nav
mkdir maps
cd ~/catkin_ws/src/practical_robot/practical_nav/maps
rosrun map_server map_saver -f myFirstMap
```

（7）通过launch文件将保存的地图加载到程序中

为了在启动文件会话开始时自动提供地图，需要在启动文件中添加一些参数。这些参数包括地图的YAML文件路径、地图分辨率和概率阈值等。为了使参数易于跟踪，建议将它们放在启动文件的顶部。在命令行中启动map_server时，可以将地图YAML文件路径作为参数传递给它。在启动文件中，可以通过添加以下代码来设置参数的默认值：

```
<arg name="name_of_arg" default="value" />
```

这些参数在launch文件中设置为默认值，也可以在启动时从命令行传递。ROS提供了一个方便的$(find)工具，它可以帮助你找到文件的路径而无须输入绝对路径。在我的启动文件中，添加如下参数条目，其中map_file是参数的名称，$(find practical_nav)用于查找文件路径，/maps/myFirstMap.yaml是文件路径和名称。

```
<arg name="map_file"
default="$(find practical_nav)/maps/myFirstMap.yaml"/>
```

现在，在这个启动文件中出现的所有map_file需要将myFirstMap.yaml的完整路径作为默认值，我们只需要在launch运行文件中加入下面的代码即可。

```
<node name="map_server" pkg="map_server"
type="map_server" args="$(arg map_file)" />
```

（8）让机器人在有栅格地图的环境中自主导航

这是最后一个部分，这部分做完后，你将会得到一辆自动驾驶小车。

1. 添加路径规划器。这部分就是将第13章“自主路径规划”中与路径规划器相关的.cpp文件添加到practical_nav/src文件夹中，然后更新CmakeLists.txt，用catkin_make进行编译。

2. 完整的launch文件。这需要制作另一个启动文件，这部分可以参考本章代码中的basic_full.launch启动文件，它包含了basic_manual_steer.launch中的所有内容，并增加了以下内容：

- 保存地图的服务；
- 地图到里程计的静态转换发布器；
- Costmap_2d；
- 路径规划器。

在进行其他操作之前，请务必记得将simple_drive_controller节点中的话题重映射(从waypoint_2d到goal_2d)并进行注释，因为现在是时候启动我们的小车了！另外，需要删除manual_pose_and_goal_pub这个节点，要么换用rviz_click_to_2d节点，要么在不同的终端窗口中运行manual节点，因为一个窗口有太多的输出是不太方便把握住关键信息的。

同时由于gmapping不会发布地图到odometry变换，因此现在添加静态变换发布器。使用参数[0 0 0 0 0 0 0]将地图框架和odometry框架绑定在一起。

此外，我们还需要让costmap_2d使用第10章中制作的参数文件。这就需要在practical_nav包中创建一个名为param的文件夹，并确保parameter.yaml文件在其中（我们起的名为costmap_basic.yaml）。然后，在costmap_2d节点的上面添加以下rosparam条目，大致代码如下：

```
<rosparam file="$(find
practical_nav)/params/costmap_basic.yaml" command="load"
ns="/costmap_2d/costmap" />
```

```
<node pkg="costmap_2d" type="costmap_2d_node"
name="costmap_2d"/>
```

最后，我们需要添加一个路径规划器启动节点。需要注意的是，path_planner节点会寻找costmap话题，但我们现在在costmap_2d/costmap/costmap下发布的是costmap2d话题，这就需要我们重新映射该话题名称。

```
<node pkg="practical_nav" type="path_planner"
name="path_planner" output="screen" >
<remap from="costmap" to="costmap_2d/costmap/costmap" />
</node>
```

21.5.3 运行你的自主机器人!

至此，恭喜你，现在你已经准备好进行自主运行了！以下是具体步骤：

- 打开至少两个终端窗口。
- 在一个窗口中启动你的basic_full启动文件。
- 在另一个终端窗口中运行你的 manual_pose_and_goal_pub 节点。
- 设置你的初始姿势。在Rviz中，使用2D Pose Estimate工具设置你的机器人的初始位置和朝向。
- 设置一个目标目的地。在Rviz中，使用2D Nav Goal工具设置你的机器人的目标位置和朝向。

21.5.4 一些故障排除提示

在完成ROS系统的搭建和启动后，我们通常需要对系统进行调试和错误排查，以确保系统能够正常运行。其中，rqt_graph和roswtf是非常有用的工具。

rqt_graph可以帮助我们可视化ROS系统中的节点、话题和消息传递关系。通过查看rqt_graph图表，我们可以快速发现话题是否有断开的情况，以及是否有节点的名称拼写错误等问题。roswtf则可以进行更加深入的系统检查和错误排查。它可以检查ROS系统中节点、话题、服务等方面的问题，并提供有用的诊断信息，帮助我们找出问题的根本原因。例如，它可以告诉我们是否有多个节点同时发布一个变换，或者是否有话题没有连接到其他节点。使用这些工具可以帮助我们更快速地排查ROS系统中的问题，提高系统的可靠性和稳定性。

在进行调试时，我们需要放慢机器人的运动速度，以便能够观察和检查各个节点的输出。我们可以使用命令“rosnode kill simple_diff_drive”来停止机器人的运动，这样我们就可以分别查看每个节点的输出。比如说，我们需要确保测距信息是否正确，并且驱动控制器是否正确地发布了cmd_vel信息，以便机器人可以沿着正确的路径行驶。同时，我们还需要检查成本图是否有意义，以及path_planner节点是否正在正确地规划路径。在调试过程中，我们可以在代码中添加cout语句来输出变量值，以便更好地了解程序的运行情况。

此外，我们可以使用Rviz来同时查看地图、激光扫描、姿势和路径等信息，以便更好地了解机器人的运动情况。尽管本书中没有详细介绍Rviz的使用，但是我在youtube.com/practicalrobotics频道为你们准备了一个视频教程，供你们参考。

变换是ROS中的一个重要概念，用于描述不同坐标系之间的变换关系。但是，由于复杂的坐标系结构和复杂的变换关系，变换经常会成为错误来源。为了解决这个问题，我们可以使用ROS提供的一些工具来查看转换。其中一个工具是rosrun tf view_frames，它可以生成一个PDF文件，显示所有坐标系及其之间的变换关系。这样可以帮助我们快速地检查是否存在不正确的变换关系，以及检查坐标系之间的层次结构是否正确。另一个有用的工具是rosrun tf tf_echo parent_frame_name child_frame_name，它可以在终端中显示一个特定变换的数据。通过使用这个命令，我们可以检查变换是否正确地发布，并查看它们的值是否正确。例如，如果我们发现path_planner节点从错误的地方开始，我们就可以输入：

```
rosrun tf tf_echo odom base_link
```

通过该命令检查路径规划器是否从正确的变换中获取起始位置数据。这样，我们可以快速地找到问题所在，并进行相应的修复。

当你遇到问题时，向其他人解释这个问题是非常有帮助的，即使他们并不完全了解机器人技术也没关系。试着让他们明白机器人应该做什么，每一个细节都不要遗漏。这个方法非常实用，感谢韦恩州立大学的Abhilash Pandya博士，我们第一次见到他时，他就教了我们这个方法。

同时，如果你遇到的问题非常棘手，甚至无法解决，不要放弃，休息一下，或者明天再来尝试。有时候，问题会在你不经意间被解决。

坚持下去，机器人技术是一个由成千上万行代码组成的旅程，每解决一个问题，你就离目的地更近一步。

21.6　下一步需要是什么？

到此为止，我们的机器人学习之旅也即将告一段落了，我们的机器人为机器人学习爱好者提供了一个优秀的平台。你可以选择查看我们编写的基本程序，并且逐步加强它们；或者你可以选择编写一些新的行为，让你的机器人具有新的功能。幸运的是，ROS可以让你轻松完成这两个选择，而不会有重大风险，即使你修改一个大程序。你甚至可以开始一个全新的机器人项目。现在，你有一整套基本工具可以使用，并对机器人领域的学习更加有信心。你接下来所选择的方向取决于你的兴趣和工作。但唯一可以肯定的是，如果你喜欢学习，并且希望实现新的机器人功能，并以此获得完成这些任务的满足感，那么你将永远不会失去挑战。因此，继续学习、探索和实践新的机器人技术，这将是一个充满乐趣和成就感的旅程。下面是我对于你之后进一步深入学习提出的一些建议。

21.6.1　动态避障

在我们的绘图章节中，我们有意地没有提到一些东西，这应该是一个很好的热身运动，可以让你自己去探索。按照我们设置costmap_2d的方式，它只提供了静态物体的障碍值，因此你的路径规划器只会避开墙壁和家具等静态障碍物，但不会避开你的宠物或家人，如果它们不小心在路径上的话。你可以在costmap_2d的维基页面上阅读一下，看看是否可以添加障碍物层。这将允许你在costmap中考虑动态障碍物，例如移动的人或动物。这对于机器人在现实世界中进行自主导航非常重要。如果你对这个问题感兴趣，那么这是一个很好的机会去深入学习ROS的costmap系统，以及如何使用它来实现更智能的机器人导航。

21.6.2 PID控制器

你或许已经尝试过使用开环或比例控制器来控制电机，让你的机器人直线行驶，但是你会发现这样具有很大的挑战性，甚至有时候会感到沮丧。如果你想要让你的机器人以更流畅的方式从一个地方到达另一个地方，编写一个PID控制器可能是一个令人满意的挑战。编写一个PID控制器并不是一件容易的事情，但是如果你想要深入了解机器人控制，它是一个很好的起点。你需要了解控制理论和算法，并且需要有一定的编程知识。一旦你完成了PID控制器的编写，你将可以控制机器人进行更精确的行驶，例如以连续的弧线行驶。

21.6.3 一个主控制器，管理各种程序或任务

将我们在第8章“机器人的控制策略”中学到的方法应用到机器人上，可以帮助我们为机器人添加一组完成任务的指令。每个任务可以是一个有目的地的姿势和动作，例如将机器人移动到狗的碗旁边，检查碗里是否有水或食物。任务也可以是一组任务，这样机器人就可以检查一系列的对象。为了实现这些任务，我们可以编写一个任务控制器，它可以接收任务指令并将其转换为机器人可以执行的控制指令。当我们添加新的任务时，我们可能需要重新评估机器人的硬件和软件，以确保它们能够满足新的任务需求。我们还需要考虑如何协调不同任务之间的优先级和冲突。这样机器人就可以根据不同的任务需求进行相应的行动，让我们的生活更加便利。

21.6.4 实现从地图到地图的转换（完全定位）

出于学习的原因，我们把一些内容做得很简单，比如说我们将地图帧和里程帧锁定在一起，并使用里程测量进行姿态估计，这部分你可以看一下第20章“传感器融合”的内容。但是在实际情况下，由于姿态估计的偏差，机器人可能会在实际情况中表现良好，但在地图中离墙更近。

为了解决这个问题，我们可以探索不同的定位方法和软件包，例如高级蒙特卡罗定位（wiki.ros.org/amcl）。通过将地图发布到OGM变换中并整合这种校正，我们可以获得更大的精度提升。使用高级蒙特卡罗定位包，我们可以使用机器人的传感器数据来估计机器人的姿态，并在地图上确定机器人的位置。这个方法的好处是可以在机器人运动时动态调整姿态估计，从而提高定位的精度。但是这需要在路径规划器和驱动控制器节点上进行一些额外的工作，以确保机器人在运动时能够正确地响应定位更新。

21.6.5 请关注facebook.com/practicalrobotics和 youtube.com/practicalrobotics

在写作结束时，我们很高兴有时间开始创作一些视频内容，为我们在这里处理的许多问题提供进一步的内容与讲解。这些视频可以是一个新的技巧，可以是对我们基础知识的改进，或

者回答你的问题，你都可以在上面的链接中找到它们。

除此之外，我们还希望收到你们的问题、项目照片和修改意见，我们非常期待看到并分享它们。你可以在我们的Facebook页面上留言，我也正在努力建立一个论坛，这样我们就可以互相支持，继续共同学习。我们会在上述平台上公布更多细节，我们希望在那里能够与你见面，让我们一起把机器人进一步完善吧。

21.7　结论

在这一章中，我们把本书中学到的知识和经验付诸实践，构建一个自主机器人，并进行编程。通过运用我们的电子知识、机器人操作系统和编程技巧，我们能够将传感器和控制器相互结合，使机器人能够智能地绘制环境地图并导航到地图上的任何位置。我们的机器人成为了一个不断学习和改进的平台。现在，我们可以考虑接下来的一些事情，以继续学习和改进我们的机器人。例如，我们可以尝试利用深度学习技术来让机器人识别更多的物体，或者使用增强学习技术来让机器人学会更复杂的任务。此外，我们还可以考虑将机器人与云端服务结合，以实现更强大的计算能力和更高效的数据管理。总之，机器人技术的发展非常迅速，我们有很多机会来不断探索和改进我们的机器人，使它变得更加智能和有用。